Jetzt helfe ich mir selbst

# Start-Schwierigkeiten

Dieser Wegweiser soll Ihnen helfen, bei streikendem Motor den Fehler einzukreisen. In Frage kommen fast immer nur zwei Störungsursachen: Zünd- oder Kraftstoffanlage. Der aussichtsreichste Weg: Von beiden Gruppen die Anfangsfrage beantworten und, falls diese bejaht werden können, mit dem Wegweiser für die Zündanlage beginnen. Entsprechend unserer Tabelle

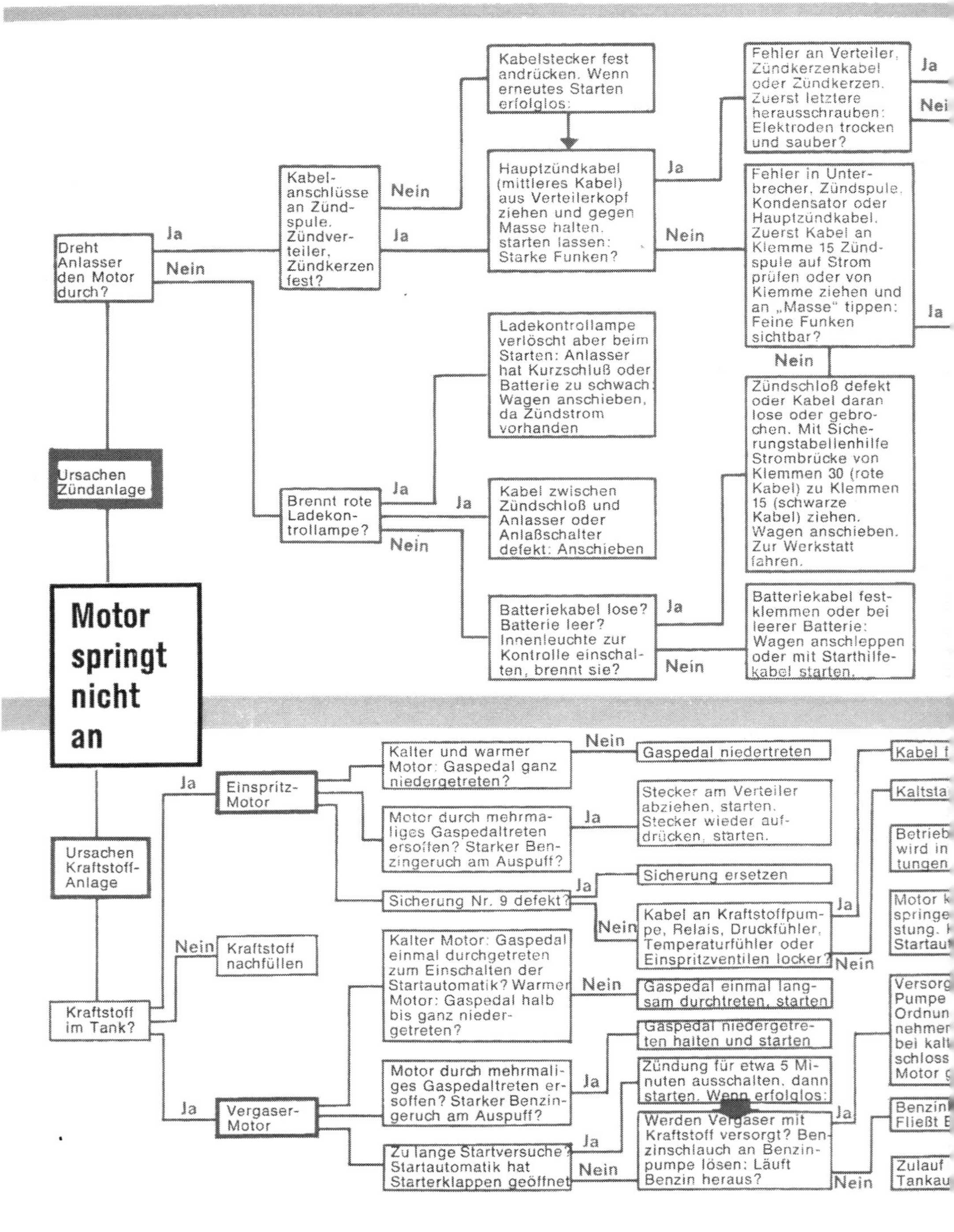

läßt sich der Motor auch bei Störungen, die während einer Fahrt auftreten, durchprüfen. Man beachte auch die näheren Ausführungen zu den einzelnen Punkten in den Kapiteln und die damit verbundenen speziellen Störungshilfen, die auf den rechts unten angegebenen Seiten zu finden sind. Dieses Schema gilt sinngemäß auch für die meisten anderen Automobilfabrikate.

erzenstecker auf heraus-
eschraubte Zündkerze
ecken und diese auf
Masse" legen. Mit Anlas-
er starten lassen: Starke
unken an Elektroden?

Ja

Nein

Obgleich Zündanlage wahr-
scheinlich in Ordnung, mög-
lichst neue Zündkerzen
einsetzen oder Elektroden-
abstand verengen (alte
Kerzen können unter Druck
versagen).
Springt Motor jetzt an?

Ja

Nein

Falls jedoch öfters Anlaß-
schwierigkeiten, Zündker-
zenkabel auf Bruchstellen
untersuchen und Zündzeit-
punkteinstellung nach-
prüfen lassen

Fehler in der Kraftstoff-
anlage suchen

otor „ersoffen" durch
nruhige Gaspedalbetäti-
ung. Kerzen trocknen,
otor bei offenen Zündker-
enlöchern ohne Gasgeben
it Anlasserdrehungen
nen trocknen. Kerzen
inschrauben, mit ruhigem
asfuß erneut starten.

Statt Zündkerze dünnen
Schraubenzieher oder dicken
Nagel in Zündkerzenstecker
stecken und gegen „Masse"
halten: Jetzt beim Starten
starke Funken zwischen Nagel
und „Masse"?

Ja

Nein

Zündkerzen defekt:
austauschen

Verteilerkappe innen naß
(nach Motorwäsche) oder
gebrochen (Kriechstrom
zur Masse) oder Vertei-
lerfinger defekt oder Zünd-
kerzenkabel gebrochen

Ja

Hauptzündkabel austauschen

Ja

Zu starker Funke und Kontakte
blau angelaufen: Wahrschein-
lich Kondensator defekt;
austauschen (lassen)

abel wieder anstecken,
auptzündkabel gegen
ündkerzenkabel austau-
chen: Jetzt starke Funken
gegen Masse"?

Nein

Ja

Guter Funke: Motor jetzt mit
Anlasser durchdrehen lassen.
Funken beim Abheben der
Kontakte?

Ja

Nein

Unterbrecher in Ordnung.
Fehler wahrscheinlich in
Sekundärwicklung (Hoch-
spannungsteil) der Zünd-
spule. Austauschen

Unterbrecherhebel hebt
nicht ab oder hat lahme
Feder oder Halteschraube
sitzt nicht fest

erteilerdeckel abnehmen.
Vagen bei eingelegtem
öchstem Gang schieben,
is Unterbrecherkontakte
eschlossen, Zündung ein-
chalten. Unterbrecher-
ammer abheben mit
chraubenzieher oder Ku-
elschreiber: Funke dabei
u sehen und zu hören?

Ja

Nein

Nein

Unterbrecherkontakte
verschmort? Dann austauschen

Zündspule (Primärwicklung)
in Ordnung? Grünes Kabel von
Klemme 1 Zündspule abziehen,
statt dessen Prüflampe dort an-
schließen, gegen Masse halten
bei eingeschalteter Zündung:
Brennt Prüflampe (schwach)?

Ja

Nein

Kondensator oder grünes
Kabel zwischen Zündspule
und Unterbrecher defekt
oder Kurzschluß im Unter-
brecher

Primärwicklung (Nieder-
spannungsteil) der Zünd-
spule defekt. Austauschen

---

drücken

Ja

cht. defekt

Nein

von 2 atü
raftstofflei-
aufgebaut

Ja

Ja

nach An-
auf Lei-
n der
warm?

Nein

Ja

ank —
rgaser in
filter ab-
erklappen
otor ge-
warmem
t)?

Ja

Nein

abnehmen
heraus?

Ja

lein

rochen,
erschmutzt

Kalten Motor nach Gasgeben
starten. Warmer Motor:
Kabel am Thermoschalter
abziehen und starten

Kraftstoffpumpe arbeitet
nicht. Keine Relaisgeräusche
b. Einschalten d. Zündung?

Ja

Kraftstoffilter verstopft,
Benzinleitung abgezogen?
Druckregler defekt

Ja

Nein

Heizkabel Startautomatik
unterbrochen, Spirale defekt

Startautomatik in Ordnung.
Spritzt Beschleunigungs-
pumpe ein? Hauptdüsenträ-
ger lösen, läuft Benzin aus?

Ja

Ja

Nein

Startautomatik gestört.
Starterklappe hängt. Richten

Zulauf Tank — Pumpe gut.
Kraftstoffpumpe defekt

Kraftstoffpumpe,
Pumpenrelais, Span-
nungsversorgungs-
relais defekt, Strom-
zuleit. unterbrochen

Kraftstoffilter
ersetzen

Unter Zündanlage
weiter prüfen

Prüfen ob Leerlauf-
abschaltventil in
Ordnung oder ob
Ventilnadel hängt
und Düse blockiert

Schwimmer oder
Schwimmernadelventil
klemmt. Gegen
Gehäuse klopfen.
Oder Vergaserdeckel
abnehmen, Schwim-
mernadelventil gängig
machen, Hauptdüse
verstopft?

**Eingehende Störungstabellen finden Sie auf den Seiten**


Hoher Verbrauch
Kraftstoffpumpe
Vergaser
Einspritzanlage
Batterie und
Lichtmaschine
Öldruckanzeige
Kupplung
Bremsen

Dieter Korp

# VW 411
# VW 411 E/412 E
# VW 412/412 S
(Typ 4)

## Jetzt helfe ich mir selbst

Unter Mitarbeit von
Thomas Haeberle

Motorbuch Verlag Stuttgart

Umschlagentwurf und Buchgestaltung: Peter Werner/Siegfried Horn
Titelbild: Thomas Haeberle

ISBN 3-87943-338-0
Auflage Nr. 101 475

Eine Abteilung des Buch- und Verlagshauses Paul Pietsch GmbH & Co. KG.

Idee und Gestaltung des Störungsfahrplanes in der Buchklappe: Verfasser.
Fotos: Dunlop 1, Haeberle 111, Metzeler 1, Michelin 1, Pirelli 1, Schmarbeck 3, Solex 2, Thaer 7, Traub 1, Volkswagenwerk 16, Woltereck 4, Archiv Verfasser 1.
Zeichnungen: Haeberle 1, Solex 4, Teroson 1, Varta 1, Volkswagenwerk 17, Archiv Verfasser 3.
Schaltplan in der hinteren Buchklappe nach Unterlagen des Volkswagenwerkes.
Satz und Druck: Verlagsdruckerei Carle, W. Wimmershof, 7143 Vaihingen/Enz.
Buchbinderische Verarbeitung: Verlagsbuchbinderei Wilhelm Nething, 7315 Weilheim.
Printed in Germany

# Sie finden in diesem Buch

## Antrieb und Fahrwerk



## Die Karosserie



## Und ferner

# Vorher gesagt

Einem Volkswagen geht der Ruf voraus, daß er das Laufen gut gelernt hat. Doch auch er ist nicht gegen Pannen geschützt. Sie können die Fahrt empfindlich hemmen, erfordern bei dem nötigen „Gewußt wo" aber nur einen kurzen Aufenthalt. Nur ein kleines Beispiel: Was ist zu tun, wenn der Motor nur noch auf drei Zylindern läuft?*

Viele Störungen am VW 411/412 lassen sich ohne weiteres selbst beheben. Gerade bei der benzinelektrischen Heizung oder der elektronischen Benzineinspritzung (von August 1969 bis Juli 1973) kann eine kleine Ursache ärgerliche Folgen haben. So spart man nicht nur Zeit und Ärger, sondern obendrein auch ein schönes Sümmchen Geld, denn auch die Zeit, die der Mann in der Werkstatt mit der Fehlersuche verbringt, steht nachher auf Ihrer Rechnung. Gerade für die Geldersparnis hält sich dieses Buch in dieser Zeit der Preissteigerungen besonders bereit.

Sicher wissen Sie, daß ein gepflegtes Auto seinen Wert länger behält. Was man dazu selbst tun kann und was man aus Gründen der Sicherheit oder weil besonderes Werkzeug erforderlich ist, besser der Werkstatt überlassen sollte, ist in diesem Handbuch beschrieben. Hierbei handelt es sich nicht um einen Reparatur-Leitfaden, sondern mehr um eine erheblich vervollständigte Betriebsanleitung, die Sie bei der Eigenhilfe unterstützen und als Störungsbeistand dienen soll. Deshalb sollten Sie dieses Buch nicht zu Hause in den Bücherschrank stellen, sondern in den Handschuhkasten Ihres VW legen. Doch auch jene Fahrer, die sich weniger praktisch betätigen wollen, werden in diesem Buch manche Anregungen und Tips für den Umgang mit ihrem Wagen und der Werkstatt finden. Auch der Vergleich von Werkstattrechnungen und den im Buch beschriebenen Arbeiten kann bei Unklarheiten von Interesse sein.

Wenn Sie bereits früher einen VW Käfer oder einen VW 1600 besessen haben, wird Ihnen manches vertraut erscheinen und Ihr Vorhaben, sich um Ihren Wagen zu kümmern, erleichtern.

In diesem Buch ist die Modellreihe VW 411 und 412 ab August 1968 mit ihren verschiedenen Ausführungen beschrieben. Bisweilen finden Sie auch die Bezeichnung Typ 4 für diese Fahrzeuge.

All jenen freundlichen und hilfsbereiten Leuten, die uns bei der Arbeit an diesem Buch geholfen haben, sei an dieser Stelle herzlich gedankt.

Dipl.-Ing. Dieter Korp

* Prüfen Sie zuerst, ob alle Zündkabel fest auf den Zündkerzen aufgesteckt sind. Andernfalls bleiben sie natürlich ohne Strom. Weitere Störungen an der Zündanlage sind ab Seite 117 beschrieben.

Mit dem VW 412 sind Sie im Winter fein heraus, wenn es ins Gebirge geht. Der Heckmotor sorgt beim Anfahren für die notwendige Belastung der Hinterräder auch bei tiefem Schnee und die benzinelektrische Heizung entfaltet schon vor der Fahrt angenehme Wärme im Innenraum. Bevor die Reise losgeht, sollten Sie aber nicht nur daran denken, daß Sie warme Wollsachen mitnehmen müssen; auch Ihr Auto muß für die kalten Tage vorbereitet werden. Sonst könnte z. B. die vielleicht schon schwache Batterie nach einer eisigen Frostnacht ihren Dienst versagen. Das wäre unnötiger Ärger, denn eine Prüfung der Batterie kann mann ohne Schwierigkeiten und Fachkenntnisse selbst durchführen. Durch gewissenhafte Pflege und Wartung erspart man sich aber nicht nur Unannehmlichkeiten, auch der Wert des Wagens wird länger erhalten. Gerade dabei soll Ihnen dieses Buch eine Hilfe sein.

# Werkzeug hat Ruh'

Wer sich mit seinem Fahrzeug näher befassen möchte, braucht nicht gleich den Monteuranzug und die Werkzeugkiste bereit zu legen. Es gibt eine ganze Reihe von einfachen Kontrollen, die sogar ohne schmutzige Finger erledigt werden kann. Man sollte sich aber einen Notizzettel mit Schreibzeug bereitlegen, um die Mängel zu notieren, die sich anhand der Überprüfung herausgestellt haben und vom Autobesitzer selbst oder der Werkstatt abgestellt werden müssen. Mit einem aufmerksamen Ohr wird ein guter Fahrer beispielsweise ungewöhnliche Geräusche während des Fahrens heraushören und versuchen festzustellen, woher diese stammen. Oft handelt es sich dabei nur um Kleinigkeiten und man kann ruhig weiterfahren, um später den Fehler in Eigenhilfe zu beheben. Manchmal entdeckt man auf diese Weise aber auch sich ankündigende größere Schäden, die, wenn sie rechtzeitig erkannt und beseitigt werden, den Geldbeutel weniger beanspruchen. Bevor man sich jedoch auf Fahrt begibt, sollten einige Punkte am stehenden Fahrzeug erledigt werden.

## Prüfen im Stand

- Kratzer im Lack? Beulen? Rostansatz – durch Steinschlag besonders gefährdet sind das Bugblech und die Radausschnitte.
- Alle Scheinwerfer und Leuchten sowie zusätzliche Beleuchtungseinrichtungen in Ordnung? Brennen beide Bremsleuchten? Ohne Helfer läßt sich das auch feststellen, wenn der Wagen rückwärts an einer hellen Wand steht.
- Richtiger Reifendruck? Genügend Profil auf der gesamten Lauffläche? Reifenflanken nicht beschädigt? Staubkappen an allen Ventilen?
- Scheibenwaschbehälter gefüllt und genügend Druck vorhanden?
- Stand der Bremsflüssigkeit?
- Motorölstand? Keilriemenspannung? Zündkabel locker?
- Ölflecken am Wagenstandplatz?
- Bei laufendem Motor auf ungleichmäßigen Leerlauf und Ventilgeräusche achten. Pfeift der Keilriemen?

Die folgenden Kontrollen lassen sich leichter durchführen, wenn der Wagen hochgebockt ist – beim Ölwechsel an der Tankstelle beispielsweise.

- Unterbodenschutz beschädigt? Rostansatz, speziell an Bremsleitungen?
- Motor, Getriebe und Achsantrieb, Stoßdämpfer, Bremsleitungen ölfeucht?
- Räder schwergängig? Geräusche in den Radlagern beim Drehen der Räder? Schleifgeräusche der Bremsen?
- Auspuff beschädigt oder durchgerostet?

## Prüfen während der Fahrt

Pflegearbeit Nr. 51

Die VW-Diagnose hat zwar einen Teil der früheren Inspektionsarbeiten vereinfacht, aber die Probefahrt kann und soll sie nicht ersetzen. Allerdings wird letztere von der Werkstatt bisweilen aus Zeitmangel oder wegen der herrschenden Verkehrsdichte nicht oder nur kurz durchgeführt. Es lohnt sich des-

halb auf jeden Fall, zwischendurch eine Funktionskontrolle vorzunehmen, auch wenn kein offensichtlicher Defekt vorliegt. Am besten eignet sich eine wenig befahrene Straße oder – noch besser – ein unbenutzter großer Parkplatz. Besonders für Bremsversuche ist der Parkplatz ideal, da er meist eben ist, Sie keine anderen Verkehrsteilnehmer gefährden und nicht zuletzt kann ein eventuell schleudernder Wagen auf kein Hindernis prallen.
Als Reihenfolge hat sich bewährt: Bremsen – Lenkung – Motor – Kupplung – Getriebe – Lüftung und Heizung.

- Bremsen: Unter „Bremsprüfung" auf Seite 173 beschrieben.
- Wagen mit und ohne Gas bei losgelassenem Lenkrad rollen lassen – er darf nicht einseitig wegziehen (ebene Straße vorausgesetzt). Lenkung kurz anreißen und loslassen – sie muß sich ohne Nachhilfe zurückstellen. Läßt sich das Lenkrad leicht drehen? Spiel in der Lenkung?
- Das Fahrzeug muß leicht weiterrollen (Motor und Getriebe im Leerlauf) – sonst sind die Räder schwergängig oder die Bremsbeläge schleifen.
- Läuft der Motor im Leerlauf ruhig und gleichmäßig? Auch nach längerer Fahrt? Ruckfreies Beschleunigen beim Gasgeben und sauberer Übergang? Unübliche Geräusche beim Gaswegnehmen? Patschen im Auspuff?
- Trennt die Kupplung beim Schalten (kein Kratzen im Getriebe)? Rutscht sie beim scharfen Gasgeben gleich nach dem Hochschalten und bei entlastetem Pedal durch (Motor dreht hoch, ohne daß der Wagen schneller wird)?
- Mahlende oder singende Geräusche im Getriebe? Springt kein Gang heraus? Klackendes Geräusch oder leichter Schlag beim Gaswegnehmen?
- Schaltet das automatische Getriebe in den nächstniederen Gang zurück, wenn das Gaspedal voll durchgetreten wird (Kickdown)? Siehe Tabelle auf Seite 164.
- Sind die Klappen und Züge des Heizungs- und Lüftungssystems leichtgängig? Fördert die Heizung warme Luft? Funktioniert das Frischluftgebläse?

## Benzinverbrauch messen

Der Kraftstoffverbrauch eines Fahrzeugs gibt bisweilen zu eifrigen Diskussionen unter Autofahrern Anlaß. Dabei werden oft unwahrscheinliche Zahlen genannt – einer will mit seinem VW 412 E nur 8 Liter auf 100 km verbraucht haben, ein anderer aber gar 17 Liter. Wahrscheinlich werden Sie selbst nie solche Werte erreichen, denn allzu hoher oder niedriger Verbrauch wurde meist nicht richtig errechnet.
Wenn Sie genau wissen wollen, wieviel Benzin Ihr Wagen verbraucht, empfiehlt es sich, ein Bordbuch (an Tankstellen erhältlich) anzulegen und bei jeder Tankung Menge und Kilometerstand einzutragen. Diese Notizen sollten dann noch durch die Art des Fahrbetriebes ergänzt werden. Für scharfe Langstreckenfahrt schreibt man „SL", zügige Langstreckenfahrt bedeutet „ZL" und für Stadt- und Kurzstreckenverkehr setzt man „S/K".

### Was ist Normverbrauch?

Meistens werden Ihre Verbrauchswerte über dem liegen, was im Prospekt unter Normverbrauch angegeben war. Es handelt sich hierbei nicht um einen Praxiswert, sondern der Normverbrauch dient speziell Vergleichszwecken. Man ermittelt ihn unter folgenden Bedingungen: Das Fahrzeug wird mit halber Nutzlast und gleichbleibend ³/₄ der Höchstgeschwindigkeit auf einer ebenen Straße bei vorschriftsmäßigem Reifendruck gefahren. Zu diesem Wert kommt noch ein Zuschlag von 10 Prozent. Sie können diesen Verbrauch unter den gleichen Bedingungen auch für Ihren Wagen ermitteln. Er beträgt für den VW 411 mit Vergaser-Motor und Schaltgetriebe 10,8 l/100 km, mit Automatik 11,5 l/100 km. Beim VW 412 mit 75-PS-Motor liegt der Normverbrauch bei

Ohne Werkzeug läßt sich prüfen, ob der Auspufftopf noch in Ordnung ist. Oft hört man es schon am Patschen und Knallen, wenn während der Fahrt der Fuß vom Gaspedal genommen wird, daß die Auspuffanlage irgendwo durchgerostet sein muß. Eine defekte Dichtung zwischen Auspufftopf und Endrohr (schwarzer Pfeil) macht sich dagegen nicht so deutlich bemerkbar.

10,2 l/100 km mit Schaltgetriebe und 11,0 l/100 km mit Automatik; die entsprechenden Werte für den VW 412 S mit 85 PS lauten 10,0 bzw. 10,4 l/100 km. Bei Fahrzeugen mit elektronischer Benzineinspritzung beträgt der Normverbrauch mit Schaltgetriebe 10,0 und mit Automatik 10,5 l/100 km.

**Stets Volltanken**

Leider ist es beim VW 411 nicht ganz einfach, den Tank exakt zu füllen, da das Benzin im Einfüllstutzen stark zurücksprudelt. Sie müssen also einen geduldigen Tankwart finden, der den Kraftstoff bis knapp unter den Rand des Einfüllstutzens auffüllt (oder selbst tanken). Dazu muß das Fahrzeug natürlich völlig waagerecht stehen. Notieren Sie den Kilometerstand und lassen Sie beim nächsten Mal wieder bis zur gleichen Stelle am Einfüllstutzen volltanken. Die aufgefüllte Menge wird dann durch die zurückgelegte Entfernung dividiert. Beispiel: km-Stand beim ersten Tanken 22 367, beim zweiten 22 629. Sie sind also 262 km gefahren, nachgefüllt wurden 30,8 Liter. Das ergibt nach der Formel zugetankte Menge (30,8 l) multipliziert mit 100 dividiert durch gefahrene Kilometer (262) = 11,76 l/100 km.

**Wie hoch darf der Verbrauch sein?**

Bei der heutigen Verkehrsdichte ist es praktisch unmöglich, ausgesprochen sparsam zu fahren. Besonders im Stadtverkehr behindert man sonst die übrigen Autofahrer erheblich und verleitet sie zu riskanten Fahrmanövern. Abgesehen davon kommt ein ständig niedertourig gefahrener Motor im Kurzstreckenbetrieb nicht auf seine volle Betriebstemperatur, wodurch sich in den Verbrennungsräumen Rückstände von Öl und Kraftstoff vermehrt ansetzen können. Trotz scheinbar schonender Fahrweise unterliegt ein solchermaßen gefahrener Motor höherem Verschleiß, da auch die innere Schmierung in niederen Drehzahlbereichen nicht optimal ist.
In unserer Tabelle geben wir Erfahrungswerte über den Verbrauch des VW 411/412 an. Sie können beim Vergleich mit Ihren eigenen Werten daraus ersehen, ob der Verbrauch Ihres Wagens normal oder eventuell zu hoch ist. Wer viel auf Landstraßen fährt, wird natürlich näher an der unteren Grenze liegen, als der, der fast ausschließlich sein Fahrzeug im Kurzstreckenverkehr betreibt. In der kalten Jahreszeit liegt der Benzinkonsum durch die Zusatzheizung höher; sie verbraucht in der Stunde 0,2 bis 0,8 Liter Kraftstoff.

| Wagentyp | minimal | maximal | durchschnittlich l/100 km |
|---|---|---|---|
| VW 411 68 PS | 9,5 | 14,0 | 11,7 N |
| VW 411 68 PS Automatik | 10,5 | 15,0 | 12,7 N |
| VW 411/412 E 80 PS | 10,0 | 14,0 | 12,0 S |
| VW 411/412 E 80 PS Automatik | 11,0 | 15,0 | 13,0 S |
| VW 412 75 PS | 9,5 | 14,0 | 11,8 N |
| VW 412 75 PS Automatik | 10,5 | 15,0 | 12,8 N |
| VW 412 S 85 PS | 10,0 | 14,5 | 12,2 S |
| VW 412 S 85 PS Automatik | 11,0 | 15,5 | 13,2 S |

Höherer Verbrauch als die hier angegebenen Maximalwerte deutet auf Abweichungen vom Normalzustand hin, wenn Fahrweise, Belastung, Verkehrsdichte und Witterung in etwa gleich geblieben sind. Deshalb sollte der Benzinverbrauch regelmäßig gemessen werden. Mit Hilfe eines Fahrtenbuches können wöchentliche oder monatliche Durchschnittswerte leicht errechnet werden. Nachstehend einige Ursachen-Gruppen bei Verdacht auf zu hohen Verbrauch:

**Fahrerursachen**

■ Gänge werden beim Beschleunigen bis zur Drehzahlgrenze ausgefahren.

■ Unruhiger Gasfuß: Bei jedem Druck auf das Fahrpedal spritzt die Beschleunigungspumpe im Vergaser zusätzlich Kraftstoff ein bzw. erhalten die Einspritzventile über das Steuergerät zusätzliche Öffnungsimpulse.

**Ungünstige Fahrbedingungen**

■ Überwiegend Stadtverkehr: Der Motor dreht viel im Leerlauf und erreicht nicht die volle Betriebstemperatur (Kraftstoff vergast schlecht). Viel Beschleunigen treibt den Verbrauch in die Höhe.

■ Niedrige Außentemperaturen: Motor wird schlecht warm, Getriebeöl bleibt länger dickflüssig (höherer Widerstand).

■ Bergiges oder kurvenreiches Gelände führt zu Mehrverbrauch.

■ Höherer Rollwiderstand durch Schnee und Matsch.

**Wagenursachen**

■ Hohe Belastung des Fahrzeugs. 100 kg Zuladung kosten etwa ½ bis 1 Liter mehr Treibstoff.

■ Zu niedriger Reifendruck erhöht den Rollwiderstand. Bei hoher Belastung oder Langstreckenfahrt Luftdruck gegebenenfalls erhöhen.

■ Zu knappes Radlagerspiel oder schleifende Bremsbeläge machen die Räder schwergängig. Handbremse muß völlig gelöst und richtig eingestellt sein.

■ Vorderräder nicht richtig eingestellt. Erkennbar an ungleichmäßigem Reifenverschleiß und unruhiger Lenkung.

■ M+S-Reifen erhöhen den Rollwiderstand.

**Motorursachen**

■ Ein neuer Motor braucht je nach Betriebsbedingungen bis zu 5000 km, bis er völlig frei ist und die günstigsten Leistungs- und Verbrauchswerte erreicht.

■ Verschmutztes Luftfilter behindert das Ansaugen von Luft.

■ Zündung nicht in Ordnung: Zündzeitpunkt verstellen. Zündkerzen verschmutzt, locker oder Elektroden abgebrannt. Unterbrecherkontakte verbraucht. Siehe Kapitel „Zündanlage".

■ Störungen an Vergaser bzw. elektronischer Benzineinspritzung oder Kraftstoffpumpe.

■ Hoher Motorverschleiß. Ventile schließen nicht mehr völlig dicht, Ventilführungen ausgeschlagen; Kolben, Kolbenringe und Zylinder abgenutzt – mangelnde Kompression.

Wenn Sie den Motor bei Langstreckenfahrt nicht mit Vollgas, sondern lediglich mit dreiviertel durchgetretenem Gaspedal fahren, sinkt der Verbrauch um knapp 2 Liter/100 km. Einen weiteren Liter Benzin können Sie sparen, wenn Sie das Gaspedal nur zu zwei Dritteln durchtreten.

**Weitere Sparmaßnahmen**

Der günstigste Kraftstoffverbrauch eines Motors liegt im Bereich des größten Drehmomentes (= höchste Durchzugskraft bei bester Zylinderfüllung). Für die 68-PS-Motoren lauten die entsprechenden Drehzahlen 2500–3300 U/min, für die 80-PS-Motoren 2400–3200 U/min und für die 75- und 85-PS-Motoren 3000–3900 U/min. Diese Drehzahlen ergeben in den einzelnen Gängen für die 68- und 80-PS-Motoren bzw. für die 75- und 85-PS-Motoren folgende Geschwindigkeiten: Im 1. Gang 20–27 km/h bzw. 24–30 km/h; im 2. Gang 36 bis 47 km/h bzw. 42–55 km/h; im 3. Gang 54–72 km/h bzw. 64–83 km/h; im 4. Gang 75–100 km/h bzw. 90–115 km/h.

## Die Höchstgeschwindigkeit

Heiß und leidenschaftlich diskutieren Autofahrer oft über die Spitzengeschwindigkeit, die ihr Wagen erreicht. Manche erreichen Geschwindigkeiten, die sogar erheblich über den Werksangaben liegen. Was ist von solchen Werten zu halten? Zwar darf ein Serienmotor bis zu 5 % in der Leistung nach oben und nach unten streuen – mehr ist aber keinesfalls drin. Was Sie an Stammtischen als Höchstgeschwindigkeit zu hören bekommen, beruht wohl immer auf Tachometerangaben. Ein Tachometer darf in den oberen beiden Dritteln bis zu 7 % mehr als die tatsächliche Geschwindigkeit anzeigen – so erlaubt es sogar der Gesetzgeber. 160 km/h auf dem Tacho sind tatsächlich meist nur echte 150 km/h.

Sie können die Tachovoreilung auf einer ebenen, mäßig befahrenen Autobahnstrecke nachprüfen. Voraussetzungen: Beifahrer(in) mit Stoppuhr, notfalls Armbanduhr mit Sekundenzeiger. Bei Vollgas die Zeit für einen Kilometer messen lassen. Die Tachonadel darf dabei nicht mehr ansteigen, was einen kilometerlangen Anlauf bedingt (Fenster und Schiebedach schließen). Auf dem Mittelstreifen sind Kilometersteine in 500-m-Abständen vorhanden, außerdem blaue Tafeln am Randstreifen der Autobahn. Absolut genaue Meßergebnisse erhalten Sie aus dem Mittelwert mehrerer Stoppungen in Hin- und Rückfahrt. Dabei werden Windeinflüsse und geringfügige Steigungen bzw. Gefälle ausgeglichen. 3600 (Sekunden = 1 Stunde) dividiert durch die gestoppte Zeit (in Sekunden) ergibt die tatsächliche Geschwindigkeit in Kilometern pro Stunde.

Auf die gleiche Weise kann man eine Eichtabelle zusammenstellen für die Geschwindigkeiten, die auf Strecken mit Tempobeschränkungen am häufigsten vorkommen. Sie können dann am Tachometer Ihres Wagens an den entsprechenden Stellen kleine Markierungen auf das Instrumentenglas kleben.

Übrigens spielen auch noch die Reifen bei der Tachoanzeige eine Rolle. Wenn das Profil auf den Reifen immer dünner wird, wird auch der pro Radumdrehung zurückgelegte Weg des Reifens ein wenig kürzer. Da das Tachometer eigentlich nur die Radumdrehungen zählen kann, wird der Wagen bei abgefahrenen Reifen laut Tacho etwas schneller, aber nur scheinbar!

**Fingerzeig:** *Wer seinen VW auf breitere Bereifung umrüstet, sollte unbedingt das Tachometer nacheichen. Wird eine Limousine statt der serienmäßigen Reifen 155 SR 15 mit den breiteren 165 SR 15 ausgestattet, ist der Einbau des Variant-Tachometers (erkenntlich an der W-Kennziffer 982 in der Tachoskala) besser, aber auch recht teuer, denn dieses Tachometer kostet neu knapp 150 DM.*

# Verachtet mir die Meister nicht

Auch wenn Ihrem VW 411/412 überdurchschnittlich viel Pflege und Aufmerksamkeit zuteil wird, so läßt es sich doch nicht vermeiden, daß eines Tages ein Besuch in der Werkstatt notwendig wird. Das kann einerseits eine Diagnose sein, zu der wir auf jeden Fall raten, denn dabei erfahren Sie für relativ wenig Geld, wie es um den Zustand Ihres Fahrzeugs bestellt ist. Andererseits können dies Reparaturen sein, zu denen Spezialwerkzeuge und fachliches Können erforderlich sind. Wir denken dabei speziell an Arbeiten an der Lenkung und an der Bremsanlage, die aus Gründen der allgemeinen Verkehrssicherheit der Werkstatt überlassen bleiben sollten.
Mancher Wagenbesitzer steht nun mit einem etwas flauen Gefühl im Magen vor der Werkstatt und fragt sich: Wie verhalte ich mich am besten? Und: Was muß ich für die geleistete Arbeit hinterher bezahlen?

## Umgang mit der Werkstatt

Innerhalb der Garantiezeit des neuen Autos – bei VW beträgt sie 10 000 km oder ein halbes Jahr – wird man normalerweise jene Werkstatt aufsuchen, bei der man seinen Wagen gekauft hat. Klug war, wer sich vor dem Kauf nach dem Ruf der umliegenden VW-Vertretungen erkundigt und dort sein Fahrzeug erworben hat, wo man danach auch noch gerne gesehen und vor allem gut bedient wird. Da sich aber gute Werkstätten schnell herumsprechen, sind sie oft überlastet. Selbst der hilfsbereiteste Werkstattchef kann dann die Wünsche eines Kunden nicht so schnell erfüllen, wie dieser sich das erhofft. Zur Entschärfung der Probleme deshalb einige Ratschläge:

- Wartungsdienste und voraussehbare Reparaturen möglichst früh persönlich oder telefonisch anmelden und Termin vereinbaren.
- Morgens zwischen 7 und 8 Uhr vorfahren; zu dieser Zeit werden die Arbeiten für den Tag eingeteilt. Notfalls am Vorabend hinfahren.
- Ganz klaren Reparaturauftrag geben (dieses Buch soll dabei helfen). Defektes Teil reparieren oder durch neues ersetzen? Ölwechsel ja oder nein? Zündkerzenwechsel ja oder nein – erfolgt sonst automatisch nach Werksempfehlung (alle 20 000 km).
- Eigene Telefonnummer hinterlassen. Wichtig für Rückfragen wegen zusätzlicher Arbeiten, die der Werkstatt notwendig erscheinen. Sie können weitere Reparaturen ablehnen (ausgenommen jene, die die Verkehrssicherheit betreffen).
- Lassen Sie sich vor größeren Arbeiten einen schriftlichen Kostenvoranschlag geben; auch wenn er manchmal extra bezahlt werden muß.
- Ausgebaute oder ersetzte Teile wandern auf den Schrotthaufen. (Rückgabe-Austauschteile natürlich ausgenommen). Lassen Sie auf dem Auftrag vermerken, daß man die defekten Teile in den Kofferraum legt oder zur Hand hält. Dadurch haben Sie eine gewisse Kontrolle der Werkstattarbeit.
- Wenn Sie anderer Meinung sind als die Leute von der Werkstatt, dann hilft

ein sachliches Gespräch mit dem Werkstattleiter mehr als Meckern an der falschen Stelle. Lassen Sie sich die Sachlage so erklären, daß Sie sie als Laie verstehen.

■ Auch bei Reparaturen haben Sie Garantieansprüche, wenn die Arbeit unsachgemäß erledigt wurde oder sich ein Materialfehler herausstellt. Branchenüblich für die Werkstätten ist eine Reparatur-Garantie von 8 Wochen bzw. 3000 Kilometer, je nachdem, was früher abgelaufen ist. Wußten Sie das? Bei der Nachreparatur haben Sie in diesem Falle allenfalls das zu bezahlen, was sich als zusätzlich erforderliche Instandsetzung herausstellt.

■ Bei grober Fahrlässigkeit der Werkstatt haben Sie sogar Anspruch auf Schadenersatz, falls Ihnen etwa kurz nach Verlassen der Werkstatt z. B. ein nachlässig montiertes Rad verlorengeht und dadurch ein Unfall passiert.

■ Bei Abnahme des reparierten Wagens sollten Sie noch auf dem Werkstatthof möglichst viele Funktionen Ihres Wagens prüfen und auch versuchen, ein kleines Stück hin und her zu fahren. Solange Sie noch im Bereich der Werkstatt sind, lassen sich Beanstandungen aller Art besser und überzeugender anbringen – einschließlich des eventuell notwendigen Hinweises, daß ein nachlässiger Monteur Ihnen die Polster mit Fett verschmiert habe – als an einem der folgenden Tage, wenn der Werkstattmann sich auf den Standpunkt stellen kann, das sei erst nach Verlassen der Werkstatt passiert.

■ Wenn Sie größeren Ärger mit der Werkstatt haben, können Sie sich an die nächstgelegene Schiedsstelle wenden. Ein Anschriftenverzeichnis ist vom Zentralverband des Kraftfahrzeughandwerks, 53 Bonn 1, Kaiserplatz 18, von der Kfz-Innung, von der Industrie- und Handelskammer, von den Automobilclubs oder von der DAT erhältlich.

■ Unterwegs sollten Sie immer einen kleinen Block und Bleistift mit sich führen, damit Sie nicht vergessen, was Sie der Werkstatt noch mitteilen wollten.

## Die Frage nach den Kosten

Viele Autofahrer scheuen sich, den Kundendienstberater nach den Kosten einer Reparatur zu fragen; das haben wir immer wieder beobachtet. Meist wollen sie ihre Unkenntnis nicht eingestehen. Dabei kann man von einem Laien unmöglich erwarten, daß er z. B. die Kosten für den Einbau einer Kupplung kennt. Lassen Sie sich bei der Auftragserteilung nichts Unverständliches erklären, um dann einen Blankcauftrag mit den Worten „alles Nötige reparieren" zu geben. Es gibt „geschäftstüchtige" Werkstätten, die dann den halben Wagen erneuern. Weisen Sie auch ruhig eifrig angebotene Arbeiten ab, die Sie gut selbst erledigen wollen und können – so sparen Sie manche Mark.

Vor größeren Reparaturen sollten Sie sich unbedingt einen schriftlichen Kostenvoranschlag geben lassen, denn der Betrag, den der Meister über den Daumen gepeilt hat, kann auf der Rechnung wesentlich höher ausfallen. Es genügt beispielsweise schon, wenn neben die Arbeiten im Auftragszettel die entsprechenden Preise eingesetzt werden. Das ist bei Montagearbeiten kein Problem. Dabei darf nach Brauch der Branche ein solcher Kostenvoranschlag höchstens um 15 % überschritten werden (also statt 500,– DM Kostenvoranschlag dürfen auf der Rechnung auch 575,– DM erscheinen, wohlgemerkt plus Mehrwertsteuer), ohne daß Sie vorher um Zustimmung gefragt zu werden brauchen. Was darüber liegt, darf nur nach Rückfrage bei Ihnen ausgeführt werden und hinterher auf der Rechnung stehen. Deshalb sollten Sie unbedingt Ihre Telefonnummer oder zumindest Ihre Anschrift hinterlassen.

Wenn der VW 411/412 mit zerkratschtem Blech eingeliefert wurde, ist ein

Kostenvoranschlag schwerer anzufertigen, besonders wenn es sich um einen erheblichen Schaden handelt. Die Karosserie ist nämlich nicht mehr wie beim Käfer auf einen Plattformrahmen aufgeschraubt, sondern mit dem aus Längs- und Querprofilen bestehenden Boden verschweißt. An eine solche selbsttragende Karosserie werden die Räder praktisch nur „angehängt".
Bei einem Unfall kann nun, wie der Fachmann sagt, der „Rahmen verzogen" sein. Das stellt sich meist erst beim Vermessen heraus. In diesem Fall werden beispielsweise zusätzliche Reparaturen erforderlich, die Sie aus Gründen der Verkehrssicherheit nicht ablehnen können. (Sie müssen trotzdem vorher gefragt werden). Verweigern Sie jedoch solche Instandsetzungen, müßte die Werkstatt eigentlich der Polizei Ihren Wagen als verkehrsunsicher melden. Bevor es dazu kommt, findet bisweilen erst ein gepflegter Krach zwischen Autobesitzer und Werkstattchef statt.

## Handwerk will bezahlt sein

Für die VW-Werkstatt ist es kein Problem, den Preis für eine Arbeitsleistung herauszusuchen, denn sie besitzt ein umfangreiches Buch, in dem die Kosten für alle vorkommenden Reparatur- und Wartungsarbeiten verzeichnet sind. Diese Endpreise wurden aber nicht vom Volkswagenwerk festgelegt, sondern in Wolfsburg hat man zu allen Arbeiten nur den notwendigen Zeitaufwand ermittelt, den eine mittelgroße, gut ausgestattete VW-Werkstatt dazu benötigt. Der Zeitaufwand wurde in sogenannte Zeiteinheiten (ZE) festgelegt, wobei 100 Zeiteinheiten einer Stunde entsprechen. Daran sind alle VW-Werkstätten gebunden, aber den Preis, den sie für je 100 Zeiteinheiten fordern, müssen sie selbst kalkulieren.
Dieser Stundenarbeitspreis enthält aber nicht nur den Stundenlohn für den an Ihrem Wagen beschäftigten Monteur, sondern auch einen entsprechenden Anteil der Unkosten des Werkstattinhabers, z. B. Angestelltengehälter, Gebäude- und Geräteabschreibung, Steuern, Versicherung, sonstige allgemeine Kosten und nicht zuletzt auch noch etwas Unternehmergewinn. So kann ein Werkstattbesitzer auf ererbtem Boden in der Kleinstadt mit wenig Personal seinen Stundenpreis bei rund 24 DM ansetzen, während der Inhaber einer modernst eingerichteten Großstadt-Werkstatt mit einem großen Personalstab für eine Stunde vielleicht 36 DM fordern muß.
Diesen selbst kalkulierten Stundenarbeitspreis hat nun jede VW-Werkstatt je 100 Zeiteinheiten gleichgesetzt und alle Preise des Buches entsprechend ausgerechnet und vom Volkswagenwerk überprüfen lassen. Für jede Arbeit hat eine Werkstatt ihre eigenen Festpreise, von denen seit 1973 vierzig in der Reparaturannahme ausgehängt sind. Sie können somit die Kosten für die gleiche Arbeit (z. B. Motor-Aus- und Einbau) in den verschiedenen VW-Werkstätten miteinander vergleichen und die günstigste aussuchen. Das lohnt sich besonders bei größeren Instandsetzungen. Allerdings sagt der Preis nichts über die Qualität der Arbeit aus. Das muß man selbst herausfinden.

## Ersatz- oder Austauschteile?

Ihr VW 411/412 besteht aus vielen tausend Einzelteilen. Die meisten davon sind – leider, leider – zum Verschleiß bestimmt. Ist es soweit, kann man das Stück neu als Ersatzteil kaufen. Aber vielfach kommt man preiswerter mit Austauschteilen davon. Das sind gebrauchte Teile, die im VW-Ersatzteilwerk in Kassel überprüft und aufgearbeitet wurden und damit praktisch neuwertig sind. Auf diese VW-Austauschteile erhalten Sie ebenso 6 Monate bzw. 10 000 km Garantie wie bei neuen Ersatzteilen. Es lohnt sich also zu fragen, ob es das defekte Stück auch als Austauschteil gibt.

Geld läßt sich sparen, wenn man statt eines Neuteils bei einer Autoverwertung ein gebrauchtes Ersatzteil erwirbt, z. B. eine Stoßstange oder eine Tür. Wer dort Felgen für die Winterreifen kauft, sollte unbedingt darauf achten, daß diese keine Spuren von Bordsteinberührungen zeigen.

Trotzdem ist die Entscheidung zwischen Austausch und Reparatur nicht immer einfach. Ein Austauschmotor wird z. B. in der Regel erforderlich, wenn die Laufzeit schon auf die 100 000 km zugeht und die Motorleistung aus irgendeinem Grunde dürftig geworden oder gänzlich abhanden gekommen ist. Dann hat es keinen Sinn mehr, einzelne Kolben oder Kolbenringe zu ersetzen. Ist aber bei km-Stand 60 000 ein Ventilschaft oder die Nockenwelle gebrochen, läßt man den Motor billiger reparieren – damit wird er es voraussichtlich noch eine Weile aushalten.

## Billige Ersatzteile vom Schrottplatz

Wer sehr genau mit seinem Geld rechnen muß und auch über einige handwerkliche Fähigkeiten verfügt, hat vielleicht schon erkannt, daß der Einbau von Gebrauchtteilen von einer Autoverwertung sich lohnen kann. Das können Scheinwerfer, Kotflügel, Türen, Scheiben oder auch ein Getriebe oder ein Motor sein. Letzterer muß aber in die Fahrzeugpapiere eingetragen werden. Dazu verlangt der TÜV eine Bescheinigung über den Hubraum und die PS-Zahl des Motors. Der dazugehörige Kraftfahrzeugbrief genügt allerdings auch. Fahrzeuge ab Modelljahr 1972 sind gemäß den bestehenden Abgasbestimmungen ausgerüstet. Wird in einen solchen Wagen ein älterer Motor eingebaut, so muß er entsprechend umgerüstet werden.

## Neuwagen-Garantie

Eine Menge Kleingedrucktes hing hinten an dem Kaufvertrag, den Sie zum Erwerb Ihres neuen VW unterschrieben hatten. Natürlich haben Sie das alles ganz genau gelesen – oder? Hoffentlich sind Sie dann klaglos über das „Allgemeine", den Preis, die Zahlungs-, Liefer- und Übernahmebedingungen, gekommen. Falls nun Ihr VW 412 noch im jugendfrischen Alter unter 6 Monaten steht und auch noch keine 10 000 km auf dem Zähler hat, bleibt der Abschnitt Gewährleistung für Sie interessant.

### Gewährleistung

Ersatzleistungen werden vom Volkswagenwerk „nach dem jeweiligen Stand der Technik", wie es so dehnbar heißt, vorgenommen, natürlich nur, wenn die bewußten 10 000 km oder das halbe Jahr noch nicht überschritten sind.
Diese Gewährleistung kann sich auf Instandsetzungsarbeiten oder auf Ersatzlieferung von Teilen erstrecken, und zwar immer nur dann, wenn Fehler oder Schäden im Material oder in der Herstellung aufgetreten sind.
Für die Reifen, die Elektroteile und die Batterie übernimmt das Werk keine Garantie. Man muß sich bei Schäden an diesen Teilen über seinen VW-Händler an den betreffenden Hersteller wenden. Bricht beispielsweise bei einem

Reifen der Unterbau – in der Fachsprache Karkasse – oder löst sich die Lauffläche teilweise ab, dann ersetzt die Reifenfirma nur den Prozentwert, den der Reifen bei normalem Abrieb noch hätte.

**Garantie-Ausschlüsse**

Verschiedene Gründe können dazu führen, daß der Anspruch auf Gewährleistung erlischt. Dies sind zum Beispiel: Unsachgemäße Behandlung – wenn also die Bedienungsanleitung nicht beachtet wurde, Einbau fremder Teile und leistungssteigernder Anlagen, Veränderungen von nicht autorisierten Werkstätten und Übergehen der Wartungsvorschriften. Schon deshalb wird man auch den Wartungsdienst bei Kilometerstand 1000 und den Schmierdienst bei 5000 km termingerecht bei einer VW-Werkstatt vornehmen lassen.

**Schadenersatz**

Sollten Sie das Pech haben, daß ein Teil an Ihrem VW bricht und der Wagen auf einen Baum prallt oder gar einen anderen Verkehrsteilnehmer rammt, werden Ihnen nicht etwa die gesamte Reparatur und die sonst noch entstandenen Kosten (Abschleppgebühren, Einkommenseinbußen usw.) erstattet. Das Herstellerwerk ist nur zum Ersatz des schadhaften Teiles verpflichtet. Den angerichteten Schaden regelt Ihre Haftpflichtversicherung, Ihre übrigen Aufwendungen müssen Sie selbst tragen.
Das ist eine juristisch fein formulierte Einschränkung der gesetzlichen Haftpflicht in den Garantieleistungsbedingungen. In letzter Zeit kamen Bestrebungen in Gang, einen Kraftfahrzeughersteller auch für die Folgeschäden verantwortlich zu machen, die durch einen ausgesprochenen Konstruktionsfehler aufgetreten sind.
Hat Ihre VW-Werkstatt den Schaden behoben, dann wird sie zuerst von Ihnen Geld verlangen, und zwar in voller Höhe, als hätten Sie überhaupt keinen Anspruch. Über diesen entscheidet nämlich nicht die Werkstatt, sondern der Großhändler oder das Werk. Erst wenn dort Ihr Antrag bearbeitet wurde, erhalten Sie den entsprechenden Betrag gutgeschrieben oder zurückerstattet.

**Kulanzgewährung**

Das liest sich alles sehr hart und wenig kundenfreundlich. Trotzdem brauchen Sie nicht zu verzweifeln, wenn Sie ohne Schuld draufzahlen mußten. Dagegen haben die Automobilwerke – als Trostpflaster sozusagen – die Kulanz vorgesehen. So können Sie zum Beispiel damit rechnen, daß bei einem eindeutigen Garantiefall der Vertragshändler Ihnen den Rechnungsbetrag stundet, bis über den Antrag entschieden worden ist. Bei einem offensichtlichen Materialfehler wird auch die obere Grenze von 6 Monaten bzw. 10 000 km nicht so genau genommen, wenn kein Ermessensfall vorliegt.
Schäden, die nicht im Lauf der Garantiezeit beseitigt werden können (z. B. ungewöhnliche Geräusche aus Motor und Getriebe oder Lackunterrostungen), sollten Sie vor Ablauf der Frist schriftlich festhalten. Das kann durch einen Brief an die Werkstatt oder auch an das Werk geschehen und hilft für den Fall, daß sich ein „harmloses" Geräusch z. B. als Getriebeschaden herausstellt.
Tritt ein Defekt erst nach Ablauf der offiziellen Garantiezeit auf, so hängt es nicht zuletzt von Ihrem persönlichen Verhandlungsgeschick ab, ob Sie zumindest einen Teil der Kosten erstattet bekommen. Polterndes Auftreten ist weniger erfolgreich als zähe Liebenswürdigkeit. Der VW-Händler wird sich auch stärker für Sie einsetzen, wenn Sie ihm zu erkennen geben, daß Sie sich wieder einen Volkswagen zulegen wollen, wenn der jetzige verkauft oder verbraucht ist. Sie brauchen also keineswegs die Hoffnung zu verlieren, wenn bei Kilometerstand 19 000 das Getriebe seinen Dienst versagt.

# Zum Zugreifen

Was dem VW an Bordwerkzeug mit auf den Weg gegeben wurde, kann nach Art und Qualität nicht überwältigen; aber bei der Konkurrenz sieht es auf diesem Gebiet oft noch wesentlich trostloser aus. Zumindest Radwechseln und einigen sonstigen Kleinigkeiten können Sie mit dem Bordwerkzeug getrost ins Auge sehen. Was die Werkzeugtasche enthält, zeigt unser Bild unten. Wer sich aber ernsthaft mit seinem Auto beschäftigen will, kommt nicht umhin, sich ein Sortiment guten Werkzeugs anzuschaffen.

## Empfehlenswerte Grundausrüstung

Bei dem Kauf von neuem Werkzeug sollte man auf erstklassige Qualität besonders achten. Denn nur mit wirklich gutem Werkzeug läßt sich leicht und zuverlässig arbeiten. Ein Werkmeister kann zur Not auch mit schlechtem Gerät hantieren – er weiß sich zu helfen. Aber ein Heimwerker, der den Umgang mit Werkzeug nur nebenbei und ungelernt betreibt, ist mit schlechten Schraubenziehern schnell am Ende seiner Kunst.

Aber gutes Werkzeug ist nicht billig. Deshalb ist es wichtig, sein Geld zweckmäßig anzulegen und nicht aufs Geratewohl draufloszukaufen. Denn in ganzen Werkzeugsätzen oder in manchem anderen, in Bausch und Bogen gekauften Werkzeugen wird vieles nie benötigt; dagegen ist für Ihren VW verschiedenes Spezialwerkzeug brauchbar, das man in allgemeinen Werkzeugsätzen nicht findet. Das gleiche gilt für fertige „Herrenfahrer"-Werkzeugsätze, ihre Zusammenstellung ist zu allgemein.

Wesentliche Arbeiten lassen sich am VW ausführen, wenn man den heimischen Werkzeugschrank mit einer Ausrüstung auffüllt, wie sie sich aus der folgenden Liste ergibt. In den einzelnen Kapiteln ist die Verwendungsmöglichkeit der Werkzeuge erläutert, wonach entschieden werden kann, was man selbst ausführen möchte. Wenn Sie das Motoröl nicht selbst wechseln wollen, dann können Sie sich die Anschaffung eines Ringschlüssels SW 19 sparen.

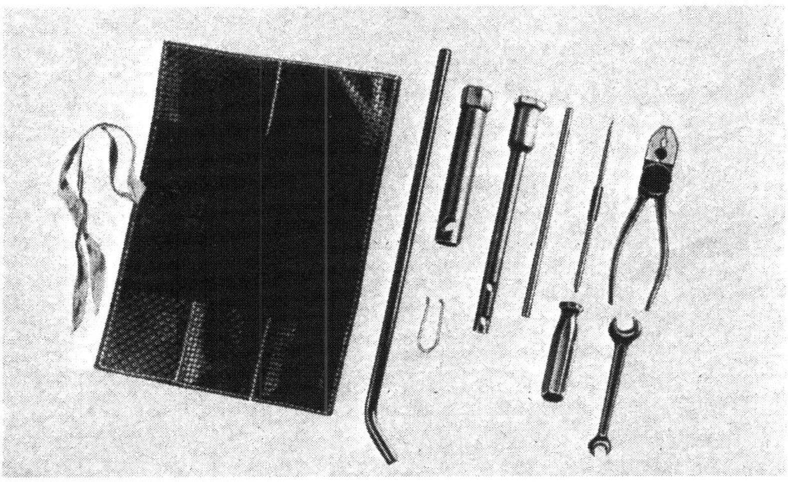

Trotz kargem Umfang und mäßiger Qualität läßt sich mit dem Bordwerkzeug manch kleine Reparatur am VW erledigen. Seit August 1972 sind allerdings die Kombizange und der Zündkerzenschlüssel mit Dorn nicht mehr enthalten.

**Was kaufen?**

1 Satz Doppel-Gabelschlüssel 8 x 9, 10 x 11, 13 x 14
1 Satz Ringschlüssel 10 x 11, 13 x 14, 17 x 19, 21 x 22
2 Gabel-Ringschlüssel SW 10, 13
1 Rohrsteckschlüssel 8 x 10
1 Ölfilterschlüssel (Hazet Nr. 2596)
4 Inbusschlüssel SW 4, 6, 8, 17
1 Innenvielzahnschlüssel XZN M 8
2 Schraubenzieher für Querschlitzschrauben, Größen 2 und 6
2 Schraubenzieher für Kreuzschlitzschrauben, verschiedene Größen
1 Schraubenzieher für Querschlitzschrauben, kurzer kräftiger Griff
1 Rohrzange, 240 mm lang
1 Quetsch-Kombizange (Firma Brunsmeier; siehe Bild rechts oben)
1 Seitenschneider
1 Schlosserhammer, 300 g
1 Fühlerblattlehre, 0,15 bis 0,70 mm
1 Flach- und 1 Kreuzmeißel
1 Körner
1 Durchschläger, 3 mm
1 Satz Schlüsselfeilen, flach, dreikant und rund
1 Zündkerzenschlüssel SW 21
1 Radmutternschlüssel SW 19

## Bedeutung der Größenangaben

Beispielsweise heißt es bei einem Schraubenschlüssel: SW 10 oder 13 x 14. Natürlich müssen Sie wissen, was das bedeutet; es ist schnell erklärt: Bei uns in Deutschland, wie in Frankreich und vielen anderen Ländern, werden Maschinenteile und Werkzeuge in der Regel nach dem metrischen Maß-System gemessen. In manchen Fällen ist jedoch auch noch das amerikanische oder englische Maß-System üblich. Im metrischen System werden alle Größen natürlich in Zentimeter und Millimeter angegeben, im amerikanischen Maß-System in Zoll. Das Kennzeichen für Zoll ist ein oben an der betreffenden Zahl stehendes Gänsefüßchen ("). 1 Zoll (") entspricht 25,4 mm. Zumeist kann man schon an den Zahlen selbst erkennen, welchem System sie zuzuordnen sind, denn Zollangaben werden in der Regel mit Bruchstrichen geschrieben, also etwa $2^1/_4$" (= 37,5 mm), während metrische Angaben mit Komma oder vollständig in Millimetern ausgedrückt werden.

Bei Schraubenmuttern mißt man den Abstand der sich gegenüberliegenden Flanken in Millimeter oder Zoll und schreibt auf den passenden Schraubenschlüssel die entsprechende Schlüsselweite (Kurzbezeichnung SW). Ein Dop-

**Mit dieser Werkzeugausstattung läßt sich schon einiges am VW erledigen. In der oberen Reihe (von links): 2 Steckschlüsseleinsätze, daneben ein Zündkerzenschlüssel; dann eine Knarre für Steckeinsätze, Isolierband und ein Schlauch zum Benzinabzapfen. In der Reihe darunter ein Halter für Steckeinsätze. Gabel- und Ringschlüssel, ein Schlüssel für Inbusschrauben, verschiedene Zangen, Kreuz- und Querschlitzschraubenzieher, davon einer mit Prüflampe, sowie ein Hammer. Links unten eine Fühlerblattlehre, wie man sie zum Einstellen des Ventilspiels und des Unterbrecherkontaktabstandes benötigt. Die unterlegte Wickeltasche wurde aus starkem Leinen selbst genäht.**

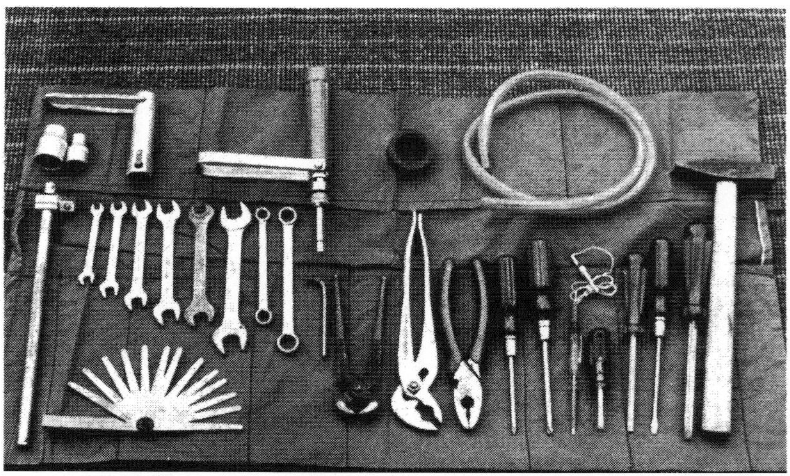

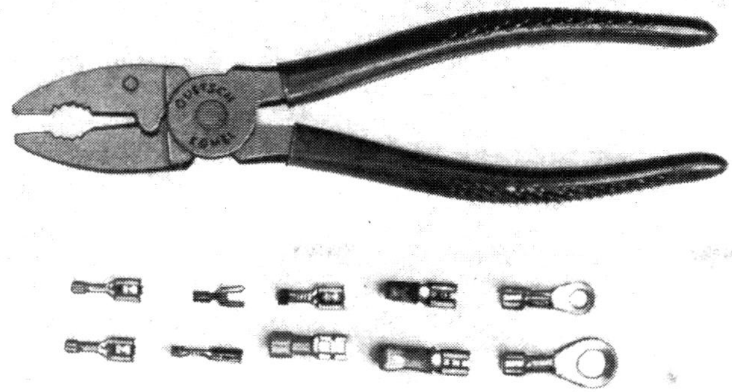

Die elektrischen Anschlüsse im VW sind nicht mehr geschraubt, sondern gesteckt. Wer an seinem Wagen entsprechende Reparaturen oder Einbauten vornehmen will, muß mit diesen Steckklemmen richtig umgehen können. Behelfsmäßig lassen sich die Kabel mit einer stumpfgefeilten Kneifzange anklemmen. Besser ist eine Spezialzange in der abgebildeten Art, die von der Firma Brunsmeier, 6 Frankfurt, Humboldtstraße 5 recht preisgünstig angeboten wird.

pelgabelschlüssel – man nennt ihn auch vielfach Maulschlüssel – mit der Bezeichnung 9 x 10 hat also eine Gabel für eine 9 mm breite und am anderen Ende für eine 10 mm breite Schraube. Da bei VW alle Schrauben in Millimeter gemessen werden, kommen Schraubenschlüssel mit Zollangaben nicht in Frage. Auch geschenkte „englische" Schlüssel soll man nicht benutzen, sie passen nicht genau und man beschädigt sich damit nur die Flanken der Schrauben.

Bei älteren Modellen wird zum Keilriemenspannen ein Innenvielzahn-Steckschlüssel benötigt. Die Größe der innenverzahnten Einsteckóffnung richtet sich nach der Größe des Schraubengewindes, das bei dieser sogenannten XZN-Schraube ebenfalls metrisch ist. M 8 bedeutet also, daß der Durchmesser des Schraubengewindes 8 mm beträgt.

## Welches Werkzeug zu welchem Zweck?

Am häufigsten benötigt man am VW die Schlüsselweiten 10 und 13, aber wie Sie aus der Liste ersehen können, braucht man auch noch eine ganze Reihe anderer Schlüssel. Die meistgebrauchten Schlüssel kauft man am besten mehrmals, auch in unterschiedlicher Ausführung als Gabel-, Ring- und Steckschlüssel, wie sie unser Bild zeigt. Den zweiten Schlüssel gleicher Schlüsselweite braucht man gelegentlich zum Gegenhalten bei Kontermuttern (das sind zwei fest gegeneinander verschraubte Muttern auf einem Gewinde zum Schutz gegen ungewolltes Lockern).

Ringschlüssel kauft man am besten in der flach bzw. hoch gekröpften Form, wie sie unser Werkzeugbild zeigt. Die Ringe sind dabei seitlich zum Halteschaft versetzt, so daß man damit auch an Schrauben und Muttern kommt, die sich mit einem Gabelschlüssel nicht greifen lassen. Ringschlüssel sind auch allgemein besser und intensiver zu handhaben, denn ihre Zwölfkant-Form übt auf alle 6 Kanten der Schraube gleichzeitig Druck aus, während der Gabel- oder Maulschlüssel, wie man diese Sorte auch nennt, eine Schraube nur an zwei einander gegenüberliegenden Flanken angreifen kann, somit bei festgerosteten Teilen eher abgleitet.

Wer selbst Ölwechsel vornehmen will, kann sich auch den Spezial-Ölwechselschlüssel mit Innensechskant SW 17 und Ring SW 19 kaufen und sich die Anschaffung des Inbus SW 17 sparen und an Stelle der Ringschlüssel 17 x 19 und 21 x 22 einen Ringschlüssel 17 x 22 anschaffen.

Unser Sortiment nennt fünf verschiedene Schraubenzieher. Sie können sich stattdessen auch einen Einsteck-Werkzeugsatz mit entsprechend verschiedenen Einsteck-Klingen für Querschlitz- und Kreuzschlitzschrauben kaufen. Sie

sind alle notwendig, denn allein die elektrische Anlage hat beide Schraubenarten in verschiedenen Größen. Der kurze Schraubenzieher mit 3 mm breiter Klinge für Querschlitzschrauben und dickem Griff ist besonders für stramm angezogene Schrauben an Vergaser und Stromanlage wichtig. Rohrzange, Kombizange und der Seitenschneider zum Abkneifen von Kabeln dienen als allgemeine Hilfswerkzeuge, ebenso Hammer, Meißel, Körner und die feinen Feilen in verschiedenen Ausführungen. Die Fühlerblattlehre wird zum Ventileinstellen, Messen des Elektrodenabstandes der Zündkerzen und der Unterbrecherkontakte gebraucht. Für die Zündkerzen braucht man einen Zündkerzenschlüssel, der für die tief im Motorblock steckenden Zündkerzen einen langen Schaft haben sollte.
Überlegen Sie sich also vor dem Werkzeugkauf, ob Sie diese oder jene Arbeit überhaupt selbst machen wollen. Wer nicht selbst nach dem Getriebeölstand schauen will, benötigt auch nicht den Inbusschlüssel SW 17, und wer das Ölfilter nicht selbst wechseln will, kann auf den speziellen Ölfilterschlüssel verzichten.

**Ergänzung nach Wunsch**

Natürlich kann man die Werkzeugausrüstung noch mehr vervollständigen, was recht kostspielig werden mag. Andere Gabelschlüssel als die bisher genannten sind nicht notwendig, aber die Ergänzung des Ringschlüssel-Sortiments führt zu mehr Freude bei der Arbeit. Noch universeller lassen sich Steckschlüssel mit Zwölfkant-Einsätzen (sogenannte „Nüsse") handhaben, weil man sie auf sechskantigen Schrauben vielseitig versetzen und bei geringem Bewegungsraum über ein dazugehöriges Gelenkstück abgewinkelt bewegen kann. Zu solch einem Schlüsselkasten gehören Gelenkgriff mit verschiebbarem Querhebel, Verlängerungsstücke und eine Knarre (Hebel mit Drehsperre, den man nicht absetzen braucht), alle Teile lassen sich über Vierkant-Verbindungen ineinanderstecken.
Der Wunsch nach weiterem Werkzeug wird dem inzwischen auf den Geschmack gekommenen Heimwerker beim Besuch einer Werkstatt oder bei Bekannten sicher sein. Sie können Ihre Hobby-Werkstatt mit einem Drehmomentschlüssel vergrößern, können eine Bohrmaschine und Gewindeschneider anschaffen und schließlich einen Werkzeugschrank aufstellen, der selbst einen Werkstattbesitzer vor Neid erblassen läßt. Vorschläge wären hier fehl am Platze, denn die Neigung eines jeden ist individuell.
Nur vor einer Werkzeugsorte wollen wir warnen: vor sogenanntem Universalwerkzeug, mit dem man beispielsweise – wir übertreiben nur wenig – zugleich Schrauben anziehen, Draht abkneifen, die Gartenhecke scheren, Nägel einklopfen und vielleicht noch Butterbrot schmieren können soll. Solches Werkzeug nützt in Wirklichkeit keinem seiner Zwecke wirklich richtig.

## Umgang mit Werkzeug

Pflegen Sie Ihr Werkzeug sorgsam und nutzen Sie es richtig aus, denn es hat – in den meisten Fällen – Ihr eigenes Geld gekostet. Jedes Stück wurde nur zu einem einzelnen Zweck geschaffen, daher benutzt man einen Schraubenzieher genausowenig als Meißel wie einen Kaugummi zum Radieren. Wer mit der Zange einer Schraube oder Mutter zuleibe rückt, ist ein Rohling ohne Erfolg: Vielleicht hat sich die Mutter gelöst, aber die Kanten der Zange haben die Ecken und Flanken der Befestigung derart beschädigt, daß später jeder Schraubenschlüssel abgleiten muß. Eine Zange ist zum Halten da, nur mit der Rohrzange darf, ihrem Namen gemäß, an Rohren und Wellen gedreht werden, aber auch nicht an Schrauben.
Schraubenzieher sollen eine gerade, aber nicht scharf geschliffene Klingen-

spitze haben, damit sie im Schraubenschlitz festen Halt findet, sich nicht herausdreht und den Schraubenkopf beschädigt. Mit einem Schleifstein kann man manches Werkzeug einsatzbereit halten, z. B. stumpfe Meißel schärfen, und er eignet sich auch zum Bearbeiten mancher Werkstücke.
Wie der Besteckkasten eines Arztes dessen Wirken erleichtert, hat ein Werkzeugkasten mit Griff den Vorteil, den Inhalt übersichtlich beisammenzuhalten. Anfangs kommt man sicherlich mit einem Holzkasten oder mit der Tischschublade aus. Um Ordnung zu haben, sollte man diese Behältnisse wenigstens mit Holzbrettchen unterteilen.

## Hilfsmittel für die Wagenpflege

In der Werkzeug-Grundausrüstung dürfen noch verschiedene Hilfsgeräte nicht vergessen werden, von denen wir einige nennen:

- Ölspritzkännchen
- Reifendruckprüfer
- Prüflampe
- Fensterleder, 1. Qualität
- Autoschwamm oder Waschhandschuh
- Waschpinsel ohne Metallfassung

In den diesbezüglichen Kapiteln ist beschrieben, wie diese Hilfsgeräte benutzt werden.

## Flüssige Hilfen

Im Regal an der Garagenwand, in welchem das Selbsthilfewerkzeug untergebracht ist, nehmen sich einige der modernen Sprühdosen ganz gut aus. Mit dem Rechenstift beurteilt, ist ihr Inhalt durch die aufwendige Aufmachung zwar recht teuer, da man aber als Selbstpfleger sowieso nur geringe Mengen braucht und auch die Handhabung der Spraydosen manche Arbeit sehr erleichtert, sind sie doch ganz praktisch.

### Rostlöser und Rostschutz

Als Lösemittel für starken Rost und festsitzende Schrauben haben sich beispielsweise „Caramba Expreß“ und „Multigliss“ von Molykote sehr bewährt. Man muß nur ein wenig Geduld haben und die Flüssigkeiten lange genug einwirken lassen (Frühstückspause derweilen machen), bevor man dann den Ringschraubenschlüssel ansetzt. Damit die solcherart locker gemachten Schrauben nicht wieder anrosten, diese mit einem graphitierten Öl (z. B. von BP, Aral, Rex, Pingo) bzw. Molybdän-Öl (z. B. „MoS2-Spray“ von Pingo oder „Liqui-Multi“ von Liqui-Moly) einsprühen.
Als Rostschutz für Teile, die man immer wieder benutzt, also vor allem für Werkzeuge, ist auch ein Hauch dieser graphitierten Öle oder Molybdän-Öle besser als Motoröl. Ebensogut ist ein Sprüher Chromschutzwachs bzw. Lackpflegewachs (beides von zahlreichen Herstellern) oder als Spezialmittel mit zusätzlicher Rostlösewirkung „Omnigliss“ von Molykote. Länger haltbaren

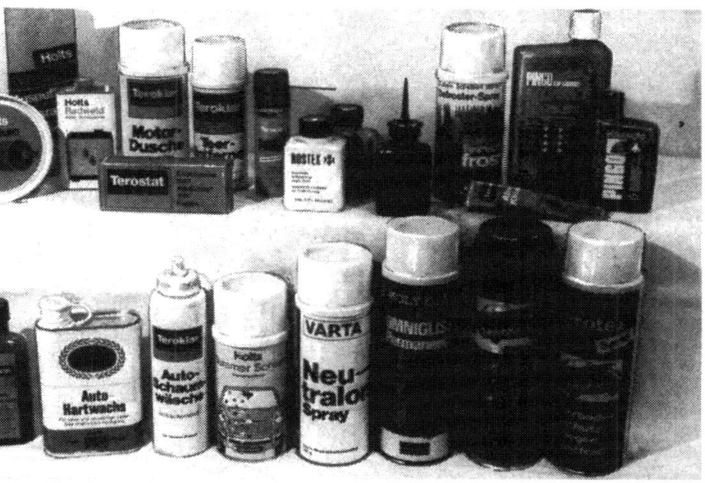


Für den Werterhalt Ihres VW bietet eine rührige Industrie eine Vielzahl von Pasten und Tinkturen an. Es ist nicht ganz leicht, das für den jeweiligen Zweck wirkungsvollste und schonendste Mittel herauszufinden. In diesem Buch erhalten Sie hierzu viele wertvolle Ratschläge. Wie diese flüssigen Hilfen angewendet werden, ist in den Kapiteln „Wagenwäsche“, „Lackpflege“ und „Winterschutz“ beschrieben.

Rostschutz bietet an Teilen, die man nicht so bald wieder handhabt (z. B. Gewindeschneidern oder Fahrzeugteilen) wachsartiges Unterbodenschutzmittel z. B. von Aral oder „Tectyl" von Valvoline. Diese wachsartigen Rostschutzmittel gibt es ebenfalls in Sprühflaschen, aber die damit behandelten Gegenstände sind natürlich klebrig.

**Rostumwandler**

Sehr gute Erfahrungen haben wir bei angerosteten Fahrwerksteilen, Fahrzeugböden usw. mit sogenannten Rostumwandlern (z. B. Bostik Antirost, Ferro-Bet von Dupli-Color, Aral Rostentferner usw.) gemacht. Das sind Flüssigkeiten auf Phosphorsäurebasis, die den Rost in Eisenphosphat umwandeln und dadurch weiteres Rosten hemmen. Dieses „Antirost" usw. muß auf die Roststellen satt aufgepinselt werden, braucht je nach Verrostung Stunden oder Tage, bis aller Rost in lichtgraues Eisenphosphat umgewandelt ist, und wird nach dem Austrocknen am besten mit Lackfarbe, Unterbodenschutz oder Lackpflegemittel übersprüht. Weniger brauchbar ist es auf der lackierten Außenhaut des Wagens, weil es durch seine starke Wirkung auch die dem Auge noch nicht erkennbaren Lackunterrostungen umwandelt und dabei den Lack rund um die Roststelle abhebt. Anders ist es jedoch, wenn anschließend die Schadenstelle lackiert werden soll. Dann bildet es einen rostsicheren Lackuntergrund.

Eine Sonderstellung unter den Rostumwandlern nimmt der „Rost Stop" von Pingo ein, der auf anderer chemischer Reaktion wirkt, aber stärkere Kriechfähigkeit in versteckte Ritzen hat, auch auf nassen Oberflächen verwendet werden kann und schon nach wenigen Stunden Weiterbehandlung der Roststelle verträgt, also Rostschutzüberzug oder Lackierung.

**Motorreiniger**

Sollen fettverschmierte Motorteile, die Innenseite der Felgen oder der ganze Motorraum gereinigt werden, dann gibt es hierzu, ebenfalls in Sprühdosen, spezielle Motor-Reiniger (besonders wirksam fanden wir den von Aral). Damit wird das betreffende Teil eingesprüht und nach wenigen Minuten mit Wasser abgespritzt oder mit dem Pinsel abgewaschen. Selbst die dicksten Fettkrusten lösen diese Kaltreiniger und geben dazu den Teilen noch Glanz. Fahrbenzin ist demgegenüber zur Motorreinigung gar nicht zu empfehlen. Nicht nur, weil nach dem Trocknen die Teile grau und unansehnlich sind, sondern vor allem, weil das Fahrbenzin Bleiverbindungen enthält, die giftig sind.

**Isolierspray**

Die zahlreichen Lackpflegemittel, Scheibenwaschwasserzusätze, Chromschutzmittel, Plastik-Reiniger usw. gehören eigentlich auch zu den „Flüssigen Hilfen". Ihnen sind die Kapitel „Lackpflege" und „Winterschutz" besonders gewidmet.

Wegen ihrer Bedeutung sollen hier jedoch noch die sogenannten „Isolier-Sprays" genannt werden, die bei Feuchtigkeitsstörungen in der Zündanlage so wirkungsvoll helfen, was aber unter den Autofahrern noch immer weithin unbekannt ist. Als Beispiele wären zu nennen „Aral Intact", „4 X Silikon-Spray" von Molykote, „CRC 5-56" und „LM Liqui Multi" von Liqui Moly oder „Zündspray" von Pingo. Ihre Wirkung: Das Isolierspray unterwandert auch die feinsten Feuchtigkeitströpfchen und unterbricht den durch die Feuchtigkeit bewirkten Kurzschluß, vor allem bei dem hochgespannten Zündstrom im Zündverteiler. Die hier genannten „4 X Silikon-Spray" und „LM Liqui Multi" sind übrigens noch vielseitiger als Pflegemittel für Gummiteile (Türdichtungen) und alle Isoliersprays verhindern auch nachhaltig das Einfrieren der Türschlösser.

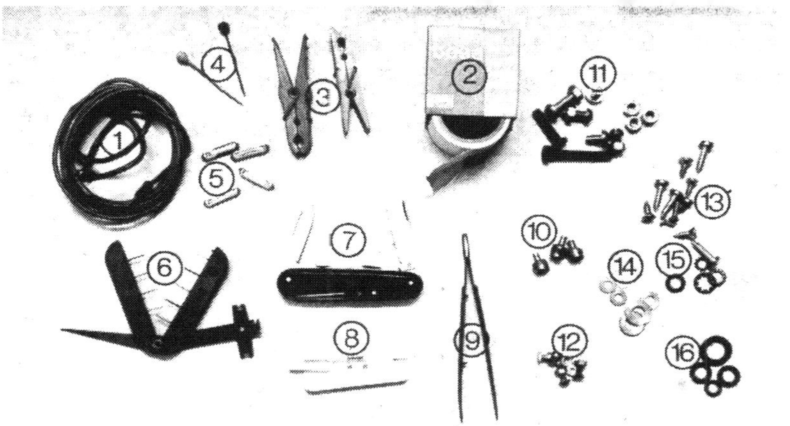


Wichtige Kleinigkeiten: 1 – isoliertes Kabel, 2 – Klebeband, 3 – Wäscheklammern, 4 – Nadeln, 5 – Sicherungen, 6 – Zündkerzen-Lehre, 7 – Taschenmesser, 8 – Profiltiefenmesser, 9 – Pinzette, 10 – Reifenventilkappen, 11, 12 – Schrauben und Muttern, 13 – Blechschrauben, 14 – Beilegscheiben, 15 – Zahnkranz-Unterlegscheiben, 16 – Sprengring-Unterlegscheiben.

## Hilfen unterwegs

Es soll Autofahrer geben, die fahren sorglos drauflos. In ihrem Wagen ist weder ein Reservekanister noch ein Abschleppseil zu finden, und im Ersatzreifen fehlt die Luft. Aus Furcht vor Pannen führen andere dagegen ein ganzes Arsenal von Werkzeugen mit. Der Mittelweg ist hier meist goldene Richtigkeit. Was man mitnehmen sollte, sei hier genannt; vielleicht dient es nur dazu, anderen hilflosen und unbekümmerten Autofahrern unterwegs zu helfen:

- Abschleppseil
- Alleskleber (Uhu-Plus)
- Auto-Apotheke (Pflicht)
- 1–2 m benzinfesten Schlauch
- Brettchen zum Unterlegen für Wagenheber
- 2 m Elektrokabel (Zündkabel)
- Ersatzglühlampen
- Klebeband
- Reservekanister
- Rolle Draht
- Sicherungen
- Warndreieck (Pflicht), Warnlampe
- Zündkerzen

## Ersatzteile bei Auslandsreisen

Obwohl man auch im Ausland in vielen Städten VW-Vertretungen findet, kann es nicht schaden, wenn man fern der Heimat einige Ersatzteile zur Hand hat, deren Fehlen die Weiterfahrt unnötig lange verzögern kann. Neben einer Auswahl des meistgebrauchten Werkzeugs und den schon genannten Hilfen sollten Sie mitnehmen:

- 1 Zündspule
- 1 Satz Unterbrecherkontakte
- 1 Verteilerläufer
- 1 Kondensator
- 1 Keilriemen
- 1 Reserveschlauch für Reifen
- 2 Reifenmontierhebel
- Reifenflickzeug
- Ventileinsätze für Reifen
- kräftige Fußluftpumpe
- einige Muttern, Schrauben und Sicherungsringe gängiger Größe

Bei Fahrzeugen mit Vergasermotor:

- 1 Membrane für Benzinpumpe
- 1 Schwimmer

Außerdem kann man in Verlegenheit kommen und zusätzlich gebrauchen:

- Motoröl, 1 l je 1000 km geplanter Fahrtstrecke
- Flasche mit destilliertem Wasser (Ostblockstaaten!)
- Handwaschpaste
- Handlampe

Die empfohlenen Ersatzteile besitzen genaue Typenbezeichnungen, die Sie zumeist auf den Originalteilen an Ihrem VW vermerkt finden. Allerdings ist bei Neukäufen zu überprüfen, ob dieses oder jenes Ersatzteil eine Veränderung erfahren hat, was durch technische Weiterentwicklung möglich sein kann.

# Was sitzt wo?

Für dieses Bild haben wir die Motorhaube eines VW 412 E (Modell 1973) aufgeklappt, um Ihnen zeigen zu können, was wo sitzt. Etwas anders sieht es im Motorraum aus, wenn Sie einen VW mit Vergaser-Motor besitzen: Statt der Teile 1, 2, 4, 7, 8, 19 und 21 sitzt bei ihm rechts und links je ein Vergaser und in der Mitte der Luftfilter (unsere Schnittzeichnungen auf Seite 47 zeigen einen Vergaser-Motor). Wo die hier im Bild bezeichneten Teile genauer beschrieben sind, finden Sie am schnellsten heraus, wenn Sie das Stichwortverzeichnis hinten im Buch aufschlagen. Es bedeuten: 1 – Druckfühler, 2 – Druckregler, 3 – Zündkabel zum 4. Zylinder, 4 – Ansaugrohr des 4. Zylinders, 5 – ATF-Peilstab des automatischen Getriebes, 6 – Schlauch der Kurbelgehäuse-Entlüftung, 7 – Ansaugluftverteiler, 8 – Drehzahlregler (nur bei Getriebeautomatik), 9 – Luftfilter, 10 – Reglerschalter, 11 – Schlauch der Kurbelgehäuse-Entlüftung, 12 – Ölpeilstab, 13 – Öleinfüllstutzen, 14 – Schauloch für Zündeinstellung, 15 – Unterdruckdose am Zündverteiler, 16 – Zündverteiler, 17 – Entstörkondensator (für Radio), 18 – Zündspule, 19 – Kraftstoffleitung zu den Einspritzventilen 3 und 4, 20 – Hülsensicherung für Benzinheizung, 21 – Hauptkabelstrang zum elektronischen Steuergerät, 22 – Sicherheitsschalter der Heizung.

# Planspiele

Ihr VW 411/412 besteht aus rund 7000 Einzelteilen, die eine unterschiedlich hohe Lebensdauer besitzen. Um die Funktionsbereitschaft eines Wagens zu erhalten, müssen in bestimmten Abständen Funktionskontrollen und Pflegearbeiten durchgeführt und bisweilen auch Verschleißteile erneuert werden. Ihr Fahrzeug wird regelmäßige und sorgfältige Pflege mit geringer Störanfälligkeit danken. Nicht zuletzt besitzt ein solcher Wagen eine größere Lebensdauer und Verkehrssicherheit als ein unachtsam benutztes Auto. In Ihrem eigenen Interesse sollten Sie die Wartungsarbeiten nicht vernachlässigen.

**Kundendienst-Paß**

Der Besitzer eines neuen Volkswagens erhält zusammen mit den Wagenpapieren und der Betriebsanleitung einen Kundendienstpaß, in dem aufgeführt ist, was wo und wann geprüft oder gewartet werden soll. Das Volkswagenwerk hat diesen Pflegeplan nach Kilometerständen aufgeteilt. Demnach soll alle 5000 km ein Schmierdienst durchgeführt werden und bei 1000 km sowie alle 10 000 km eine Diagnose mit verschiedenen Wartungsarbeiten. Die freien Felder im Kundendienstpaß versieht die VW-Werkstatt dann mit einem Bestätigungsstempel. Die Einhaltung des Pflegeplanes während der Garantiezeit des Wagens ist eine der wichtigsten Voraussetzungen für die Geltendmachung von Gewährleistungsansprüchen.

**VW-Diagnose**

Bevor der Mechaniker in der VW-Werkstatt an Ihrem Wagen zu schrauben beginnt, wird über den Zustand des Fahrzeugs ein Prüfungsbefund angefertigt. Denn nicht alle zu prüfenden Teile müssen genau alle 10 000 km eingestellt oder ersetzt werden und es wäre eine Geld- und Zeitverschwendung, nur deshalb an diesen Teilen herumzuschrauben, weil wieder ein Wartungsdienst fällig ist. Aus diesem Grund hat das Volkswagenwerk vor die eigentliche Inspektion die VW-Diagnose beziehungsweise Computerdiagnose gesetzt. Nach einem Prüfungsschema werden die einzelnen Punkte teils vom Mechaniker und teils vom Computer direkt kontrolliert und mit einer Beurteilung versehen: „+" steht für „in Ordnung"; „–" kennzeichnet eine Abweichung vom Sollwert.

Aus einigen Meßwerten lassen sich die entsprechenden Zahlenwerte direkt ablesen. So wird unter Position 20, 21 und 48 die Spannung in Volt angegeben (z. B. 098 = 9,8 Volt). Die Zahlen für die Vorderachsvermessung geben ebenfalls echte Meßwerte an (Position 33 bis 38). 037 z. B. bedeutet 0 Grad, 37 Minuten. Der Unterschied zwischen rechtem und linkem Sturz darf übrigens nicht mehr als 30 Minuten betragen. Unter Position 41 finden Sie die Motoröl-Temperatur (059 = 59° C). Sie muß zwischen 30° und 70° C liegen, sonst ergeben sich falsche Kompressionswerte (siehe auch Seite 51). Der Zündverteiler-Schließwinkel wird unter Position 49 in Grad angegeben (465 = 46,5°). Die richtigen Schließwinkelwerte betragen 44°–50°.

Für den VW 411/411 E bis Baujahr Mai 1971 kostet die Diagnose rund 20,– DM. Die Typ 4-Fahrzeuge ab Juni 1971 erhielten im Motorraum eine Steckdose, in der alle Meßleitungen zentral zusammengefaßt sind. Bei der Computer-Diagnose braucht nur noch ein entsprechender Prüfstecker angeschlossen zu werden. Bei Wagen mit Zentralsteckdose sind die ersten fünf Diagnosen kostenlos, alle weiteren kosten ca. 15,– DM. Die alle 10 000 km vorgeschriebene Kontrolle des Ventilspiels ist in diesen Preisen nicht enthalten, es kommen also noch 6,70 DM hinzu.
Nur was sich bei der Diagnose als fehlerhaft herausgestellt hat, wird anschließend anhand der Reparaturanalyse instandgesetzt. Die Kosten für die einzelnen Arbeiten können Sie dem Festpreisebuch der VW-Werkstatt entnehmen und sich so einen Überblick über den Preis der Wartungsarbeiten verschaffen, zu dem noch die Kosten für Ersatzteile und den Ölwechsel hinzukommen. Sie brauchen sich aber nicht verpflichtet zu fühlen, sämtliche Wartungsarbeiten in Auftrag zu geben, sondern können auch nur einen Teil der Arbeiten in der Werkstatt durchführen lassen und einfachere Dinge in Eigenhilfe erledigen. Bei knapper Finanzlage kann man wichtige Reparaturen vorziehen und andere, nicht die Verkehrssicherheit betreffende Arbeiten zu einem späteren Zeitpunkt ausführen lassen. Man kann eine Diagnose auch zwischendurch einmal gesondert machen lassen, beispielsweise vor dem Urlaub oder wenn man mit der Leistung seines VW nicht mehr zufrieden ist.

**Sparen mit Verstand**

Was an einzelnen Arbeiten jeweils in der Gruppe Diagnose und Wartung in der VW-Werkstatt gemacht wird, finden Sie in Ihrem Kundendienst-Paß aufgezählt. Da wir unser Buch aber nicht für VW-Werkstätten schreiben, sondern für Sie als Fahrer, der sich selbst an seinem Wagen betätigen will, sieht unser nachfolgender Wartungsplan ein wenig anders aus als jener im Kundendienst-Paß. Trotzdem sind darin alle vom Volkswagen-Werk genannten Wartungsarbeiten aufgeführt. Keine ist vergessen, nur sind sie etwas anders gruppiert, denn Sie trennen ja bei Ihrer Eigenpflege nicht Diagnose und Instandsetzung.
Die ersten Wartungsarbeiten bis Kilometerstand 10 000 haben wir in unserer Tabelle nicht aufgeführt; sie sollten unbedingt von einer VW-Werkstatt ausgeführt werden, um auftretende Garantiemängel beseitigen zu lassen und um die Gewährleistungsansprüche nicht zu verlieren.
Danach kann man aber manche Mark sparen, ohne sein Fahrzeug dadurch zu vernachlässigen. Nicht wenige gewissenhafte Autobesitzer, die sich während der Garantiezeit genau an die Werksempfehlungen halten, erledigen danach alles, was sie sich an Wartungsarbeiten zutrauen, regelmäßig in ihrer Freizeit. Nur wenn tatsächlich Störungen oder Schäden die Hilfe des Fachmannes erfordern oder wichtige Wartungsarbeiten spezielles Wissen und eine entsprechende Werkstattausrüstung notwendig machen, suchen sie die Werkstatt auf.
In unserem Pflegeplan haben wir Arbeiten mit einem „W“ (Werkstatt) gekennzeichnet, die bei Eigenpflege-Wartung „übrig“ bleiben, aber natürlich nicht versäumt werden dürfen. Man gibt sie als Einzelpositionen bei der Werkstatt in Auftrag und spart so einiges Geld gegenüber einem kompletten Wartungsdienst.
Erschrecken Sie nicht vor der nachfolgenden langen Liste, denn bei näherem Hinsehen werden Sie bald erkennen, daß viele Dinge mit wenigen Handgriffen zu erledigen sind und einige Punkte mit etwas Routine sogar während der Fahrt ausgeführt werden können. Was über die Pflegearbeiten hinaus am VW getan werden soll, ist in den einzelnen Kapiteln erklärt.

## Was muß wann und wo gemacht werden?

**Pflegearbeiten alle 5000 km**

| | | | Nähere Hinweise Seite |
|---|---|---|---|
| T | 1. | Motoröl wechseln | 34 |
| S/T | 2. | Türscharniere und Türfeststeller ölen | 44 |
| S/T | 3. | Säurestand der Batterie kontrollieren | 96 |

**Dazu alle 10 000 km**

| | | | |
|---|---|---|---|
| T | 4. | Ölfilter wechseln (bei Motorölwechsel) | 36 |
| S | 5. | Keilriemenspannung prüfen, eventuell nachspannen | 107 |
| S | 6. | ATF-Stand des automatischen Getriebes kontrollieren | 42 |
| S | 7a. | Ölbadluftfilter prüfen, eventuell reinigen | 43 |
| | 7b. | Papier-Luftfiltereinsatz säubern | 90 |
| S | 8. | Vergasergelenke ölen | 45 |
| S/W | 9. | Schließwinkel prüfen (Unterbrecherkontakt-Abstand) | 123 |
| S/W | 10. | Zündzeitpunkt prüfen, gegebenenfalls einstellen | 124 |
| S | 11. | Zündkerzen kontrollieren | 128 |
| S/W | 12. | Kompressionsdruck prüfen | 50 |
| S | 13. | Kühlluftführung prüfen | 57 |
| S | 14. | Filtersieb der Kraftstoffpumpe reinigen | 66 |
| S | 15. | Motor auf Undichtigkeit untersuchen | 54 |
| S | 16. | Auspuff auf Beschädigung prüfen | 53 |
| S | 17. | Getriebe und Achsantrieb auf Undichtigkeit untersuchen | 165 |
| S | 18. | Gelenkschutzhüllen auf Undichtigkeit und Beschädigung prüfen | 167 |
| S/W | 19. | Bremsleitungen und -Anschlüsse auf Undichtigkeit und Beschädigung prüfen | 175 |
| S/W | 20. | Spurstangenköpfe auf Spiel und Dichtheit der Staubkappen prüfen | 172 |
| S/W | 21. | Staubkappen der Federbein-Führungsgelenke prüfen | 166 |
| S/W | 22. | Stoß- und Lenkungsdämpfer auf Undichtigkeit und ausgeschlagene Befestigungen kontrollieren | 169 |
| W | 23. | Befestigungsschrauben der Gleichlaufgelenke auf festen Sitz prüfen | 167 |
| W | 24. | Befestigungsschrauben der Ölwanne der Getriebeautomatik auf festen Sitz prüfen | 165 |
| W | 25. | Spur und Sturz der Räder nachmessen | 167 |
| S/W | 26. | Ventilspiel kontrollieren | 49 |
| S/T | 27. | Ölstand des Schaltgetriebes kontrollieren | 40 |
| S/T | 28. | Ölstand des Achsantriebes kontrollieren (bei Getriebeautomatik) | 41 |
| S/W | 29. | Funktion des Bremskraftreglers prüfen | 185 |
| S/W | 30. | Belagstärke der Bremsanlage prüfen | 176, 181 |
| S/W | 31. | Bremsbacken der Hinterradbremsen einstellen | 179 |
| S | 32. | Radschrauben auf festen Sitz prüfen | 198 |
| S | 33. | Reifenzustand kontrollieren | 196 |
| S/T | 34. | Reifenluftdruck messen (einschließlich Reserverad) | 194 |
| S/T | 35. | Schlösser und Haubenscharniere schmieren | 44 |
| S | 36. | Bremsflüssigkeitsstand kontrollieren | 174 |
| S/T | 37. | Scheibenwaschanlage prüfen, Waschwasser nachfüllen | 154 |
| S | 38. | Scheibenwischeranlage und Wischerblätter prüfen | 152 |
| S | 39. | Beleuchtungsanlage kontrollieren | 131 |
| S/W | 40. | Scheinwerfer einstellen | 134 |
| S | 41. | Instrumente und Kontrolleuchten prüfen | 152 |

| | | |
|---|---|---|
| S | 42. Warnblinkanlage prüfen | 145 |
| S | 43. Signalhorn prüfen | 143 |
| S/W | 44. Funktion des Heizverstärkers kontrollieren | 59 |
| S/W | 45. Bremspedalspiel und -weg prüfen | 179 |
| S/W | 46. Leerweg des Handbremshebels kontrollieren | 182 |
| S/W | 47. Funktion des Bremskraftverstärkers überprüfen | 184 |
| S/W | 48. Lenkungsspiel prüfen | 172 |
| S/T | 49. Ladezustand der Batterie prüfen | 98 |
| S/T | 50. Batterie reinigen und Pole fetten | 98 |
| S/W | 51. Probefahrt | 9 |
| | a) Funktion der Fuß- und Handbremse prüfen | |
| | b) Leichtgängigkeit der Lenkung prüfen | |
| | c) Leerlaufeinstellung kontrollieren | |
| | d) Funktion der Kupplung prüfen | |
| | e) Kickdown-Schalter des automatischen Getriebes prüfen | |
| | f) Funktion der Lüftung und Motorheizung prüfen | |

**Dazu alle 20 000 km**

| | | |
|---|---|---|
| S | 52. Filter der Kraftstoff-Einspritzanlage wechseln | 69 |
| S | 53. Zündkerzen ersetzen | 129 |
| W | 54. Unterbrecherkontakte ersetzen, Schließwinkel und Zündzeitpunkt einstellen, Zündverteiler schmieren | 122 |
| S/W | 55. Sieb für Luftgebläse des Heizverstärkers auf Verschmutzung prüfen, gegebenenfalls reinigen | 60 |

**Dazu alle 30 000 km**

| | | |
|---|---|---|
| W | 56. Ölsieb reinigen | 37 |
| S | 57. Papier-Luftfiltereinsatz wechseln | 91 |

**Dazu alle 50 000 km**

| | | |
|---|---|---|
| W | 58. Vorderradlager reinigen und fetten | 170 |
| W | 59. Hinterradlager reinigen und fetten | 170 |
| W | 60. ATF des automatischen Getriebes wechseln | 42 |
| W | 61. Getriebeöl wechseln (nur bis Baujahr Juli 1969) | 40 |
| W | 62. Öl im Achsantrieb wechseln (Automatik, nur bis Baujahr Juli 1969) | 41 |
| W | 63. Spiel der Federbein-Führungsgelenke prüfen | 166 |

**Dazu alle 2 Jahre**

| | | |
|---|---|---|
| W | 64. Bremsflüssigkeit wechseln | 184 |
| W | 65. Bremskontrolleuchte prüfen | 142 |
| W | 66. Druckprüfung des Bremskraftreglers | 185 |

## Was kann man selbst machen?

Wir haben in der vorstehenden Tabelle durch einen oder mehrere Kennbuchstaben angezeigt, wann man sich selbst helfen kann und wann nicht:

S = Selbstmachen. Das sind Arbeiten, die man ohne Fachkenntnisse und besonderes Werkzeug selbst ausführen kann, wenn man den entsprechenden Abschnitt auf der betreffenden Seite dieses Buches durchgelesen hat.

S/T = Selbstmachen oder Tankstelle. Auch hier sind keine besonderen Fachkenntnisse notwendig, aber vielleicht fehlt Ihnen das Gerät zur Durchführung dieser Arbeit, und die Tankstelle besitzt es.

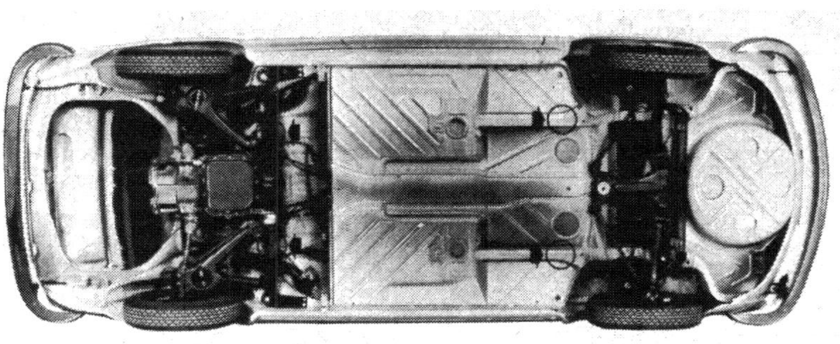

Wenn der VW mit einer Hebebühne angehoben werden soll, darf dies nur an den im Bild bezeichneten Punkten geschehen. Achten Sie an der Tankstelle darauf, daß der Wagenpfleger die Arme der Hebebühne richtig ansetzt.

S/W = Selbstmachen oder Werkstatt. Dabei sind neben einigen Kenntnissen, die Ihnen ebenfalls dieses Buch vermittelt, etwas Geschick, Einfühlungsvermögen und zusätzliches, aber kein aufwendiges Werkzeug erforderlich.

T = Tankstelle. Auch der sparsame Mann überläßt diese Pflegemaßnahme am besten einer verläßlichen Tankstelle, wenn er sie auch selbst ausführen könnte. Er spart dabei Zeit und Mühe, denn nur der Warenpreis – in der Regel das Öl – wird von der Tankstelle berechnet, aber kein zusätzlicher Arbeitslohn. Selbstpfleger mit Ehrgeiz werden sich aber auch daran versuchen. Das lohnt aber nur dann, wenn die notwendige Ware preisgünstiger eingekauft werden kann.

W = Werkstatt. Diese Arbeiten erfordern spezielle Kenntnisse, teure Meß- und Arbeitsgeräte, die nur eine Fachwerkstatt besitzt. Nur in Notfällen und bei besonderer Sachkenntnis sollte man sich selber damit befassen. Trotzdem sind sie in diesem Buch beschrieben, damit Sie wissen, was die Werkstatt macht.

Wenn mehrere Buchstaben in einer Zeile stehen, haben Sie die Wahl, wer diese Arbeit ausführen soll. Natürlich könnte bei jedem Punkt auch ein „W“ stehen, denn die Werkstatt ist ja damit bestens vertraut. Wir schlagen Ihnen aber die Reihenfolge Selbstmachen – Tankstelle – Werkstatt vor. Bei einer Tankstelle kommen Sie nämlich schneller zum Zuge als bei der zumeist überlasteten Werkstatt. Außerdem kann man in der Regel darauf warten, bis der Tankwart mit dem Wagen fertig ist, und man kann zusehen.

Zum Hochwinden des VW muß der Tragestift des Wagenhebers bis zum Anschlag in das Vierkantrohr unter dem Schweller gesteckt werden. Prüfen Sie vorher, ob das Vierkantrohr nicht durch Schmutz verstopft ist. Wenn Sie in Richtung Fahrertür sehen, muß das Standrohr senkrecht stehen, sonst kann der Wagenheber durch das Fahrzeuggewicht umkippen. Und vergessen Sie nicht, die Räder der gegenüberliegenden Wagenseite gegen Wegrollen zu sichern.

Montieren Sie nie unter dem VW, wenn dieser nicht einwandfrei abgestützt ist; der Bord-Wagenheber genügt dazu nicht. Recht praktisch ist zur Abstützung ein stabiler verstellbarer Dreibock. Damit der Wagen nicht wegrollen kann, muß unter eines der gegenüberliegenden Räder ein Stein (Pfeil) zur Sicherung unterlegt werden.

## Der Pflegeplatz

Nur selten wird eine Garage so geräumig sein, daß dort der Selbstpfleger seinem Wagen zu Leibe rücken kann. Stören wird dort ferner die ungenügende Beleuchtung und die fehlende Zugänglichkeit von allen Seiten. Günstiger ist es also im Freien, wo auch die Fahrzeugunterseite ohne Hand- oder Taschenlampe einzusehen ist.

Am besten ist eine harte Standfläche mit einer glatten Betondecke. Dort findet man herabfallende Kleinteile und Schrauben eher wieder als im Gras einer Wiese oder auf einem gekiesten Platz. Eine Asphaltdecke ist weniger geeignet, denn im Hochsommer wird sie weich, außerdem ist Asphalt empfindlich gegen Öl und Kraftstoff. Wer sich unter das Auto legen will, bedient sich dabei am besten eines Bogens Packpapier. Noch besser ist ein ausgebrauchtes Kunststoff-Tischtuch oder eine alte Decke.

## Aufgebockten Wagen sichern

Für Arbeiten an der Unterseite reicht die Bodenfreiheit Ihres VW nicht aus. Also muß das Fahrzeug hochgewunden werden. Sie dürfen keinesfalls unter ein Auto kriechen, das nur einseitig von dem Wagenheber angehoben ist und dessen Räder nicht einwandfrei gegen Abrollen gesichert sind. Der Wagenheber kann beim Rütteln am Wagen oder bei nicht völlig angezogener Handbremse abgleiten oder umknicken.

Im Zubehörhandel und in Kaufhäusern gibt es preiswerte Unterstellböcke und Auffahrrampen, mit denen der Wagen sicher hochgebockt werden kann. Beim Ölwechsel allerdings sind Auffahrrampen nicht zu gebrauchen, denn dazu muß der Wagen absolut waagerecht stehen und manche Arbeiten erfordern frei hängende Achsen oder Räder.

Und vergessen Sie nie, die beim Aufbocken noch auf dem Boden befindlichen Räder beidseitig mit Steinen oder Holzscheiten gegen Wegrollen zu sichern.

# Schmiermaxe

Während unsere Groß- und Urgroßväter noch vor Antritt einer größeren Fahrt erst viele Stellen an ihrem Fahrzeug schmieren mußten und bereits nach wenigen hundert Kilometern erneut zur Fettpresse griffen, besteigen wir heute einfach unser Auto, fahren von Hamburg nach München und brauchen zwischendurch höchstens ein oder zwei Mal den Motorölstand kontrollieren.
Selbst bis Anfang der sechziger Jahre waren am VW-Käfer die Spurstangenköpfe noch alle 2500 km abzuschmieren und wer einmal einen alten VW Standard gefahren hat, erinnert sich vielleicht, daß in die Schmiernippel der Bremsseilführungen alle 5000 km Fett gepreßt werden sollte. Beim VW 411/412 sind dagegen die Spurstangenköpfe abschmierfrei in Kunststoff gelagert und Seilzugbremsen gibt es schon seit vielen Jahren nicht mehr.
Warum muß überhaupt geschmiert werden? Bewegliche metallische Teile sollen möglichst leicht aufeinander gleiten, um Kraftverlust und Wärmeentwicklung zu vermeiden. Man bringt deshalb eine trennende Schutzschicht dazwischen, die sich allen Bewegungen und den sich sonst „nackt" berührenden Oberflächen anpaßt. Diese Schicht besteht zumeist aus Öl oder Fett. Fett ist nur durch „Verseifung" in festere Form gebrachtes Öl. Ob Fett oder Öl angebrachter ist, hängt von der Geschwindigkeit und von den dabei auftretenden Temperaturen und Drücken ab, denen diese Teile unterworfen sind. Auch äußere Einwirkungen – wie Wasser und Schmutz beispielsweise – spielen eine Rolle. Außerdem müssen Schmiermittel heiß werdende Teile kühlen, Abriebteilchen und Verbrennungsrückstände beseitigen und gegen Gase abdichten können.
Diese vielfältigen Aufgaben kann ein x-beliebiges Schmiermittel nicht erfüllen. Dem Motor wird also Salatöl genausowenig bekommen wie Ihnen mit Getriebeöl zubereiteter Salat.

## Ölstand prüfen

Ölpeilstab (Bild Seite 34) herausziehen und mit sauberem Lappen – nicht mit Putzwolle oder Watte! – abwischen, noch einmal bis zum Anschlag hineinstecken und wieder herausziehen. Die Peilstabspitze muß mindestens bis zur unteren Markierungskerbe mit Öl benetzt sein. Wenn es nicht bis dorthin reicht, muß Motoröl nachgefüllt werden. Bis zur oberen Peilstabmarkierung läßt sich dann 1 Liter nachfüllen.
Überfüllung über die obere Peilstabmarke ist schädlich für Motor und Geldbeutel, denn das zuviel eingefüllte Öl wird entweder über die Kurbelgehäuseentlüftung wieder herausgeworfen oder gelangt in zu großen Mengen in die Verbrennungsräume der Zylinder, wo sich natürlich nachteilige Verbrennungsrückstände bilden.
Für die Prüfung des Ölstandes ist kein bestimmtes Intervall festgesetzt, das macht man nach Gutdünken. So ist es allgemeiner Brauch, etwa nach jeder

Zwischen den beiden Kerben im Ölpeilstab soll das Motoröl stehen. Eine genaue Prüfung des Ölstandes ist nur möglich, wenn der Motor einige Minuten abgeschaltet war, der VW auf einer ebenen Fläche steht und der Peilstab bis zum Anschlag in das Führungsrohr gesteckt wird. Bei Ölstand auf oder unter der unteren Marke unbedingt nachfüllen (höchstens 1 Liter, auch ½ Liter genügt).

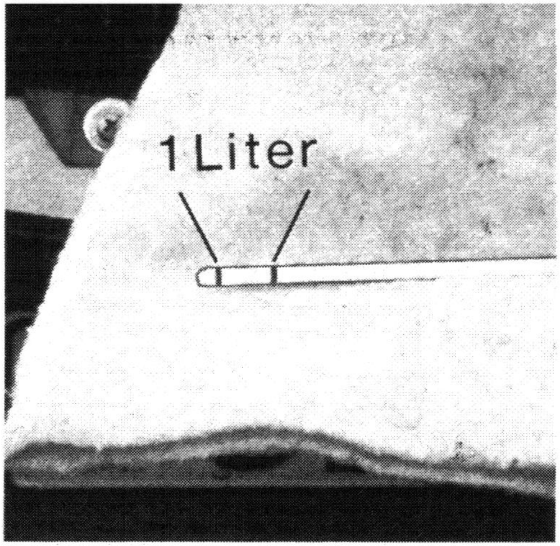


zweiten Tankfüllung den Tankwart mal den Ölpeilstab ziehen zu lassen, aber ganz ideal ist das nicht. Denn der Ölstand läßt sich nur genau ermitteln, wenn der Motor mindestens einige Minuten stillsteht und der Wagen auf genau waagrechter Fläche abgestellt ist. Bei Motorlauf ist zuviel Öl im Umlauf und bei zu geringer Wartezeit nach Motorstillstand ist auch noch nicht genug Öl in die Ölwanne zurückgelaufen, so daß der Ölstand zu niedrig erscheint. Da wird der Motor durch einen verkaufsfreudigen Tankwart sehr schnell mit Öl überfüllt. Am besten zieht man alle paar Tage morgens vor dem ersten Motorstart den Ölpeilstab – dann ist die Ölstandsanzeige ganz genau und man muß nicht einmal den Stab abwischen, weil des nachts alles Öl nach unten gesickert ist.
Beim Variant kann man sich das Peilstababwischen allerdings nicht sparen, denn die Prüfung ist nur dann genau, wenn der Ölmeßstab bis zum Anschlag eingeschoben, nicht aber ganz eingedreht wird.

## Motorölwechsel
Pflegearbeit Nr. 1

Der Wartungsplan schreibt alle 5000 km einen Ölwechsel im Motor vor. Wie genau muß man sich an diese Anweisung halten?
Man kann den Ölwechseltermin durchaus seinen eigenen Fahrgegebenheiten anpassen. Es darf ein bißchen mehr sein, wenn Sie Ihren VW 411/412 stets flott und munter bewegen, dabei wenig Kurzstrecken- und Stadtfahrten haben (wobei der Motor nicht richtig warm werden kann), nicht nur immer mit dem Öl-Minimum von 2,5 Liter (untere Peilstabmarke) fahren und es nicht gerade kalter Winter ist. Flotte Autobahnfahrten beanspruchen das Öl verhältnismäßig wenig (weshalb man wegen der Sommer-Urlaubsfahrt auch keinen Sonder-Ölwechsel einlegen muß), so daß man unter diesen günstigen Umständen ein gutes HD-Öl auch 6000 oder 8000 km im Motor lassen kann. Es kann aber auch Gründe dafür geben, daß das Motoröl schon vor km-Stand 5000 gewechselt werden soll. Das gilt speziell für solche Wagen, die fast ausschließlich im Kurzstreckenverkehr gefahren werden, z. B. als Botenfahrzeug oder nur wenige Kilometer zur Arbeitsstelle. Der Motor wird dann nur sehr langsam oder gar nicht betriebswarm, dementsprechend fallen mehr Verbrennungsrückstände an, und Kraftstoffkondensate und Wasserspuren verunreinigen das Öl. Unter diesen Umständen empfiehlt sich ein Wechsel alle 2500 bis 3500 km.
Früherer Ölwechsel ist auch zu empfehlen, wenn der Wagen im ganzen Jahr keine 10 000 km bewegt wird. Denn das Öl im Motor „altert" auch bei Nichtbeanspruchung mit der Zeit und verliert dadurch an Wirkung. In diesem Fall

sollte alle sechs Monate ein Ölwechsel vorgenommen werden, nach Möglichkeit im Frühjahr und im Herbst.
Altes Öl verbraucht sich schneller. Erhöhter Ölverbrauch kann daran liegen, daß man schon häufig neues Öl zum alten hinzugeschüttet hat. Ein Ölwechsel kann den Verbrauch wieder senken, wenn der Motor sonst in Ordnung ist.

**Öl wechseln**

Man kann den Motorölwechsel n der VW-Werkstatt, an der Tankstelle oder zu Hause machen. Wir ziehen im allgemeinen die Tankstelle vor:
1. Das Motoröl soll warm gewechselt werden, damit aller Schmutz gut ausläuft. In Werkstätten muß der Wagen oft lange warten, bis er drankommt. Inzwischen ist das Motoröl kalt geworden und schwemmt nicht allen Schmutz heraus. An Tankstellen hat man oft schon nach wenigen Minuten Zeit.
2. Wenn Sie Motoröl nicht im Discount-Laden, Kaufhaus oder durch gute Beziehungen billiger kaufen können und es von der Tankstelle beziehen, kostet es den gleichen Preis, ob der Ölwechsel an der Tankstelle oder zu Hause gemacht wird. Die eigentliche Arbeit des Ölwechsels wird an den Tankstellen nicht berechnet. Man kann sich also die Mühe zu Hause sparen.
3. Beim Ölwechsel fällt Altöl an. Wohin damit? In die Kanalisation schütten oder im Garten vergraben darf man es nicht. Das kostet wegen des Grundwasserschutzes Strafen. Nicht einmal zum Einpinseln der Wagenunterseite gegen Rost taugt das Altöl, da es rostfördernde Säuren enthält (deswegen vor längerem Abstellen des Wagens Ölwechsel vornehmen). Bei der Tankstelle ist das Altöl besser aufgehoben. In vielen Großstädten gibt es allerdings Sammelstellen, wo Altöl kostenlos abgegeben werden kann. Adressen erhalten Sie vom ADAC.
Wer trotzdem den Motorölwechsel selbst durchführen will, braucht 3,5 Liter HD-Motoröl (ohne Ölfilterwechsel 3,0 Liter), ein Gefäß zum Auffangen des Altöls, einen Ringschlüssel SW 19 und einen neuen Dichtring für die Ölablaßschraube. Der Wagen muß völlig waagrecht stehen, damit alles Öl auslaufen kann. Die Arbeit geht folgendermaßen vor sich:

- Auffanggefäß für das Altöl unterstellen.
- Ablaßschraube mit Schraubenschlüssel SW 19 lockern, die letzten Windungen von Hand herausdrehen, sonst fällt die Schraube ins Altöl.
- Alles Öl ablaufen lassen, Ölablaßschraube wieder mit Schraubenschlüssel festziehen festziehen (nicht ankr allen!). Dichtring nicht vergessen, sonst kann der Motor Öl verlieren.
- 3,0 bzw. 3,5 Liter Motoröl durch den Einfüllstutzen eingießen.
- Ölstand nach fünf Minuten Wartezeit (sicherheitshalber) kontrollieren.

Die Ölablaßschraube wird am besten mit einem Ringschlüssel SW 19 herausgedreht. Nach Auslaufen des Altöles diese Ablaßschraube erst wieder eindrehen, dabei den neuen Dichtring nicht vergessen. Die Schraube soll nicht mit Gewalt angezogen werden, sonst kann das Gewinde im Motorblock ausreißen. Der schwarze Pfeil zeigt auf die zentrale Befestigungsschraube des Ölsiebes, das nur alle 30 000 km gereinigt zu werden braucht. Diese Schraube darf nur mit einem Drehmomentschlüssel angezogen werden.

Die Ölfilterpatrone läßt sich an unserem VW nicht mit dem herkömmlichen Hebel mit Spannband lösen, dazu ist der Raum zu eng. Von Hazet gibt es deshalb einen speziellen Filterschlüssel für den VW (Bestell-Nr. 2596).

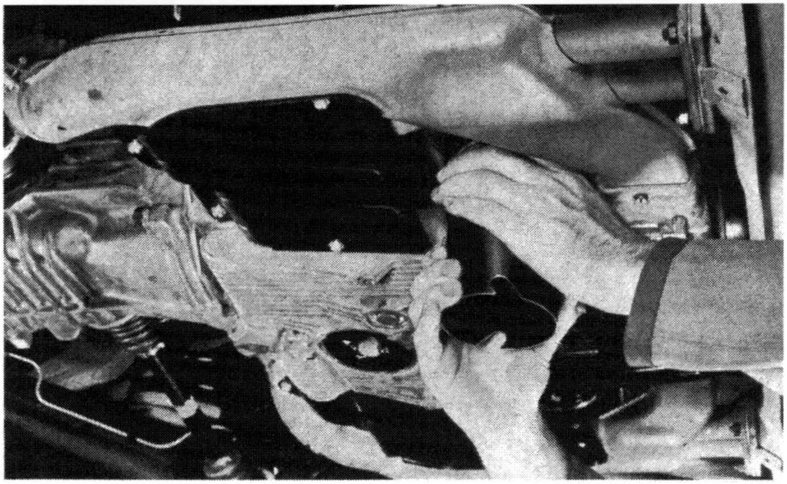

## Ölfilter wechseln
Pflegearbeit Nr. 4

Bei jedem zweiten Ölwechsel soll auch die Ölfilterpatrone ersetzt werden. Sie kann nicht mit Benzin oder ähnlichen Mitteln gereinigt werden. Der Flachmotor des Typs 4 besitzt als erster luftgekühlter VW-Motor ein Ölfilter, das im Hauptstrom des Motorölkreislaufs liegt. Alles Öl fließt durch den Filtereinsatz aus Papier, so werden Verschmutzungen herausgefiltert. Die Wegwerfpatrone sitzt in Fahrtrichtung links vor dem Auspuff.

Die alte Filterpatrone läßt sich nicht von Hand losdrehen. Für den VW 411/412 verwendet die Werkstatt einen speziellen Ölfilterschlüssel, der von Hazet unter der Bestell-Nr. 2596 für rund 15 DM erhältlich ist. Durch die beiden seitlichen Einschnitte steckt man einen kräftigen Schraubenzieher und dreht so das Gehäuse los. Der alte Abdichtring muß vom Flansch des Motorgehäuses entfernt werden, falls er dort angeklebt ist.

Bei der neuen Patrone muß der Dichtring vor dem Ansetzen leicht mit Abschmierfett eingestrichen werden. Zwar nimmt man dazu bei VW Öl, aber bei der anschließenden Sichtprüfung am laufenden Motor, ob nämlich die Patrone wirklich dicht sitzt, kann abtropfendes Öl fälschlich als austretendes Öl angesehen werden, und man zieht dann die Patrone mit dem Filterschlüssel zu fest an.

Folgende Ölpatronen (VW-Ersatzteil-Nr. 021 115 351) können Sie in der Werkstatt oder im Zubehörhandel kaufen:

- Bosch 0 451 103 012
- Fram PH 2844
- Knecht AW 18
- Mann W 920/17
- Purflux LS 400
- Purolator PC 207

Das Ölfilter kann seinen Zweck nur erfüllen, wenn die Poren des Papiereinsatzes nicht verstopft sind. Das Öl (durch schwarze Pfeile dargestellt) fließt durch den Filtereinsatz und wird dabei von groberen Schmutzteilchen gereinigt (linke Abbildung). Bei verstopftem Ölfilter sorgt ein Kurzschlußventil (im rechten Bild geöffnet) dafür, daß der Motor trotzdem Schmieröl erhält. Da dieses Öl aber nicht gefiltert ist, verursacht es höheren Verschleiß an den Motorlagern.

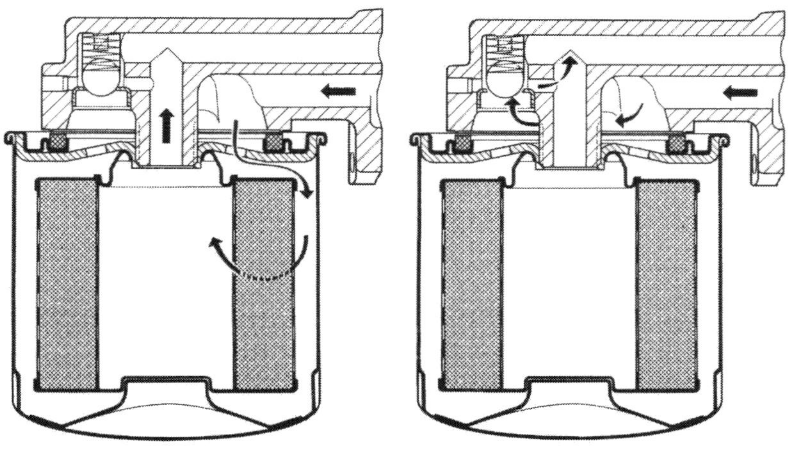

## Ölsieb reinigen

Pflegearbeit Nr. 56

Das Ölsieb braucht entgegen früheren Wartungsvorschriften nur noch alle 30 000 km gereinigt zu werden, da das Ölfilter die meisten Schmutzteilchen schon herausfiltert. Die Zentralbefestigungsschraube des Ölsiebs darf nur mit einem Drehmomentschlüssel mit höchstens 1,3 mkp (13 Nm) angezogen werden. Zieht man die Schraube zu fest an, kann deren Verankerung, die gleichzeitig das Ölansaugrohr hält, beschädigt werden. Dies kann zu einer Gefährdung der Schmierung führen.

Die Ölsieb-Befestigungsschraube wird mit einem Schraubenschlüssel SW 19 (ab Aug. 72 SW 13) gelöst. Das Ölsieb wäscht man in frischem Benzin gründlich aus. Vor dem Wiedereinbau den festen Sitz des in das Ölsieb ragenden Ölansaugrohres mit den Fingern prüfen. Alte Dichtungsreste sorgfältig entfernen, Flanschdichtungen und Dichtring für Verschlußschraube erneuern und Schraube mit 1,0 bis 1,3 mkp festziehen.

## Verwendbare Motoröl-Sorten

Für alle VW-Motoren ist Marken-HD-Motoröl vorgeschrieben. Die Bezeichnung „HD" ist eine veraltete amerikanische Klassifizierung, die immer noch angewendet wird und „Heavy Duty" (= schwere Beanspruchung) bedeutet. Daneben werden – vor allem im Ausland – die gültigen internationalen Leistungsbezeichnungen verwendet, die hierzulande nur von wenigen Mineralölfirmen, wie beispielsweise Agip, verbindlich geführt werden. Diese Leistungsnormen wurden vom API, dem „Amerikanischen Petroleum-Institut", festgelegt. Sie sind international anerkannt und sagen mehr als die einfache Bezeichnung „HD".

Auf der Öldose, die Sie erwerben, oder auf dem Faß, aus dem Sie sich Motoröl für Ihren VW abfüllen lassen, kann dementsprechend anstelle von „HD" – oder zusätzlich – die Aufschrift „API Service SD" (schwer belastete Otto-Motoren ab 1968), „Service SE" (zusätzlich verbesserter Motorschutz) oder „Service CC" (an sich für Dieselmotoren in mittleren und schweren Betrieb, kann aber auch problemlos in Otto-Motoren gefahren werden) stehen. Auch die früheren API-Normen „Service MS", „Service DG" oder „Service DM" sind noch gebräuchlich.

Motorenöl, das keine dieser Bezeichnungen hat oder nur mit den geringeren API-Normen „Service SA, SB, SC, CA oder CB" gekennzeichnet ist, sollten Sie nicht für Ihren VW-Motor nehmen. Es ist entweder schwach oder gar nicht legiert.

Die nachstehenden Ölsorten sind für den VW geeignet:

| Bezeichnung | Viskosität bei Temperaturen zwischen +35° C und 0° C | Viskosität bei Temperaturen zwischen +20° C und –15° C | Viskosität bei Temperaturen zwischen –10° C und –25° C | Preis pro Liter DM |
|---|---|---|---|---|
| HD-Öl für Otto-Motoren | SAE 30 | SAE 20 W–20 | SAE 10 W | 3,70–5,30 |
| HD-Öl für Diesel-Motoren | SAE 30 | SAE 20 W–20 | SAE 10 W | 3,35–4,65 |
| Mehrbereichs-HD-Öle | SAE 10 W–30<br>SAE 10 W–40<br>SAE 10 W–50<br>SAE 20 W–40<br>SAE 20 W–50 | SAE 10 W–30<br>SAE 10 W–40<br>SAE 10 W–50<br>SAE 20 W–40<br>SAE 20 W–50 | SAE 10 W–30<br>SAE 10 W–40 | 4,30–6,85<br>6,20–7,20<br><br>6,55<br>5,10–7,20 |

Für langanhaltende Temperaturen über + 35° C wird die Viskositätsklasse SAE 40 empfohlen; unter – 25° C SAE 5 W.

**Zähflüssigkeit und Temperatur**

In der vorstehenden Aufstellung geben die Spalten 2, 3 und 4 die Viskosität – die Zähflüssigkeit des Öls – durch Zahlenwerte an. Sie ergibt sich aus der Fähigkeit des Öls, schneller oder langsamer aus einem Röhrchen gleichen Durchmessers zu fließen, und wurde von der amerikanischen **S**ociety of **A**utomotive **E**ngineers genormt. Die Bezeichnung der Zähflüssigkeitsklassen erfolgt deswegen mit „SAE" und einer vereinbarten Zahl. Je kleiner diese Zahl, desto dünnflüssiger ist das Öl.

Das „W" am Schluß bedeutet zusätzlich „Winter", es gibt aber auch etwas dickflüssigeres Öl, das sich bei manchen Motoren im Winter und bei anderen im Sommer eignet und deshalb die gemischte Bezeichnung SAE 20 W/20 trägt. SAE 30 und SAE 40 sind Sommeröle. Das dickflüssige „30er"-Öl strengt im Winter den Anlasser an, wenn er den vom steifen Öl verklebten Motor durchdrehen soll, aber andererseits schadet es auch zu Ostern nicht, wenn noch das „Winteröl" SAE 20 W/20 im Motor ist. Man muß nicht gleich zum nächsten Ölwechsel eilen, wenn das Thermometer in Bereichen schwankt, die dem Kalender vielleicht nicht angemessen sind.

**Einbereichs- und Mehrbereichsöle**

Motorenöle, die nur eine Viskositätsbezeichnung haben, also beispielsweise SAE 10 W oder SAE 20 W/20, nennt man „Einbereichsöle". Sind mehrere SAE-Klassen angegeben, wie SAE 10 W – 40 oder SAE 20 W – 50, spricht man von „Mehrbereichsölen", denn sie können immer dann verwendet werden, wenn Öle von SAE 10 W, 20 W/20, 30, 40 oder 50 vorgeschrieben sind, denn sie decken alle diese Zähflüssigkeitsbereiche ab, können also im Sommer und Winter gleicherweise beim Ölwechsel eingefüllt werden.

Bei diesen Mehrbereichsölen handelt es sich zumeist um dünnflüssige Öle der Klasse 10 W, die besondere chemische Zusätze enthalten. Diese „quellen" bei höheren Temperaturen, halten also das Öl in heißem Zustand zähflüssiger, wie es etwa ein Öl SAE 30 oder SAE 40 bei gleicher Temperatur wäre. Dadurch ist auch bei sehr hohen Öltemperaturen noch immer eine gute Schmierfähigkeit gegeben. Und umgekehrt ist es bereits beim Motorstart nicht zu zähe und dickflüssig, so daß hierdurch bereits beim Start eine zufriedenstellende Schmierung aller Teile sichergestellt ist.

**Ölzusätze verwenden?**

Es gibt sowohl öllösliche Chemikalien wie ölunlösliche „Festschmierstoffe" als Zusatzmittel zum Motoröl. Von öllöslichen Zusätzen raten wir grundsätzlich ab, da HD-Öle bereits Additive (Beimischungen) enthalten, die durch Zugabe weiterer Chemikalien in ihrer Wirkung verändert werden können.

Anders ist es mit dem unlöslichen Zusatz Molybdändisulfid (Liqui Moly und Molykote). Das fein pulverisierte $MoS_2$ kann die Ölzusammensetzung nicht stören, legt aber einen Feststoffschmierfilm an besonders kritischen Stellen des Motors und senkt nach unseren Erprobungen auch noch den Ölverbrauch. Allerdings können wir uns für das eigene Beimischen des Konzentrats nicht erwärmen, sondern Sie sollten in diesem Fall ein bereits vorgemischtes „Molyöl nehmen, wie beispielsweise „Liqui Moly Super Motoroil $MoS_2$" oder „Molykote Super Motor Oil".

**Welches Öl ist das beste?**

Welches Öl ist denn nun das beste für Ihren VW? Das teuerste? Dazu ist vor allem zu sagen, daß den enormen Preisunterschieden (man bekommt zum Preis für einen Liter der teureren HD-Mehrbereichsöle bis zu drei Liter ebenfalls einwandfreier HD-Einbereichsöle) keine gleichwertigen Qualitätsunterschiede entsprechen.

Ansonsten ist auf diese Frage eine eindeutige Antwort nicht möglich, denn

„es kommt darauf an": Fahren Sie Ihren VW im Sommerhalbjahr zügig, ohne sportliche Ambitionen, dann reicht ein Einbereichsöl ohne weiteres. Es ist beim Start durch die Außentemperatur nicht zu dick und bei der richtigen Betriebstemperatur besteht auch kein Grund zu Sorgen. Im Winter ist dagegen Mehrbereichsöl besser, denn es kann leichter die sehr großen Temperaturunterschiede vom Frost bis zur Betriebstemperatur (die bei gesunder Kühlung im Sommer wie im Winter gleich hoch ist) überbrücken.
Dazu einige Spar-Tips: Falls Sie sich für Einbereichsöl entscheiden und einer bestimmten Benzinmarke auch bezüglich Öl die Treue halten möchten, dann fragen Sie dort doch einmal nach „HD-Öl für Dieselmotoren". Auch wenn Sie keinen Dieselmotor unter der Motorhaube haben, können Sie ein Dieselmotor-Öl ruhig fahren (Ausnahme: Dieselmotoröl der „Serie 3", sogenannte „S 3-Öle"; sie sind für Schwerstlastfahrzeuge bestimmt und zu speziell legiert). Man wird Ihnen wahrscheinlich zuerst das teurere Einbereichsöl zeigen, auf dem (oder im Prospekt) geschrieben steht, daß es ein „HD-Öl für Otto- und Dieselmotoren" ist. Das meinen wir nicht, sondern das in der Qualität mindestens ebenbürtige, aber aus marktpolitischen Gründen billigere Öl auf dem nur „HD-Öl für Dieselmotoren" zu lesen ist. Es ist um eine runde Mark oder mehr billiger.
Allerdings bekommt man das billigere HD-Öl für Dieselmotoren zumeist nur an Tankstellen, wo auch Lastwagen tanken. Es wird auch nicht immer in 1-Liter-Dosen verkauft, sondern zumeist aus dem Faß abgezapft. Wenn die Aufschrift auf dem Faß stimmt, haben Sie Geld gespart.
Es gibt auch gute und preiswerte Mehrbereichsöle in Supermärkten, Discountläden, Versand- und Kaufhäusern, die wesentlich billiger als die Einbereichsöle „teurer Ölmarken" sind. Allerdings ist allein die Bezeichnung „HD-Öl" hier kein absoluter Qualitätsbeweis, da sie ja keine anerkannte Norm mehr darstellt. Finden Sie aber auf den Öldosen oder dem Ölkanister eine der vorher genannten API-Klassifizierungen (was allerdings selten sein wird) oder die Aufschrift „Von Ford freigegeben" oder „Entspricht den Ford-Vorschriften" (auch wenn Sie einen VW fahren, ist das ein gutes Öl für Ihren Motor) oder kann Ihnen der Verkäufer beweisen, daß sein Motoröl in der Freigabeliste von Daimler-Benz steht (das ist eine nicht-öffentliche Liste mit sorgsam überprüften Schmierstoffen), dann können Sie ruhig zugreifen.

## Ölverbrauch

Ein gesunder VW-Motor verbraucht – selbst bei scharfer Fahrweise – zwischen 0,3 und 0,7 Liter Öl auf 1000 Kilometer. Während der ersten 5000 km liegt der Ölverbrauch meist etwas höher als zwischen 5000 und 30 000 km. Obwohl die VW-Motoren keinen besonderen Einfahrbeschränkungen unterliegen, brauchen die einzelnen Teile doch einige Zeit, bis sie sich „angepaßt" haben. Bei einem Kilometerstand über 60 000 kann der Ölverbrauch bedingt durch fortgeschrittenen Verschleiß an den Kolbenringen bis auf 1 Liter/1000 km ansteigen. Erst wenn mehr als 1,2 Liter Öl auf 1000 km nachgefüllt werden müssen, läßt dies auf einen tiefergehenden Motorschaden schließen. Vorher sollten Sie aber überprüfen, ob der Motor undicht ist (Ölspuren am oder unter dem Motor beobachten). Es kann aber auch die Dichtung in einem Zylinderkopfdeckel verrutscht oder ausgebrochen sein, so daß dort Luft eintritt, den Druck im Kurbelgehäuse ansteigen läßt und Öl zur Kurbelgehäuseentlüftung heraus in das Luftfilter drückt. Das fehlt dann beim Peilstabziehen.
Bei Wagen mit Getriebeautomatik ist der Ölverbrauch meist etwas geringer, besonders dann, wenn man die Automatik für sich alleine arbeiten läßt und beim Zurückschalten von Hand Motordrehzahlen über 5000 U/min vermeidet.

**Fingerzeig:** *Verbraucht der Motor aber scheinbar kein Öl, ist dies kein Grund zur Freude. Das kommt meist im Winter vor, wenn Kurzstreckenbetrieb den Motor nicht richtig warm werden läßt und Wasser- und Kraftstoffkondensat sich im Motoröl absetzen. Dann ist entweder ein vorzeitiger Ölwechsel notwendig oder man bringt das Öl durch zügige Fahrt über eine längere Strecke auf so günstige Temperaturen, daß das Kondensat wieder aus dem Motoröl verdunstet.*

**Öl nachfüllen**

Wenn Sie wegen Ölverbrauch Motoröl nachfüllen müssen – das ist erst wirklich notwendig, wenn der Ölstand bis zur Minimum-Marke abgesunken ist –, dann nehmen Sie am besten die gleiche Marke, die Sie zum Ölwechsel gewählt haben. Sie haben dann das beruhigende Gefühl, bei einem überraschenden Motorschaden bei der treu beanspruchten Ölfirma anklopfen zu können, um feststellen zu lassen, ob vielleicht mit der Motorschmierung oder gar dem Öl irgend etwas nicht stimmte. Das ist allerdings nur wirklich selten der Fall, und in diesen seltenen Fällen zeigen die Mineralölfirmen auch zweifellos Kulanz.
Aber sonst lassen sich alle HD-Ösorten und HD-Ölmarken fröhlich durcheinander mischen. Diese Mischbarkeit ohne schädliche chemische oder sonstige Folgen ist eine Grundforderung der internationalen Öl-Normen. An Tankstellen erzählt man es gerne anders. Glauben Sie uns trotzdem. Es empfiehlt sich sogar, beim eventuell notwendigen Nachfüllen bei hartem Frost das dünnere Winteröl SAE 10 W zum „20er"-Öl im Motor zu nehmen. Ein Mehrbereichsöl erhält man dadurch zwar nicht, aber die Ölfüllung ist doch besser den Starttemperaturen angepaßt.
Zu hoher Ölstand ist unnütz. Im Kurbelgehäuse kommt es zu Schaumbildung, die Zündkerzen verrußen, die Leistung fällt ab, das Öl wird sinnlos verbraucht.

**Fingerzeig:** *Beim Ölwechsel sollten Sie sich vom Tankwart keinen Ölwechselanhänger mit Bindedraht im Motorraum befestigen lassen. Der blanke Draht kann Kurzschlüsse bewirken (z. B. an der Zündspule oder dergleichen) und der flatternde Zettel kann vom Gebläse aufgesaugt werden.*

## Getriebeölstand kontrollieren

Pflegearbeit Nr. 27

Diese Prüfung braucht nur alle 10 000 km stattzufinden. In Fahrtrichtung rechts sitzt in halber Höhe des Getriebegehäuses eine Inbus-Sechskantschraube SW 17. Tritt nach deren Lösen sofort etwas Öl heraus, stimmt der Ölstand. Andernfalls steckt man den Zeigefinger in die Kontrollöffnung und fühlt, ob das Öl bis zur Unterkante der Öffnung steht. Auch dann ist genügend Öl im Getriebe. Die Schraube darf beim Festziehen nicht „angeknallt" werden, sonst leidet das Gewinde.
Bei vermutetem Ölmangel ist von eigenhändigem Nachfüllen abzuraten, denn in der Regel fehlt nur wenig oder gar nichts. Fehlt eine größere Menge, dann dürfte irgendwo das Gehäuse undicht sein, was schon äußerlich an Ölschmutzkrusten erkennbar ist. Zum Abdichten aber ist die Werkstatt zuständig, und Nachfüllen besorgt auch besser die Werkstatt.

## Getriebeöl wechseln

Pflegearbeit Nr. 61

Fahrzeuge, die bis Juli 1969 gebaut wurden, benötigen alle 50 000 km frisches Getriebeöl. Wir würden diese Arbeit der Werkstatt überlassen, denn man braucht zum Einfüllen des Getriebeöles ein gekrümmtes Rohr, welches in die Kontrollöffnung, die gleichzeitig Einfülloch ist, hineinpaßt. Zwar kann man sich mit einer Plastikflasche mit einem dünnen Schlauch behelfen, da aber das Getriebeöl sehr zähflüssig ist, dauert das Einfüllen sehr lange.

Zum Getriebeölwechsel wird die Innensechskant-Ablaßschraube SW 17 rechts unter der Gelenkwelle und die Kontrollschraube herausgedreht. Die magnetische Ablaßschraube ist vor dem Eindrehen sorgfältig von Metallabrieb zu reinigen. Dann werden 2,0 Liter Hypoid-Getriebeöl SAE 90 eingefüllt. Geschieht dies zu schnell, kann sich das Öl zwischen den Getriebezahnrädern nicht schnell genug verteilen und das Getriebegehäuse läuft schon über, obwohl die 2 Liter noch lange nicht eingefüllt sind. Man braucht Geduld und einen Trick: Vorher das Getriebeöl kräftig erhitzen, dann fließt es leichter.

## Ölstand des Achsantriebes prüfen und Öl wechseln

Pflegearbeiten Nr. 28 und Nr. 62

Bei Fahrzeugen mit automatischem Getriebe ist der Achsantrieb mit Hypoid-Getriebeöl SAE 90 befüllt. Zur Kontrolle wird alle 10 000 km die Einfüllschraube (Innensechskant SW 17) in Fahrtrichtung rechts vor der Ölwanne des Automatik-Getriebes herausgedreht. Das Öl soll bis zum Rand der Einfüllöffnung stehen. Läuft beim Öffnen der Verschlußschraube eine erhebliche Menge Öl heraus, besteht der Verdacht, daß zwischen automatischem Getriebe und Achsantrieb ein Ölaustausch stattgefunden hat. Eine entsprechende Prüfung muß von der Werkstatt vorgenommen werden.
Nur für Fahrzeuge vor Baujahr August 1969 ist alle 50 000 km ein Wechsel des Öles erforderlich. Dazu wird die Ablaßschraube links unten am Achsantriebsgehäuse herausgedreht und von Metallabrieb gereinigt. Zum Befüllen wird 1 Liter Hypoid-Getriebeöl SAE 90 benötigt.

### Das richtige Getriebeöl

Sehr genau sollten Sie beim Nachfüllen oder beim Getriebeölwechsel darauf achten, daß auch die genau richtige Getriebeölsorte eingefüllt wird. Für das VW-Getriebe ist ein Hypoid-Getriebeöl mit der Spezifikation MIL-L-2105 B (mit 6,5 % Schwefel-Phosphor Additiv) und der Viskosität SAE 90 vorgeschrieben.
Neben verschiedenen Hypoid-Getriebeölen besitzen auch einige EP-Getriebeöle (EP = extreme pressure = außergewöhnlich hoher Druck) die Spezifikation MIL-L-2105 B. Da derzeit ein gewisses Durcheinander in den Bezeichnungen der Sorten besteht, die milder oder schärfer legiert sind, sollten Sie das Nachfüllen oder den eventuell notwendigen Getriebeölwechsel bei einer VW-Werkstatt vornehmen lassen, um tatsächlich das richtige Getriebeöl zu erhalten, bzw. bei Heimwerkerehrgeiz das Getriebeöl in der Vertragswerkstatt erwerben.
Die Getriebe sind äußerst empfindlich dagegen, wenn die falsche Ölsorte eingefüllt wird – etwa „normales" Getriebeöl. Dann gibt es zumindest Schaltschwierigkeiten, wenn nicht „Zähneklappern".

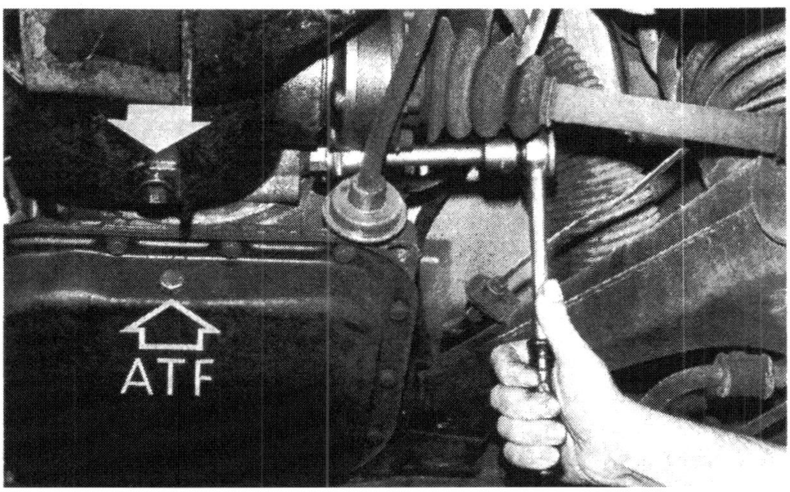


Die Kontrollschraube sowie die Ablaßschraube (weißer Pfeil) des Getriebes bzw. des Achsantriebes (bei automatischem Getriebe) wird mit einem Inbusschlüssel SW 17 gelöst. Der Ölstand wird mit dem Finger geprüft: Bis zur Unterkante der Kontrollöffnung soll das Öl stehen. Der weißumrandete Pfeil zeigt auf die Ablaßschraube der ATF des automatischen Getriebes.

Zum Prüfen des Flüssigkeitsstandes im automatischen Getriebe muß der VW erst 5 bis 10 Minuten warmgefahren werden. Wird bei kaltem Getriebe geprüft, kann die Flüssigkeit unter der unteren Peilstabmarkierung stehen. Beim Abwischen des Peilstabes ist auf größte Sauberkeit zu achten; Verunreinigungen der ATF können zu Schaltstörungen führen.

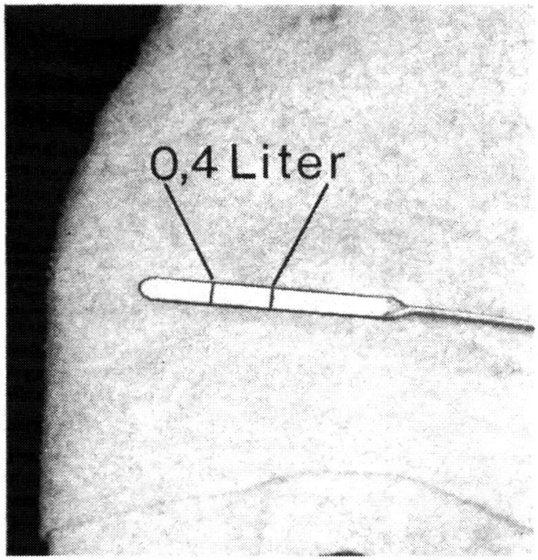


**Fingerzeig:** *Der Ölwechsel im Getriebe bzw. Achsantrieb des VW 411 bis Baujahr Juli 1969 kann künftig entfallen, wenn bei Kilometerstand 50 000 ein Getriebeöl nach der Spezifikation MIL-L-2105 B eingefüllt wurde. Im Zweifelsfall läßt man bei 100 000 km das Getriebeöl sicherheitshalber noch einmal wechseln.*

## Flüssigkeitsstand der Getriebeautomatik prüfen
Pflegearbeit Nr. 6

Mindestens alle 10 000 km soll der Stand der ATF (= Automatic Transmission Fluid) im automatischen Getriebe kontrolliert werden. Der entsprechende Peilstab befindet sich im Motorraum an der Trennwand zum Innenraum.
Bei dieser Prüfung ist unbedingt darauf zu achten, daß der Lappen, mit dem der Peilstab abgewischt wird, einwandfrei sauber ist und nicht fusselt. Der Meßstab darf nur so eingesteckt werden, daß der ringförmige Griff senkrecht steht. Er kann sich sonst im Einfüllrohr verwinden und so Schäden am Getriebe verursachen.
Die Kontrolle erfolgt bei laufendem Motor in Wählhebelstellung „N" – Handbremse anziehen – und bei handwarmer ATF. Dazu den Wagen 5 bis 10 Minuten warmfahren. Der Flüssigkeitsstand soll zwischen den beiden Markierungen auf dem Peilstab abzulesen sein, die Mengendifferenz beträgt zwischen diesen Markierungen nur 0,4 Liter. Eine einwandfreie Funktion des automatischen Getriebes ist nur gewährleistet, wenn der Flüssigkeitsstand stimmt. Auch zuviel eingefüllte ATF kann zu Störungen führen und muß wieder abgesaugt werden.
Zum Füllen verwendet man einen absolut sauberen Trichter und einen 50 cm langen Plastikschlauch; es darf nur ATF mit DEXRON-Prüfnummer eingefüllt werden.

## ATF der Getriebeautomatik wechseln
Pflegearbeit Nr. 60

Wird der VW nicht ständig mit Anhänger, im Kurzstreckenverkehr oder im Gebirge gefahren, braucht die ATF-Füllung nur alle 50 000 km gewechselt zu werden; andernfalls empfiehlt sich ein Wechsel alle 30 000 km. Da zu dieser Arbeit auch die Ölwanne und das Ölsieb ausgebaut werden muß, sollte man diese Arbeit der Werkstatt überlassen. Außerdem wird eine neue Ölwannendichtung benötigt und verschiedene Schrauben müssen mit einem Drehmomentschlüssel angezogen werden.

Nach Lösen der Spannverschlüsse kann man das Luftfilter-Oberteil vom Unterteil abheben. Das Oberteil wird mit dem Filtereinsatz nach unten abgelegt. Verschmutztes Öl abgießen, Filterunterteil sauber ausreiben und bis zur Markierung frisches Öl (etwa 0,45 Liter) auffüllen. Beim Zusammenbau müssen sich die Markierung „4 L" am Oberteil und die Pfeilspitze am Unterteil gegenüberstehen (nur VW 411 E). Beim Einbau des Luftfilters müssen alle Schläuche fest angeschlossen sein und die Luftfilterspitzen einwandfrei auf den Gummimanschetten der Vergaser sitzen.

## Ölbadluftfilter reinigen

Pflegearbeit Nr. 7a

Damit kein Staub in den Motor gerät und dort die Zylinderwände schmirgelt, wird die angesaugte Verbrennungsluft durch ein Ölbad-Luftfilter (bis Juli 1972) geleitet. Die gesamte Luft muß in Bläschen durch das Öl, wobei die Staubkörnchen im Öl bleiben und zu Boden sinken. Dadurch verschlammt das Ölbad je nach Staubgehalt der Luft langsamer oder schneller. Wird durch Fingerprobe festgestellt, daß die Schlammschicht am Boden nur gering ist und darüber bis zur Strichmarke noch mehr als 5 mm dünnflüssiges Öl stehen, braucht noch kein Ölwechsel vorgenommen zu werden. Sonst wird der Topf nach dem Ausleeren des Altöles mit Benzin ausgewaschen, mit einem Lappen ausgewischt. Anschließend füllt man frisches Motoröl SAE 30 bis zur Strichmarkierung ein. Dabei genügt unlegiertes Öl völlig.

Das Filteroberteil legt man mit der Öffnung nach unten ab, sonst läuft Öl heraus. Durch Schmutzkrusten verstopfte Löcher sollen nach Werksempfehlung nur mit einem Holzspan ausgeputzt werden. Wir nehmen aber ebenfalls Benzin zum Ausschwenken des Filters, denn die Staubgefahr ist hierzulande in der Regel nicht so groß, daß dem Motor durch diese etwas gründlichere Filterreinigung bei den ersten Fahrkilometern, wenn das Filter noch nicht ölbefeuchtet ist, Gefahr drohen könnte.

Der Aus- und Einbau des Luftfilters ist im Bildtext beschrieben.

Zum Ausbau des Vergaser-Luftfilters den Schlauch der Kurbelgehäuse-Entlüftung abziehen, Spannverschlüsse der Luftfilterspitzen (weiße Pfeile) lösen und Schlauch für Ansaugluft nach Anheben der Klemmfeder abziehen. Das Luftfilter läßt sich nun nach Lösen von zwei Spannverschlüssen, mit denen es am Motor befestigt ist, waagerecht herausnehmen. (Die schwarzen Pfeile zeigen auf die insgesamt 5 Spannverschlüsse dieses Luftfilters). Das Luftfilter des VW 411 E wird folgendermaßen ausgebaut: Schlauch der Kurbelgehäuseentlüftung abziehen, Ansaugluftschlauch nach Lösen der Spannfeder abnehmen, übrige Schläuche nach Lösen der Klemmschellen abnehmen bzw. direkt abziehen sowie die Flügelschraube im Luftfilter lösen und herausziehen. Nun kann das Luftfilter ebenfalls herausgehoben werden, dabei aber waagerecht halten, sonst läuft Öl aus.

Die Türscharniere haben eine Ölvorratskammer, in die alle 3 Monate Motoröl SAE 30 eingefüllt werden soll. Dünneres Öl ist hierzu nicht empfehlenswert, da es leichter aus der Schmierstelle herausläuft. Abtropfendes Öl sollte abgewischt werden, da es den Lack verfärben kann. Oben auf dem Scharnier liegt der kleine Kunststoffstopfen, der zum Schmieren abgehebelt werden muß.

## Türscharniere und Türfeststeller ölen

Pflegearbeit Nr. 2

Die Türscharniere haben oben eine kleine Ölvorratskammer, die durch einen Plastikstopfen verschlossen ist. Etwa alle drei Monate soll diese Kammer mit Motoröl SAE 30 aufgefüllt werden. Dazu wird der Kunststoffstopfen oben einfach mit einem Schraubenzieher abgehoben. Abtropfendes Öl sollten Sie sofort wegwischen, weil sich sonst der Lack verfärben kann.

Die Türfeststeller haben – auch bei viertürigen Limousinen nur vorn – je zwei Gleitrollen, deren Lagerung etwas Öl (am besten vom Ölpeilstab abtropfen lassen) benötigt.

## Schlösser und Haubenscharniere schmieren

Pflegearbeit Nr. 35

Zur Schmierung der Türschlösser befindet sich an der hinteren Türkante eine Bohrung, die mit einem kleinen Stopfen verschlossen ist. Dieser wird herausgenommen und man läßt etwas Öl hineintropfen.

Damit die Schlösser im Winter nicht einfrieren, spritzt man etwas Defroster-Spray in den Schlüsselschlitz ein. Es dient gleichzeitig auch als Schmierung; der von VW empfohlene Graphitstaub bleibt am Schlüssel hängen und verschmiert die Taschen.

Besonders im Winter sollten beim Waschen die Schlüsselschlitze mit Isolierband oder Leukoplast überklebt werden, damit kein Wasser eindringen kann.

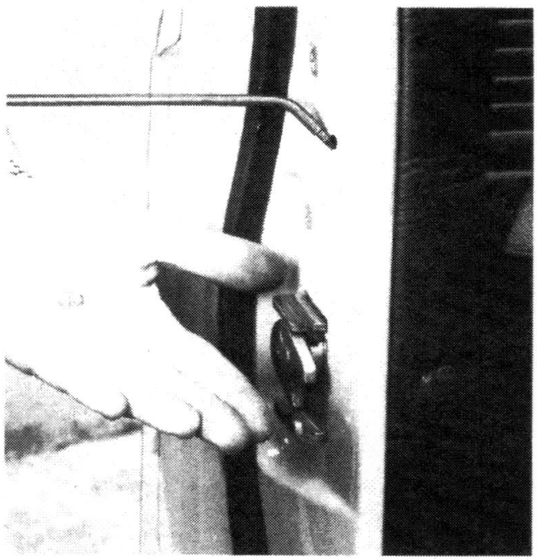

Über dem Türschloß sitzt im Türrahmen eine kleine Öffnung, die mit einem kleinen Stopfen verschlossen ist (auf der Handfläche gezeigt). Dieser wird mit einem feinen Schraubenzieher herausgehebelt und man läßt einige Tropfen Öl zur Schmierung des Türschlosses eintropfen.

Die Türfeststeller vorn haben Gleitrollen, deren Lager ebenfalls gelegentlich geölt werden sollen (Pfeil). Auch hierzu wird von VW Motoröl SAE 30 empfohlen, sogenanntes Haushaltsöl fließt leicht weg und verschmiert so die Umgebung unnötig. Findet man beim Schmieren eine ölige Schmutzkruste vor, so reibt man sie natürlich vorher weg.

Die Gleitstücke der Türschließplatten und die Haubenschlösser lassen sich am besten mit ein wenig Vaseline schmieren. Sie ist zäher als Abschmierfett und man verschmiert sich deshalb damit nicht so leicht die Kleider. Aus diesem Grund sollte man auch nur eine hauchdünne Schicht mit der Fingerspitze auftragen.
Die Haubenscharniere erhalten ein wenig Öl oder Fett. Überschüssiges Schmiermittel reibt man gleich mit einem Lappen weg.

## Vergasergelenke ölen
Pflegearbeit Nr. 8

Wer einen VW 411/412 mit Einspritzmotor hat, kann diesen Pflegedienst natürlich übergehen. Am einfachsten schmiert man die Vergasergelenke mit einem kleinen Öler oder einer Graphit-Sprühdose. Lassen Sie einen Helfer – bei stehendem Motor – auf das Gaspedal treten, damit Sie sehen, was sich bewegt und dementsprechend geschmiert werden muß.

## Zündverteiler schmieren

Diese Arbeit wird nicht mehr offiziell im Wartungsplan aufgeführt, da die Unterbrecherkontakte ohnehin alle 20 000 km ersetzt werden sollen, wobei die Werkstatt meist für die nötige Fettzufuhr sorgt. Es schadet aber auf keinen Fall, wenn der Schmierfilz in der Verteilerwellenbohrung und die Lagerung des Unterbrecherhebels einen oder zwei Tropfen Motoröl (vom Ölpeilstab) erhalten. Mehr sollten es aber nicht sein, da unter dem Verteiler am Schaft die Geberkontakte für die elektronische Benzineinspritzung sitzen; gerät das Öl dorthin, kann dies zu schwer auffindbaren Funktionsstörungen des Motors führen (schlechtes Anspringen, Rucken bei kalter wie bei warmer Maschine).
Bei dieser Gelegenheit kann man auch die Gleitbahn der Verteilerwelle und das Gleitstück des Unterbrecherhebels leicht einfetten. Motoröl oder „irgendwelches" Fett sind in diesem Fall jedoch nicht am Platz, sondern es muß ein hitzebeständiges Fett, wie beispielsweise Bosch Spezialfett Ft 1 v 4, sein. Die genannten Teile dürfen aber nur ganz leicht mit der Fingerspitze eingerieben werden, da bei Fettüberschuß dieses zwischen die Unterbrecherkontakte geraten und dort schwer erkennbare Zündstörungen verursachen kann.

# Treibende Kraft

Der VW 411/412 ist der größte und zugleich wohl auch der letzte „klassische" Volkswagen mit luftgekühltem Heckmotor in der sogenannten Boxerbauweise. Die Zylinder liegen sich gegenüber und boxen gewissermaßen gegeneinander. Dadurch wird der Motor ziemlich flach und beansprucht verhältnismäßig wenig Raum. Andererseits sind manche seiner Teile nicht so gut zugänglich wie etwa beim vornliegenden Reihenmotor des VW Passat, bei dem alle Zylinder in einer Reihe stehen. Auch andere Automobilfirmen stellen solche Boxermotoren her, so Citroen für den 2 CV oder GS mit zwei bzw. vier luftgekühlten Zylindern oder Ferrari für den 365 GT Berlinetta Boxer mit zwölf wassergekühlten Zylindern. Aber durch die VW-Heckmotor-Modelle erfuhr diese Motorbauweise ihre größte Verbreitung.

Bis vor wenigen Jahren galt die Luftkühlung als typisches Merkmal eines Volkswagens, inzwischen enthält das Verkaufsprogramm auch Fahrzeuge mit wassergekühlten Motoren. Der größte Vorteil der Luftkühlung besteht wohl darin, daß Luft weder kochen noch gefrieren kann. Man hat also im heißesten Sommer wie im kältesten Winter keinen Ärger mit der Kühlung; das zeigen z. B. auch die Erfahrungsberichte der ADAC-Straßenwachtmänner. Kühlerschläuche, Kühler oder Wasserpumpe, die sich als mögliche Störenfriede entpuppen könnten, besitzt unser VW nicht. Andererseits kommt er nicht ohne – allerdings sehr einfachen – Ölkühler aus. Auch braucht er zur intensiven Heizung ein Zusatz-Aggregat.

**Motor-Steckbrief**

Vorgestellt wurde der VW 411 im August 1968 mit einem 68 PS starken Zweivergasermotor mit 1700 $cm^3$ Hubraum. Mit dieser Leistung blieb er allerdings weiter hinter der Konkurrenz zurück, als man erwartet hatte, weshalb bereits ein Jahr später die Zweivergaser-Anlage der elektronischen Benzineinspritzung von Bosch wich. Durch höhere Verdichtung, größere Einlaßventile und geringfügig angehobene Nenndrehzahl (das ist die Drehzahl, bei der der Motor seine größte Leistung abgibt) wurde bei unverändertem Hubraum eine Leistungssteigerung auf 80 PS erreicht. Allerdings kommt dieser Motor, im Gegensatz zum schwächeren Modell, nicht ohne Superkraftstoff aus.

Den Vorteilen der Benzineinspritzung, wie gleichmäßiger Leerlauf und feinfühlige Gasdosierung bei kaltem wie bei warmem Motor und verringerter Ausstoß giftigen Abgases, standen allerdings zwei gewichtige Nachteile gegenüber: Einerseits ist die Wartung der Einspritz-Anlage schwieriger – manche kleinere Werkstatt sah sich vor allem am Anfang vor erhebliche Probleme gestellt – und andererseits sind die Herstellungskosten gegenüber der Vergaser-Anlage höher.

Nachdem bei Solex die Entwicklung soweit vorangetrieben war, daß mit einer Zweivergaser-Anlage die ähnlich günstigen Abgaswerte wie mit der Benzineinspritzung erzielt werden konnten, erschien der VW 412 im August 1973

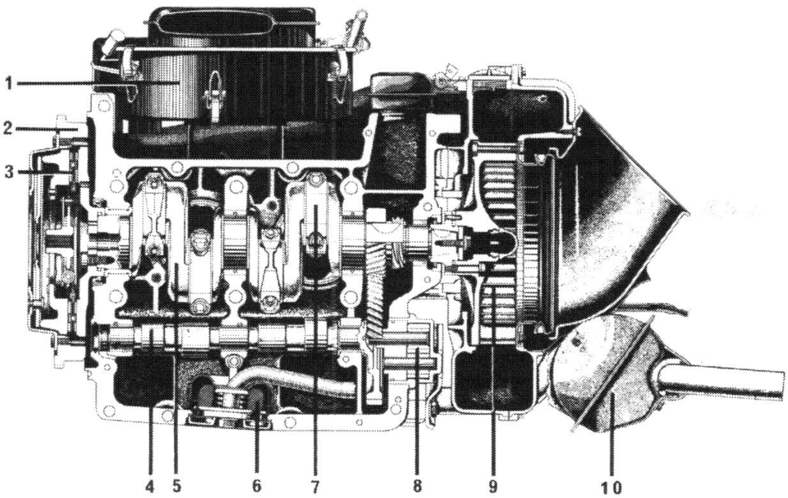


Dieses Bild zeigt den VW-Motor der Länge nach durchgeschnitten: 1 — Luftfilter, 2 — Schwungscheibe, 3 — Kupplung, 4 — Nockenwelle, 5 — Kurbelwelle, 6 — Ölsieb, 7 — Pleuellager, 8 — Ölpumpe, 9 — Kühlgebläserad, 10 — Auspufftopf.

wieder mit einem Vergasermotcr. (Für die nach USA gelieferten Fahrzeuge, wo wesentlich strengere Abgasçesetze herrschen, wird weiterhin die Benzineinspritzung eingebaut). Gleichzeitig wurde der Hubraum des Motors durch Vergrößerung der Bohrung um 3 mm auf 1800 cm³ angehoben, die Ein- und Auslaßkanäle vergrößert und Ventile mit größerem Durchmesser eingebaut. Zur Auswahl stehen ein 75-PS-Motor für Normalkraftstoff und ein 85-PS-Motor für Superbenzin.

**Kurbelgehäuse und Kurbelwelle**

Das Kurbelgehäuse des 68-PS-Motors besteht aus einer Magnesium-Legierung, bei den stärkeren Motoren ist es eine Aluminium-Legierung, wodurch die Druckbelastung durch die höhere Leistung ausgeglichen wird. Das Gehäuse des 1,7-Liter-Vergaser-Motors ist am eingeschlagenen V oder Z (seit August 1969) vor der Motornummer erkenntlich. Bei den Einspritzer-Motoren ist es ein W und bei den 1,8-Liter-Motoren AT (75 PS) bzw. AN (85 PS).
Die geschmiedete Kurbelwelle ist in vier Gleitlagern gelagert, die Lagerstellen

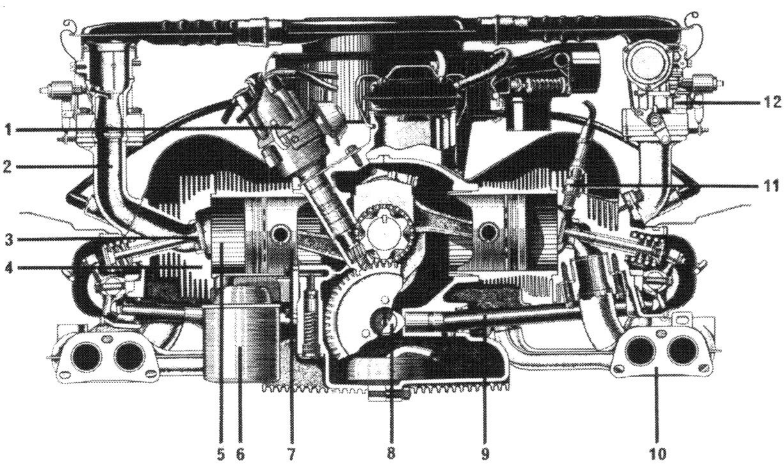


So sieht der Vergasermotor im Querschnitt aus: 1 — Verteiler, 2 — Ansaugstutzen, 3 — Ventil, 4 — Zylinderkopf, 5 — Zylinder, 6 — Ölfilter, 7 — Kolben, 8 — Nockenwelle, 9 — Stößelstange, 10 — Wärmetauscher, 11 — Zündkerze, 12 — Vergaser.

sind gehärtet. Das erste Lager – in Fahrtrichtung gesehen – nimmt die axialen Schubkräfte der Kurbelwelle auf; es besteht, wie die Lager 3 und 4, aus einer Aluminiumbuchse mit Bleiauflage. Das zweite Lager ist ein geteiltes Dreistofflager.
Das Schwungrad mit der Verzahnung für den Anlasser ist mit fünf Schrauben an der Kopfseite der Kurbelwelle angeschraubt.
Zwischen dem dritten und vierten Lager sitzt das schräg verzahnte Antriebsrad für die Nockenwelle, dann folgt das Antriebsrad für den Verteiler und bei Vergasermotoren für die Kraftstoffpumpe. Nach dem vierten Lager findet sich das Kühlgebläserad und die Riemenscheibe. Die Abdichtung der Kurbelwelle erfolgt vorn und hinten durch eine Lippendichtung.
Blieben noch die Hauptpunkte der Kurbelwelle zu erwähnen: die vier Pleuel. Sie sind mit auswechselbaren Lagerschalen (Bleibronze) auf den Kurbelwellenzapfen gelagert. In ihrem anderen Ende tragen sie Bronzebuchsen für die Kolbenbolzen, die „schwimmend" gelagert sind, sie können sich also im Pleuel und Kolben etwas bewegen.

**Zylinder und Kolben**

Je zwei Zylinder aus Grauguß liegen auf jeder Seite des Motors; sie sind zusammen mit ihren Kolben einzeln austauschbar und werden durch jeweils einen gemeinsamen Leichtmetall-Zylinderkopf verbunden. Beim 1,8-Liter-Motor besitzt der Zylinderkopf größere Ein- und Auslaßkanäle sowie größere Ventile.
Leider ist es beim VW 411/412 nicht möglich, die Zylinderköpfe abzunehmen, solange der Motor noch eingebaut ist. Es wäre nämlich für den versierten und mit gutem Werkzeug ausgestatteten Bastler kein Problem, die Zylinderköpfe zu demontieren. Dies kann erforderlich sein, um Rückstände aus dem Brennraum zu entfernen oder um die Ventile neu einzuschleifen oder Ventile auszuwechseln. Der Ausbau des Motors an unserem VW – besonders bei elektronischer Benzineinspritzung – ist aber selbst fortgeschrittenen Selbstpflegern nicht zu empfehlen. Deshalb sind wir auch auf Arbeiten am Zylinderkopf nicht näher eingegangen. Übrigens muß der Motor auch für Arbeiten an Kupplung und Getriebe ausgebaut werden.
Die Leichtmetall-Kolben mit Stahleinlage besitzen je drei Kolbenringe, die in Aussparungen im oberen Drittel des Kolbens elastisch eingebettet sind. Diese Ringe drücken federnd gegen die Zylinderwand; die beiden oberen Kolbenringe (Verdichtungsringe) verhindern, daß das Gasgemisch aus dem Verbrennungsraum am Kolben nach unten vorbeidringt. Der untere Ölabstreifring läßt das Schmieröl nicht aus dem Kurbelgehäuse in den Verbrennungsraum steigen.
Beim Verbrennungsmotor wird der Hubraum aus dem Durchmesser (Bohrung) eines Zylinders und aus dem Weg (Hub) errechnet, den ein Kolben bei seinem Auf und Ab vom unteren zum oberen „Totpunkt" zurücklegt. Bei den 1,7-Liter-Motoren beträgt die Bohrung 90 mm, während die 1,8-Liter-Motoren eine etwas größere Bohrung besitzen, nämlich 93 mm. Der Hub ist bei allen Modellen des VW Typ 4 mit 66 mm gleich.
Diese kurzhubigen Motoren, bei denen der Kolbenhub kleiner als der Zylinderdurchmesser ist, besitzen gegenüber langhubigen Motoren den Vorteil, daß bei gleicher Umdrehungszahl der Kurbelwelle ein Kolben im Kurzhubmotor weniger Wegstrecke zurücklegen muß und daher die sogenannte Kolbengeschwindigkeit kleiner ist. Dadurch wird der Verschleiß verringert, der schützende Ölfilm zwischen Kolben und Zylinderwand wird weniger beansprucht und höhere Drehzahlen lassen sich gefahrloser ausnutzen.

## Die Ventilsteuerung

Die Ventile sind im Zylinderkopf hängend angeordnet, da dieser aber seitlich angeschraubt ist, sind die Ventile bei eingebautem Zylinderkopf, genaugenommen, liegend angeordnet. Da die Auslaßventile durch die heißen Verbrennungsgase stärker beansprucht werden, sind sie an der Sitzfläche mit hartem Chromnickelstahl „gepanzert". Ventilführung und Ventilsitzring werden im Werk in stark gekühltem Zustand eingeschrumpft. Auch die Werkstatt kann sie mit normalen Mitteln nicht entfernen. Bei beschädigten Ventilsitzringen muß also der Zylinderkopf ausgetauscht werden.
Der Antrieb der Ventile erfolgt über Kipphebel, Leichtmetall-Stößelstangen, Stößel und die Nocken der Nockenwelle. Letztere ist im Kurbelgehäuse dreifach in Leichtmetall-Lagerschalen gelagert. Jeder Nocken betätigt abwechselnd je ein Ventil zweier sich gegenüberliegender Zylinder.

**Fingerzeig:** *Bei nachlassender Motorleistung sind fast immer zuerst die Ventile, insbesondere die Auslaßventile, die Störenfriede. Oft läßt sich eine komplette Motorüberholung oder ein Tauschmotor durch Einschleifen der Ventile noch umgehen, sofern die km-Leistung nicht schon zu hoch ist. Beim Einschleifen kommt eine feine Schleifpaste zwischen Ventilsitzfläche und Ventilsitzring, dann wird das Ventil von Hand eingeschliffen.*

## Das Ventilspiel

Zwischen den Teilen des Ventiltriebs – also Nocken, Stößel, Stößelstange, Kipphebel und Ventilschaft – muß etwas „Luft" oder „Spiel" vorhanden sein, damit die unterschiedlichen Wärmedehnungen von Graugußzylinder, Leichtmetall-Zylinderkopf und Ventiltrieb ausgeglichen werden. Zu den wichtigsten Maßnahmen gehört daher die Kontrolle auf richtiges Ventilspiel. Man sollte sich nicht auf sein Ohr verlassen, um etwa zu großes Ventilspiel an höheren Ventilgeräuschen zu erkennen. Wesentlich kritischer – da man es nicht hört – ist zu kleines Ventilspiel.
Bei Erwärmung des Motors vergrößert sich das Spiel zunächst etwas und geht dann bei Erreichen der richtigen Betriebstemperatur auf den eingestellten Wert zurück. Deshalb soll die Kontrolle des Ventilspiels auch bei kaltem Motor vorgenommen werden.
Falsch eingestelltes Spiel kann unter Umständen zu Schäden am Motor führen, wobei besonders die heißeren Auslaßventile empfindlich sind.
**Zu großes Ventilspiel:** Geringere Füllung der Zylinder, dadurch herabgesetzte Motorleistung; unregelmäßiger Motorlauf; Veränderung der Steuerzeiten; höhere Geräuschentwicklung des Ventiltriebs.
**Zu kleines Ventilspiel:** Verbrennen der Ventile und der Ventilsitze, Veränderung der Steuerzeiten; schlechte Leistung durch verminderte Kompression; Verziehen der Ventile; ungleichmäßiger Motorlauf.

## Ventilspiel kontrollieren

Pflegearbeit Nr. 26

Für unsere VW-Motoren beträgt das Spiel für die Einlaß- und Auslaßventile einheitlich 0,15 mm. Die Kontrolle geschieht bei kaltem bis höchstens handwarmem Motor (Öltemperatur maximal 50° C). Der VW wird hinten soweit angehoben, daß man von unten an die Zylinderkopfdeckel herankommt, die man durch Abdrücken des Federbügels entfernt. Zur besseren Zugänglichkeit empfiehlt es sich, das betreffende Rad abzunehmen. An Werkzeug werden eine Fühlerblattlehre 0,15 mm, ein Schraubenzieher und ein Schlüssel SW 13 bzw. SW 14 für die 1,8-Liter-Motoren (ein gekröpfter Ringschlüssel eignet sich am besten) benötigt.
Begonnen wird mit dem ersten Zylinder, also dem in Fahrtrichtung rechts vorn liegenden. Die Kappe des Zündverteilers wird abgenommen und die

Kurbelwelle rechts herum gedreht. Das geht am einfachsten, wenn man auf die Mutter der Lichtmaschinen-Keilriemenscheibe einen Schraubenschlüssel SW 22 setzt und diese damit dreht. Dabei evtl. etwas auf den Keilriemen drücken. Natürlich darf kein Gang eingelegt sein. Die Kurbelwelle wird so weit gedreht, bis der Verteilerfinger auf die Einkerbung im Verteilergehäuse deutet (Bild Seite 121). Damit hat man die Einstellung für den Zündzeitpunkt des 1. Zylinders. Und damit sind beide Ventile dieses Zylinders geschlossen, worauf man das Ventilspiel mit der Fühlerblattlehre prüfen kann. Das Blatt der Stärke 0,15 mm wird zwischen Einstellschraube und Ventilschaft geschoben (nicht gezogen). Ist das Spiel zu klein oder zu groß, so löst man die Sechskant-Gegenmutter etwas und dreht nun mit einem Schraubenzieher die Einstellschraube so weit, bis das vorgeschriebene Spiel erreicht ist. Nach dem Festziehen der Gegenmutter (dabei Einstellschraube mit Schraubenzieher festhalten) wird das Spiel abermals geprüft.

Hiernach folgt der 2. Zylinder, also der in Fahrtrichtung gesehen rechts hinten (zum Heck hin) liegende. Dazu wird durch Linksdrehen der Riemenscheibe der Verteilerfinger in die Zündstellung für den 2. Zylinder gebracht, worauf die Kontrolle des Spiels sich in der oben geschilderten Weise wiederholt. Ebenso verfährt man bei den auf der linken Motorseite liegenden Zylindern 3 und 4.

Beim Aufsetzen der Zylinderkopfdeckel ist unbedingt darauf zu achten, daß eine einwandfreie Abdichtung erfolgt und kein Ölverlust eintritt! Auch nach der ersten Fahrt mit dem Wagen ist nochmals auf Ölspuren (Tropfen unter dem abgestellten Wagen, ölverschmierte Zylinderkopfdeckel) zu achten. Ausgebrochene oder angerissene Zylinderkopfdeckel-Dichtungen müssen ersetzt werden.

## Prüfen des Kompressionsdrucks

Pflegearbeit Nr. 12

Mit dieser Kontrolle soll vorbeugend oder im Bedarfsfalle geprüft werden, ob Kolben und Ventile gut abdichten, ob also die Kompression in den Zylindern noch hoch genug ist. Voraussetzung: Ventilspiel richtig eingestellt.

Bei der herkömmlichen Meßmethode wird von der Werkstatt ein Kompressions-Druckschreiber verwendet, in den Meßkärtchen eingelegt werden. Die Zündkerzen werden herausgeschraubt und der Gummikonus des Druckmessers dicht auf das Kerzenloch gedrückt. Der Motor soll betriebswarm sein, doch sieht es in der Praxis oft so aus, daß er kalt ist, bis er zur Prüfung kommt.

Ein Helfer drückt das Gaspedal ganz durch, damit die Zylinder ihre größte Füllung erhalten und dreht den Motor mit dem Anlasser einige Male durch.

Hier wird das Ventilspiel eingestellt. Nach dem Lockern der Kontermutter, hier mit einem Ringschlüssel SW 13, verdreht man mit einem Schraubenzieher die Einstellschraube, bis sie die zwischen Ventilschaft und Kipphebel eingeschobene Fühlerlehre gerade berührt. Nach dem Festziehen der Kontermutter mit dem Fühlerblatt 0,15 nochmals nachprüfen, ob das Spiel stimmt.

Für jeden Zylinder zeichnet der Druckschreiber nach Weiterschalten eine flache Kurve auf das gewachste Papier, deren Endpunkt den höchsten Druck anzeigt. Wichtig für den gesunden Motor ist nicht die absolute Höhe des Druckes, sondern dessen Gleichmäßigkeit bei allen Zylindern. Druckunterschiede bis zu 1 kg/cm² sind unerheblich, sie sollen aber nicht mehr als 2 kg/cm² betragen. Der gemessene Druck bei warmem Motor liegt höher als bei kaltem Motor, da bei diesem die Abdichtung durch die Kolbenringe und das Öl noch nicht so hoch ist.
Beim VW 411/412 mit Einspritzmotor soll der Dreifachstecker am Zündverteiler (siehe Foto Seite 89 oben) abgezogen werden, damit die Einspritzventile keinen Öffnungsbefehl erhalten. Der Motor könnte sonst „absaufen".
Zu niedriger Druck kann bedeuten: Schäden an den Ventilen, z. B. durch verbranntes Auslaßventil (durch zu knappes Ventilspiel) oder klebendes („hängendes") Ventil durch zu viel Rückstandsbildung am Ventilschaft und in dessen Führung, ferner Kolben- und Kolbenringverschleiß oder festsitzende Kolbenringe, unrunde Zylinder, Folgeerscheinungen von Kolbenklemmern. In den weitaus meisten Fällen liegt jedoch mangelnder Kompressionsdruck und damit verringerte Motorleistung an undichten Ventilen. Deren Einschleifen bringt Abhilfe, wenn sich nicht wegen zu hoher Motorlaufstrecke ohnehin ein Tauschmotor empfiehlt. Zusätzliche Kontrolle: Einträufeln von Öl ins Kerzenloch. Ist der Druck nach nochmaligem Motordurchdrehen immer noch mangelhaft, sind die Ventile undicht, insbesondere die Auslaßventile.
Ist die Motorleistung trotz hohem und gleichmäßigem Kompressionsdruck schlecht, liegt der Fehler vermutlich an der Zündanlage.
Vergleichbar sind nur Messungen, die mit demselben Meßgerät ausgeführt sind, da diese voneinander immer etwas abweichen. Lassen Sie sich das Meßkärtchen geben und schreiben Sie sich zu Vergleichszwecken Datum und km-Stand auf.
Die nachfolgenden Druckangaben sollen Ihnen zur Beurteilung Ihres Motores dienen:

| Motor | Gute Werte (kg/cm²) | Verschleißgrenze (kg/cm²) |
|---|---|---|
| 1700 68 PS | 10 –8 | 7 |
| 1700 E 80 PS | 11 –9 | 7 |
| 1800 75 PS | 9,5–6 | 5 |
| 1800 85 PS | 12 –9 | 7 |

**Fingerzeig:** *Bei der VW-Computer-Diagnose wird der Kompressionsdruck indirekt gemessen, ohne daß die Zündkerzen herausgeschraubt werden müssen. Je höher der Kompressionsdruck ist, um so mehr Strom braucht der Anlasser zum Durchdrehen des Motors und sinkt dementsprechend die Spannung des Bordnetzes. Der Computer mißt nun den Spannungsabfall für die einzelnen Zylinder beim Anlassen und druckt auf dem Diagnose-Prüfbericht die entsprechenden Meßwerte aus. Für die VW 411/412 sollen diese Werte nicht unter 068 liegen. Der niedrigste Meßwert soll nicht kleiner als die Hälfte des größten gemessenen Wertes sein. Beispiel: Niedrigster Wert 104, größter Meßwert 136, geteilt durch 2 ergibt 68. Mit 104 ist der geringste Wert größer und somit der Motor in Ordnung.*

Der Kompressionsdruck wird geprüft, um festzustellen, ob die Kolbenringe und Ventile gut abdichten, der Motor also gesund ist. Voraussetzung ist dazu natürlich genau eingestelltes Ventilspiel. Für den Heimwerker ist der abgebildete Druckprüfer von VDO recht praktisch und preiswert. Es kommt bei der Messung nicht so sehr auf die absolute Höhe des Druckes an, sondern mehr auf gleichmäßige Werte bei allen vier Zylindern.

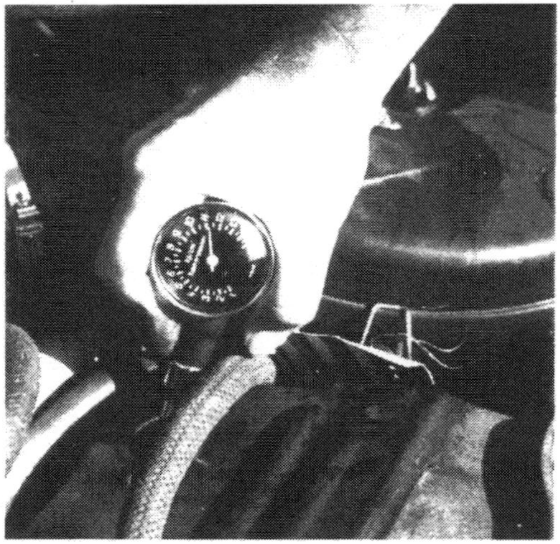

## Die Auspuffanlage

In den Auspufftopf münden die heißen Abgase der Zylinder. Da der Weg von den Zylindern zum Topf relativ kurz ist, wird dieser durch Hitzeeinwirkung arg strapaziert. Der Auspufftopf ist also ein Verschleißteil. Zusätzlich kommen äußere Einflüsse hinzu, die ebenfalls die Lebensdauer verkürzen. Rost durch Spritzwasser und die Tausalze winterlicher Straßen lassen das Blech schnell dünner werden. Vorwiegender Stadtverkehr und Kurzstrecken strapazieren den Auspuff stärker als Überland- und Autobahnverkehr. Nach etwa 1 bis 2 Jahren kann man damit rechnen, daß der Topf ersetzt werden muß.

Ein durchgerosteter Auspuff macht sich bemerkbar durch Knallen bei schiebendem Wagen (Gas wegnehmen bei schneller Fahrt) und durch lauteres Auspuffgeräusch.

Der Kenner stellt aus der Beschaffenheit der Auspuffgase seine Diagnose:

- Schwärzliche Gase: Unvollständige Verbrennung durch Luftmangel oder Kraftstoffüberschuß. Oder der Leerlauf ist zu fett eingestellt
- Bläuliche Gase: Verbranntes Öl durch undichte Kolben bzw. Kolbenringe oder verschlissene Ventilführung. Oder zuviel Öl im Kurbelgehäuse.
- Weiße Gase: Das ist Wasserdampf als chemisches Verbrennungsprodukt, der bei Kälte kondensiert (unbedenklich).
- Gase, die man nicht sieht: Giftiges Kohlenmonoxyd

Bei Stadtverkehr wird der Auspuffstutzen innen schwarz gefärbt sein, ein Zeichen, daß man – was sich freilich kaum vermeiden läßt – nicht die nötige Betriebstemperatur erreicht und durch viel Leerlauf Kraftstoffüberschuß vorliegt. Nach Überlandfahrten soll der Stutzen innen hellgrau sein.

Die Auspuffanlage besteht aus vielen Einzelteilen. Die durch die Wärmetauscher (links) führenden Auspuffleitungen heizen die für die Heizungsanlage bestimmte Luft auf. Während die Auspuffgase über den Topf ins Freie geleitet werden, nimmt die Heizungsluft ihren Weg durch die Heizklappen (eine ist am linken Wärmetauscher sichtbar) in die Heizkanäle nach vorn.

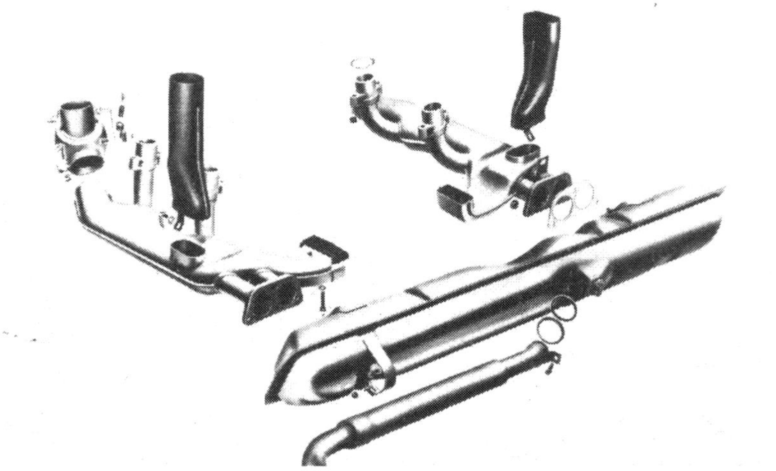

## Sichtprüfung der Auspuffanlage
Pflegearbeit Nr. 16

Die Auspuffanlage kann nur dann richtig kontrolliert werden, wenn der Wagen hochgebockt ist. Am besten, man verbindet diese Überprüfung mit dem Ölwechsel, wobei das Auto an der Tankstelle auf der Hebebühne steht. Läßt man bei laufendem Motor von einem Helfer das Endrohr mit Lappen zuhalten, so muß der Motor bei dichter Anlage nach kurzer Zeit stehen bleiben. Läuft er jedoch weiter, so läßt sich durch entsprechende Geräusche (Zischen) meist unschwer die undichte Stelle ermitteln. Solche Sicht- und Hörprüfungen bei laufendem Motor sollte man nie allein durchführen, vor allem nicht in einer Grube. Auspuffgase sind schwerer als Luft und dicht über dem Boden besonders gefährlich.

**Auspufftopf wechseln**

Es ist annähernd zwecklos, einen durchgerosteten Auspufftopf flicken zu wollen – der TÜV weist solche Reparaturen zurück. Nur für den Fall, wenn durch Steinschlag oder ähnliches ein sonst noch gut erhaltener Topf beschädigt worden ist, kann sich eine Schweißarbeit daran lohnen. Gewöhnlich ist aber ein neuer Auspufftopf fällig, der für die 1,8-Liter-Motoren und teilweise für die Limousine und den Variant unterschiedlich ist. Beim Ersatzteilkauf beachten.
Vor dem Lösen der entsprechenden Schrauben sind diese kräftig mit einem Rostlösemittel einzusprühen, das einige Zeit einwirken muß.
Wenn die nach vorn führenden Wärmetauscher auch durchgerostet sind, müssen sie ebenfalls ersetzt werden. Dazu sind vorher die Warmluftführungsbleche rechts und links unten seitlich am Motor abzunehmen. Die Einzelteile der Auspuffanlage zeigt unser Explosionsbild. Zum Einbau des neuen Auspufftopfes sind unbedingt neue Dichtungen zu verwenden.

## Das Schmiersystem

Die praktische Seite dieser Angelegenheit haben wir bereits im Kapitel „Schmieren aller Teile“ ausführlich behandelt.
Das Öl im Kurbelgehäuse wird von der Ölpumpe durch das Ölsieb angesaugt und nach Passieren des Ölfilters in die Schmierkanäle gedrückt. Diese Pumpe, die aus zwei ineinander kämmenden Zahnrädern besteht und von der Nockenwelle angetrieben wird, muß nicht geschmiert werden; sie schmiert sich sozusagen selbst. Von der Ölpumpe fließt das Öl zu den vier Kurbelwellenlagern, von dort durch Bohrungen in die Kurbelwelle hinein und weiter zu den Pleuellagern. Andere Teile des Öls fließen zu den Nockenwellenlagern und über Bohrungen in den Stößeln durch die hohlen Stößelstangen zu den Kipphebellagern. Spritzöl und Öldunst schmieren dort noch die Ventilschäfte. Das Öl fließt durch die Stößelstangen-Schutzrohre ins Kurbelgehäuse zurück. Zylinderlaufbahnen, Kolben und Kolbenbolzen werden durch Schleuderöl geschmiert.

**Der Ölkühler**

Nur wenige Autos besitzen gewöhnlich einen Ölkühler. Meist sind es Sportwagen, deren Schmierungskreislauf durch ein derartiges Aggregat vor Überhitzung geschützt wird. Bei unserem VW können, bedingt durch den immer etwas heißer werdenden luftgekühlten Motor, durch die relativ kleine Ölmenge von 3,5 Litern und die möglichen Dauergeschwindigkeiten auf der Autobahn die Öltemperaturen ziemlich hoch ansteigen, weshalb auf eine spezielle Ölkühlung nicht verzichtet werden konnte.
Um beste Temperaturverhältnisse des Schmieröls zu erreichen, regelt ein Überdruckventil den Ölkreislauf. Der Öldruck ist höher, solange das Öl kalt und damit zähflüssiger ist. Das Ventil wird durch den hohen Öldruck gegen die Kraft einer Feder geöffnet. Dadurch wird einem erheblichen Teil des

Schmieröls unter Umgehung des Ölkühlers der direkte Weg zu den Schmierstellen freigegeben. Erst bei zunehmender Erwärmung des Motors und damit des Öles – also bei zurückgehendem Öldruck – kann sich die Federkraft wieder auswirken und das Überdruckventil mehr und mehr schließen, so daß ein immer größer werdender Teil den Ölkühler passieren muß. In der Schließstellung des Ventils durchfließt schließlich die gesamte Ölmenge den im Luftstrom des Kühlgebläses liegenden Kühler.

**Die Kurbelgehäuse-Entlüftung**

Durch die pumpende Kolbenbewegung, die heißen Öldünste und durch die immer etwas am Kolben vorbeiblasenden Kompressions- und Brenngase würde im Kurbelgehäuse ein so hoher Druck entstehen, daß irgendwo am Motor Undichtigkeiten entstehen würden, durch die der Überdruck nach außen entweichen könnte. Aus diesem Grund besitzt der VW 411/412 eine sogenannte geschlossene Kurbelgehäuse-Entlüftung, bei der die Gase durch eine Schlauchleitung vom Öleinfüllstutzen hinauf zum Luftfilter geführt werden. Von dort aus atmet sie der Motor wieder mit ein und verbrennt sie weitgehend. Gelegentlich sollte man die Schlauchleitung innen von klebrigen Rückständen befreien.

## Sichtprüfung des Motors

Pflegearbeit Nr. 15

Hoher Ölverbrauch (über 1 Liter/1000 km) muß nicht unbedingt auf fortgeschrittenen Motorverschleiß hinweisen, es kann auch an einem undichten Motor liegen. Das läßt sich freilich schnell überprüfen: Ein undichter Motor zeigt sich an seiner Unterseite mit einer fettigen Schmutzkruste (ist das Getriebegehäuse ebenfalls ölverschmiert, kann es auch ausgetretenes Getriebeöl sein). Um die undichte Stelle zu finden, muß der Motor mit Motor-Reiniger gründlich gesäubert und nach einigen Kilometern Fahrt wieder kontrolliert werden. Da austretendes heißes Öl während der Fahrt schnell unten am Motor entlangkriecht, ist die Suche meist nicht ganz einfach.

## Die Motor-Lebensdauer

Für die VW-Motoren bestehen keine Einfahrvorschriften, sie sind bereits vom ersten Tag an vollgasfest. Trotzdem hat es sich bewährt, wenn man in der sogenannten Einlaufzeit die Zügel nicht gleich schießen läßt. Wenn auch im heutigen Motorenbau mit großer Präzision gearbeitet wird, so besitzen doch sämtliche Einzelteile des Motors und der Kraftübertragung (Getriebe, Gelenke von Kardan- und Antriebswellen, Radlager usw.) mikroskopisch kleine Unebenheiten, die sich während des sogenannten Einlaufprozesses glätten und ebnen müssen. Anfängliche Zurückhaltung im Umgang mit Drehzahlen und Geschwindigkeiten schlägt sich in längerer Lebensdauer und bisweilen auch in besserer Kraftentfaltung des Motors nieder. Deshalb einige Ratschläge:

Quälen Sie das neue Auto nicht mit viel Gas bei wenig Drehzahl, solange es noch keine 2000 km auf dem Zähler hat. Fahren Sie die Maschine gemächlich warm (falls Sie wissen wollen, wann „warm" ist: Stellen Sie kurz die Heizung – aber nicht den Heizverstärker – an, Sie werden es merken). Erst dann kann flotter beschleunigt werden. Aber Sie müssen keinesfalls „schleichen". Lassen Sie den Motor ruhig drehen, denn er soll es ja später richtig können.

Günstig ist es, wenn man die ersten 1000–2000 km auf längeren Strecken „abspulen" kann, und zwar am besten auf der Landstraße. Benutzt man jedoch die Autobahn, dann ist eine Fahrweise, wie sie über Land mit Kreuzungen und Ortsdurchfahrten zwangsläufig ist, zu simulieren. Also: Wechselnde Geschwindigkeiten, keinesfalls längere Zeit mit Höchsttourenzahl fahren, zwischendurch auskuppeln und dem Motor für 500 m Leerlauf gönnen.

Bei einem neuen Motor wird sich die volle Motorleistung ohnehin frühestens nach etwa 4000 km einstellen. Es ist aber nicht ungewöhnlich, wenn es wegen Winterbetrieb oder viel Stadtverkehr vielleicht 8000 km dauert, bis der Motor „frei" wird.
Durch verschiedene, im Lauf der Bauzeit vorgenommene Änderungen an den Motoren wurde deren Lebensdauer zunehmend verbessert. Die nachfolgenden Zahlen stellen Durchschnittswerte dar, die je nach Fahrweise und Pflege über- oder unterschritten werden können. Die Motoren bei Fahrzeugen mit Getriebeautomatik erreichen in der Regel eine um 10 000 bis 15 000 km höhere Laufzeit. Die Motorlebensdauer bei den 68 PS-Motoren liegt im Durchschnitt zwischen 75 000 und 85 000 km und bei den 75, 80 und 85 PS-Motoren zwischen 85 000 und 95 000 km.
Während der Ölverbrauch zwischen Kilometerstand 5000 und 50 000 meist ziemlich konstant ist, muß ab 60 000 km mit höherem Öldurst gerechnet werden. Das liegt gewöhnlich an fortgeschrittenem Verschleiß der Kolbenringe, speziell des Ölabstreifrings. Zwar ließe sich der Ölverbrauch durch den Einbau von Spezial-Kolbenringen absenken, doch sind die Kosten für deren Einbau nicht viel niedriger als die einer Teilüberholung (neue Zylinder und Kolben, einschließlich Ventileinschleifen).

**Lagerschäden**

Durch Ölmangel, Überbeanspruchung oder zu hohes Motoralter können Lagerschäden entstehen. Dabei ist schaltfaules Fahren (viel Gas bei kleiner Drehzahl) genauso vom Übel wie lang anhaltendes Vollgasfahren oder dauerndes scharfes Ausfahren der Gänge.
Frühes Erkennen von Lagerschäden hilft viel Geld sparen, weil sonst auch noch die Kurbelwelle ersetzt werden muß. Lagerschäden kündigen sich mit wärmer werdendem Motor (Öl wird flüssiger) durch Klopfen an, das allmählich immer lauter wird. Ob überhaupt ein Lager (meistens Pleuellager) schadhaft ist und um welches es sich handelt, stellt man folgendermaßen fest: Bei Leerlauf vom Motor nacheinander die Kabel von den Zündkerzen abziehen und wieder aufstecken. Wenn das Klopfen bei einem der abgezogenen Kabel nachläßt, liegt an diesem Zylinder der Lagerschaden vor. Oder ein anderer Test: Mit langem Schraubenzieher oder Metallstab auf den Zylinderkopf nahe den Zündkerzen drücken und Ohr auf das Ende des Werkzeugs legen. Das Resonanzgeräusch des schadhaften Lagers läßt sich auf diese Weise lokalisieren.

**Überdrehzahlen**

Zu jedem Motor gehört eine bestimmte „Nenndrehzahl". Sie liegt je nach Motortyp zwischen 4500 und 5000 U/min (siehe „Technische Daten"). Bei dieser Drehzahl erreicht der Motor jeweils seine höchste Leistung. Über diese Drehzahl hinauszudrehen, ist sinnlos, es bringt keine höhere Leistung. Man merkt das auch daran, daß der Wagen trotz Vollgas nicht schneller wird.
Der VW-Motor kann im vierten Gang auf ebener Strecke nicht überdreht werden. Aber auch in den unteren Gängen ist es praktisch unmöglich. Bei den neueren VW 412-Motoren beginnen die Ventile erst bei 6300–6600 U/min zu flattern – die durch die Drehzahl hervorgerufenen Massen-Beschleunigungskräfte des Ventiltriebs sind stärker als die Ventilfedern, die Ventile öffnen und schließen nicht mehr richtig. Bis zu diesen Drehzahlen sind die 75, 80 und 85 PS-Motoren absolut vollgasfest; außerdem nehmen sie über 6200 U/min durch mangelnde Gemischfüllung keine Leistung mehr an.
Ältere VW 411-Motoren erreichen nur eine Grenzdrehzahl von 5800 U/min, also auch bei ihnen besteht keine Überdrehgefahr.

# Kalter und warmer Luftzug

Der VW 411/412 gehört noch zu jenen VW-Modellen, deren Motor mit Luft gekühlt wird. Ein solcher Motor läßt sich kostengünstiger herstellen und er ist leichter, denn es fallen Teile wie Kühler und Kühlwasserschläuche weg. Außerdem ist eine Luftkühlungsanlage praktisch wartungsfrei. Ein luftgekühlter Motor produziert allerdings mehr Lärm als ein mit Wasser gekühlter und seine Heizleistung ist von der Motordrehzahl abhängig. Dem hat VW einerseits durch reichliche Verwendung von Dämpfungsmaterialien abgeholfen, und um eine gleichmäßige Heizwirkung zu erzielen, wurde der VW 411/412 mit einem vom Motor unabhängigen benzin-elektrischen Heizverstärker ausgestattet.

## So wird gekühlt

Die Kühlluft wird durch die Schlitze in der Motorhaube bzw. im hinteren Kotflügel beim Variant angesaugt. Sie tritt über den Kühlluft-Ansaugschacht und einen großen schwarzen Gummibalg in das Gebläsegehäuse ein. Hier wird sie vom Gebläserad durch breite Öffnungen im Gebläsegehäuse nach vorn zu den Zylindern gedrückt. Die dort erwärmte Luft wird nach unten ins Freie abgeführt.

Das Gebläserad sitzt auf dem hinteren Ende der Kurbelwelle und wird nicht, wie beim Käfer, über den Keilriemen angetrieben. Die Kühlluftversorgung ist also bei gerissenem Keilriemen nicht gefährdet. Bei 4600 U/min fördert das Kühlgebläse 800 Liter Luft in der Sekunde. Davon erhält die linke Zylinderseite die größere Menge, denn dort sitzt noch der Ölkühler.

### Kühlluftregelung

Je nach Belastung erwärmt sich der Motor mehr oder weniger, entsprechend muß durch konstruktive Maßnahmen dafür gesorgt werden, daß die Kühlluftmenge den jeweiligen Bedürfnissen des Motors angepaßt wird. Dies geschieht durch eine thermostatische Kühlluftregulierung.

Rechts unten am Motor sitzt an einem Halter ein Thermostat, der über einen

Bei verschiedenen Arbeiten im Motorraum der Limousine muß erst die Kühlluftführung ausgebaut werden. Dazu löst man zuerst die beiden Kreuzschlitzschrauben (eine im Bild gezeigt) am Motorraumausschnitt, löst die Schellen der Heizschläuche und des Luftfilterschlauches, trennt die Kabelverbindung zum Heizluftgebläse und streift den Gummibalg des Kühlluftansaugschachtes ab. Nun läßt sich die Kühlluftführung zusammen mit dem Heizgebläse herausheben.

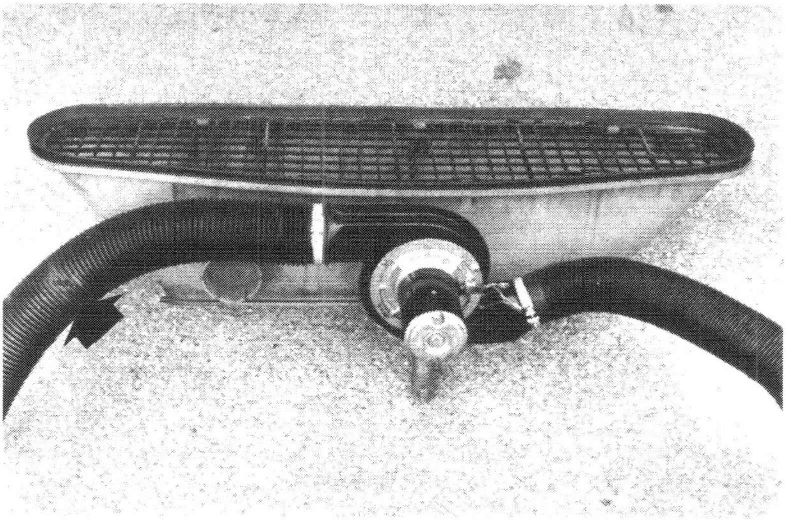

Die Kühlluftführung wird zusammen mit dem Heizgebläse ausgebaut. Damit die Heizschläuche bei Arbeiten im Motorraum nicht im Weg sind, schraubt man sie unten an den Anschlußrohren der Wärmetauscher ab. Vor dem Einbau sollten Sie prüfen, ob die Heizschläuche keine Scheuerstellen (schwarzer Pfeil) aufweisen, sonst müssen sie ausgetauscht werden.

Drahtzug die Verbindungsstange mit den daran befestigten Klappen für die rechte und linke Zylinderreihe betätigt. Bei kaltem Motor bleiben die Klappen geschlossen, der Motor erhält nur wenig Kühlluft und kommt so schneller auf die richtige Betriebstemperatur. Mit zunehmender Motorerwärmung öffnet der Thermostat die Luftklappen und der Motor erhält die volle, vom Gebläse geförderte Luftmenge.
Störungen an der Kühlluftregelung können praktisch nur durch einen defekten Thermostaten oder eine schwergängige Klappenregulierung auftreten. Ob der Motor nicht auf Betriebstemperatur kommt oder zu heiß wird, kann man allerdings ohne (nachträglich eingebautes) Ölthermometer kaum feststellen.

## Kühlluftführung prüfen

Pflegearbeit Nr. 13

Innen am unteren Rand der Motorhaube sitzen bei der Limousine 6 Wasserablaufklappen. Sie sorgen dafür, daß durch die Luftschlitze in der Motorhaube eingetretenes Wasser nicht in den Kühlluft-Ansaugschacht gerät. Die Ablaufklappen sollen leicht beweglich und nicht festgeklebt oder angerissen sein.
Bei dieser Gelegenheit prüft man auch gleich, ob der Faltenbalg zwischen dem Ansaugschacht und dem Kühlgebläse-Eintritt überall gut abdichtend anliegt.

**Kühlluftführung ausbauen**

Der Kühlluft-Ansaugschacht ragt ziemlich weit in den Motorraum hinein; er muß deshalb zu manchen Arbeiten am Motor erst ausgebaut werden. Dazu löst man die beiden großen Kreuzschlitzschrauben unten am Motorraum-Ausschnitt (siehe Bild links). Vom Heizluftgebläse am Ansaugschacht verlaufen zwei Schläuche nach unten. Die Schlauchbinder an deren unteren Seiten sowie der Schlauchbinder des Ansaugschlauches vom Luftfilter müssen gelöst werden; ebenso ist die Kabelsteckverbindung zum Heizluftgebläse zu trennen. Nach dem Abstreifen des Gummibalgs kann der Ansaugschacht zusammen mit dem Heizgebläse und den Schläuchen herausgehoben werden. Der Faltenbalg läßt sich beim Einbau leichter auf den Ansaugschacht aufziehen, wenn man vorher das Gitter oben vorsichtig abzieht. Auch ist darauf zu achten, daß die Heizluftschläuche wieder richtig aufgesteckt sind.

Aus diesen Teilen besteht der Heizverstärker: A — Brennkammer, B — Brennraum, C — Brennwächter, D — Wärmetauscher, E — Glühzündkerze, F — Leitschaufelgehäuse, G — Kerzenstutzen mit Kraftstoffanschluß. Die Pfeile bedeuten: 1 — Warmluft, 2 — Verbrennungsluft, 3 — Abgas.

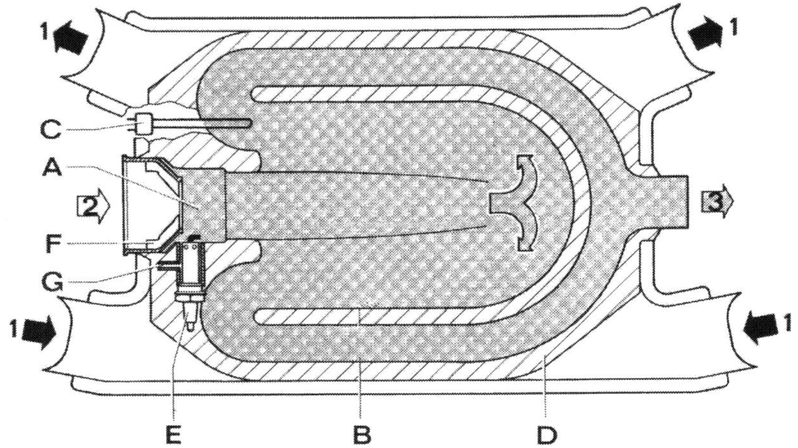


## Die Heizung

Wer früher bereits Autos mit luftgekühlten Motoren gefahren hat, weiß, daß sich im Winter eine gleichmäßige Temperatur im Innenraum nur schwer erzielen läßt. Ein Teil der vom Kühlgebläse geförderten Luft wird zur Beheizung des Wageninneren verwendet und je schneller der Motor (und damit auch das Kühlgebläse) dreht, um so mehr Heizluft wird gefördert. Während im Leerlauf kaum ein warmer Hauch zu verspüren ist, bläst die Warmluft bei hohen Drehzahlen kräftig aus den Heizungsöffnungen.

Der VW 411/412 erhielt – um eine gleichmäßige Heizwirkung zu erzielen – eine kombinierte Motor-Benzinheizung, bei der die von den Auspuffgasen erwärmte Heizluft durch einen benzinbetriebenen Brenner noch weiter erhitzt werden kann. Die Temperatur kann beliebig eingestellt werden; ein Thermostat bzw. ein elektronischer Schalter (seit August 1970) hält sie je nach Motordrehzahl und Motorbelastung durch Zu- oder Abschalten der Zusatzheizung auf gleicher Höhe.

### Funktion der Heizanlage

Aus der Zeichnung unten ersehen Sie, wo die Einzelteile der Heizung zu finden sind. Auf inzwischen vorgenommene Änderungen ist im Text hingewiesen.

Wenn der Heizverstärker (11) nicht eingeschaltet ist, wird ein Teil der vom Kühlgebläse angesaugten Luft bei geöffneten Heizklappen (10; seit Februar 1969 an der Karosserie anliegend) über die Wärmetauscher (12) geführt. In diesen Wärmetauschern verlaufen die Auspuffrohre der Zylinder und erwärmen die darüberstreichende Luft. Je nach Motordrehzahl wird mehr oder weniger warme Luft nach vorn zu den Warmluftdüsen (1 und 2) gefördert.

Die Heizungsanlage des VW 411/412: 1, 2 — Warmluftdüsen, 3 — Kontrollampe, 4 — Regulierhebel für Fußraum (bis Juli 1972), 5 — Regulierhebel (bis Juli 1970; seit August 1972 Regulierhebel für Fußraum), 6 — Hebel für Heizklappenbetätigung, 7 — Temperaturregelschalter (seit August 1970 sitzt dort der Temperaturfühler), 8 — Kraftstofffilter (nur Vergasermotoren), 9 — Kraftstoffpumpe, V — Verbrennungsluftgebläse, 10 — Heizklappen, G — Glühzündkerze, 11 — Heizungsverstärker, 12 — Wärmetauscher, 13 — Heizluftgebläse, 14 — Abgasrohr.

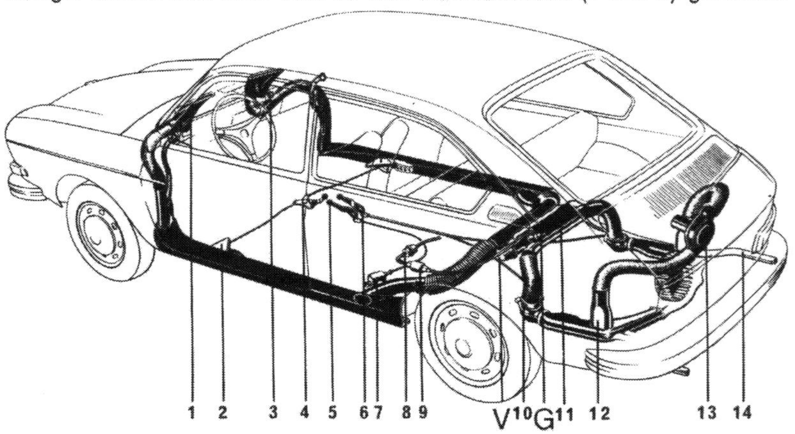

Bis Juli 1969 ließ sich die Warmluftmenge durch Zuschalten des Heizluftgebläses (13) erhöhen.
In der Übergangszeit reicht die durch die Abgase aufgeheizte Warmluft meist aus, bei tieferen Außentemperaturen muß der Heizverstärker hinzugeschaltet werden. Er sitzt im freien Raum zwischen dem Getriebe und dem hinteren Kofferboden. Das Heizluftgebläse (13) bläst bei eingeschalteter Benzinheizung zusätzlich Frischluft in die Wärmetauscher (12) ein. Gleichzeitig fördern die Kraftstoffpumpe (9; bei Vergasermotoren mit vorgeschaltetem Filter 8) und das Verbrennungsluftgebläse (V) Kraftstoff und Luft in die Brennkammer (A in der Zeichnung links oben). Das so entstehende Gemisch wird von der ebenfalls eingeschalteten Glühkerze entzündet.
Die heiße Glühkerze ist gewissermaßen das Streichholz für den Ofen, denn sie ist nur zu Anfang eingeschaltet. Sobald der sogenannte Brennwächter (C) von der Flamme aufgeheizt wird, stellt er die Glühkerze wieder ab. Jetzt arbeitet die Heizung richtig.
Die Flamme und die heißen Brenngase erhitzen den Wärmetauscher (D) im Heizgerät, der die Wärme seinerseits an die von den Auspuff-Wärmetauschern bereits vorgewärmte Luft abgibt. Diese praktisch doppelt aufgeheizte Luft tritt nun an den verschiedenen Warmluftöffnungen im Wagen aus.
Bei stehendem Motor kann der Heizverstärker als Standheizung benutzt werden. Die vom Heizluftgebläse geförderte Frischluft wird dabei erst im Wärmetauscher im Heizgerät aufgeheizt.
Nach dem Abschalten der Benzinheizung laufen das Verbrennungsluftgebläse und das Heizluftgebläse noch etwa 2 Minuten nach. Dadurch werden das Heizgerät abgekühlt und Restgase hinausgeblasen.

**Fingerzeig:** *Beim Tanken muß der Heizverstärker abgeschaltet sein, allerdings brauchen Sie das Ende des Nachlaufes nicht abzuwarten.*

## Funktion des Heizverstärkers prüfen
Pflegearbeit Nr. 44

Der Wartungsplan schreibt diese Kontrolle nur alle 10 000 km vor. Wenn aber die Heizung (z. B. im Sommer) längere Zeit nicht benutzt wird, empfiehlt sich eine Prüfung etwa jeden Monat, denn aus dem Benzin können sich gummiartige Rückstände in den Kraftstoffleitungen absetzen und Betriebsstörungen verursachen.

Die Heizungsfunktion wird folgendermaßen geprüft: Motor anlassen (er soll bei dieser Prüfung nicht warmgefahren sein), Heizverstärker einschalten und am Regulierhebel links neben der Handbremse (bis Juli 1970) bzw. am Drehknopf am Armaturenbrett (seit August 1970) halbe Heizleistung einstellen. Nach etwa 2 Minuten soll rechts und links gleichmäßig Warmluft aus den Heizdüsen austreten.
Bei eingeschaltetem Heizverstärker hören Sie das Heizluft- und das Verbrennungsluftgebläse laufen, die Dosierpumpe tickt hörbar und am Abgasrohr der Heizung strömt heißes Abgas aus.
Arbeitet die Heizung nach 2 bis 3 Minuten noch nicht, ist wahrscheinlich der Kraftstoff in der Leitung zum Heizgerät verdunstet und der Sicherheitsschalter hat angesprochen. Dieser Schalter unterbricht die Stromzufuhr zum Heizgerät, wenn nach spätestens 230 Sekunden der Verbrennungsvorgang nicht eingesetzt hat (z. B. wegen unterbrochener Kraftstoffzufuhr oder defekter Glühkerze). Heizungs-Regulierhebel ausschalten und nach 5 Minuten den Hebel am Sicherheitsschalter im Motorraum (beim Variant unter der hinteren Sitzbank) betätigen und Heizung wieder einschalten. Setzt trotzdem keine Heizwirkung ein, liegt ein Fehler in der Heizungsanlage vor.

Ist die Benzinversorgung der Heizung gestört, kann es am verstopften Topfsieb der Benzinpumpe liegen. Zum Reinigen wird nach Abklemmen der Benzinleitung der Anschlußstutzen (links im Bild) mit einem Schraubenschlüssel SW 15 oder SW 17 losgeschraubt und das darunterliegende Sieb gereinigt. Ein weiteres Zerlegen der Pumpe ist für den Selbstpfleger nicht empfehlenswert.

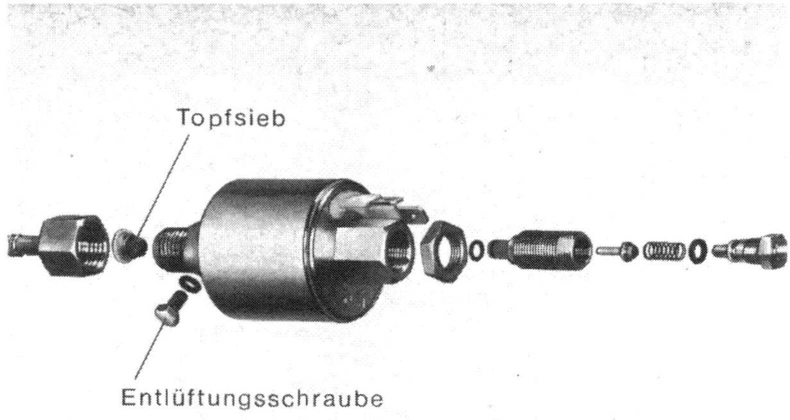


**Störungen an der Heizung**

An der Heizung des VW 411/412 ist Selbsthilfe nur in begrenztem Umfang möglich; einerseits wegen des aufwendigen und damit komplizierten Aufbaus und andererseits wegen der versteckten Einbaulage. Zum Ausbau des Heizgerätes sind nicht nur der linke Stoßdämpfer, sondern auch die linke Schraubenfeder auszubauen – eine Arbeit, die dem Eigenpfleger nicht zu empfehlen ist.

Arbeitet die Heizung überhaupt nicht, müssen zuerst die Warmluftführungen und die elektrischen Steckkontakte auf festen Sitz geprüft werden. Das Abgasrohr darf nicht verstopft sein. Kontrollieren Sie die (rote) 16-Ampere-Hauptsicherung. Ist sie durchgebrannt, liegt ein Kurzschluß in der elektrischen Anlage vor (Werkstatt). Wenn dagegen die (weiße) 8-Ampere-Überhitzungssicherung durchgebrannt ist, kann dies an nicht genügend geöffneten Heizklappen liegen (prüfen, ob sie sich nicht noch weiter öffnen lassen) oder an einem verstopften Kraftstoffsieb (nur bei Vergasermotoren; ggf. austauschen, dabei auf die Durchflußrichtung achten). Auch ein verschmutztes Topfsieb der Kraftstoffpumpe kann die Ursache sein. Dieses Sieb läßt sich selbst reinigen (siehe Bild oben). Prüfen Sie, ob die Glühspirale der Glühzündkerze nicht gebrochen ist.

Die Glühzündkerze (G) und die Zündspule (Z) der Benzinheizung sehen Sie, wenn Sie den Teppichbelag der Ablage unter dem Heckfenster abnehmen und die darunter liegenden Blechabdeckungen losschrauben. Beim Variant muß die Verkleidung der Ladefläche hinter der Rücksitzbank gelöst werden, um an die Zündspule und die Glühzündkerze heranzukommen.

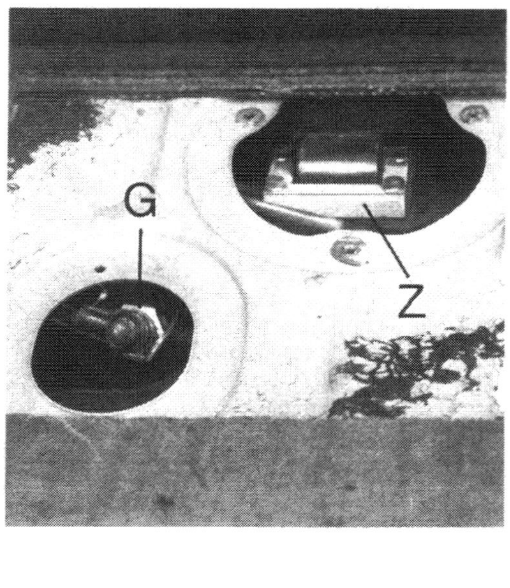

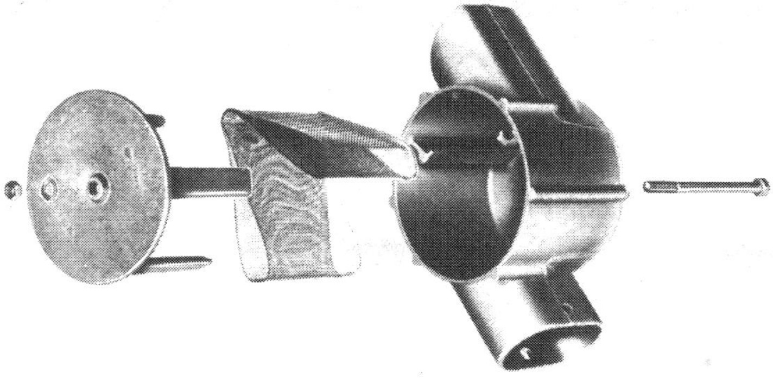

Seit August 1972 erhielt das Verbrennungsluftgebläse ein Sieb für die Ansaugluft; dieses Sieb kann auch nachträglich an ältere Fahrzeuge angebaut werden. Spätestens vor Beginn der kalten Jahreszeit soll das Sieb gereinigt werden. Zum Ausbau muß der VW hinten angehoben werden, das Sieb sitzt neben der linken Schraubenfeder. Es wird abgeschraubt und zerlegt, den Siebeinsatz wäscht man in Benzin aus.

Qualmt die Heizung, kann der Ansaugstutzen des Verbrennungsluftgebläses verstopft sein – reinigen. Seit August 1972 erhielt das Gebläse ein Sieb, das vor Beginn der kalten Jahreszeit gereinigt werden soll (siehe Bild oben).
Bei ungenügender Heizleistung sind Filter und Sieb der Kraftstoffpumpe sowie die Einstellung der Heizklappen zu prüfen.
Weitergehende Fehlersuche und Reparaturen sollten Sie – nicht zuletzt wegen der erforderlichen Meßgeräte – der Werkstatt überlassen.

**Fingerzeig:** *Manche Sicherheitsschalter unterbrechen durch Erschütterungen während der Fahrt die Stromzufuhr zum Heizgerät, obwohl keine Störungen in der Anlage vorliegen. In diesem Fall hilft nur der Austausch des Schalters.*

**Betätigung der Heizklappen schmieren**

Die Heizklappen werden vom Wageninnern aus durch einen Seilzug betätigt, der gelegentlich – ebenso wie die Gelenke und Wellenklappen – mit ein paar Tropfen Öl geschmiert bzw. gängig gehalten werden sollte. Bei Arbeiten unter dem Wagen (Ölwechsel etc.) kann man das untere Ende des Zuges mit einer Spritzkanne oder einem Spray bequem erreichen.

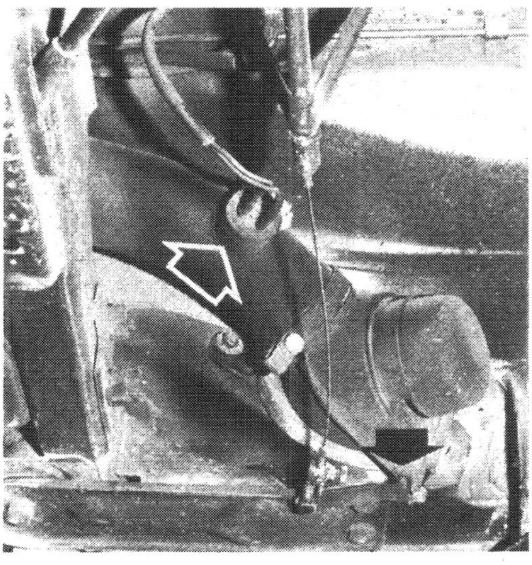

Kommt kein warmer Lufthauch, wenn man die Heizung einschaltet, so sollten zuerst die Heizklappen überprüft werden: Ist ein Zug gerissen oder sind die Gelenke (schwarzer Pfeil) festgerostet? Gelegentliches Ölen verhindert das Festrosten der Heizklappen. Der weiße Pfeil zeigt auf den Temperaturfühler der Benzinheizung. Die Kabel müssen fest aufgesteckt sein, sonst funktioniert die Temperaturregelung nicht einwandfrei.

**Kontrolleuchte ersetzen**

Um die Heizungskontrolleuchte beim VW 411 bis Juli 1969 zu ersetzen, benötigen Sie ein Rohrstück von 21 mm Durchmesser und 30 mm Länge. Der Außendurchmesser darf nicht mehr als 25 mm betragen. Nun wird die Sicherung Nr. 12 im Sicherungskasten herausgenommen; die Leitungen an der Fassung und an der Leuchte von den Anschlüssen abziehen (dazu von unten hinter das Armaturenbrett greifen). Rohrstück hinter dem Armaturenbrett über die Kontrolleuchte schieben und damit die Haltefedern der Leuchte zusammendrücken. Fassung mit Leuchte zum Innenraum herausdrücken. Fassung nach links drehen, aus der Kontrolleuchte herausziehen und Lampe herausnehmen (1,2 Watt mit Glassockel). Der Einbau erfolgt sinngemäß umgekehrt. Beim Eindrücken in das Armaturenbrett muß die abgeflachte Seite der Kontrolleuchte nach oben zeigen.
Das Auswechseln einer defekten Glühlampe im Schalter am Armaturenbrett (seit August 1969) ist wesentlich einfacher: Schalterknopf abschrauben und Glühlampe herausziehen.

## Frischbelüftung

In der Mitte unterhalb des Armaturenbrettes sitzt der Frischluftkasten. Die unter der Windschutzscheibe einströmende Luft wird hier zu den einzelnen Frischluftdüsen im Wagen verteilt. Durch einen zweistufigen Gebläsemotor läßt sich noch mehr Wind machen. Bleibt es ruhig, wenn Sie den rechten Hebel nach rechts schieben, kann es am Schalter oder am Belüftungsmotor liegen.
Der Schalter erhält Strom von Klemme 15 (schwarzes Kabel). Wird der Schalter nach rechts geschoben, erhält der Gebläsemotor auf Stufe I Strom über Klemme 33f des Schalters (grünes Kabel) und auf Stufe II über Klemme 33b (schwarzes Kabel). Hat man mit einer Prüflampe festgestellt, daß es nicht am Schalter liegt, muß der Motor geprüft werden (vorher festen Sitz aller Anschlußstecker kontrollieren).
Den Gebläsemotor erreicht man, wenn die Luftschläuche vom Frischluftkasten und den Ausströmern abgezogen, die Befestigungsschrauben des Frischluftkastens gelöst werden und man diesen abnimmt. Ein defekter Motor wird nach Lösen der drei Befestigungsmuttern herausgenommen. Beim Einbau müssen die Gummimetallager ohne Spannung in den Haltewinkeln sitzen.

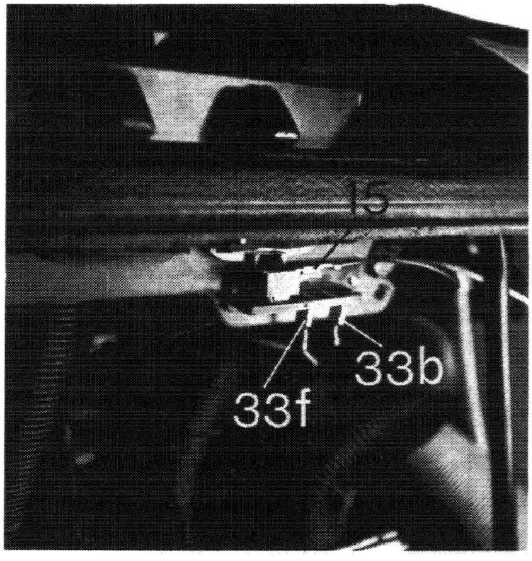


Der Schalter des Frischluftgebläses von unten gesehen: Er erhält bei eingeschalteter Zündung Strom an seine Klemme 15 über ein schwarzes Kabel. Der Gebläsemotor erhält auf Stufe I Strom über das grüne Kabel von Klemme 33 f, auf Stufe II über das andere schwarze Kabel von Klemme 33 b. Zum Ausbau des Schalters die Regulierknöpfe oben abziehen, Grundplatte losschrauben und Bowdenzüge aushängen, Schalter mit Kontaktplatte und Blattfeder von der Grundplatte abschrauben. Beim Zusammenbau die Kabel richtig aufstecken.

# Nahrungs-Versorgung

Im allgemeinen bereitet die Kraftstoff-Versorgung des VW keine Probleme, vorausgesetzt, man hat rechtzeitig getankt oder für den Notfall einen Reservekanister dabei. Obwohl Störungen – etwa durch verstopfte Filter oder dergleichen – äußerst selten auftreten, ist es dennoch gut zu wissen, welche Wege der kraftspendende Saft vom Tank zum Motor nimmt.
Es sei vorausgeschickt, daß der Tank immer möglichst gefüllt sein soll, damit sich an dessen Innenwänden kein Kondenswasser absetzen kann und der dadurch entstandene Rost eventuell Ventile in der Kraftstoffpumpe oder – bei Vergasermotoren – Düsen im Vergaser verstopft. Wasser kann auch im Gehäuse des Vergasers Absonderungen hervorrufen, da es auf Zinkspritzguß das sogenannte „Zinkblühen" fördert, was ebenfalls zu Verstopfungen führt.

## Der Tank

Direkt über der Vorderachse sitzt der Kraftstofftank in der „Stufe" des vorderen Kofferraumes. Im rechten Kotflügel sitzt der Einfüllstutzen, der bei den VW 411 bis Juli 1972 schon manchen Tankwart zur Verzweiflung gebracht hat. Wird nämlich zu schnell befüllt, sprudelt das Benzin im Einfüllstutzen zurück und schwappt oben heraus oder die automatische Zapfpistole schaltet ständig ab. Wer selbst tanken will, sollte das beachten. Zum exakten Messen des Kraftstoff-Verbrauches muß der Tank mit viel Geduld gefüllt werden.
Achten Sie auch darauf, daß der Verschlußdeckel richtig aufgesetzt und festgedreht wurde, sonst kann bei vollem Tank Benzin auslaufen.
Der Ausbau des Kraftstoffbehälters ist dem Selbstpfleger nicht möglich, da hierzu die Vorderachse gelöst werden muß.

### Die Tankbelüftung

Für einwandfreien Benzinnachschub ist eine Belüftung des Tanks wichtig. Ein vollkommen verschlossener Tank würde seinen Inhalt kaum abgeben, weil keine Luft nachströmen kann, um den entstehenden leeren Raum auszufüllen. Damit Luft mit fallendem Benzinspiegel nachströmen kann, wurde eine Leitung vom Tank ins Freie geführt. Sie verläuft quer vor der Spritzwand zum linken vorderen Radkasten. Bei Benzingeruch im Innenraum sollten Sie den festen Sitz ihrer Verbindungsstellen prüfen.

### Geber für die Benzinuhr

Der Tank des VW 411/412 faßt 50 Liter Kraftstoff. Davon sind rund 6 Liter Reserve – der Zeiger der Benzinuhr steht dann im roten Feld. Der Geber für die Benzinuhr ist von oben in den Tank eingesetzt und vom Kofferraum aus erreichbar. Der Ausbau ist auf Seite 148 beschrieben.

### Die Reichweite

Über den Verbrauch haben wir schon im Kapitel „Prüfen ohne Werkzeug" gesprochen. Wegen der unterschiedlichen Motoren, der persönlichen Fahrweise und der Betriebsumstände kann nur die eigene Erfahrung darüber Aufschluß geben, wie weit man mit einer Tankfüllung fahren kann.

Die Reichweite rechnet man nach folgender Formel aus: Tankinhalt mal 100, geteilt durch den mittleren Verbrauch. Beispiel: 50 × 100 = 5000 geteilt durch 12 sind rund 400 km. Dann ist aber auch die Reservemenge weg. In diesem Fall sollte man sich nach spätestens 370 km nach einer Benzinquelle umsehen, zumal die Benzinuhr kein Präzisionsinstrument ist und den Kraftstoffstand nur grob ermittelt.
Man wird sich in jedem Fall einen kleinen Reservekanister zulegen, da einerseits die Tankanzeige einmal ausfallen könnte und andererseits eine zielstrebig angesteuerte Tankstelle sehr teures Benzin verkauft oder womöglich gerade dann geschlossen hat, wenn die letzten Tropfen im Tank zur nächsten Zapfstation nicht mehr reichen. Außerdem ist es strafbar, wegen Benzinmangel auf der Autobahn liegen zu bleiben.
Mit Doppelklebestreifen läßt sich der Reservekanister rutschfest auf der oberen Stufe des Kofferraumes festkleben.

**Fingerzeig:** *Beim Tanken übergelaufener Kraftstoff kann die Lackierung angreifen. Man sollte ihn abwischen oder vom Tankwart mit Wasser abspülen lassen.*

## Die Kraftstoffpumpe

Je nachdem, ob Sie einen VW mit Doppelvergaser-Anlage oder elektronischer Benzineinspritzung haben, ist Ihr Wagen mit einer mechanischen oder elektrischen Kraftstoffpumpe ausgerüstet.
Die mechanische Kraftstoffpumpe sitzt beim VW 411, 412 und 412 S – leider nicht besonders gut erreichbar – rechts unten am Motor (in Fahrtrichtung gesehen). Im Oberteil der Pumpe befinden sich das Saug- und Druckventil, im Unterteil ist der Steuermechanismus untergebracht. Zwischen Ober- und Unterteil sitzt die Membrane, die gleichzeitig als Dichtung dient. Die Kraftstoffpumpe arbeitet folgendermaßen:
Von der Nockenwelle des Motors wird ein Stößel (7 im Bild unten) betätigt der über den Pumpenantriebshebel (8) die Membrane (11) in der Pumpe nach unten zieht. Hierbei wird über das Saugventil (5) Benzin aus dem Tank angesaugt. Nun drückt eine Feder (6) die Membrane wieder aufwärts, wobei sich das Druckventil (4) öffnet und das Benzin in die Vergaser befördert

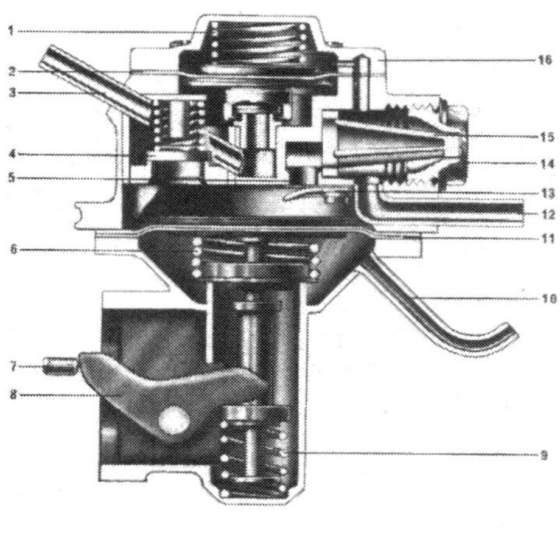


Die Kraftstoffpumpe mit ihren Teilen: Der Pumpenstößel (7) überträgt den Hub des Nockens über den Pumpenantriebshebel (8) auf die Membrane (11), die vom Tank her Benzin ansaugt und es durch das Filtersieb (15) zu den Vergasern fördert. Die übrigen Zahlen bedeuten: 1 — Druckfeder, 2 — Absperrmembrane, 3 — Kraftstoffablauf, 4 — Druckventil, 5 — Saugventil, 6 — Feder für Membrane, 9 — Feder für Pumpenantriebshebel, 10 — Entlüftungsrohr, 12 — Kraftstoffzulauf, 13 — Halter für Saugventil, 14 — Verschlußschraube mit Dichtring, 16 — Deckel für Pumpenoberteil.

Zum Ausbau der Kraftstoffpumpe muß folgendes gemacht werden (die Pfeile zeigen auf die zu lösenden Schrauben der Motorverblechung): Klemmschelle am Klappenkasten des linken Wärmetauschers lösen und Klappenkasten vom Wärmetauscher abziehen, Leitblechunterteil ausbauen. Linke obere Schraube (schwarzer Pfeil) des Leitblech-Oberteiles herausschreiben und Leitblech nach links schwenken. Nun werden die beiden Innensechskant-Befestigungsschrauben der Benzinpumpe gelöst. Am besten eignet sich dazu eine um 120° abgewinkelte Knarre.

wird. Beim Ansaugen wird diese Schraubenfeder unter der Membrane zusammengedrückt.
Der dann folgende Förderdruck hängt davon ab, um wieviel die Feder zusammengedrückt wurde. Die Federkraft ist so abgestimmt, daß sie nur dann Benzin in Richtung Vergaser fördert, wenn deren Schwimmernadelventile geöffnet sind. Schließen sich die Ventile, so wächst der Druck in der Pumpe, der Hub verkleinert sich. Das ist der sogenannte „Freilauf" der Pumpe, die Fördermenge wird also mit dem jeweils nötigen Verbrauch angepaßt.

**Ausbau der Kraftstoffpumpe**

Liegt bei mangelndem Kraftstoff-Nachschub zu den Vergasern der Verdacht vor, daß die Pumpe einen Defekt hat, so wird man zunächst einmal ihr Filter reinigen (siehe Seite 66). Geprüft wird die Pumpe, indem man den Schlauch zu den Vergasern abzieht und den Motor mit dem Anlasser (von einem Helfer) kurz durchdrehen läßt. Kommt kein Benzin, so muß die Pumpe ausgebaut werden, was beim VW Typ 4 nicht ganz einfach ist. Wie dabei vorzugehen ist, zeigt das Bild oben.

**Zerlegen der Pumpe**

Zuerst sieht man nach, ob der Pumpenstößel im Zwischenflansch leichtgängig ist und leichtes seitliches Spiel hat. Wenn nicht, kann man den Stößel mit Schmirgelleinen gangbar machen. Seitlich am Pumpengehäuse Sprengring des Bolzens für den Pumpenbetätigungshebel mit Spitzzange entfernen; den Bolzen mit Durchschlag und leichten Hammerschlägen heraustreiben; Pumpendeckel abnehmen, Druckfeder, Dichtung und Absperrmembrane herausnehmen; Filter entfernen; Ober- und Unterteil durch einen gemeinsamen Ritzer markieren, damit sie beim Zusammenbau richtig aufeinander liegen; Pumpenoberteil abnehmen (6 Querschlitzschrauben); Membrane herunterdrücken und Betätigungshebel seitlich herausnehmen; Membrane mit Feder herausziehen. Membrane austauschen.
Vor dem Zusammenfügen der Teile empfiehlt sich eine Saug- und Druckprobe mit dem Mund am Pumpenoberteil (Deckel abgeschraubt), ob die Ventile gut funktionieren. Das Saugventil liegt auf der Seite des Kraftstoff-Zulaufs, das Druckventil entgegengesetzt. Es kommt vor, daß die federbelasteten Ventil-Kunststoffscheiben kleben. Dann muß das Pumpenoberteil ausgewechselt werden. Dann wird die neue Membrane samt ihrer Feder in das Unterteil eingesetzt und heruntergedrückt, und zwar so weit, daß an ihrem Stößel der Pumpen-Betätigungshebel eingehängt werden kann. Dann wird wieder der Bolzen eingeschoben und gesichert. Um die Membrane in die richtige Stel-

Die zerlegte Benzinpumpe besteht aus folgenden Teilen: 1 — Deckel für Pumpenoberteil, Druckfeder (2) und Dichtring (3) für Absperrmembrane (4), 5 — Oberteil der Kraftstoffpumpe, Verschlußschraube (6) und Dichtring (7) für das Filtersieb (8), 9 — Membrane, 10 — Feder, 11 — Kraftstoffpumpengehäuse, 12 — Achse für Pumpenantriebshebel (13), 14 — Dichtungen am Zwischenflansch (15), 16 — Stößel für Kraftstoffpumpe.

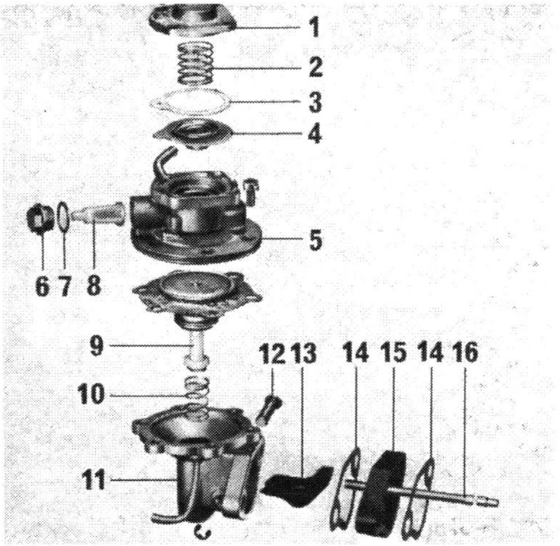


lung zu bringen, wird der Hebel um 5 mm hineingedrückt (Pumpe in Schraubstock spannen oder gegen feste Unterlage drücken): Danach kann das Oberteil aufgesetzt werden. Hierbei auf die vorher eingeritzte Markierung achten, damit es in der richtigen Stellung verschraubt wird (über Kreuz). Die Membrane muß ohne Falten zwischen beiden Teilen liegen. Das Unterteil ist mit Mehrzweckfett zu füllen, das zur Schmierung und Abdichtung dient.
Absperrmembrane mit Feder und neuer Dichtung einbauen, Deckel auf Oberteil schrauben.
Zur Verdeutlichung des Zerlegens der Pumpe das Explosionsbild oben.

## Filtersieb der Kraftstoffpumpe reinigen
Pflegearbeit Nr. 14

Obwohl der Kraftstoff vor Verlassen des Tanks zunächst das dort eingebaute Filter passieren muß, können im Lauf der Betriebszeit Verschmutzungen bis zur Benzinpumpe vordringen. Deshalb hat man dort ein kleines Hutfilter vorgesehen, das seitlich unter einer Schraube SW 13 zum Vorschein kommt (siehe Foto unten).
Zum Säubern nimmt man das Filter heraus, bläst es aus oder pinselt es in Kraftstoff sauber. Vergessen Sie beim Einbau nicht den Dichtring unter der Verschlußschraube!

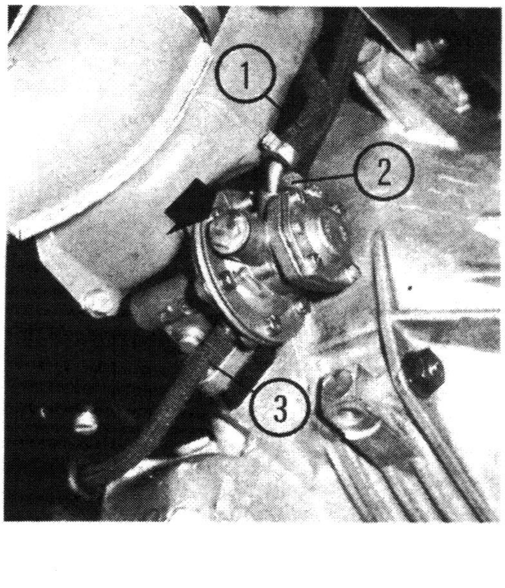


Wenn das Filtersieb der Kraftstoffpumpe gereinigt werden soll, schraubt man die Verschlußschraube SW 13 (schwarzer Pfeil) los, nimmt das dahinterliegende Filtersieb heraus und schwenkt es in Kraftstoff aus. Die Zahlen bedeuten: 1 — Kraftstoffzulauf, 2 — Leitung zu den Vergasern, 3 — Entlüftungsleitung.

| Die Störung | ihre Ursache | ihre Beseitigung |
|---|---|---|
| A Zwischen Ober- und Unterteil sickert Kraftstoff hervor | 1 Verbindungsschraube lose<br>2 Membrane gerissen | Wieder festziehen<br>Auswechseln |
| B Zu hoher Verbrauch | Membrane undicht | Auswechseln |
| C Zu hoher Pumpenhub | Falscher Einbau der Pumpe, Dichtung an Zwischenflansch zu schwach | Richtig einbauen, Membrane prüfen, da sie überbeansprucht wurde |
| D Zu kleiner Pumpendruck | 1 Falscher Einbau der Pumpe, Dichtung zu stark<br>2 Feder gebrochen oder Federspannung zu klein | Richtig einbauen<br>Feder erneuern |
| E Zu hoher Pumpendruck Überdrückung der Schwimmernadelventile | 1 Falscher Einbau der Pumpe, Dichtung zu schwach<br>2 Federspannung zu hoch | Richtig einbauen<br>Feder erneuern |
| F Pumpe fördert nicht oder zu schwach | 1 Ventile im Oberteil undicht, verklemmt oder festgeklebt<br>2 Membrane defekt | Auswechseln<br>Auswechseln |
| G Pumpe fördert zu schwach bei warmem Motor | Stößel sitzt im Zwischenflansch fest | Warten bis Motor kalt. Stößel ausbauen. Zwischenflansch aufreiben. Falls gerissen, erneuern. |

## Störungsbeistand
### Kraftstoffpumpe

## Elektrische Kraftstoffpumpe

Der VW 411/412 mit elektronischer Benzineinspritzung besitzt eine elektrische Benzinpumpe, die über dem Vorderachsträger sitzt. Sie ist mit zwei Gummimetallagern und einer Stützschelle an der Unterseite des Kofferraumes befestigt. Ihren Strom erhält sie vom Steuergerät der Einspritzanlage über das Spannungsversorgungs-Relais (im Motorraum, Variant unter der Rücksitzbank) und das Kraftstoffpumpen-Relais (rechts am Lagerbock der Lenksäule, nach Abnahme der Lenksäulen-Verkleidung sichtbar). Der Kabelanschluß der Pumpe ist durch eine Gummikappe geschützt. Zum Ausbau der Pumpe löst man den Kabelschuh, klemmt die drei Benzinschläuche ab und zieht sie von

Die elektrische Kraftstoffpumpe sitzt ziemlich gut geschützt über dem Vorderachsträger. Bei gestörter Benzinversorgung kontrolliert man den Anschlußstecker der Pumpe (Pfeil) auf festen Sitz. Dazu muß der VW allerdings hochgehoben werden. Den angeschlossenen Benzinleitungen sollte man hin und wieder einen prüfenden Blick schenken; zeigen sich Schadensstellen, sind die betreffenden Schläuche umgehend zu erneuern.

Von dem Spannungsversorgungsrelais (S) links im Motorraum (beim Variant unter der Rücksitzbank) hängt die Stromversorgung der elektronischen Einspritzanlage ab. Daher kontrolliert man bei Störungen zunächst die dort angeschlossenen Kabel.

der Pumpe ab. Befestigungsschrauben der Stützschelle lösen, Pumpe abnehmen. Reparaturversuche an dieser Pumpe sollte man unterlassen, auch die Werkstatt tauscht sie aus, wenn sie nicht mehr richtig arbeitet.

**Störungsbeistand**

Nach dem Einschalten der Zündung zieht das Relais der Benzinpumpe etwa 1–1½ Sekunden lang an, die Kraftstoffpumpe läuft und baut den in den Leitungen erforderlichen Druck von 2 atü (bar Überdruck) auf.
Springt der Motor nicht an und hören Sie beim Einschalten der Zündung keine Relaisgeräusche, zuerst die Sicherung Nr. 9 der Benzinpumpe und die Anschlußstecker am Pumpenrelais (siehe Bild unten) und an der Pumpe (Bild Seite 67) auf festen Sitz zu prüfen. Zieht das Pumpenrelais nicht an, Ursache mit einem Voltmeter prüfen, defekte Leitungen oder Relais erneuern. Erhält das Pumpenrelais auf Klemme 86 keine Spannung (12 Volt), weil das Spannungsversorgungs-Relais nicht anzieht oder die Leitung defekt ist, dies mit Voltmeter prüfen und Unterbrechung beseitigen.
Hat das Pumpenrelais auf Klemme 86 12 Volt Spannung, aber auf Klemme 85 keine Masse, liegt meist ein Fehler im Steuergerät der elektronischen Einspritzung vor. Das Pumpenrelais wird von Masse über das Steuergerät geschaltet.
Eine Masseverbindung an Klemme 85 darf nur dann gelegt werden, wenn vorher die Leitung 19 zum Steuergerät abgeklemmt wurde, sonst wird das Steuergerät zerstört. Sicherheitshalber sollten Sie aber diese Arbeit der Werkstatt überlassen.

Das Relais der Kraftstoffpumpe sitzt rechts am Lagerbock der Lenksäule und wird nach Abschrauben der Lenksäulenverkleidung sichtbar. Hören Sie keine Relaisgeräusche (leichtes Klicken) beim Einschalten der Zündung und läuft die Benzinpumpe auch nicht ca. 1 — 1½ Sekunden, sollten Sie die elektrischen Anschlüsse an dem Pumpenrelais kontrollieren.

Da die Einspritzventile sehr empfindlich gegen Verschmutzungen im Kraftstoff sind, ist zwischen Tank und Benzinpumpe ein Filter vorgesehen. Er soll alle 20 000 km ausgetauscht werden. Dazu wird der VW vorn angehoben, die Schläuche werden abgeklemmt (allerdings sind die hier gezeigten Wäscheklammern dazu zu schwach) und der Filter aus seiner Halterung gezogen. Das Einsetzen des neuen Filters geschieht sinngemäß umgekehrt, daher auf die Durchflußrichtung achten.

## Filter der Kraftstoffeinspritzung wechseln
Pflegearbeit Nr. 52

Alle 20 000 km wird das Filter vor der elektrischen Benzinpumpe ersetzt. Dazu die Schläuche vor und hinter dem Filter abklemmen und herausziehen. Filter aus der Halterung drücken und neues einsetzen. Achten Sie darauf, daß der Pfeil, der die Durchflußrichtung markiert, zur Pumpe zeigt. Das Filter hat die VW-Ersatzteilnummer 131 261 275 und wird auch von verschiedenen Herstellern unter folgenden Typenbezeichnungen geliefert:

- Bosch 0 450 901 001
- Fram G-20
- Knecht FB 619
- Mann WK 31/2

## Normal- oder Superkraftstoff?

Der VW 411 mit dem 68-PS- und der VW 412 mit dem 75-PS-Doppelvergaser-Motor kommen gewöhnlich mit Normalbenzin aus. Wer einen VW 411/412 E mit 80-PS-Motor mit elektronischer Benzineinspritzung oder einen VW 412 S mit 85-PS-Doppelvergaser-Motor hat, muß dagegen Superkraftstoff tanken. Dieser Unterschied hat seine Ursache vor allem in dem höheren Verdichtungsverhältnis der stärkeren Motoren, das 8,2 bzw. 8,6 beträgt, während es sich bei 68-PS-Motor auf 7,8:1 und beim 75-PS-Motor nur auf 7,3:1 beläuft.
Diese Zahlen bedeuten, daß das Gemisch im Zylinder um das 8,6fache bzw. 7,8fache während des Verdichtungstaktes zusammengepreßt wird. Je höher das Kompressionsverhältnis, um so stärker die Erwärmung des Gemischs, was zur Selbstentzündung im Verbrennungsraum führen kann, sofern der Kraftstoff nicht klopffest genug ist.
Die Klopffestigkeit eines Kraftstoffes wird durch die sogenannte Oktanzahl (Kurzzeichen OZ) gekennzeichnet. Dieses Oktan ist nun keine Zugabe zum Benzin, sondern lediglich eine Vergleichsgröße, die in einem speziellen Prüfmotor als Hinweis auf die mehr oder weniger hohe Klopffestigkeit mit Meßkraftstoffen ermittelt wird. Diese Meßkraftstoffe bestehen aus Mischungen von Normal-Heptan (Klopffestigkeit 0) und Iso-Oktan (Klopffestigkeit 100). Beginnt der zu prüfende Kraftstoff z. B. bei genau der gleichen Prüfmotoreinstellung zu klopfen, bei der ein Meßkraftstoff mit 95 % Anteil Iso-Oktan zu klopfen beginnt, hat der geprüfte Kraftstoff ganz einfach 95 OZ. Die bekannteste Oktanzahl-Prüfmethode ist die sogenannte „Research"-Methode, und nach dieser wird die so ermittelte OZ mit Research-Oktanzahl (Kurzzeichen ROZ) bezeichnet. Danach haben heutzutage in der Bundesrepublik Normal-Kraftstoffe 90–93 ROZ und Super-Kraftstoffe 97–99 ROZ.
In außergewöhnlichen Fällen kann es vorkommen, daß diese Oktanzahlen für unsere VW-Motoren nicht ganz ausreichen und sich das gefürchtete Klingeln oder Klopfen bemerkbar macht. Das ist beispielsweise bei den

grundsätzlich für Normalkraftstoff ausgelegten Motoren mit 68 PS und 75 PS möglich, die man dann mit einer Mischung aus Normal und Super betreiben kann.

Bis vor wenigen Jahren stand es um die Klopffestigkeit in der Bundesrepublik besser. Da Kraftstoffe mit der hochgiftigen Bleitetraäthyl-Verbindung klopffester gemacht werden, dieses „Blei" aber ein besonderer Zielpunkt beim Thema Umweltschutz ist, wurde Anfang 1972 die Zumischung dieses Stoffes gesetzlich herabgesetzt (höchstens 0,4 Gramm Bleitetraäthyl auf 1 Liter Kraftstoff). Das hatte eine geringfügige Herabsetzung der Klopffestigkeit zur Folge.

**Klingeln und Klopfen**

Dieses Klingeln oder Klopfen wird mit ungenügend klopffesten Kraftstoffen einerseits bei scharfem Gasgeben aus niedrigen Drehzahlen hörbar (Beschleunigungsklopfen), wenn Sie beispielsweise im dritten Gang aus 20 bis 30 km/h heraus scharf beschleunigen oder an einer Steigung schaltfaul fahren, den Motor also quälen. Man muß aber ein aufmerksames Ohr haben, um diese Klingelgeräusche zu hören.

Noch gefährlicher, da es von den starken Fahrgeräuschen fast stets überdeckt wird, ist das Klopfen bei hohen Geschwindigkeiten (Hochdrehzahl-Klopfen), das vor allem bei Superkraftstoff-Motoren auftreten kann. Die wissenschaftliche Forschung hat erwiesen, daß dieses Hochdrehzahlklopfen von einer anderen, nach der sogenannten „Motor"-Methode gefundenen Oktanzahl (Kurzzeichen MOZ) abhängig ist. Eine gute ROZ von 99 oder 100 (Tankstellen-Werbeplakate im Ausland!) ist demnach keine unbedingte Garantie gegen diese Motorschädigung.

Mit beiden Klopferscheinungen hat es folgendes auf sich: Normalerweise verbrennt das Kraftstoff-Luft-Gemisch im Zylinder auf Befehl der Zündkerze. Springt an ihren Elektroden der Funke über, entflammt das Gemisch. Ein „klingelfreudiger" Kraftstoff kann es aber nicht erwarten, bis ihn der Zündfunke restlos entflammt hat, sondern er detoniert zum Teil in einer Ecke des Verbrennungsraumes schon durch den hohen Druck und die große Hitze von selbst und knallt der auf ihn von der Zündkerze her zueilenden Flammenfront entgegen. Das gibt einen gewaltigen Druckanstieg im Zylinder, durch den der Kolben einen schmetternden Schlag auf den Kopf erhält, so daß der Motor bis ins letzte Kurbelwellenlager erschüttert wird. Es hört sich an, wie wenn von innen mit einem kleinen Hammer scharf gegen die Zylinder geklopft würde. Erste Maßnahme: Fuß vom Gaspedal, nur noch ganz behutsam Gas geben und alsbald klopffesteren Kraftstoff tanken, wenn möglich.

Übrigens wird der „Oktanzahlanspruch" eines vorwiegend im Kurzstreckenverkehr gefahrenen Wagens durch stärkere Rückstandsbildung im Verbrennungsraum höher. Abhilfe: Motor durch flotte Autobahnfahrt gelegentlich „freiblasen", aber nicht gleich voll auf das Gaspedal treten!

**Fahrten ins Ausland**

Die früher zutreffende Befürchtung, man erhalte im Ausland allgemein schlechteren Kraftstoff, ist heute nicht mehr berechtigt. In den meisten europäischen Ländern ist durch die Erlaubnis höherer „Bleibeimischung" die Klopffestigkeit etwas höher als bei uns – zumindest gleich. Auch die Ostblockstaaten, derzeit von der Tschechoslowakei abgesehen, bieten an „Devisen-Tankstellen" den einreisenden „Westlern" hochwertigen Superkraftstoff an. Für Normalkraftstoff-Motoren empfiehlt sich allerdings oft Super. Frühere Tricks mit Benzolbeimischungen sind nicht mehr aktuell. Über ferne Länder gibt der ADAC Auskunft.

# Vermischtes

Das nachfolgende Kapitel behandelt die Vergaseranlage des VW 411 (bis Juli 1969), des VW 411 Automatic (bis Juli 1970) sowie des VW 412/412 S (ab August 1973). Bevor wir uns den praktischen Handgriffen an den Vergasern zuwenden, soll hier mit etwas Theorie versucht werden, das Wesen dieser Gasfabrik so weit wie möglich aufzuhellen.

## Was im Vergaser geschieht

Aufgabe des Vergasers ist es, Benzin und Luft so zu mischen, daß dieses „Gemisch" von der Zündkerze entflammt werden kann. Das Mischungsverhältnis darf dabei nicht zu fett (zu viel Benzin) oder zu mager sein. Außerdem wird im Vergaser – mit der Drosselklappe, die direkt auf die Betätigung des Gaspedals anspricht – die Benzin-Luft-Menge reichlicher oder sparsamer reguliert, je nach Belastung des Motors. Wichtige Vergaser-Begriffe sind:

**Schwimmerkammer:** In diesem „Behälter" wird die Höhe des Benzins reguliert, um jederzeit den erforderlichen Vorrat bereit zu halten. Der darin befindliche Schwimmer betätigt bei wechselndem Niveau ein Nadelventil und regelt dadurch den Zufluß des von der Kraftstoffpumpe geförderten Benzins.

**Hauptdüse:** Mit einer genau bemessenen Bohrung sorgt sie für gleichbleibenden Abfluß des Benzins aus der Schwimmerkammer (= Vorratskammer).

**Leerlaufdüse:** Diese hat die gleichen Aufgaben für den Leerlauf.

**Luftkorrekturdüse:** Sie mischt den von der Hauptdüse kommenden Kraftstoff mit einer bestimmten Menge Luft vor.

**Mischrohr:** Es nimmt Benzin und Luft entgegen und führt es vorgemischt in den Austrittsarm im Saugkanal.

**Lufttrichter:** Der Lufttrichter sitzt im Saugkanal (Vergaserdurchlaß). Charakteristisch ist seine Einschnürung im Innendurchmesser, wodurch die angesaugte Luft beschleunigt und das Gemisch aus dem Austrittsarm intensiver abgesaugt wird.

**Beschleunigungspumpe:** Mit ihr wird Zusatzbenzin beim Durchtreten des Gaspedals in den Saugkanal eingespritzt.

**Anreicherung:** Durch ein besonderes Röhrchen wird bei Vollgas zusätzliches Benzin abgesaugt, damit die Spitzenleistung erreicht wird.

**Typenbezeichnung:** Zum Beispiel Solex 34 PDSIT-2/3. Die Zahl 34 drückt in Millimetern den Innendurchmesser des Vergaserdurchlasses in Höhe des Vergaserflanschs aus (Saugrohr- oder Saugkanalweite). Die Buchstaben bedeuten eine interne Typenbezeichnung für den Vergaser-Hersteller, wobei das am Schluß stehende T auf die eingebaute Startautomatik hinweist.

Die beiden Vergaser sind im VW 411/412 spiegelbildlich zueinander gebaut. Links in Fahrtrichtung montiert ist der Vergaser 34 PDSIT-2 bzw. 40 PDSIT L (ab August 1973); beide besitzen ein Anschlußrohr für die Zünd-Unterdruckverstellung. Rechts sitzt der Vergaser 34 PDSIT-3 bzw. 40 PDSIT R. Letzterer verfügt ebenfalls über ein Anschlußrohr für die Kurbelgehäuseentlüftung.

Der VW 411 mit 68 PS-Motor besitzt zwei Solex-Vergaser 34 PDSIT. Auf dieser Seitenansicht erkennen Sie wichtige Teile des Vergasers. Die Leerlaufeinstellung erfolgt mit der Leerlauf-Einstellschraube und der Leerlaufgemisch-Regulierschraube (siehe Seite 78).

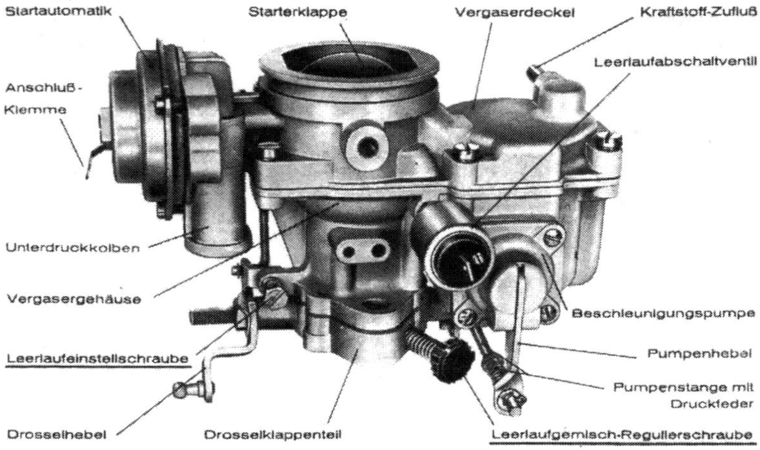


## Solex-Vergaser 34 PDSIT und 40 PDSIT

Der bis Juli 1970 eingebaute Vergaser 34 PDSIT und der seit August 1973 verwendete 40 PDSIT unterscheiden sich bis auf das Leerlaufsystem nur geringfügig. In der nachfolgenden Vergaser-Beschreibung können wir daher beide Vergaser gleichzeitig behandeln.

Der Fallstrom-Vergaser (das Gemisch strömt durch den senkrechten Durchlaß – es fällt gewissermaßen hinunter) besteht aus drei Hauptteilen: Vergaserdeckel, Vergasergehäuse und Drosselklappenteil.

### Vergaserdeckel

Das Benzin wird von der Kraftstoffpumpe zum Kraftstoffzufluß im Vergaseroberteil gepumpt, das mit fünf Querschlitzschrauben auf dem Vergasergehäuse befestigt ist. Im Lufteinlaßstutzen ist die Starterwelle mit der daran befestigten Starterklappe gelagert. Neben dem Lufteinlaßstutzen seitlich sitzt die aus Startergehäuse und Starterdeckel bestehende Startautomatik (siehe Seite 74). Beim Vergaser 34 PDSIT ist das Einspritzrohr der Beschleunigungspumpe in den Vergaserdeckel eingepreßt. Von unten ist das Schwimmernadelventil in den Vergaserdeckel eingeschraubt.

### Vergasergehäuse

Das Vergasergehäuse vereinigt Mischkammer und Schwimmerkammer. Der in der Schwimmerkammer angelenkte Schwimmer sorgt mit dem Schwimmernadelventil dafür, daß nicht zu viel Benzin in den Vergaser fließen kann. Mit dem Kraftstoffstand im Schwimmergehäuse steigt der Schwimmer und drückt die Schwimmernadel je nach Kraftstoffstand nach oben in den Zuflußkanal, den das spitze Ende der Schwimmernadel dann ganz oder teilweise verschließt. Unten seitlich an der Schwimmerkammer sitzt die Hauptdüse hinter einer Verschlußschraube und auf der gegenüberliegenden Seite die Beschleunigungspumpe.

Neben der Schwimmerkammer befindet sich die Mischkammer, in der die durch den Lufteinlaßstutzen angesaugte Luft mit Benzin vermischt wird. Etwa in halber Höhe verengt sich der Durchgang. In diesem sogenannten Lufttrichter strömt die Luft schneller, reißt also durch Unterdruckwirkung Kraftstoff mit. Weiter findet sich in der Mischkammer das Mischrohr, die Luftkorrekturdüse, die Leerlaufdüse mit dem Abschaltventil (siehe Seite 76) und beim Vergaser 40 PDSIT das Einspritzrohr der Beschleunigungspumpe. Beim

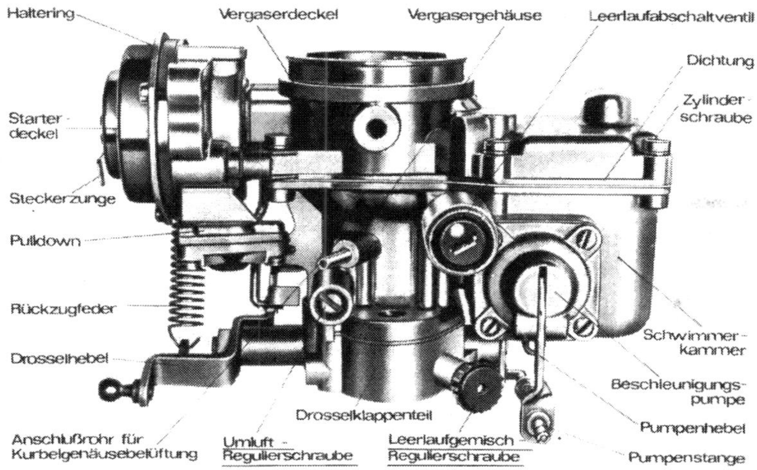


Der „Umluftvergaser" des VW 412/412 S unterscheidet sich vom früher verwendeten Vergaser hauptsächlich durch das Leerlaufsystem. Bei diesem Solex-Vergaser 40 PDSIT wird der Leerlauf mit der Umluft-Regulierschraube und der Leerlaufgemisch-Regulierschraube eingestellt. Allerdings soll mit einem CO-Tester eingestellt werden, damit die gesetzlich vorgeschriebenen Abgaswerte nicht überschritten werden. Näheres finden Sie dazu auf Seite 81.

Vergaser 34 PDSIT sitzt seitlich neben der Mischkammer die Leerlauf-Einstellschraube.

**Drosselklappenteil**

Ganz unten in Vergaser – im sogenannten Drosselklappenteil – sitzt im Durchgang beweglich die Drosselklappe, die Sie mit der Betätigung des Gaspedals öffnen und schließen. Die Drosselklappe ist an der Drosselklappenwelle befestigt. Am einen Ende der Welle sitzt der Drosselhebel mit einem Kugelbolzen. An ihm ist das Vergasergestänge befestigt: In den Kugelbolzen wird eine Zugstange eingehängt, die mit der langen, vor dem Luftfilter verlaufenden Betätigungsstange verbunden ist und damit auch mit dem Vergaser auf der anderen Motorseite. Der Gaszug ist links an der Betätigungsstange befestigt.
Ebenfalls am Drosselhebel ist die Verbindungsstange zur Startautomatik eingehängt. Nur beim Solex-Vergaser 40 PDSIT sitzt am Drosselhebel die Leerlauf-Anschlagschraube unter einer Kunststoffabdeckung und ist an diesem Hebel noch eine Rückzugfeder eingehängt.
Auf der anderen Seite der Drosselklappenwelle ist am Übertragungshebel die Pumpenstange für die Betätigung der Beschleunigungspumpe (siehe Sei-

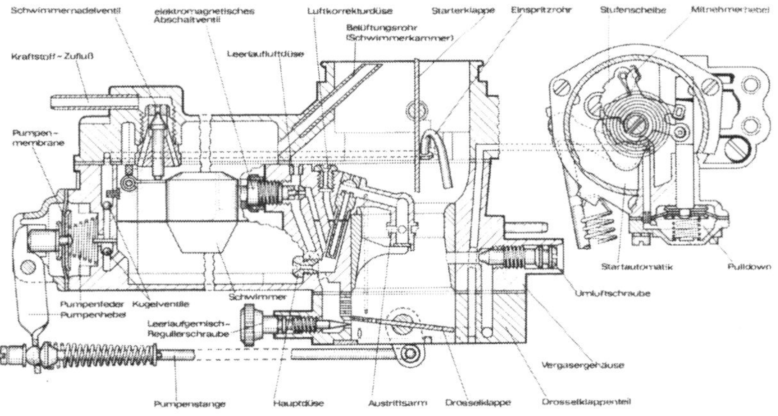


Dieser Schnitt durch den Solex-Vergaser 40 PDSIT-R mit Umluftsystem zeigt dessen wichtigste Teile: Ganz links die Beschleunigungspumpe, daneben die Schwimmerkammer und der Vergaserstutzen und ganz rechts die Startautomatik.

te 76) eingehängt. Die Leerlaufgemisch-Regulierschraube ist von außen in das Drosselklappenteil eingeschraubt. Von August 1969 bis Juli 1970 saß diese Schraube in einem rohrförmigen Anguß unter einer Kunststoffabdeckung.
Bei Fahrzeugen mit automatischem Getriebe sitzt im Drosselklappenteil noch ein Heißleerlaufventil.

## Die Startautomatik

Zum sicheren Kaltstart des Motors muß die Starterklappe – auch Luftklappe genannt – im Lufteinlaßstutzen je nach Außentemperatur mehr oder minder geschlossen sein. Bei unseren VW-Modellen sorgt hierfür die elektrisch beheizte Startautomatik.
Die Starterklappenwelle steht unter der Spannung einer spiralförmigen Bimetallfeder, die auf Temperaturunterschiede anspricht. Bei kaltem Motor ist die Starterklappe entsprechend der Außentemperatur mehr oder weniger geschlossen. Mit Erwärmung der Feder – sie wird durch eine Heizspirale in einem Keramikeinsatz beheizt – läßt ihre Spannkraft nach, die Starterklappe öffnet sich und bei normaler Betriebstemperatur wird der Lufteinlaß ganz freigegeben.
Bei geschlossener Starterklappe wird die Drosselklappe etwas geöffnet. Das besorgt im Gehäuse der Startautomatik ein Anschlaghebel mit einer kleinen Anschlagschraube, die auf das Rastensegment einer zierlich ausgebildeten Stufenscheibe auftrifft. Anschlaghebel und Rastensegment bestimmen die Stellung der Drosselklappe, daß der von ihr gebildete Drosselklappenspalt den jeweiligen Temperaturverhältnissen entspricht (größere Spaltöffnung bei Kaltstart, verkleinerte Öffnung für erhöhte Leerlaufdrehzahl, geringe Öffnung für normalen Leerlauf). Damit die Stufenscheibe diese Funktion ausüben kann, steht sie durch einen Mitnehmerhebel mit der Bi-Metallfeder im Starterdeckel in Verbindung. Seitlich am Gehäuse der Startautomatik sitzt der Starterhebel, der über eine Verbindungsstange mit dem Drosselhebel verbunden ist.
Beim Anlassen des Motors entsteht Unterdruck, der sich bis unter die Starterklappe auswirken kann, wodurch zusätzlich über das Hauptdüsensystem Kraftstoff angesaugt wird. Dieser Unterdruck und die Bi-Metallfeder, die das Öffnen und Schließen der Starterklappe veranlassen, bringen die Starterklappe zum Flattern. Mit zunehmender Erwärmung gibt die Starterklappe einen größer werdenden Querschnitt frei, der Luftanteil des Startgemisches wird größer – das Gemisch also abgemagert.
Zu der Startautomatik gehört beim Vergaser 34 PDSIT der Unterdruckkolben

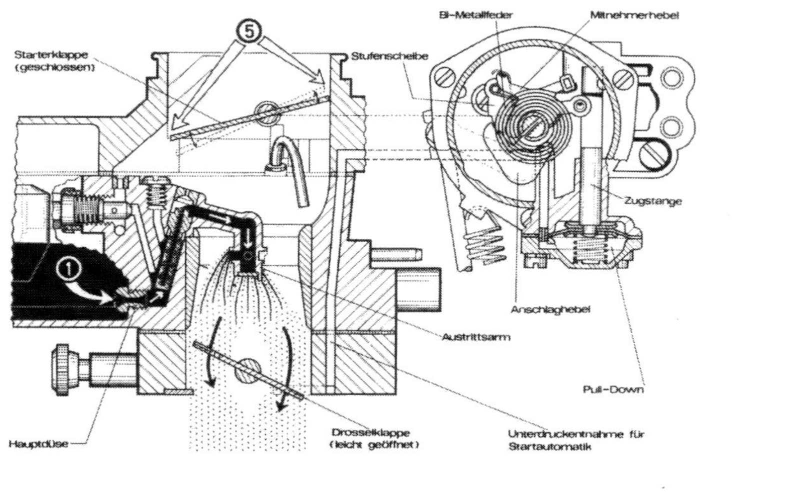


So funktioniert die Startautomatik: Bei kaltem Motor und entsprechenden Außentemperaturen zieht sich die Bimetallfeder im Starterdeckel zusammen, wodurch über den Mitnehmerhebel die Starterklappen geschlossen werden. Durch den beim Anlassen entstehenden Unterdruck wird das Kraftstoffgemisch mit Kraftstoff aus dem Hauptdüsensystem zusätzlich angereichert. So erhält der Motor das zum Kaltstart erforderliche fettere Gemisch. Nach wenigen Minuten Motorlauf dehnt sich die elektrisch beheizte Bimetallfeder aus, wodurch sich die Starterklappen öffnen können.

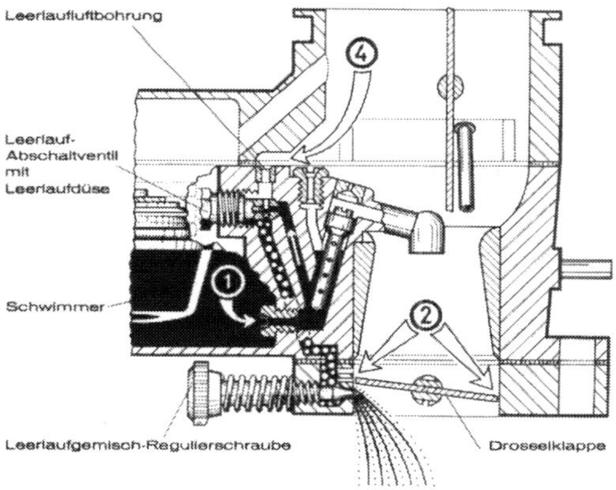


So funktioniert der Leerlauf beim Vergaser 34 PDSIT: Der Kraftstoff (1) fließt über die Hauptdüse zur Leerlaufdüse, wo er mit der Leerlaufluft (4) zu einer Emulsion vermengt wird. Diese Leerlaufemulsion tritt unterhalb der Drosselklappe aus der Bohrung aus, deren Querschnitt die Leerlaufgemisch-Regulierschraube bestimmt. Zusammen mit der hinzukommenden Hauptluft (2) wird die Leerlaufemulsion so zum Leerlaufgemisch aufbereitet.

bzw. beim Vergaser 40 PDSIT die Pulldown-Membrane, die mit der Starterklappe in Verbindung stehen. Der unterhalb der Drosselklappe entnommene Unterdruck wird zum Unterdruckkolben bzw. zur Membrane geführt. Starker Unterdruck zieht den Kolben bzw. die Membrane an, wodurch die Starterklappe etwas geöffnet wird. Diese Luftzugabe wirkt einer Überfettung des Startgemisches entgegen.

## Leerlauf und Übergang

Beim Leerlauf wird der Kraftstoff hinter der Hauptdüse dem Mischrohrschacht entnommen, durch die mit dem Abschaltventil vereinigte Leerlaufdüse dosiert und mit der durch die Leerlauf-Luftbohrung eintretenden Luft zu einer Emulsion vermengt. Diese Emulsion gelangt an die Austrittsbohrung, deren Querschnitt die Stellung der Leerlaufgemisch-Regulierschraube bestimmt. Aus dieser Bohrung wird die Emulsion abgesaugt und mit der über den Drosselklappenspalt und die Drosselklappenbohrung (nur 40 PDSIT) eintretenden Luft zum Leerlaufgemisch aufbereitet.
Der Vergaser 40 PDSIT verfügt zusätzlich noch über ein sogenanntes Umluft-System. Zu dem Leerlaufgemisch strömt aus dem Umluftkanal, dessen Luftdurchsatz von der Umluft-Regulierschraube bestimmt wird, Luft hinzu und bildet mit dem eben beschriebenen Leerlaufsystem das endgültige Leerlaufgemisch.
Der Leerlauf wird daher beim Vergaser 34 PDSIT und 40 PDSIT auf unterschiedliche Art eingestellt, siehe Seite 78.
Das Heißleerlaufventil bei VW 411/412 mit automatischem Getriebe läßt bei hoher Umgebungstemperatur (heißgefahrener Motor) zusätzlich Luft in das Saugrohr strömen. Dadurch wird eine Überfettung des Leerlaufgemisches und somit ein Absinken der Leerlaufdrehzahl vermieden.
Mit zunehmendem Öffnen der Drosselklappe wird aus den übrigen, übereinanderliegenden Bohrungen (By-Pässe) des Leerlaufsystems Gemisch abgesaugt. Dadurch ist ein besserer Übergang vom Leerlauf auf das Hauptdüsensystem gewährleistet.

## Hauptdüsensystem

Im engsten Saugquerschnitt des Vergasers befindet sich der Austrittsarm, der über eine Bohrung mit dem Mischrohr und über eine Querbohrung mit der Luftkorrekturdüse in Verbindung steht. Von der Schwimmerkammer gelangt der Kraftstoff über die Hauptdüse in die Mischrohrbohrung. Der in den Saugrohren entstehende Unterdruck saugt Kraftstoff durch den Austrittsarm ab. Mit steigendem Unterdruck sinkt der Kraftstoffstand in dem Mischrohr,

Der sogenannte Grundleerlauf des Umluft-Vergasers 40 PDSIT funktioniert wie beim Vergaser 34 PDSIT, also der Kraftstoff (1) vermischt sich mit der Leerlaufluft (4) und tritt als Emulsion unterhalb der Drosselklappe aus. Zusätzlich strömt die Umluft (3) über den Umluftkanal hinzu und bildet mit dem Grundleerlaufsystem das endgültige Leerlaufgemisch.

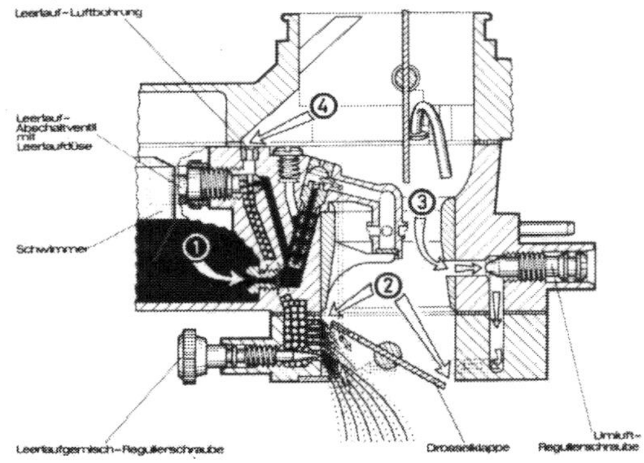


und durch die Luftkorrekturdüse tritt Ausgleichsluft hinzu, die sich durch die kleinen Bohrungen des Mischrohrs mit dem nachfließenden Kraftstoff vermengt. Somit entspricht die Zusammensetzung des hier entstehenden Gemischs über den ganzen Drehzahlbereich den Erfordernissen des Motors.

## Die Beschleunigungspumpe

Die Beschleunigungspumpe soll bei plötzlich geöffneter Drosselklappe genügend Kraftstoff liefern und den in solchem Fall zögernden Nachschub von dem Hauptdüsensystem überbrücken. Im Arbeitsraum der Beschleunigungspumpe befindet sich aus der Schwimmerkammer angesaugter Kraftstoff. Wird die Drosselklappe geöffnet, überträgt sich diese Bewegung auf den Pumpenhebel, der die Membrane der Pumpe nach innen drückt. Dadurch wird Kraftstoff durch das Einspritzrohr in die Mischkammer gespritzt; die Menge richtet sich nach dem Pumpenhub.
Ein Rückschlagventil verhindert, daß beim Einspritzen zugleich Benzin in die Schwimmerkammer zurückfließt. Ein weiteres Ventil am Pumpenauslaß verhindert beim Saughub das Einströmen von Luft aus der Mischkammer.

## Das Leerlauf-Abschaltventil

Unsere VW-Modelle besitzen an jedem Vergaser ein Leerlauf-Abschaltventil. Es verhindert, daß der Motor nach Abschalten der Zündung ohne Zündfunken

Das Leerlauf-Abschaltventil (5) läßt sich nach Abziehen der elektrischen Leitung herausschrauben. Die eingebaute Leerlaufdüse kann zur Reinigung (durchblasen) mit zwei Gabelschlüsseln herausgedreht werden. Die anderen Zahlen bedeuten: 1 — Kraftstoffzuleitung, 2 — Schlauch für Kurbelgehäuseentlüftung, 3 — Anschlußkabel für Startautomatik, von dort weiter zum Leerlauf-Abschaltventil, 4 — Befestigungsschraube des Ansaugstutzens, 6 — Haltefeder für Luftfilterspitze.

weiterläuft (Nachdieseln, Nachlaufen, Glühzündungen), wobei sich das noch angesaugte Gemisch an heißen Stellen im Verbrennungsraum von selbst entzündet. Weil Nachlaufen für die Motorlager sehr schädlich ist, hat der VW 411/412 zwei dieser Leerlauf-Abschaltventile serienmäßig. Sie verschließen beim Abschalten der Zündung die Leerlauf-Kraftstoffdüse, das Leerlaufsystem bekommt keine „Nahrung" mehr der Motor bleibt stehen.
Läuft der Motor trotzdem noch nach, wird der Fehler beim Abschaltventil liegen: Das Nadelventil in der Düse hängt, schließt also nicht nach Abschalten der Zündung.
Wenn das elektrische Kabel zur Zündspule unterbrochen ist oder wenn die Düsennadel im Abschaltventil hängt, ist natürlich kein Starten oder Leerlauf möglich: Das Ventil wird nach Einschalten der Zündung nicht geöffnet. Daher Kabel überprüfen und Düsennadel auf Gängigkeit untersuchen (dazu Abschaltventil herausschrauben).

## Richtig starten

Der VW-Motor springt immer gut an, wenn man mit dem Gaspedal richtig umgeht:

- Bei Temperaturen über dem Gefrierpunkt beim 75- und 85-PS-Motor und grundsätzlich bei warmgefahrenem Motor während des Anlassens das Gaspedal langsam niedertreten.
- Bei Temperaturen unter dem Gefrierpunkt und grundsätzlich bei kaltem 68-PS-Motor das Gaspedal ganz durchtreten und langsam loslassen. Dadurch rastet die Stufenscheibe in der Startautomatik aus und beide Starterklappen werden geschlossen.
- Bei sehr warmem Motor während des Anlassens Vollgas geben, aber nicht mit dem Pedal pumpen, sonst säuft der Motor ab.

Maßnahmen bei ersoffenem Motor: Gaspedal ganz durchtreten und Motor mit Anlasser durchdrehen, dadurch werden die Zylinder „entlüftet". Notfalls Kerzen herausnehmen und Elektroden trocknen.
Wenn man die Startautomatik ausgelöst und die Zündung eingeschaltet hat, muß der Motor auch sofort angelassen werden. Sonst öffnet die elektrisch beheizte Startautomatik die Starterklappen in den Vergasern und der Motor springt nach kurzer Zeit nicht an. Denn je nach Außentemperatur wird bei eingeschalteter Zündung die Klappe nach drei bis fünf Minuten ganz geöffnet, ob der Motor nun läuft oder nicht. Will man die Starterklappen wieder geschlossen haben, muß zuerst die Zündung ausgeschaltet und einige Minuten gewartet werden.

### Startschwierigkeiten

Hat man den Verdacht, daß der Motor auf Grund einer Störung der Automatik schlecht anspringt oder mit zu fettem Gemisch läuft, dann kann es sein, daß eine Klappe hängt, also nicht mehr einwandfrei gängig ist und nicht ganz schließt oder öffnet. Zur Prüfung die Luftfilterspitzen abnehmen. Gasgestänge so einstellen, daß es etwa Halbgas entspricht und vorsichtig von Hand probieren, ob die Klappen gut beweglich sind (nur in bestimmten Stellungen des Gaspedals sind die Klappen nicht gesperrt). Es kann sein, daß sich auf den Klappen bzw. an ihren Wellen Ablagerungen aus der in das Luftfilter geführten Kurbelgehäuse-Entlüftung gebildet haben. Diese mit Spiritus entfernen.
Vor dem Kaltstart müssen die Starterklappen in den Vergaserstutzen senkrecht stehen. Nach dem Einschalten der Startautomatik müssen sie geschlossen sein. Bei eingeschalteter Zündung sollen sich die beiden Starterklappen auch bei Kälte nach spätestens fünf Minuten öffnen. Gleichmäßiges Öffnen ist beim Zweivergaser-Motor etwas schwer zu erreichen, aber um einen

Die Startautomatik wird eingeschaltet (Schließen der Starterklappe) durch langsames Durchtreten des Gaspedals. Das Öffnen der Starterklappe geschieht durch Beheizen einer Metallspirale. Wird der Deckel des Automatikgehäuses nach wenigen Minuten warm (Fingerprobe), so arbeitet die Beheizung einwandfrei.

gleichmäßigen Motorlauf zu erreichen, sollten die Unterschiede nicht zu groß sein.
Der Starterdeckel ist mit drei Querschlitzschrauben am Automatikgehäuse befestigt. Eine Markierung oben auf beiden Teilen soll genau übereinstimmen (Mittelstellung). Wenn die Startautomatik aber zu früh oder zu spät öffnet, kann auf Grund einer Überprüfung (möglichst durch die Werkstatt) ein Abweichen von dieser Stellung notwendig werden. Drehen im Uhrzeigersinn bedeutet: Die Starterklappe wird früher geöffnet, entgegengesetzte Drehung: Klappe öffnet später.
Sollte die Startautomatik versagen, kontrolliert man die schwarzen Kabel, die von der Zündspule zu den Anschlüssen an die Gehäuse führen, auf festen Sitz und Stromdurchgang.

**Leerlauf einstellen**

Normalerweise besteht kein Anlaß, irgendwo an einer Vergaserschraube zu drehen. Das einzige, was hin und wieder etwas Aufmerksamkeit verlangt, ist der Leerlauf. Vor einer Vergaserregulierung sollte aber die Zündung geprüft und eingestellt werden (siehe Kapitel „Die Zündanlage").
Dieser Leerlauf ist wichtiger, als man meistens denkt. Die Leerlaufeinstellung ist nicht nur für den eigentlichen Leerlauf von Bedeutung, sondern auch für den Teillastverbrauch bis zu mittleren Drehzahlen. Zu fetter Leerlauf kann einen recht erheblichen Mehrverbrauch an Benzin ergeben.
Eine zu hohe oder zu niedere Leerlaufdrehzahl läßt sich behelfsmäßig an den Vergasern 34 PDSIT mit den Leerlauf-Einstellschrauben und an den Vergasern 40 PDSIT mit den Umluft-Regulierschrauben nachregulieren. Beide Schrauben müssen dabei um den gleichen Betrag verdreht werden.
Grundsätzlich muß der Motor zum Vergasereinstellen warmgefahren sein und beide Starterklappen müssen ganz geöffnet sein. Zur exakten Einstellung der Zweivergaser-Anlage benötigt man einen sogenannten Synchro-Tester (z. B. von Moto-Meter). Damit macht man sich unabhängig von Gefühl und Gehör, stattdessen wird der Unterdruck im Luftansaugstutzen des Vergasers gemessen, den man durch die Stellung einer Kugel in einem Glasröhrchen kontrollieren kann. Der Unterdruck muß im rechten wie im linken Vergaser gleich sein, dann arbeiten beide Vergaser tatsächlich „synchron". Die Stellung der Einstellschrauben des rechten und linken Vergasers kann dabei geringe Unterschiede aufweisen.
Wichtig: Bei Wagen mit automatischem Getriebe ist die Wählhebelstellung N oder P einzulegen.

Bei diesem Vergaser wird der Leerlauf über die Leerlaufgemisch-Regulierschraube und die Leerlauf-Einstellschraube reguliert. Wo diese Schrauben sitzen, zeigt das Bild Seite 72. Die Drehzahl des Motors wird durch Verstellen der Leerlauf-Einstellschraube dosiert: Leichtes Öffnen oder Schließen der Drosselklappe. Die Kraftstoffzuteilung wird durch Hinein- oder Herausdrehen der Leerlaufgemisch-Regulierschraube dosiert.

**Solex-Vergaser 34 PDSIT**

Der sogenannte Grundleerlauf wird bei stehendem Motor wie folgt eingestellt:

- Leerlauf-Einstellschrauben beider Vergaser so weit herausdrehen, daß beide Drosselklappen ganz geschlossen sind.
- Einstellschrauben wieder hineindrehen, bis sie die Drosselhebel gerade berühren. Aus dieser Stellung die Leerlauf-Einstellschraube um etwa 1¼ Umdrehungen hineindrehen.

Als nächstes wird das „Grundgemisch“ eingestellt:

- Leerlaufgemisch-Regulierschraube mit Gefühl zudrehen. Vorsicht, daß die Spitze der Regulierschraube nicht beschädigt wird.
- Leerlaufgemisch-Regulierschraube um etwa 1 Umdrehung öffnen.
- Motor anlassen; er müßte mit rund 900 U/min (bei automatischem Getriebe 950 U/min) drehen.
- Synchro-Tester auf den rechten Vergaser setzen und leicht andrücken, damit keine Nebenluft angesaugt wird. Die Scheibe im Trichter des Testers (die den Luftdurchlaß verstellt) mit den Fingern so weit verdrehen, bis die Kugel in halber Höhe des Glasrohres zwischen den Strichen steht.
- Synchro-Tester auf den linken Vergaser setzen. Stellung der Kugel beobachten. Ist die Abweichung geringer als 10 mm, stimmt die Stellung der Leerlauf-Einstellschrauben. Andernfalls an der Einstellschraube auf gleichen Wert einstellen, dabei den rechten Drosselhebel am Leerlaufanschlag festhalten.

Die Werkstatt nimmt diese Messung auf gleichmäßige Vergaserwirkung auch noch bei 1500–1800 U/min vor. Zeigt der Tester dabei zwischen rechtem und linkem Vergaser einen größeren Meßunterschied als 10 mm, muß dies durch Verlängern oder Verkürzen der linken Vergaser-Zugstange korrigiert werden. Zum Schluß Luftfilterspitzen wieder aufsetzen.

Beim Vergaser 34 PDSIT ab August 1969 (nur VW Automatic) erfolgt die Einstellung etwas anders: Luftfilterspitzen abnehmen, linke Vergaser-Zugstange aushängen und Motor anlassen. Gemisch-Regulierschraube am rechten Vergaser hineindrehen, bis die Drehzahl merklich abfällt und wieder so weit herausdrehen, bis der Motor einwandfrei rundläuft. Linken Vergaser gleich einstellen. Leerlaufdrehzahl auf etwa 950 U/min durch Verdrehen der Leerlauf-Einstellschrauben einstellen und beide Vergaser synchronisieren. Nochmals besten Rundlauf durch geringfügiges Verdrehen der Gemisch-Regulierschrauben suchen. Vergaser bei 1500–1800 U/min erneut synchronisieren, Luftfilterspitzen aufsetzen und Gemisch-Regulierschrauben ganz geringfügig hineindrehen, daß der Motor gerade noch rundläuft.

**Solex-Vergaser 40 PDSIT**

Die Leerlaufeinstellung am Vergaser 40 PDSIT erfolgt an der Umluft-Regulierschraube für die Leerlaufdrehzahl und an der Leerlaufgemisch-Regulierschraube für die Zusammensetzung des Leerlaufgemisches. Wo diese Schrauben sitzen, sehen Sie auf den Abbildungen auf Seite 73 und Seite 80. Zuerst wird ebenfalls bei stehendem Motor eingestellt:

- Umluft-Regulierschrauben beider Vergaser bis zum Anschlag hineindrehen und anschließend um 1 Umdrehung herausdrehen.

Zum Einstellen des Leerlaufs muß der Motor warmgefahren sein und die Starterklappe (S) im rechten und linken Vergaser senkrecht stehen. Der weiß umrandete Pfeil zeigt auf die Umluft-Regulierschraube, an der auch bei zu niedrigem Leerlauf nachreguliert werden soll. Auf die Leerlaufgemisch-Regulierschraube zeigt der weiße Pfeil.

- Gemisch-Regulierschrauben vorsichtig (sonst werden deren Spitzen verbogen) bis zum Anschlag hineindrehen und wieder um 3 Umdrehungen öffnen.
- Motor anlassen und durch gleichmäßiges Verdrehen der Umluft-Regulierschrauben an beiden Vergasern die Leerlaufdrehzahl auf etwa 850 U/min (bei automatischem Getriebe 950 U/min) einstellen.
- Gemisch-Regulierschrauben an beiden Vergasern gleichmäßig hineindrehen, bis die Drehzahl abfällt. Anschließend wieder um etwa 1/4 Umdrehung herausschrauben, damit der Motor rundläuft.
- Zum Schluß Synchro-Tester aufsetzen und Vergaser synchronisieren, wie bereits auf Seite 79 beschrieben. Die Korrektur der Leerlaufdrehzahl darf aber nur an den Umluft-Regulierschrauben erfolgen.

Die im Bild unten gezeigte Drosselklappen-Anschlagschraube bleibt beim Vergaser 40 PDSIT unangetastet, andernfalls müssen die Vergaser ausgebaut und die Drosselklappen neu eingestellt werden.

Prüfung, ob der Vergaser durch das Schwimmernadelventil (es könnte klemmen) Benzin erhält: Hauptdüsenträger (1) mit Schraubenschlüssel SW 13 lockern. Sickert Benzin heraus, ist die Versorgung des Vergasers in Ordnung. Außerdem werden beim völligen Öffnen eventuelle Verschmutzungen und Wassertropfen, die sich am Boden der Schwimmerkammer abgesetzt haben, mit herausgespült. Die Vergaser-Befestigungsschrauben (2) gelegentlich auf festen Sitz prüfen, aber nicht „anknallen". Zum Abschrauben des Schwimmerkammerdeckels werden die insgesamt fünf Schrauben (3) gelöst. Der Pfeil zeigt auf die Abdeckung der Leerlauf-Anschlagschraube. Beim Vergaser 40 PDSIT darf diese Schraube zum Leerlaufeinstellen nicht verdreht werden!

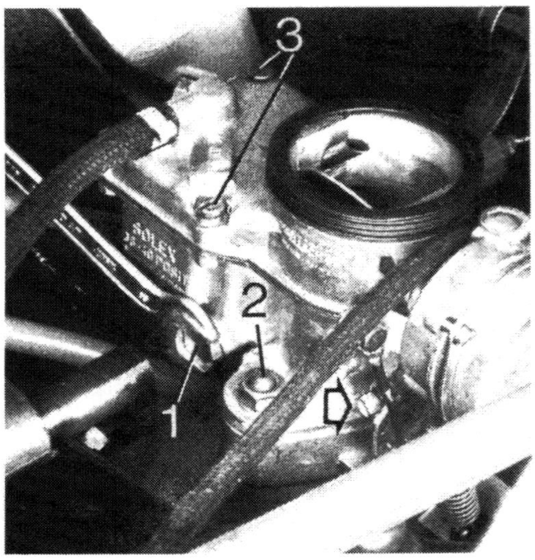

Noch exakter allerdings läßt sich der Leerlauf in der Werkstatt mit einem Abgastester einstellen. Auch hier wird zunächst an den Leerlaufschrauben wie beschrieben gedreht – wobei es wieder sehr darauf ankommt, daß der Motor gut warmgefahren ist. Dann wird das CO-Meßgerät an den Auspuff angeschlossen und die eventuell vorhandene Taste „Pumpe“ gedrückt, (so daß das Gerät arbeitet) und man liest nach einigen Sekunden ab. Der CO-Gehalt soll zwischen 1,5 und 2,5 % liegen.

#### Einstellen mit dem Abgas-Tester

Zeigt das Gerät zu viel an, so muß der vorgeschriebene Wert durch Abmagern an den Gemisch-Regulierschrauben eingestellt werden. Dabei muß jede Schraube um den halben Wert der Abweichung verstellt werden. Beispiel: Meßwert 4 % CO, Sollwert 2 %, Abweichung also 2 %. Jede Gemisch-Regulierschraube muß nun so weit hineingedreht werden, daß die Anzeige des Abgastesters um 1 % zurückgeht.

Bis eine Gemischänderung durch die Regulierschraube im Auspuffgas bemerkbar wird, dauert es einige Sekunden. Dazu besitzt auch das Gerät eine gewisse Trägheit: Also nur sehr langsam an den Regulierschrauben drehen und immer wieder warten, bis sich die Anzeige auf der Skala stabilisiert hat.

### Abgas-Messung beim TÜV

Für Wagen ab Baujahr Juli 1969 ist die Abgaskontrolle beim TÜV obligatorisch. Das macht keine Schwierigkeiten, wenn man folgende Punkte beachtet.

■ Der Motor muß betriebswarm sein. Lassen Sie ihn beim TÜV nicht unnötig im Leerlauf tuckern, das verschlechtert den CO-Wert.

■ Wird der Volkswagen ausschließlich im Kurzstrecken-Stadtverkehr bewegt, sollten Sie ihn vor der Messung rund 100 km zügig bewegen. So werden Verbrennungsrückstände im Motor durch die Auslaßventile hinausgeblasen. Einen guten Anhaltspunkt liefert auch das Auspuffrohr: Ist es innen schwarz und rußig und kriecht diese Schwärze gar um das Rohr auf die Außenseite, so sollte man vor dem TÜV das Abgas messen lassen. Ist das Auspuffrohr dagegen innen grau, so ist alles in Ordnung.

### Ändern der Vergaser-Einstellung

Die vom Herstellerwerk festgelegten Vergasereinstellungen sind in Zusammenarbeit mit VW erst nach langwieriger Feinarbeit gefunden worden. Wie bei jedem anderen Vergaser galt es auch hier, den günstigsten Kompromiß zwischen bester Leistung und geringstem Verbrauch zu finden. Hinzu kommt, daß es zur Erfüllung der geltenden Abgas-Bestimmungen erforderlich war, die Vergaserabstimmung entsprechend zu gestalten und danach zu fixieren. Das schließt aber nicht aus, daß die Düsenbestückung durch Weiterentwicklungen geändert wird.

### Vergaser und Düsen reinigen

An sich braucht der Vergaser keine spezielle Pflege, es sei denn, es liegen Störungen vor. Aber er muß innen sauber sein, um Störungen vorzubeugen. Für den, der wenig Jahreskilometer fährt, ist die Rechnung nach Zeitintervallen günstiger: Alle ein bis zwei Jahre reinigen. In Düsen, Bohrungen und in der Schwimmerkammer können sich Fremdstoffe in feiner Form abgelagert haben. Wasser im Benzin setzt sich, weil es spezifisch schwerer ist, unten in der Schwimmerkammer ab. Da es sich nicht mit dem Zinkguß verträgt, entstehen Absonderungen (Zinkkarbonat). Ferner möglich: Das Schwimmernadelventil kann in seinem Sitz ausgeschlagen sein.

Möglich ist auch eine Verunreinigung des Vergasers durch Öldämpfe, die über die Kurbelgehäuseentlüftung in den Luftfilter und damit in den Vergaser geleitet werden, insbesondere, wenn man aus vermeintlichem Sicherheitsbedürfnis zu viel Öl in den Motor füllte.

Verengte Düsen (Hauptdüse) können sich als zu sehr abgemagertes Gemisch auswirken und den Motor zu heiß werden lassen. Aber dazu muß der Vergaser schon sehr alt und innen stark verschmutzt sein.
Es soll hier nicht dazu geraten werden, unbedingt einen Vergaser komplett zu zerlegen, um ihn zu reinigen. Schon die Demontage verlangt viel Aufmerksamkeit, und der Zusammenbau wäre dann eventuell nur noch mit Hilfe eines Fachmannes möglich (den man aber herbeiholen müßte, weil man ja ohne Vergaser nicht fahren kann). Auf den Bildern in diesem Kapitel ist zu sehen, welche Düsen verhältnismäßig leicht zugänglich sind und welche Vergaserteile daneben ohne Komplikationen gelöst werden können. Beachten Sie eventuell vorhandene Dichtungen, die beim Zerlegen des Vergasers möglichst durch neue ersetzt werden sollen. Notbehelf: Dichtung aus dünnem Karton ausschneiden und Alleskleber als Dichtungsmasse verwenden.
Bei der Vergaserreinigung sollten Sie folgende Punkte beachten:

- Ausgebaute Vergaserteile in Kraftstoff oder Spiritus reinigen. Die Teile auf sauberes Tuch legen. Genau merken, wohin sie und in welcher Reihenfolge sie zusammengehören. Besonders auf Dichtungen, Sicherungen und Federringe achten.
- Düsen, Bohrungen und Schwimmerkammer mit mäßigem Preßluft-Druck ausblasen, auch Handluftpumpe ist geeignet. Düsen können notfalls auch mit dem Mund durchgeblasen werden (aber möglichst ohne Spucke). Auf keinen Fall mit hartem Draht reinigen, geeignet ist jedoch eine Borste aus einer Bürste. Düsen sind aus weichem Metall (Messing), daher nicht zu fest schrauben. Gut eignet sich zum Durchblasen einer verstopften Vergaserdüse das Ventil am (sauberen) Reserverad. Drückt man die herausgeschraubte Düse in das Ventil, pustet die aus dem Reifen entweichende Luft alle Fremdkörper fort.
- Drosselklappenwelle auf zu großes Spiel an den Lagerungen untersuchen. Dort könnte Nebenluft eindringen und Start und Leerlauf verschlechtern.
- Die Spitze der Leerlaufgemisch-Regulierschraube darf keine Druckstellen aufweisen. Sonst auswechseln.
- Den Schwimmer kontrolliert man, ob er dicht ist (schütteln und gegen das Ohr halten). Eventuell in heißes Wasser legen und auf Blasen achten. Auch muß die Schwimmerachse gut gängig sein.
- Im Vergaserdeckel, von unten eingeschraubt, findet sich das Schwimmernadelventil. Ist es nicht locker? Die Ventilnadel muß einwandfrei beweglich sein. Gegen sie drückt von unten der Hebel des Schwimmers. Undichtes oder hängendes Schwimmernadelventil liefert dem Vergaser zu viel Kraftstoff: Erhöhter Verbrauch, Vergaser läuft über. Ventil austauschen.

## Das Luftfilter

Die Ansaugluft des Motors muß gefiltert werden, da sonst die mit angesaugten Staub- und Schmutzpartikel an den Zylinderwänden schmirgeln würden. Der Motorverschleiß würde also erhöht.
Der VW 411 hat ein Ölbad-Luftfilter. Was bei dessen Wartung zu beachten ist, haben wir auf Seite 43 im Kapitel „Schmieren aller Teile" beschrieben. Der VW 412 und 412 S hat ein Luftfilter mit Papiereinsatz, dessen Wartung im nächsten Kapitel auf Seite 90 erläutert ist. Der Papiereinsatz hat die VW-Ersatzteil-Nr. 021 129 607 M. Der Ausbau des Filters ist im Bild rechts oben gezeigt.
Die Vergaser-Volkswagen besitzen eine thermostatisch geregelte Ansaugluft-Vorwärmung. Das Luftfilter erhält Warmluft vom Zylinder 1 (rechts vorn), der bereits wenige Sekunden nach dem Kaltstart Hitze abstrahlt. Frischluft

Zum Ausbau des Papierluftfilter-Einsatzes (seit August 1973) werden 3 Spannverschlüsse gelöst (weiße Pfeile), die Gummimanschetten zwischen Filtergehäuse und Luftfilterspitzen, wie im Bild gezeigt, zurückgezogen und der Deckel abgenommen. Damit sich die Gummimanschetten beim Einbau besser aufziehen lassen, kann man sie mit etwas Glyzerin einreiben, aber keinesfalls mit Öl, dadurch würde der Gummi angegriffen.

wird dem Luftfilter über einen Flexschlauch vom Luftansaugschacht zugeführt. Ein Thermostat regelt je nach Außentemperatur die Zufuhr der vorgewärmten Ansaugluft über eine Klappe.
Beim VW 411 reguliert eine zweite, gewichtsbelastete Klappe den Ansaugdruck für die Kurbelgehäuseentlüftung. Gelegentlich sollte die Leichtgängigkeit beider Klappen kontrolliert werden.

## Störungsbeistand
### Vergaser

Möglichkeiten, die zu Störungen an den Vergasern Ihres VW führen können, sind in folgender Tabelle aufgeführt. Das Zusammenspiel von aufeinander abgestimmten Vergaserteilen kann durch unterschiedliche Ursachen behindert sein; was aber als etwas verwirrende Theorie erscheinen mag, sieht in der Praxis meist freundlicher aus. Störungen an der Zündanlage sind (bei allen Autos) häufiger. Deshalb überzeuge man sich, ob Zündzeitpunkt, Unterbrecherkontakte, Zündkerzen und Kabelanschlüsse in Ordnung sind, bevor man den Vergasern die Schuld gibt.

| Die Störung | – ihre Ursache | – ihre Abhilfe |
|---|---|---|
| A Kraftstoffverbrauch zu hoch | 1 Fehlerhafte Flanschdichtungen | Nachprüfen Eventuell auswechseln |
| | 2 Undichte Schwimmer (Luftblasen nach Eintauchen in heißem Wasser?) | Auswechseln |
| | 3 Schwimmernadelventil schließt nicht (Fremdstoff aus Tank im Ventil?) | Säubern Eventuell auswechseln |
| | 4 Düsen stimmen nicht | Herausschrauben, eingeschlagene Bezeichnungen mit Technischen Daten vergleichen. Evtl. korrigieren |
| | 5 Leerlaufgemisch zu fett | Gemisch-Regulierschrauben etwas eindrehen (Leerlauf muß sauber bleiben) |
| | 6 Leerlaufdüse locker | Kontrollieren Eventuell anziehen |

| Die Störung | — ihre Ursache | — ihre Abhilfe |
|---|---|---|
| A Kraftstoffverbrauch zu hoch | 7 Leerlauf zu hoch Starterklappe öffnet bei warmem Motor nicht, geht nicht zurück oder klebt.) | Einstellen Eventuell Luftfilter abnehmen, in die Vergaser sehen |
| | 8 Heizspirale der Startautomatik heizt nicht | Zündung einschalten. Keramikdeckel muß nach ca. 2 Minuten warm werden Wenn nicht: |
| | 9 Kabel für Heizspirale locker oder defekt | Kabel und Anschlüsse mit Prüflampe kontrollieren |
| | 10 Heizspirale gebrochen | Keramikdeckel auswechseln |
| B Motor springt nicht an (siehe auch vordere Buchklappe) | 1 Zündung nicht einwandfrei | Kontrollieren (siehe Kapitel Zündanlage) |
| | 2 Tank leer | Auftanken |
| | 3 Kraftstoffweg im Vergaser nicht in Ordnung. | Prüfung: Zuleitung am Vergaser abziehen und bei stromloser Zündung (Verteilerfinger entfernt) Motor starten. Tritt kein Kraftstoff aus, siehe unter Kraftstoffpumpe |
| | a) Leerlaufdüse verschmutzt | Herausschrauben, reinigen |
| | b) Bohrungen im Vergaser verstopft | Vergaser zerlegen, reinigen |
| | c) Vergaser läuft über (Motor ersoffen durch zuviel Gasgeben oder Schwimmer klemmt oder undicht) | Gegen Schwimmergehäuse klopfen. Evtl. Vergaserdeckel abnehmen. Schwimmer überprüfen. Beim Starten Vollgas geben. |
| | 4 Startautomatik gestört | |
| | a) Luftklappe schließt nicht oder klemmt | Gängig machen, evtl. mit Rost-Lösemittel von Klappenwelle lösen. Evtl. klebt Unterdruckkolben Ausbauen, reinigen, mit harzfreiem Öl (Knochen- oder Nähmaschinenöl) schmieren |
| | b) Bimetall-Feder ausgehängt oder gebrochen | Feder einhängen oder Keramikdeckel ganz ersetzen |
| | c) Keramik-Deckel gebrochen | Deckel ersetzen |
| | d) Anschlagschraube in Automatik gelockert, dadurch Öffnungswinkel der Drosselklappe verändert | Nachjustieren (Werkstatt) |
| C Leerlauf ungleichmäßig, Motor bleibt stehen | 1 Leerlauf zu fett oder zu mager | Richtig einstellen |
| | 2 Leerlaufsystem verstopft (Verstellen der Gemischschrauben hat keinen Einfluß auf Drehzahl) | Leerlaufdüsen herausnehmen, reinigen. Anschließend Leerlauf einstellen |
| D Motor bleibt bei höheren Drehzahlen stehen, wenn langsam Gas gegeben wird | 1 Hauptdüse verstopft | Herausschrauben, reinigen |

| Die Störung | – ihre Ursache | – ihre Abhilfe |
|---|---|---|
| E Ungleichmäßiger Lauf und Auspuffrußen bei niedriger Leerlaufdrehzahl, Kerzen verrußen, deswegen Zündaussetzer | 1 Zu hoher Druck auf Schwimmernadelventil | Kraftstoffpumpendruck prüfen lassen |
| | 2 Schwimmernadelventil schließt nicht | Ventil prüfen, evtl. erneuern |
| | 3 Schwimmer undicht | Auswechseln |
| F Ungleichmäßiger Lauf bei Vollgas Aussetzer, Patschen, Leistung fällt ab | Nicht ausreichende Kraftstoffzufuhr | Hauptdüse reinigen Kraftstoffpumpensieb und Schwimmerventil reinigen, Druck der Kraftstoffpumpe kontrollieren lassen |
| G Schlechte Übergänge beim Gasgeben | 1 Beschleunigungssystem arbeitet nicht | Luftfilter abnehmen prüfen, ob eingespritzt wird, wenn Gasgestänge betätigt wird |
| | a) Pumpenkanal oder Einspritzrohr verstopft | Reinigen |
| | b) Membrane defekt | Auswechseln |
| | 2 Falscher Leerlauf | Richtig einstellen |
| H Vergaser patscht | Leerlauf zu mager eingestellt | Regulierschrauben etwas herausdrehen. Aber Leerlauf muß einwandfrei sein |

# Kollege Computer

Vier Jahre lang (von August 1969 bis Juli 1973) wurde der VW 411/412 anstelle der Zweivergaser-Anlage mit der elektronischen Benzineinspritzung von Bosch ausgerüstet. Der Hauptvorteil dieser Bosch-„Jetronic" besteht in der genaueren Gemisch-Dosierung, wodurch der Benzinverbrauch, die Verbrennung des Gemisches und die Zusammensetzung der Abgase günstig beeinflußt werden.
Außer dem regelmäßigen Wechsel des Kraftstoffilters (siehe Seite 69) verlangt die Einspritzung keinerlei Pflege. Allerdings sind die Möglichkeiten der Selbsthilfe bei Störungen begrenzt. Was man selbst beheben kann, haben wir in diesem Kapitel in Wort und Bild zusammengestellt. Nicht zuletzt, weil bei tiefergehenden Störungen nur ein Spezialist helfen kann, aber auch aus technischen und Kostengründen wurde der VW 412 ab August 1973 wieder mit einer Zweivergaser-Anlage ausgerüstet.

## So funktioniert die Einspritzung

Damit Sie den Zusammenhang der einzelnen Teile und die Wege von Luft und Kraftstoff besser verfolgen können, haben wird das nebenstehende Schema abgebildet. Die elektrische Kraftstoffpumpe (2) saugt das Benzin aus dem Tank (1) über ein Filter (3) an und drückt es durch das Verteilerrohr und dessen Abzweigungen (9 und 10) zu den Einspritzventilen (8). Der Druckregler sorgt dafür, daß der Druck im Kraftstoffsystem den festgelegten Wert von 2 atü nicht unter- bzw. überschreitet. Bei eingeschalteter Zündung stehen alle Einspritzventile unter einem gleichbleibenden Kraftstoffdruck von 2 atü. Zuviel geförderter Kraftstoff fließt wieder in den Tank zurück. So entsteht ein Benzin-Kreislauf, wodurch der Kraftstoff gekühlt und Dampfblasenbildung verhindert wird.
Bei eingeschalteter Zündung läuft die Kraftstoffpumpe nur 1–1½ Sekunden lang; erst wenn der Motor gestartet wird, schaltet das elektronische Steuergerät (12) die Pumpe über ein Relais ein. Dadurch wird verhindert, daß bei einem beschädigten Einspritzventil der betreffende Zylinder vollaufen kann (Vollaufsicherung).
Die Einspritzventile erhalten ihren Öffnungsimpuls vom Zündverteiler (11): Im Gehäuseunterteil des Verteilers sitzen um 180° versetzt die Auslösekontakte. Auf der Verteilerwelle sitzt ein Nocken, der die Auslösekontakte wechselweise steuert. Dadurch erhält das Steuergerät den Impuls zur Öffnung von jeweils zwei Einspritzventilen. Damit der elektronische Aufwand im Rahmen bleibt, erhalten die Einspritzventile der Zylinder 1 und 4 bzw. 3 und 2 zugleich den Öffnungsimpuls. Bei zwei Zylindern wird also der Kraftstoff unmittelbar im Ansaughub eingespritzt, bei den beiden anderen wird er vorgelagert und beim nächsten Ansaughub in den Zylinder gesaugt. Die Menge des eingespritzten Kraftstoffes wird durch die Öffnungsdauer der Einspritzventile bestimmt. Das Öffnen der Ventile geschieht elektromagnetisch.

Den Mittelpunkt der elektronischen Benzineinspritzung stellt das Steuergerät dar, das anhand von Motordrehzahl (über die Auslösekontakte im Verteiler), Motortemperatur, Außentemperatur und anderer Daten die Öffnungsdauer der Einspritzventile steuert. Die einzelnen Meßleitungen sind über einen 25fach-Stecker mit dem Steuergerät verbunden.

Den im Ansaugluftverteiler (6) herrschenden Unterdruck hinter der Drosselklappe mißt der Druckfühler (5) links im Motorraum. Dieser Unterdruck ändert sich je nach Stellung der Drosselklappe. Da der Druckfühler den absoluten Druck im Ansaugrohr mißt, werden – anders als beim Vergaser – auch Höhenlage, Wettercharakter und Zustand des Luftfilters berücksichtigt.

Der Drosselklappenschalter (13) sitzt unterhalb des Drosselklappenstutzens. Bei voll geöffneter Drosselklappe sorgt er durch Verlängerung des Öffnungsimpulses für eine Anreicherung des Gemisches, das zur Erzielung der Höchstleistung erforderlich ist.

Ein Temperaturfühler im linken Zylinderkopf (in Fahrtrichtung gesehen) meldet dem Steuergerät die jeweilige Motortemperatur. Ein weiterer Temperaturfühler im Ansaugluftverteiler gibt Auskunft über die Temperatur der Außenluft. Diese Angaben setzt das Steuergerät bei kaltem Motor und kalter Luft, wobei mehr Kraftstoff notwendig ist, in verlängerte Einspritzimpulse um.

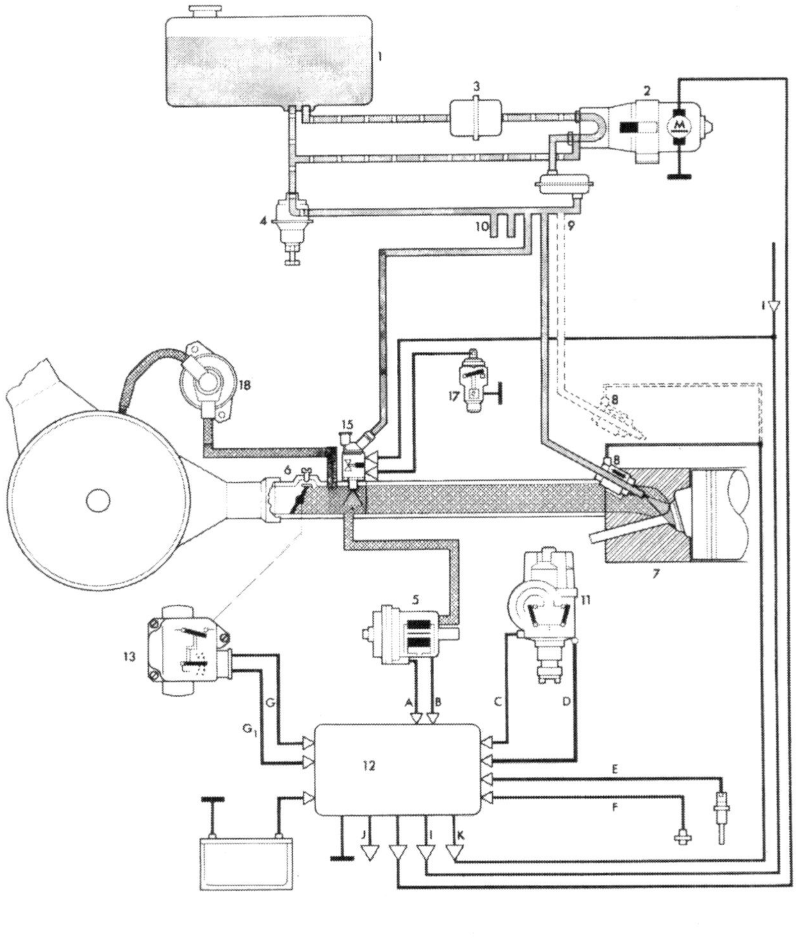


Die Teile der elektronischen Benzineinspritzung: 1 — Tank, 2 — Kraftstoffpumpe, 3 — Kraftstoffilter, 4 — Druckregler, 5 — Druckfühler, 6 — Ansaugverteiler, 7 — Zylinderkopf, 8 — Einspritzventile, 9 und 10 — Kraftstoffleitungen, 11 — Zündverteiler mit Auslösekontakten, 12 — Steuergerät, 13 — Drosselklappenschalter, 15 — Kaltstartventil, 17 — Thermoschalter für Kaltstarteinrichtung, 18 — Zusatzluftregler, A + B — vom Druckfühler, C + D — von den Auslösekontakten im Verteiler, E + F — von den Temperaturfühlern, G — vom Drosselklappenschalter, $G_1$ — Beschleunigungsanreicherung, I — vom Anlasser (für Startanreicherung), K — zu den Einspritzventilen 1 und 4, J — zu den Einspritzventilen 2 und 3.

In den Ansaugkanälen der Zylinder sitzen die Einspritzventile (im Bild die Einspritzventile der Zylinder 3 und 4). Der Kraftstoff wird von der Benzinleitung (K) herangeführt. Wenn der Motor nicht auf allen Zylindern läuft, sollte man feststellen, ob die Kabelstecker an den Einspritzventilen (weiße Pfeile) fest aufgesteckt sind. Die Einspritzventile an den Zylindern 1 und 4 haben graue und an den Zylindern 2 und 3 schwarze Kabelstecker.

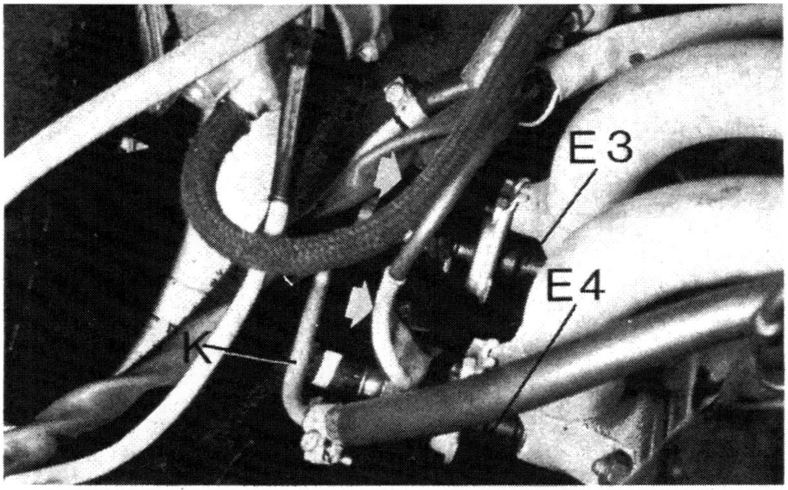


Der Thermoschalter (17) im Ansaugluftverteiler sorgt dafür, daß beim Starten des kalten Motors dieser über das Kaltstartventil (15) zusätzlichen Kraftstoff erhält.

Mit der geringen Gemischmenge, die das Leerlaufsystem normalerweise abgibt, würde der Motor nach dem Kaltstart sofort stehenbleiben (hoher Reibungswiderstand durch steifes Öl). In diesem Fall führt der Zusatzluftregler (18; er sitzt hinter dem Ölpeilstab) Ansaugluft an der Drosselklappe vorbei in den Luftverteiler (6). Der Druckfühler (5) spricht sofort auf diese Druckveränderung im Ansaugrohr an und veranlaßt das Steuergerät, während der sogenannten Warmlaufphase des Motors verlängerte Einspritzimpulse zu geben. Bei wärmer werdendem Motor wird die Zusatzluft nicht mehr benötigt; eine Heizspirale unten im Zusatzluftregler schließt diesen.

Zusammenfassend kann man also sagen: Durch die Auslösekontakte im Zündverteiler werden die Einspritzventile geöffnet; das Ende der Einspritzung – und damit die Einspritzmenge – bestimmt der Druckfühler anhand des im Ansaugluftverteilers herschenden Unterdruckes. Die übrigen Teile der Anlage bewirken durch zusätzliche Verlängerung der Einspritzimpulse ein bestmögliches Verhältnis von Luft und Kraftstoff für den jeweiligen Betriebszustand des Motors (Kaltstart, Warmlauf oder Vollgas).

## Richtig starten

In Fahrtrichtung vorn links im Motorraum sitzt der Druckfühler, der über eine Schlauchleitung mit dem Ansaugluftverteiler verbunden ist. Ist dieser Schlauch nicht fest aufgesteckt, kann die elektronische Einspritzanlage nicht richtig arbeiten. Ebenso sollte kontrolliert werden, ob der Kabelstecker (schwarzer Pfeil) am Druckfühler fest angeschlossen ist. Der weiße Pfeil zeigt auf den Druckregler, der den Druck in den Benzinleitungen konstant auf 2 atü halten soll.

Wer von einem Volkswagen mit Vergasermotor auf den VW 411/412 E umsteigt, hat sich vielleicht über die Startmethode gewundert: Bei kaltem wie bei warmem Motor ist das Gaspedal voll durchzutreten und in dieser Pedal-

Unten im Verteiler sitzen die Auslösekontakte, die den Öffnungsbefehl für die Einspritzventile geben. Ist der Motor durch falsches Starten „abgesoffen", zieht man den Dreifachstecker vom Verteiler ab und dreht den Motor mit dem Anlasser bei durchgetretenem Gaspedal durch. Bleibt der Motor während der Fahrt stehen, kontrolliert man zuerst den festen Sitz dieses Steckers. Ob die Einspritzventile ansprechen, kann man am stehenden Motor überprüfen. Bei eingeschalteter Zündung öffnet man von Hand die Drosselklappe: Die Einspritzventile müssen in schneller Folge ticken.

stellung wird der Motor angelassen. Wenn diese Reihenfolge nicht beachtet wird, kann der Motor durch Benzinüberschuß „absaufen", besonders bei Temperaturen knapp über dem Gefrierpunkt.
Sind die Zündkerzen durch falsches Starten bereits naß geworden, zieht man den Dreifachstecker vom Verteiler ab (siehe Bild oben), dadurch erhalten die Einspritzventile keinen Öffnungsimpuls. Nun den Motor bei durchgetretenem Gaspedal ein paarmal mit dem Anlasser durchdrehen, Dreifachstecker wieder fest aufdrücken und den Motor – jetzt aber richtig – starten.

## Leerlauf einstellen

Wenn der Motor im Leerlauf ständig ausgeht oder aber zu hoch dreht, läßt sich dieser Fehler selbst beheben. Von großem Nutzen ist dabei ein genaues Drehzahl-Meßgerät. Bei warmgefahrenem Motor soll die Leerlaufdrehzahl 850 bis 900 U/min betragen. Wenn Ihr VW 411 E mit Getriebeautomatik keinen Drehzahlregler (siehe nächsten Abschnitt) besitzt, muß der Leerlauf auf 900 bis 1000 U/min eingestellt werden. Durch Hineindrehen der Einstellschraube (siehe Bild unten) wird der Leerlauf langsamer, durch Herausdrehen schneller.

## Der Drehzahlregler

Wenn bei stehendem Automatic-VW ein Fahrbereich eingelegt wird, fällt durch den höheren Widerstand im Getriebe die Leerlaufdrehzahl ab. Damit der Motor dadurch nicht abgewürgt wird, ist seit August 1970 ein Drehzahlregler eingebaut. Dessen Hauptbestandteil ist eine Unterdruckdose, ähnlich wie am Zündverteiler. Über einen Schlauch ist die Unterdruckdose mit dem

Beim Einspritzmotor bereitet die Leerlaufeinstellung keine Probleme. Die Zusammensetzung des Gemisches und damit auch des Abgases wird bereits vom Steuergerät festgelegt, daran kann und braucht der Selbstpfleger nichts verändern. Eine zu hohe oder zu niedere Leerlaufdrehzahl wird lediglich an der Schraube rechts oben am Drosselklappenstutzen korrigiert.

Beim VW 411/412 mit automatischem Getriebe soll das Spiel am Drehzahlregler (4), wie im Bild gezeigt, 0,5 bis 1 mm betragen. Dazu muß der Motor gut warmgefahren sein. Die übrigen Zahlen bedeuten: 1 — Temperaturfühler für die Ansaugluft, 2 — Kaltstartventil, 3 — Zusatzluftregler.

Ansaugluftverteiler verbunden, dessen Unterdruck sich auf die durch eine Schraubenfeder belastete Membrane der Dose überträgt. Bei abfallender Drehzahl (= weniger Unterdruck im Ansaugrohr) schiebt die Membrane einen Stift vor, durch den die Drosselklappe betätigt wird. Hierdurch wird der Unterdruck im Ansaugrohr stärker, die Membrane zieht den Stift wieder zurück. Bei kaltem Motor kann es daher zum sogenannten Leerlaufsägen kommen: Die Leerlaufdrehzahl steigt und fällt ständig, wobei das Gaspedal nicht berührt wird.

Das Spiel zwischen dem Stift der Membrane und der Drosselklappenbetätigung (siehe Foto oben) ist einstellbar. Es soll bei warmgefahrenem, laufendem Motor (Drehzahl 850–900 U/min) geprüft werden. Bei eingelegtem Fahrbereich (Handbremse anziehen, evtl. Wagen zusätzlich mit Steinen sichern!) soll der Motor mit 700 bis 750 U/min (bis Motor-Nr. W 0 105 248) bzw. 650 ± 50 U/min (ab Motor-Nr. W 0 105 249) drehen und das Spiel des Stiftes 0,5 bis 1,0 mm betragen. Gegebenenfalls kann es an der Einstellmutter korrigiert werden.

## Luftfiltereinsatz reinigen
Pflegearbeit Nr. 7 b

Wer viel auf staubigen Straßen fährt, sollte schon vor Erreichen der empfohlenen 10 000 km den Luftfiltereinsatz säubern. Zwar kommt es bei der Benzin-

Der Papierluftfilter-Einsatz läßt sich nach Losschrauben der Flügelmutter und nach Lösen der beiden Spannverschlüsse herausnehmen und reinigen. Der Filtereinsatz darf nur ausgeblasen werden, keinesfalls in Benzin oder Seifenlauge auswaschen. Der Pfeil zeigt auf den Anschluß des Schlauches für die Kurbelgehäusebelüftung.

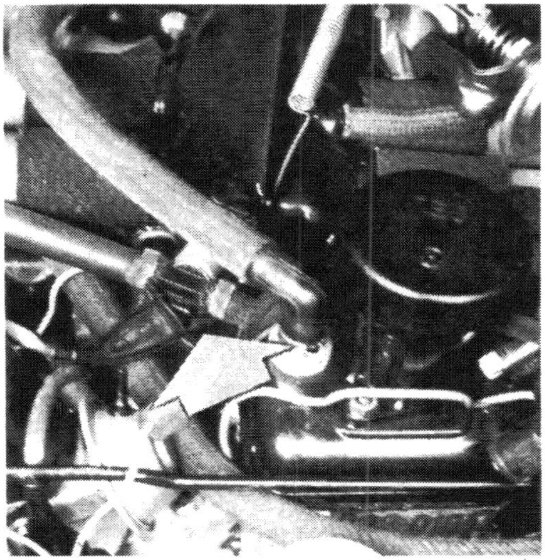

Das Kaltstartventil (Pfeil) sitzt am Ansaugluftverteiler und spritzt während des Startens bei niedrigen Temperaturen zusätzlich Kraftstoff ein, damit der Motor besser anspringt. Bei Startschwierigkeiten sollten Sie den festen Sitz des Anschlußsteckers überprüfen.

einspritzung nicht wie bei einer Vergaser-Anlage bei mangelnder Ansaugluft zu einer Überfettung des Gemisches – dafür sorgt, wie bereits erwähnt, der Druckfühler – aber durch die insgesamt geringere Luftzufuhr kann der Motor nicht auf seine volle Leistung kommen.
Nachdem die Flügelschraube oben am Luftfilter und die Spannverschlüsse, die den Filtertopfdeckel festhalten, gelöst wurden, läßt sich der Papierfiltereinsatz herausnehmen.
Durch leichtes Klopfen auf einer harten, aber glatten Unterlage (z. B. Werkstattisch) wird der Filtereinsatz von den groberen Schmutzteilchen befreit. Anschließend bläst man das Papierfilter mit Preßluft aus, behelfsmäßig geht es auch mit einer Fahrradpumpe. Der Luftstrahl wird dabei von innen nach außen gerichtet. Sind im Filtertopf und -deckel Staubspuren sichtbar, so werden sie mit einem benzingetränkten Lappen, der möglichst nicht fusseln sollte, ausgewischt.

## Luftfiltereinsatz wechseln
Pflegearbeit Nr. 57

Auch hier ist eine Verkürzung des Intervalles angebracht, wenn der VW überwiegend auf staubigen Straßen oder Feldwegen bewegt wird.
Einen neuen Luftfiltereinsatz erhalten Sie im VW-Ersatzteillager unter der Teile-Nummer 022 129 620.

Hinter dem Ansaugluftverteiler sitzt der „zentrale Masseanschluß". Da man diese Kabelanschlüsse beim Blick in den Motorraum nicht sieht, empfiehlt es sich, wie hier im Bild gezeigt, einen Spiegel zu Hilfe zu nehmen. Bei Betriebsstörungen kontrolliert man, ob alle Kabel fest aufgesteckt sind.

Der Temperaturfühler (1) im Ansaugverteiler gibt dem Steuergerät Auskunft über die Temperatur der angesaugten Luft. Bei kühlen Temperaturen und kaltem Motor veranlaßt der Thermoschalter (2) das Kaltstarterventil (3) während des Startvorgangs zusätzlich Benzin einzuspritzen. Bei defektem Thermoschalter spritzt das Kaltstartventil auch bei warmem Motor Kraftstoff ein, wodurch der Motor „absaufen" kann. In diesem Fall zieht man den Kabelstecker vom Thermoschalter ab. Bei kaltem Motor kann man durch mehrmaliges Treten des Gaspedals für die notwendige Anreicherung des Startgemisches sorgen.

## Störungsbeistand
### Einspritzung

Daß Selbsthilfe an der elektronischen Benzineinspritzung nur in beschränktem Umfang möglich ist, haben wir bereits zu Anfang dieses Kapitels erwähnt. Es gibt aber einige einfache Kontrollen, zu denen keine Meßgeräte der Werkstatt erforderlich sind und die man bei Störungen zuerst vornehmen sollte. Bevor jedoch die Einspritzanlage an die Reihe kommt, prüft man, ob die Zündanlage in Ordnung ist und sich noch genügend Benzin im Tank befindet. Der Austausch des Steuergerätes sollte grundsätzlich erst als letzte Möglichkeit erwogen werden.

Störungen, die von der elektrischen Kraftstoffpumpe ausgehen können, haben wir bereits auf Seite 68 beschrieben.

| Die Störung | – ihre Ursache | – ihre Abhilfe |
|---|---|---|
| A Kalter Motor springt nicht an | 1 Bedienungsfehler | Motor mit voll durchgetretenem Gaspedal starten |
| | 2 Kaltstarteinrichtung arbeitet nicht | Kabelanschlüsse am Thermoschalter und am Kaltstartventil auf festen Sitz prüfen. Thermoschalter und Kaltstartventil untersuchen und ggf. ersetzen lassen |
| | 3 Kabelanschlüsse an den Einspritzventilen oder am zentralen Masseanschluß locker | Kabelanschlüsse auf festen Sitz prüfen |
| | 4 Temperaturfühler im Zylinderkopf oder Temperaturfühler im Ansaugluftverteiler arbeitet nicht | Kabelanschlüsse überprüfen; Temperaturfühler ggf. ersetzen |
| | 5 Der erforderliche Betriebsdruck von 2 atü wird wegen einer abgequetschten Leitung oder eines defekten Druckreglers nicht aufgebaut. | Druck mit Manometer messen und defekte Teile ersetzen lassen |
| | 6 Membrandose des Druckfühlers defekt | Druckfühler ersetzen lassen |
| B Motor läßt sich kalt starten, bleibt aber wieder stehen | 1 Kabelanschluß für Auslösekontakte am Zündverteiler locker | Auf festen Sitz prüfen |
| | 2 Auslösekontakte defekt oder Leitung unterbrochen | Anlage von Werkstatt durchmessen lassen; Kontakte oder Leitungen ggf. ersetzen lassen |

| Die Störung | — ihre Ursache | — ihre Abhilfe |
|---|---|---|
| B Motor läßt sich kalt starten, bleibt aber wieder stehen | 3 Schläuche am Zusatzluftregler lose oder Zusatzregler defekt | Schläuche auf festen Sitz prüfen; Zusatzluftregler ggf. ersetzen lassen |
| | 4 Druckfühler defekt | Ersetzen lassen |
| C Warmer Motor springt schlecht an | 1 Bedienungsfehler | Motor mit voll durchgetretenem Gaspedal starten |
| | 2 Temperaturfühler im Zylinderkopf oder Temperaturfühler im Ansaugluftverteiler arbeitet nicht | Kabelanschlüsse überprüfen; Temperaturfühler ggf. ersetzen |
| | 3 Thermoschalter defekt | Stecker vom Thermoschalter abziehen, damit Kaltstartventil nicht arbeitet. Thermoschalter ersetzen lassen |
| | 4 Einspritzventil undicht | Ersetzen lassen |
| D Motor geht während der Fahrt aus | 1 Steckverbindungen lose | Auf festen Sitz prüfen (siehe Bilder) |
| | 2 Auslösekontakte verschmutzt oder zu hoher Übergangswiderstand | Anlage von Werkstatt durchmessen lassen; Kontakte ggf. ersetzen lassen |
| E Motor läuft unrund, ein Zylinder arbeitet nicht, weiße Auspuffahne | Kabelanschluß an einem Einspritzventil lose oder Einspritzventil defekt | Kabelanschluß auf festen Sitz prüfen; ggf. Einspritzventil ersetzen lassen |
| F Motor kommt nicht auf volle Leistung | Druckfühler defekt | Ersetzen lassen |
| G Schlechte Leistung und schlechter Übergang | Zu geringe Einspritzmenge durch verschmutzte Einspritzventile | Ventile ersetzen lassen; sie können mit Werkstattmitteln nicht geprüft werden |
| H Kraftstoffverbrauch zu hoch | 1 Temperaturfühler im Zylinderkopf oder Temperaturfühler im Ansaugluftverteiler arbeitet nicht | Kabelanschlüsse überprüfen; Temperaturfühler ggf. ersetzen |
| | 2 Hoher Übergangswiderstand | Anlage von Werkstatt durchmessen lassen |
| I Unruhiger Leerlauf | 1 Motor falsch eingestellt | Zündzeitpunkt, Ventilspiel und Leerlaufdrehzahl überprüfen, ggf. richtig einstellen |
| | 2 Einspritzventilgruppen vertauscht | Kontrollieren, ob Stecker am Zündverteiler und an den Einspritzventilen richtig gesteckt sind |
| | 3 Schlauch zwischen Zusatzluftregler und Ansaugluftverteiler undicht | Schlauch auf festen Sitz prüfen, ggf. ersetzen |
| | 4 Undichtigkeit am Drosselklappenstutzen | Dichtung zwischen Ansaugluftverteiler und Drosselklappenstutzen auf richtigen Sitz prüfen bzw. ersetzen |
| | 5 Verbindungsschläuche zwischen Ansaugluftverteiler und Ansaugrohr undicht | Richtigen Sitz der Schläuche kontrollieren; undichte Schläuche ersetzen |

# Konservenstrom

Nicht wenige Autofahrer haben vor der Elektrik in ihrem Wagen einen erheblichen Respekt, nicht zuletzt deshalb, weil sie auch heute noch zu den störanfälligsten Teilen der Automobile zählt. Elektrischen Strom kann man nicht sehen, wohl aber seine Wirkung erkennbar machen: Wenn Sie den Lichtschalter ziehen, leuchten die Scheinwerfer auf und wenn Sie auf die Hupplatte drücken, ertönt das Horn. In den folgenden Kapiteln wollen wir uns näher mit der Autoelektrik befassen und manches vermeintliche Geheimnis enthüllen. Zum besseren Verständnis soll hierbei auch der Schaltplan in der hinteren Buchklappe dienen, auf dem Sie die Wege des elektrischen Stromes verfolgen können.

Nicht zu Unrecht spricht man vom „Strom", der „fließt". Wenn wir den bildhaften Vergleich auf dieses Kapitel anwenden, wollen wir uns die Batterie einmal als einen Stausee vorstellen, dessen abfließendes Wasser über verzweigte Kanäle allerlei Maschinen antreibt. Wie kommt aber neues Wasser in den See? Das besorgt eine Pumpe, in unserem Fall die Lichtmaschine, die also ein Stromerzeuger ist. Durch ihre Hilfe erhält die Batterie immer neue Reserven.

## Was die Batterie leistet

Die Batterie Ihres VW 411/412 unter dem linken Vordersitz besitzt sechs Zellen, von denen jede ungefähr 2 Volt Spannung hat – insgesamt also 12 Volt Batteriespannung. Darauf sind alle Verbaucher, vom Anlasser bis zum Standlicht, ausgelegt.

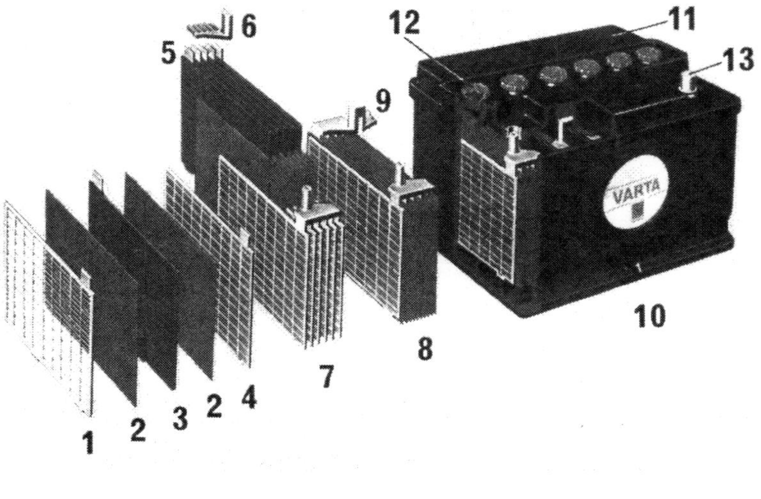


Diese schematische Zeichnung zeigt den Aufbau der Autobatterie aus 1 — Plattengitter, 2 — Scheider, 3 — positive Platte, 4 — negative Platte, 5 — positiver Plattensatz, 6 — Polbrücke, 7 — negativer Plattensatz mit Polbrücke, 8 — Plattenblock, 9 — Zellenverbinder, 10 — Blockkasten mit Befestigungsleisten, 11 — Blockdeckel mit zwei einvulkanisierten Bleibuchsen, 12 — Verschlußstopfen, 13 — positver Anschlußpol.

Außer Markennamen und fabrikinterner Typenbezeichnung finden Sie auf der Batterie noch ihre wesentlichen Eigenschaften vermerkt: 12 V/45 Ah. Nach der Spannung (12 Volt) ist hinter dem Schrägstrich die Stromstärke, die in Ampere gemessen wird, in ihrer „Menge" angegeben. Das sind Ampere-Stunden (= Ah), die auf die Batteriekapazität hinweisen. Die im VW Typ 4 eingebaute Batterie kann also theoretisch 45 Stunden lang 1 Ampere oder 1 Stunde lang 45 Ampere abgeben, sofern sie voll geladen ist. Selten, höchstens im Sommer nach langer Autobahnfahrt, ist sie ganz aufgeladen, so daß man paktisch nur mit zwei Dritteln oder der Hälfte ihrer Kapazität rechnen kann. Wie lange die Batterie in der Lage ist, die einzelnen Stromverbraucher im VW zu speisen, ist in nachstehender Tabelle vermerkt.

**Batteriebelastung durch Stromverbraucher**

| Verbraucher | Leistungsbedarf (Watt) | Stromstärke (Ampere) bei 12 Volt | Betriebsdauer | |
|---|---|---|---|---|
| | | | volle Kapazität (theoretisch) | etwa 2/3 Kapazität (praktisch) |
| Abblendlicht, Standlicht, Schlußlicht, Kennzeichenleuchten, Instrumentenbeleuchtung zusammen | 144 W | 12,0 A | 3 h 45 min | 2 h 30 min |
| Standlicht und mitbrennende Lampen zusammen | 28 W | 2,3 A | 19 h 30 min. | 13 h |
| Parklicht | 4 W | 0,3 A | 150 h | 100 h |
| Gebläse-Motor | 36 W | 3,0 A | 15 h | 10 h |
| Scheibenwischer-Motor | 30-42 W | 2,5–3,5 A | 18-13 h | 12-8 h 30 min |
| Heizbare Heckscheibe | 80 W | 6,7 A | 6 h 45 min | 4 h 30 min |
| Benzinelektrische Heizung | 140 W | 11,7 A | 3 h 45 min | 2 h 30 min |
| Startautomatik und Abschaltdüse (Vergaser-Motoren) | 54 W | 4,5 A | 10 h | 6 h 45 min |
| Elektronische Benzineinspritzung | 42-60 W | 3,5-5 A | 13-9 h | 8 h 30 min –6 h |
| Zündspule | 15 W | 1,3 A | 36 h | 24 h |
| Anlasser | 2000-3500 W | 170-290 A | – | – |

Die Batterie wird am meisten vom Anlasser belastet, denn er leistet 0,7 PS (bei Automatik 0,8 PS) und durch Reibungsverluste kommt er auf die genannten hohen Bedarfswerte, besonders im Augenblick des Einschaltens. Bei warmem Motor ist der Strombedarf des Anlassers geringer, weil er sich leichter durchdrehen läßt (Zähflüssigkeit des Öls verringert). Je tiefer die Temperatur sinkt, um so zäher sind die Schmierstoffe und um so mehr muß der Anlasser leisten. Die Betriebsspannung der Batterie sinkt sehr schnell auf etwa 9 und im Winter sogar auf 7,5 Volt ab. Denn zu allem Unglück ist die Batterie sehr temperaturabhängig, ihre Kapazität verringert sich im Winter erheblich – gerade dann, wenn am meisten von ihr erwartet wird.

Der Anlasser sollte möglichst nicht länger als 5 Sekunden betätigt werden. Dann muß der Batterie und dem Anlasser eine kleine Erholungspause gegönnt werden. Theoretisch könnte man bei einer zu zwei Drittel geladenen

Batterie den Anlasser etwa 100 mal je 5 Sekunden lang betätigen. In Wirklichkeit sieht es aber ungünstiger aus, da die Spannung schnell abfällt und dadurch den für den Anlasser notwendigen Strom nicht mehr zustande bringt. In der Praxis reicht es also oft nur zu 20 Startversuchen.
Der Besitz einer Drehstrom-Lichtmaschine macht den VW 411/412 nicht mehr derart von den Motordrehzahlen abhängig, wie es bei einer Gleichstrom-Lichtmaschine vorkommen kann. Nächtliche Verkehrsstauungen auf der Autobahn haben im Hinblick auf das Laden der Batterie ihren Schrecken verloren, wie im Kapitel über die Lichtmaschine noch näher erläutert ist. Fahrer, die den Umgang mit einer Gleichstrom-Lichtmaschine gewöhnt sind, wissen, daß bei Stauungen die Ladeleistung einer solchen Lichtmaschine nicht ausreicht, die eingeschalteten Stromverbraucher zu versorgen – der Batterie wird dann zusätzlich Strom entnommen, bis sie ganz entladen ist. Solche Sorgen brauchen Sie bei der Drehstrom-Lichtmaschine kaum zu haben.

**Temperatur beeinflußt die Batterie**

Eine tadellos geladene Batterie gibt bei +27° C – das ist ihre Normaltemperatur – ihre volle Leistung ab. Winterliche Temperaturen lassen die Leistungsfähigkeit der Autobatterie allerdings wesentlich absinken, bei –20° C besitzt sie nicht einmal mehr die Hälfte ihrer Leistungskraft.
Es ist also sehr vorteilhaft, selbst wenn es reichlich altmodisch klingt, vor kalten Nächten die Batterie auszubauen und sie in der Wohnung in die Nähe der Heizung – aber nicht darauf! – zu stellen. Wer einmal festgestellt hat, wie leicht sein Wagen daraufhin am nächsten Morgen anspringt, wird sich diese Mühe vor wirklich kalten Nächten gerne machen.
Der Ausbau der Batterie bei scharfem Frost hat einen weiteren Grund: Eine tief entladene Batterie (z. B. duch versehentlich eingeschaltete Scheinwerfer beim Parken) kann schon bei – 10° C gefrieren; bei einer aufgeladenen Batterie reicht es allerdings für rund 30° C Frost. Eine gefrorene Batterie platzt unter Umständen und ist dann völlig wertlos.

**Fingerzeig:** *Unter „Experten" grassiert ein Geheimtip, man solle im Winter bei tiefen Temperaturen vor dem Starten für kurze Zeit das Standlicht einschalten. Die Batterie beginne dann zu arbeiten und bringe sich damit gewissermaßen selbst in Trab und werde daraufhin mit dem Anlasser viel leichter fertig. Das ist so unsinnig wie Batterie-Heizkissen, die der Batterie Wärme spenden sollen. Alle Stromentnahme bei nicht laufendem Motor entzieht man aus der Batterie und magert dabei ihre Kraft noch weiter ab. Solche Versuche kommen dem vergeblichen Bau eines Perpetuum mobile gleich. Niemand wird sich in ein Segelboot setzen und anfangen zu pusten – dadurch kommt man nicht von der Stelle.*

## Säurestand der Batterie kontrollieren
Pflegearbeit Nr. 3

Beim VW 411/412 sitzt die Batterie etwas versteckt unter dem Fahrersitz und wird deshalb auch manchmal recht stiefmütterlich behandelt. Bevor man an sie herankommt, muß folgendes getan werden: Fahrersitz ganz nach hinten schieben und Lehne vorklappen bzw. beim Viertürer am Hand-Verstellrad so weit als möglich nach vorn drehen. Nach Ziehen des Entriegelungshebels an der Türseite hinter der Sitzverkleidung kann der Sitz ganz nach hinten geklappt werden.
Der Wartungsplan sieht eine Säurestandskontrolle zwar nur alle 5000 km vor, aber nach unserer Meinung sollte dies öfters geschehen. Die Batterieflüssigkeit besteht aus Schwefelsäure, die mit destilliertem Wasser verdünnt ist. Ein Teil dieses Wassers kann verdunsten, es kann aber auch beim Lade-

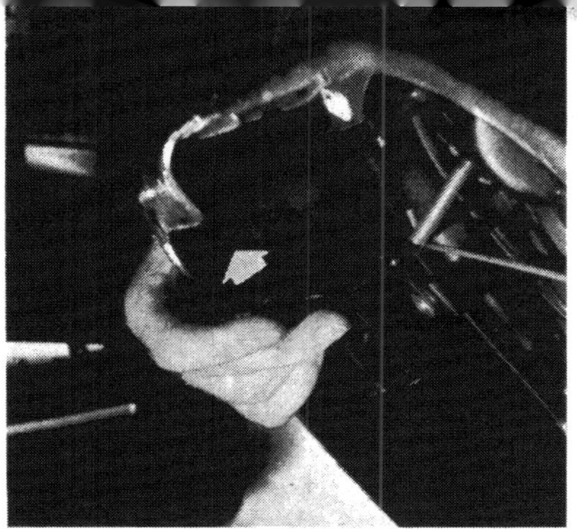

Wenn man nach der Batterie sehen will, muß erst der linke Vordersitz hochgeklappt werden. Dazu den Sitz ganz nach hinten schieben, die Lehne nach vorn klappen bzw. nach vorn drehen (viertürige Limousine) und den Entriegelungsgriff vorn unter dem Fahrersitz nach außen ziehen. Jetzt läßt sich der Sitz aus der Stütze für die Höhenverstellung herausschwenken und nach hinten kippen. Beim Einbau müssen Sie darauf achten, daß der Sitz wieder richtig in die Stütze für die Höhenverstellung eingeführt wird.

vorgang in Sauerstoff und Wasserstoff zersetzt werden. Der Nachfüllbedarf einer stark belasteten Batterie ist geringer als bei einer kaum beanspruchten (viel Langstreckenbetrieb, Stromverbraucher selten eingeschaltet).
Zu niedriger Säurestand kann Schuld daran sein, wenn sich beim Starten der Motor nur noch müde dreht. Zwar ist es möglich, daß eine Störung in der Zündanlage vorliegt, doch gilt der erste Blick dem Säurestand der Batterie. Probe: Zündung und Scheinwerfer einschalten, brennen diese nur schwach, fehlt es der Batterie meist an Kraft, weil ihr das Wasser mehr oder weniger ausgegangen ist.
In diesem Fall darf nur destilliertes Wasser – keinesfalls Batteriesäure – bis zu den Plattenkanten aufgefüllt werden. Beim Wiederaufladen der Batterie durch die Lichtmaschine steigt bei einer längeren Fahrt der Säurestand noch um einige Millimeter. Wenn zu viel eingefüllt wird, drückt Batteriesäure aus den Entlüftungslöchern in den Zellenverschlußstopfen heraus. Das kann erhebliche Schäden am Wagenboden verursachen (zerfressene Bodenteppiche, verrosteter Batteriestandplatz).

**Fingerzeige:** *Zum Messen des Batteriesäurestandes dürfen Sie auf keinen Fall einen Schraubenzieher oder sonst etwas Metallisches nehmen. Das Metall würde durch die Batteriesäure angefressen, die (äußerst reine) Batteriesäure würde verunreinigt, die Batterie ginge innerhalb kurzer Zeit zugrunde. Wegen dieser Empfindlichkeit der Batterie gegen Schmutz soll man den Akku auch gut sauber halten. Bei verschmutztem Gehäuse muß man*

Nur der fehlende Wasseranteil der Batteriesäure darf ersetzt werden. Auf keinen Fall dürfen Sie die Batteriesäure nachfüllen, denn nur der Wasseranteil kann verdunsten. Weil die 6 Zellen der Batterie flüssigkeitsdicht voneinander getrennt sind, alle 6 Zellenverschlußstopfen herausdrehen und bei Bedarf destilliertes Wasser nachfüllen. Dazu muß allerdings nicht, wie hier im Bild gezeigt, die Batterie ausgebaut werden.

*darauf achten, daß beim Herausschrauben der Zellenstöpsel nichts in die Batterie fällt – am besten die Batterie vorher feucht abwischen.*
*Auch beim Aufbewahren von destilliertem Wasser (für wenig Geld aus der Drogerie) ist größte Sauberkeit nötig. Am besten nimmt man eine Glasflasche zur Vorratshaltung. Zum Nachfüllen eignet sich am besten eine Kunststoff-Spritzflasche mit gebogenem Röhrchen.*
*Leitungswasser oder Regenwasser darf man auch nicht im Notfall zum Auffüllen der Batteriesäure benutzen. Es enthält immer leitfähige Salze und andere mineralische Stoffe, die der Batterie schwer schaden.*
*Falls einmal Batteriesäure ausgelaufen sein sollte, weil die Batterie irgendwie kopfstand, kann nur die Fachwerkstatt helfen, denn in diesem Falle muß eine fachmännisch hergestellte Akkumulatorensäure eingefüllt werden.*

**Batterie aus- und einbauen**

Nicht nur bei eisigen Winternächten, sondern auch zum Reinigen und Aufladen muß die Batterie ausgebaut werden. Fahrersitz zurückklappen und zuerst Klemme des Massekabels (geflochtenes Kupferband) und dann des Pluskabels (Schutzdeckel nur anheben) mit Gabelschlüssel SW 13 lösen. Sitzen die Polschuhe der Anschlußkabel auf den Polköpfen fest, keine Gewalt anwenden, nicht mit einem Schraubenzieher aufbiegen, sonst kann ein Polkopf abbrechen, eine Polklemme reißen oder das Batteriegehäuse springen. Stattdessen mit einem Pinsel heißes Wasser auf die Polköpfe streichen, das löst die Oxydkristalle und das verhärtete Altfett. Noch besser wirkt heiße Sodalösung.
Sind die Batteriekabel abgenommen, löst man die Kreuzschlitzschraube der Halteklaue am Batteriegehäusefuß. Dann kann die Batterie nach hinten gezogen und herausgenommen werden.
Der Einbau erfolgt umgekehrt. Das Massekabel wird zuletzt angeschlossen. Achten Sie auf gute Befestigung der Polklemmen, sonst kann die Drehstrom-Lichtmaschine Schaden erleiden.

## Batterie reinigen und Ladezustand prüfen

Pflegearbeiten Nr. 49 und Nr. 50

Die serienmäßigen Batterien unserer Wagen sind recht appetitlich in weiße Kunststoffkästen eingepackt und vor allem auf der Oberseite gut abgedeckt. Aber bei Ersatz kann auch eine oben offene Batterie, bei der die Zellenasphaltierung freiliegt, eingebaut werden. Besonders auf diesem letzten Typ setzt sich auf der Batterieoberfläche Schmutz an und die Batteriekabelanschlüsse (das gilt auch für die weißen Batterien) zeigen bei mangelhafter Pflege weiß-grünliche Oxydkristalle. Den Schmutz und die Oxydkristalle bürstet man an der ausgebauten Batterie mit einem Waschpinsel und viel war-

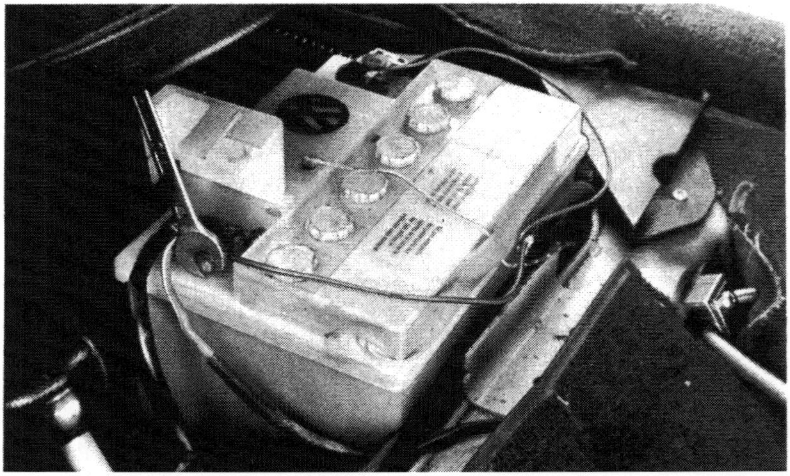

Zum Ausbau der Batterie müssen nicht nur der Minus- und Pluspol gelöst werden, es sind auch noch die Schrauben an den Befestigungsleisten unten an der Batterie loszuschrauben. Bei allen Arbeiten an der Elektrik (außer natürlich bei Stromprüfungen) soll das Massekabel der Batterie gelöst werden. Dabei die Klemme nicht mit Gewalt abziehen, sondern bei Bedarf durch einen zwischengesteckten Schraubenzieher aufspreizen.

mem Wasser (am besten eine gut warme Sodalösung) ab, reibt die Pole mit einem Lappen sorgfältig trocken und fettet nach dem Wiedereinbau der Batterie die Polköpfe und Anschlußklemmen ein. Man braucht dazu ein Spezialfett, das isolierend wirkt und das blanke Metall der Polköpfe auch gegen Korrosion durch Säuredunst schützt. Dieses Spezialfett gibt es als „Säureschutzfett" von Bosch (Sorte Ft 40 v 1).

**Wann ist die Batterie vollständig geladen?**

Sofern die Batterie den Anlasser flott durchdreht und die Scheinwerfer beim plötzlichen Gasgeben nicht wesentlich heller aufstrahlen – das ist ein Zeichen, daß die Batterie irgendwie „müde" ist –, braucht man außer dem Säurestand den Ladezustand der Batterie nicht unbedingt zu prüfen. Es regelmäßig bei der 10 000-km-Wartung zu tun, ist jedoch kein Fehler. Wenn sich aber Müdigkeit zeigt oder sich die vorschriftsmäßig mit destilliertem Wasser aufgefüllte Batterie gar nicht erholen will, auch ihr Dienstalter von 2 bis 3 Jahren schon überschritten ist, muß die Säuredichte jeder einzelnen Batteriezelle zur Kontrolle des Ladezustandes nachgemessen werden. Da in diesem Falle meist ein Nachladen der Batterie in der Werkstatt oder bei einem Autoelektrik-Dienst notwendig ist (ein Garagen-Kleinladegerät reicht dazu selten aus), kann man den Ladezustand gleich dort prüfen lassen. Mit einem Hebesäuremesser läßt sich der Batteriezustand messen. Die Meßergebnisse bedeuten:

| | | |
|---|---|---|
| Batterie voll geladen | spez. Gewicht 1,285 kg/l | Anm.: Die Messung ist auf +20° C bezogen. Je 14° C Temperaturunterschied ändern das spez. Gewicht um 0,01 kg/l. |
| Batterie halb geladen | spez. Gewicht 1,21 kg/l | |
| Batterie halb geladen | spez. Gewicht 1,14 kg/l | |

Es muß noch kein schlimmes Zeichen sein, wenn alle sechs Zellen eine gleichmäßig niedrige Säuredichte zeigen. Dann kann es, wenn die Batterie noch nicht zu alt ist, mit Nachladen getan sein. Bedenklich wird es jedoch, wenn eine einzelne Zelle entladen ist und sich auch bei längerem Laden nicht wieder erholt: In diesem Fall steht der „Batterie-Infarkt" durch inneren Kurzschluß unmittelbar bevor. Dieser Kurzschluß entsteht vor allem bei älteren Batterien duch ausgebröckelte aktive Masse aus den Bleiplatten (sie bestehen aus einem Bleigitter, in das diese aktive Masse als Pulver eingepreßt ist). Durch die Lade- und Entladevorgänge, die unterschiedliche Volumen der beteiligten Stoffe zur Folge haben und durch das ständige Rütteln im Fahrzeug bröckelt diese aktive Masse langsam aber sicher aus. Eines Tages steht das Bleipulver in der Zelle so hoch, daß es von unten die Platten berührt und so einen inneren Kurzschluß verursacht. Dagegen läßt sich nichts unternehmen.

Der Ladezustand der Batterie läßt sich nur richtig mit einem Säureprüfer messen. In diesem Gerät befindet sich ein Schwimmer, der je nach Säuregewicht — und damit je nach Ladezustand — mehr oder minder tief in die Säure eintaucht. An der Skala läßt sich dann das Säuregewicht ablesen. Die Zahl 1,285 steht für eine voll geladene Batterie, 1,18 bedeutet eine nur halb geladene Batterie und 1,12 eine leere.

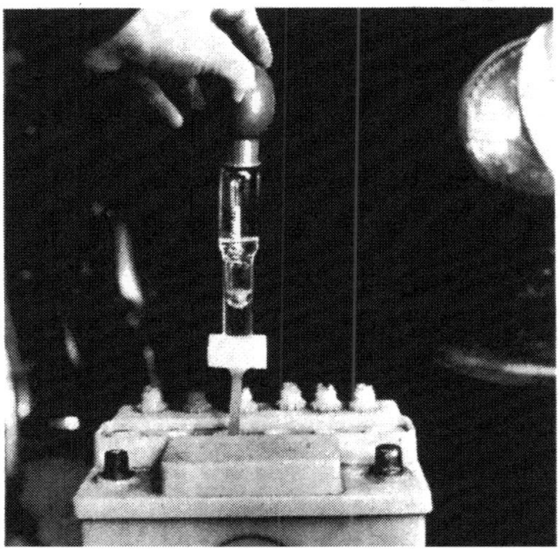

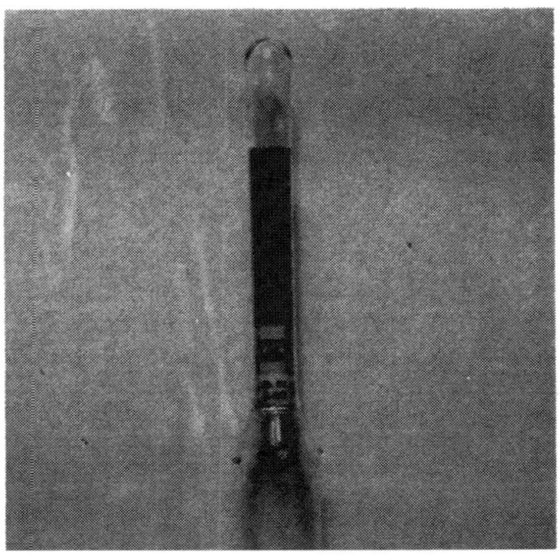

## Batterie aufladen

Im Laufe der Zeit entlädt sich die Batterie auch im unbenutzten Zustand. Im Winter geht die Selbstentladung etwas langsamer als im Sommer vor sich. Sie beträgt pro Tag ½ bis 1 Prozent ihrer Kapazität. Eine vollgeladene Batterie kann also in 100 Tagen leer sein. Da eine Batterie im entladenen Zustand Schaden leidet, müssen Batterien stillgelegter Fahrzeuge ausgebaut und etwa jeden Monat nachgeladen werden. Oder man gibt sie bei einer Elektrowerkstatt in „Pension", wo sie dauernd an ein Frischhaltegerät mit schwachem Ladestrom angehängt wird.

Bei tiefer Entladung oder gründlicher Batterieüberholung muß die Batterie an ein leistungsstarkes Ladegerät angeschlossen werden. Das besitzen nur Werkstätten.

Der Anfangs-Ladestrom soll nicht mehr als 10 Prozent der Batteriekapazität betragen, beim VW 411/412 demnach 4,5 Ampere. Mit zunehmender Batteriespannung wird die Ladestromstärke verringert, was automatische Ladegeräte gewöhnlich selbst regulieren, sonst bekommt man eine überladene und geschädigte Batterie zurück. Eigentlich ist es richtig, wenn die Werkstatt die Batterie zuvor völlig entlädt. Der Gesamtvorgang dauert 10 bis 15 Stunden.

Während der ganzen Zeit bilden sich Gasblasen, darum müsen die Verschlußstopfen der Batteriezellen geöffnet sein. Das Gas besteht aus Wasserstoff und Sauerstoff, ist also gefährliches Knallgas, in dessen Nähe man nicht mit Feuer hantieren darf. Die Batterie ist geladen, wenn eine Zellenspannung von 2,6 bis 2,7 Volt erreicht ist und innerhalb von 2 Stunden die Säuredichte nicht mehr ansteigt. Beim Nachmessen der Säuredichte nach 2 Stunden muß noch einmal der Säurestand überprüft werden.

### Ist Schnelladen schädlich?

Oft reicht die Zeit nicht, stundenlang das Laden der Batterie abzuwarten. Wesentlich flotter geht es durch Schnell-Laden. Dies ist eine Roßkur, die nur ganz gesunde Batterien ohne weiteres überstehen, denn es wird mit fast 40 Ampere dabei geladen. Wenn sich eine einwandfreie Batterie beispielsweise über Nacht durch einen versehentlich eingeschalteten Stromverbraucher entladen hat, darf man sie ohne weiteres an einem Schnelladegerät wieder aufputschen lassen, damit man mit seinem Auto wieder davonfahren kann.

Aber zur Regel soll man das nicht machen. Bei einer älteren Batterie heben sich z. B. die Plattenblöcke und sie ist hinüber. Auf keinen Fall dürfen fabrikneue Batterien an ein Schnelladegerät gehängt werden. Sie werden heute meist trocken vorgeladen und brauchen vor Inbetriebnahme nur noch mit Säure befüllt zu werden. Nach kurzer Wartezeit kann der Motor mit dieser

Zum Aufladen der Batterie in der Garage gibt es Ladegeräte für 12 Volt von etwa 50 DM an. Aber die billigeren Geräte geben unverändert den gleichen Ladestrom und können dadurch eine zu lang angeschlossene Batterie überladen. Teurere Geräte, wie das hier gezeigte von Krynen Automation, haben eine automatische Ladestromregelung. Diese kann man ständig ablesen und weiß beim Zurückgehen der Zeigernadel, daß die Batterie wieder voll geladen ist.

Batterie schon gestartet werden. Es ist ratsam, anschließend eine längere Strecke zu fahren, damit die Lichtmaschine die neue Batterie langsam auflädt.
Die Batteriekabel müssen vor einer Schnelladung unbedingt gelöst werden, da sonst die Drehstrom-Lichtmaschine, die Einspritz-Elektronik oder das eventuell eingebaute Transistor-Radio durch Stromstöße Schaden erleiden kann. Weitere wichtige Hinweise über die Lichtmaschine finden Sie im Kapitel „Lichtmaschine und Anlasser".

**Fingerzeig:** *Selbst stark verdünnte Batteriesäure oder auch Oxydationskristalle können erhebliche Löcher in Kleider, Polster oder Bodenteppich fressen. Eventuelle Spritzer müssen sofort mit Sodalösung neutralisiert und anschließend mit Wasser nachgewaschen werden.*

## Starten mit leerer Batterie

Selbst routinierten Autofahrern kann es passieren, daß sie vergessen, am geparkten Wagen das Licht auszuschalten. Zwar wird beim VW 411/412 beim Ausschalten der Zündung automatisch auf Standlicht umgeschaltet, aber nach unserer Tabelle auf Seite 95 reicht der Batteriestrom auch dann nur etwa 13 Stunden. Kommen Sie erst später zu Ihrem VW zurück und wollen ihn starten, dann rührt sich der Anlasser beim Herumdrehen des Zündschlüssels nicht und die Ladekontrolleuchte brennt nur ganz schwach oder gar nicht mehr. Es gibt nun mehrere Möglichkeiten, den Motor wieder zum Laufen zu bringen.
Ist die Batterie dagegen defekt – also Kurzschluß, an völlig übergekochter Batterie oder warmem bis heißem Gehäuse erkennbar; bei mechanischem Bruch und bei ausgelaufener Batterie – muß sie sofort gegen eine einwandfreie ersetzt werden, denn in ihr kann die Lichtmaschine keinen Strom speichern, sondern die überlastete Lichtmaschine und der Reglerschalter schmoren in kürzester Zeit durch. Dann wäre „der Ofen aus" und nur noch Abschleppen könnte helfen.

### Anschleppen oder Anschieben

Wenn man nicht gerade das Glück hat, daß der Wagen an einer abschüssigen Straße steht, wo man ihn zum Starten des Motors hinunterrollen lassen kann, muß er angeschleppt oder angeschoben werden.
Nachdem Sie Ihr Seil – wie im Kapitel „Schleppen und Abschleppen" beschrieben – befestigt haben, schalten Sie die Zündung ein, legen den zweiten Gang ein und halten die Kupplung durchgetreten. Beim VW 411 mit Vergasermotor Gaspedal zum Einschalten der Startautomatik einmal niedertreten, beim VW 411/412 E Pedal in Vollgasstellung halten. Der ziehende Wagen muß nun langsam anfahren und das Schleppseil allmählich straff ziehen. Bei genügendem Tempo Kupplung langsam kommen lassen, rechte Hand an die Handbremse, Fuß an das Gaspedal lehnen (Vergasermotor). Springt der Motor an, sofort Kupplung treten und Gas geben, Handbremse sanft ziehen (sie haben nur zwei Beine und können nicht auch noch auf die Fußbremse treten), damit Sie dem Vordermann nicht ins Hinterteil fahren, und dem Schleppfahrer Hupsignal geben. Jetzt den Gang heraus und Kupplung loslassen, immer noch etwas Gas geben (damit der Motor nicht stehen bleibt und Sie von vorne anfangen müssen), und zusammen mit dem Schleppwagen langsam abbremsen.
Man kann den VW auch mit Hilfe von zwei kräftigen Leuten (ein Mann alleine wird das kaum schaffen) durch Anschieben bei leerer Batterie ohne große Schwierigkeiten in Gang setzen. Dazu muß allerdings die Zündanlage in

guter Verfassung sein, sonst wird es schwierig. Weil man die notwendige Drehzahl durch Anschieben im 3. Gang – im allgemeinen auch nicht im 2. Gang – erreicht, wendet man einen Trick an: 1. Gang einlegen, Kupplung durchgetreten halten, Wagen anschieben lassen, bis er in Schwung ist, dann Kupplung schnell kommen lassen. Der Wagen macht einen Hopser, bei dem der Motor plötzlich schnell genug durchgedreht wird, um in der Lichtmaschine genügend Strom für den Zündfunken zu erzeugen. Springt der Wagen an, sofort Kupplung treten und Gas geben. Wagen mit der Handbremse anhalten, denn die Füße braucht man, wie schon gesagt, für Kupplung und Gaspedal.

**Fremdstartkabel**

Wer einen VW 411/412 mit Vollautomatik besitzt, kann seinen Wagen weder anschieben noch anschleppen lassen. Für ihn bleibt nur die Möglichkeit, sein Auto mit Fremdstartkabeln zum Laufen zu bringen. Allerdings ist dies beim VW Typ 4 nicht ganz einfach, da die Batterie unter dem Fahrersitz befestigt ist. Zum Anlassen des Motors muß man sich also etwas verrenken.
Wie die Kabel angeschlossen werden, zeigt das Bild unten.

## Batterie-Lebensdauer

Eine einigermaßen gepflegte Batterie soll normalerweise etwa 3 Jahre lang halten. Dann künden Müdigkeitserscheinungen dem aufmerksamen Fahrer an, daß langsam eine Nachfolgerin fällig wird. Wenn Nachladen nichts mehr hilft, die Scheinwerfer beim Gasgeben bedeutend heller werden und die Plattenblöcke in den Zellen sich hochdrücken, ist es soweit. Da eine neue Batterie gefüllt und geladen rund 160 DM kostet, ist das eine bittere Pille. Zumeist bei den ersten Nachtfrösten geben viele Batterien ihren Geist auf.
Wundermittel zum Aufputschen einer Batterie gibt es nicht. Wir haben jedoch ein Mittel gefunden, mit dem eine chemisch defekte, also sulfatierte Batterie, wieder aufgemuntert werden kann. Es heißt „Cobalt-MG", ist über die Firma Walter Neuber, 5810 Witten, Jahnstraße 13, im Fachhandel und in den Auto-Abteilungen der Kaufhäuser erhältlich und kostet rund 10 Mark. Damit kann man die Lebensdauer einer altersschwachen Batterie verlängern; es wird jedoch geraten, das Mittel nach Vorschrift sofort in neue Batterien hineinzugeben (ausgenommen ATSA-Batterien).

Das Fahrzeug, dessen Batterie angezapft werden soll, muß dicht an die geöffnete Fahrertür des VW herangefahren werden. Dann stellt man mit den mindestens 2,5 m langen Kabeln (ab 15,— DM im Kaufhaus erhältlich) eine direkte Verbindung von Batterie zu Batterie her, wobei jeweils Plus an Plus (weiße Pfeile) und Minus an Minus (schwarze Pfeile) angeklemmt wird. Der Helfer im anderen Wagen sollte dann etwas Gas geben (nicht Vollgas!), damit seine Lichtmaschine kräftig Strom erzeugt, während Sie Ihren Motor starten.

# Noch zwei Heckmotoren

Der VW 411/412 besitzt viele Stromverbraucher, welche die Batterie bald entladen hätten, wenn sie nur aus ihr gespeist würden. Die Lichtmaschine Ihres Wagens dient also nicht, wie ihr Name vielleicht vermuten läßt, nur der Erzeugung von Licht, sondern einerseits zur Bereitstellung des Zündstroms, der zur Verbrennung des Kraftstoff-Luft-Gemisches im Zylinder benötigt wird. Andererseits muß sie Gleichstrom liefern (Wechselstrom läßt sich nicht speichern), um die Batterie wieder aufzuladen. Deshalb wird die Lichtmaschine häufig auch als „Generator" bezeichnet.
Im Gegensatz zu der in manchen Volkswagen eingebauten Gleichstrom-Lichtmaschine besitzen alle VW Typ-4-Modelle eine Drehstrom-Lichtmaschine. Die Gleichrichtung des erzeugten Drehstroms erfolgt durch Halbleiterdioden und nicht, wie bei der alten Lichtmaschine, über Kohlebürsten und Kollektor, die den dort erzeugten Wechselstrom gleichrichten. Kohlebürsten und Kollektor sind dem Verschleiß unterworfen und nur bis zu einer gewissen Drehzahl einsatzbereit. Die Drehstrom-Lichtmaschine ist kleiner und leichter und stellt praktisch keine Wartungsansprüche. Ihr Hauptvorteil gegenüber der Gleichstrom-Lichtmaschine ist aber ihre höhere Leistungsabgabe bereits bei niedrigen Drehzahlen.

## Die Lichtmaschine

Die ersten VW 411 erhielten verschiedene Bosch-Lichtmaschinen (Schaltgetriebe-Ausführung die Lichtmaschine K 1 14 V 35 A 20 und Automatik-Modell den Typ K 1 14 V 45 A 22). Da die Benzinheizung relativ viel Strom verbraucht (siehe Tabelle auf Seite 95), wurden alle Modelle seit September 1969 mit einer stärkeren Lichtmaschine (Typ K 1 14 V 55 A 22) ausgerüstet. Aus diesen Typenbezeichnungen ist ersichtlich, daß diese Lichtmaschinen eine Nennspannung von 14 Volt haben und dauernd 35 bzw. 45 oder 55 Ampere Strom abgeben können. Multipliziert man die angegebene Amperezahl mit der Betriebsspannung von 14 Volt, so erhält man den Wert der Dauerleistung, nämlich 490 bzw. 630 oder 770 Watt. Die letzte Zahl kennzeichnet die Nennleistungsdrehzahl – die stärkste Lichtmaschine liefert bei 2200 U/min zwei Drittel ihrer Höchstleistung, das sind 36 Ampere oder 500 Watt. Die Übersetzung der Kurbelwelle zur Lichtmaschinenwelle beträgt 1:2,26, das heißt bei einer Umdrehung des Motors wird die Lichtmaschine 2,26 mal gedreht. Daraus ergibt sich, daß bei der 55-Ampère-Lichtmaschine schon im Leerlauf (900 U/min multipliziert mit 2,26 = 2034 U/min) knapp 500 Watt zur Verfügung stehen. Bei den schwächeren Lichtmaschinen sind die Reserven allerdings nicht so groß, so daß man in längeren Verkehrsstockungen starke Stromverbraucher besser abschalten sollte.
Übrigens läßt sich die etwas längere 55-A-Lichtmaschine aus Raumgründen nicht in Fahrzeuge vor Baujahr August 1969 einbauen.
Der dreiphasige Wechselstrom (Drehstrom), den die Lichtmaschine erzeugt,

wird durch dauerhafte Dioden (Halbleiter-Elemente) in den für Batterie und Zündanlage notwendigen Gleichstrom umgewandelt. Diese Dioden unterliegen zwar keinem mechanischen Verschleiß, aber sie sind empfindlich gegen Spannungsspitzen – d. h. hochgespannte Stromstöße, die sich beispielsweise beim Einschalten von Stromverbrauchern ergeben können. Die Batterie dient deshalb nicht nur als Elektrizitäts-Konserve für den Start, sondern sie wirkt auch als eine Art Strom-Puffer. Die Lichtmaschine ist über die Klemme B+ – auch als Klemme 30 bezeichnet – durch ein dickes rotes Kabel über den Anlasser (jetzt schwarzes Kabel) mit dem Pluspol der Batterie verbunden. Um die Dioden vor Spannungsspitzen zu schützen, dürfen Kabelverbindungen zwischen Lichtmaschine, Batterie und Regler niemals bei laufendem Motor getrennt oder miteinander verbunden werden.

**Die richtige Spannung**

Die Betriebsspannungen liegen stets höher als die Nennspannungen. Die Lichtmaschine leistet deshalb 14 Volt, denn Spannungsverluste müssen ausgeglichen werden – alle elektrischen Leitungen, Schalter usw. haben ja gewisse Widerstände, die an den Verbrauchern nicht ganz die volle Spannung ankommen lassen. Darauf richtet man sich von vornherein ein, indem man die Betriebsspannung etwas höher auslegt. Auch die Batterie hat ja frisch geladen, pro Zelle etwa 2,6 Volt, also insgesamt über 15 Volt spannung.

**Nicht nur Vorteile**

Den Vorteilen der Drehstrom-Lichtmaschine, nämlich große Betriebssicherheit, sehr lange Wartungsfreiheit, breite Leistungsspanne bereits bei geringen Drehzahlen, stehen aber auch gewisse Umständlichkeiten gegenüber.

■ Daß bei laufender Drehstrom-Lichtmaschine niemals Kabelanschlüsse im Verbund der Kombination Batterie–Lichtmaschine–Reglerschalter gelöst oder angeschlossen werden dürfen (auch nicht das Minuskabel der Batterie!), wurde bereits gesagt.

■ Ist die Batterie leer, ist es nicht wie bei einer Gleichstrom-Lichtmaschine möglich, den Motor mit einer vom Nachbarn entliehenen Batterie in Gang zu bringen und bei laufener Lichtmaschine die eigene entladene Batterie wieder anzuschließen. Das würden die Dioden nicht überstehen. In diesem Fall muß der VW mit angeschlossener leerer Batterie durch Fremdstartkabel in Gang gesetzt, angeschoben oder angeschleppt werden.

■ Vor dem Batterieladen müssen beide Batteriekabel gelöst werden, da auch das Ladegerät Spannungsspitzen austeilt.

■ Die große Empfindlichkeit gegen das Ab- und Anhängen eines Batteriekabels bei laufender Lichtmaschine bedeutet auch, daß die Batteriekabel stets einwandfrei festsitzen müssen. Schon ein Wackelkontakt irgendwo im Kabelverbund zwischen Lichtmaschine, Reglerschalter und Batterie kann bereits zu Lichtmaschinenschaden führen.

■ Aus dem gleichen Grund dürfen auch bei laufender Drehstrom-Lichtmaschine keine Kontakte des „Verbundnetzes" mit Werkzeug angetippt werden. Es könnte durch gleichzeitiges Berühren eines anderen Kontaktes oder der Masse einen blitzartigen Kurzschluß mit Schadenswirkung geben.

■ Eine Eigenart der Drehstrom-Lichtmaschine ist auch, daß eine durchgebrannte Ladekontrolle (die sonst keinen Schaden stiftet) sofort ersetzt werden muß. Über sie läuft der zur „Vorerregung" nötige Strom. Ist die Lampe defekt, so kann die Lichtmaschine nicht richtig arbeiten.

## Der Reglerschalter

Vom Fahrrad-Dynamo wissen wir, daß das Licht um so heller strahlt, je schneller er dreht. Bei der Lichtmaschine – sie funktioniert im Prinzip wie ein

Rechts im Motorraum ist der Reglerschalter angeschraubt. Er hat an seinem Dreifach-Kabelstecker die gleichen Anschlüsse wie die Drehstrom-Lichtmaschine. Die Kabelfarben sind im Schaltplan in der hinteren Buchklappe angegeben. Zusätzlich ist dabei an Klemme D+ ein blaues Kabel angeschlossen, das zur Ladekontrolle im Armaturenbrett führt. Ist die Lichtmaschine defekt, muß der Dreifachstecker am Regler abgezogen werden, sonst kann er ebenfalls beschädigt werden.

Dynamo – steigt und fällt die Stromerzeugung ebenfalls mit der Drehzahl. Da dies weder die Batterie noch die Stromverbraucher ständig verkraften würden, ist an die Lichtmaschine ein Reglerschalter angeschlossen. Er trägt die Bosch-Typenbezeichnung ADN 1/14 V (funkentstört) und sitzt bei der Limousine und beim Variant rechts im Motorraum hinten (in Fahrtrichtung gesehen).

Der Reglerschalter verbindet die Lichtmaschine mit der Batterie erst, wenn ihre Spannung mit der Batteriespannung übereinstimmt oder darüber liegt. Sinkt die Lichtmaschinenspannung unter die der Batterie, trennt der Reglerschalter die Verbindung wieder. Der vom Fachmann als Einschaltdrehzahl bezeichnete Ladebeginn liegt bei allen drei Lichtmaschinen bei 1000 U/min. Bei schnell laufender Lichtmaschine sorgt schließlich der Reglerschalter dafür, daß weder die angeschlossenen Stromverbraucher – Zündspule, Scheinwerfer usw. – zu hohe Spannung erhalten, noch die Batterie überladen wird.

**Reglerschalter reparieren?**

Rechts im Motorraum sitzt der Reglerschalter am Karosserieblech befestigt. Ist er defekt, was sich in krassen Fällen an überkochender oder ständig entladener Batterie, am Nicht-Erlöschen der Ladekontrollampe bei höherer Motordrehzahl erkennbar machen kann (auch andere Folgen sind möglich), sind Reparaturversuche an ihm zwecklos und können zu Schäden in der übrigen elektrischen Anlage führen. Schon das Öffnen des Schaltergehäuses, das Abschleifen der Kontakte und das Beiseitedrücken der beweglichen Teile kann zu Veränderungen der Einstellung führen, so daß der Regler ganz anders schaltet, als er soll. Eine Überprüfung ist demnach Sache einer VW- oder Bosch-Werkstatt. Selbstverständlich kann man vorher die vier Anschlußklemmen des Reglerschalters überprüfen und nachsehen, ob kein daran angeschlossenes Kabel wackelt oder gebrochen ist. Aber das ist auch ziemlich alles, was ohne Werkstatthilfe zu tun ist. Ein ähnlich aussehender, jedoch anders bezeichneter Reglerschalter kann übrigens nicht als Vergleich zur Probe angebaut werden, denn seine Abstimmung kann zu Schäden führen, da seine Meßwerte anders sind.

## Fahren ohne Lichtmaschine

Ohne Batterie darf man den VW nicht fahren, das haben wir weiter vorn bereits erläutert. Dagegen ist es durchaus möglich, ohne Lichtmaschine den VW zu betreiben, solange die Batterie noch genügend geladen ist. Das kann beispielsweise notwendig werden, wenn der Keilriemen gerissen ist (da das Schaufelrad des Kühlgebläses auf der Kurbelwelle sitzt, kann es nicht – wie beim VW Käfer etwa – Kühlprobleme geben). Oder die Ladekontrolleuchte brennt bei hoher Drehzahl weiter, brennt bei ausgeschalteter Zündung oder brennt ständig mit halber Helligkeit und zeigt so, daß mit der Lichtmaschine oder dem Reglerschalter etwas nicht stimmt. Dann muß die Batterie einspringen. Das kann sie auch ganz gut, wie die Tabelle auf Seite 95 zeigt. Die Zündspule hat bei mittleren Drehzahlen einen Verbrauch von rund 15 Watt.

Theoretisch müßte das bei vollgeladener Batterie für 36 Stunden reichen. Da die Zündspule aber einen Mindeststrom zum Aufbau eines brauchbaren Zündfunkens benötigt, die elektronische Benzineinspritzung bzw. die Startautomatik bei Vergasermotoren auch Strom verbraucht und die Batterie im praktischen Betrieb kaum ganz aufgeladen ist, kann man vielleicht mit 10 Stunden rechnen.

Im Winter ist die Leistungskraft der Batterie bei Frost wesentlich geringer, zumal hier auch noch früher Licht eingeschaltet werden muß. Es kann trotzdem zur Heimfahrt genügen, wenn

- die Fahrt nicht unterbrochen werden muß (der Anlasser braucht zum Wiederstarten des Motors besonders viel Strom),
- die Benzinheizung nicht eingeschaltet wird,
- der Scheibenwischer nicht in Aktion tritt,
- nicht gehupt wird,
- nachts keine Zusatzscheinwerfer eingeschaltet werden,
- das Radio abgeschaltet bleibt,
- und die Lichtmaschine elektrisch „abgehängt“ wird, um Batterie-Entladung durch Kurzschluß zu vermeiden.

**Kabel abklemmen**

Um die Lichtmaschine vom Bordnetz zu trennen, muß man den Dreifach-Kabelstecker an der Unterseite des Reglerschalters (rechts im Motorraum) abziehen. Bisweilen sitzt er sehr fest und muß dann mit behutsamen Hebelbewegungen eines feinen Schraubenziehers vorsichtig abgedrückt werden.

Das genügt aber unter Umständen noch nicht, denn die Lichtmaschine ist dann noch immer mit ihrem dicken roten bzw. bei einigen Baujahren rotweißen Kabel von der Klemme B+ mit dem Bordnetz verbunden. Bei einem Kurzschluß in der Lichtmaschine muß auch dieses Kabel gelöst werden, da sonst der Stromvorrat aus der Batterie über den Kurzschluß in kürzester Zeit wegfließt. Damit wäre „der Ofen aus“. Da man an die Klemme B+ der Lichtmaschine kaum herankommt, löst man das dicke rote bzw. rot-weiße Kabel an Klemme 30 des Anlassers (das dicke schwarze Kabel bleibt angeschlossen, sonst erhält der Anlasser keinen Strom von der Batterie). Das Lösen des

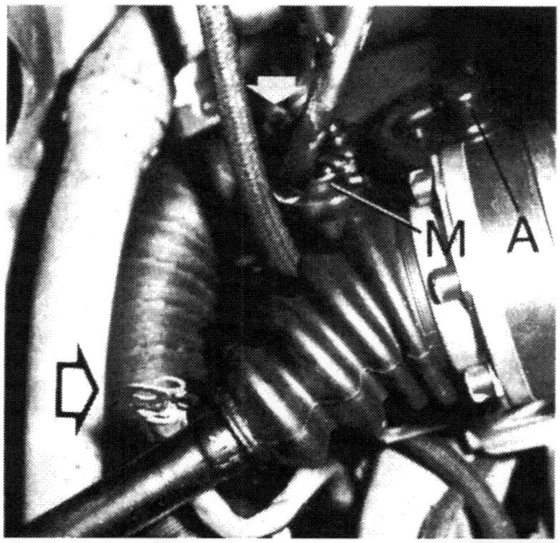


Damit eine defekte Drehstrom-Lichtmaschine tatsächlich vom Stromnetz getrennt ist, muß an Klemme 30 des Anlassers (weißer Pfeil) das dicke rote bzw. rot-weiße Kabel gelöst werden. Die blanken Enden des Kabels müssen dann abisoliert werden, sonst gibt es an der Gelenkwelle (links unten im Bild) Kurzschlüsse. Rechts oben erkennen Sie den Magnetschalter (M) und den Anlasser (A).

Kabels ist allerdings keine angenehme Arbeit, da man nur von der Wagenunterseite an die Anlasserklemmen herankommt. Damit das blanke Ende des gelösten Kabels nicht durch Antippen an Masse Kurzschlüsse bewirkt, muß es isoliert werden (notfalls mit Heftpflaster aus der Autoapotheke).

## Wartung der Lichtmaschine

Drehstrom-Lichtmaschinen sind wartungsfrei. Ihre Kugellager haben eine Dauerschmierung, die nur bei einer großen Reparatur erneuert werden muß. Es gibt keinen Kollektor und besonders keine Schleifkohlen mehr, die sich abnutzen könnten; es sind lediglich Schleifringe mit Bürsten vorhanden, die aber keine Unterteilung mehr besitzen und sich mithin kaum abnutzen.
Zudem sitzt die Drehstrom-Lichtmaschine praktisch unzugänglich unter den Motorabdeckblechen; der Ausbau würde dem Selbstpfleger daher erhebliche Schwierigkeiten bereiten. Bei bis Juli 1971 gebauten Fahrzeugen muß zum Ausbau der Lichtmaschine der Motor ausgebaut werden.
Das einzige, was man zur Pflege seines Drehstrom-Generators tun kann, ist, auf die Keilriemenspannung zu achten und gelegentlich einmal die Kabel am Reglerschalter auf festen Sitz zu überprüfen.

## Was sagt das rote Licht?

Wenn Sie den Schaltplan in der hinteren Buchklappe betrachten, können Sie feststellen, daß die rote Ladekontrollampe einerseits mit einem schwarzen Kabel am allgemeinen Plus-Anschluß für die Instrumente, der über eine Sicherung an Klemme 15 des Zündschlosses hängt und andererseits durch ein hellblaues Kabel mit der Klemme D+ des Reglerschalters verbunden ist. Steht die Lichtmaschine oder läuft sie nur wenig, dann hat dieses Plus-Kabel der Lichtmaschine keinen oder nur wenig „Plus"-Strom, ist praktisch also „Minus"; so daß die rote Lampe brennt, weil sie über den allgemeinen Armaturenbrett-Anschluß von der Batterie her Plus-Strom erhält. Liefert die Lichtmaschine jedoch genügend Strom, liegt an beiden Kabelenden der Ladekontrolleuchte „Plus", sie kann also nicht mehr leuchten.
Ob die Lichtmaschine aber soviel Strom liefert, daß die Batterie auch bei eingeschalteten Stromverbrauchern geladen wird, ist mit dem Verlöschen der Ladekontrolle keineswegs erwiesen. So kann es vor allem bei den weniger leistungsstarken Lichtmaschinen (35 A und 45 A), geschehen, daß bei nächtlichen Verkehrsstockungen trotz gemächlich laufendem Motor die Batterie plötzlich leer ist, obwohl die Ladekontrolle niemals brannte.
Darüber hinaus hat die Ladekontrolleuchte im Verbund mit der Drehstrom-Lichtmaschine noch eine spezielle Funktion. Sie muß durch Weiterleiten des Batteriestromes beim Einschalten der Zündung die Lichtmaschine „vorerregen", damit diese bereits bei geringen Drehzahlen Strom abgeben kann. Fällt die Ladekontrolle aus, weil sie durchgebrannt oder ein Kabel gebrochen ist, dann schaltet die Drehstrom-Lichtmaschine nicht schon bei etwa 1000 U/min (Lichtmaschinen-Drehzahl), sondern erst bei etwa 1600 U/min mit der Stromlieferung ein. Eine durchgebrannte Ladekontrolle muß deshalb so bald wie möglich ersetzt werden (siehe Seite 150).

## Keilriemen-Spannung prüfen

Pflegearbeit Nr. 5

Der Keilriemen ist am VW 411/412 nicht sehr gut zugänglich, trotzdem darf diese Kontrolle nicht unterbleiben. Auch kann es nicht schaden, öfters als alle 10 000 km nach der Keilriemen-Spannung zu sehen. Sie ist in Ordnung, wenn sich der Keilriemen bei kräftigem Daumendruck in der Mitte etwa 10 mm durchdrücken läßt. Dabei sollten Sie auch kontrollieren, ob der Riemen nicht übermäßig abgenutzt ist (ausgefranste Ränder oder aufgeschlitzte Flanken).
Ist der Keilriemen zu locker (zu stramm wird er im Lauf seiner Betriebszeit

Der Keilriemen wird — möglichst genau in der Mitte zwischen dem Kühlgebläserad und der Keilriemenscheibe der Lichtmaschine auf richtige Spannung geprüft. Bei mäßigem Daumendruck soll sich der Keilriemen nicht mehr als 10 mm durchdrücken lassen. Auf unserer Aufnahme ist der Daumen allerdings zu weit rechts angesetzt.

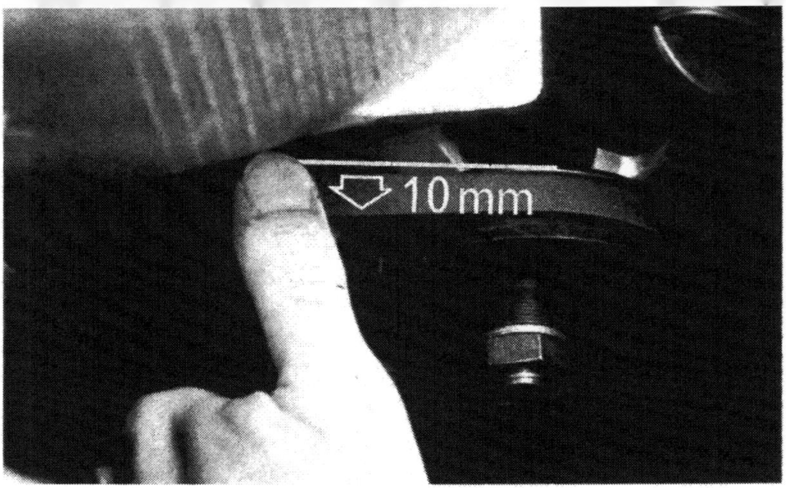


kaum werden), muß er, wie im Bild unten gezeigt, nachgespannt werden. Die richtige Keilriemen-Spannung ist wichtig, weil

- bei zu geringer Spannung der Keilriemen durchrutscht, die Lichtmaschine dadurch nicht genügend leistet und sich der Keilriemen so stark erhitzt, daß er in kurzer Zeit verschlissen ist,
- bei zu straffer Spannung die Lager der Lichtmaschine einseitig zu stark belastet und vorzeitig „ausgeleiert" werden.

**Keilriemen nachspannen**

Während man die Keilriemenspannung ohne Ausbau der Kühlluftführung (Limousine) bzw. des hinten quer verlaufenden Heizluftschlauches (Variant) prüfen kann, wird man zum Nachspannen des Keilriemens den Ausbau der vorgenannten Teile nur bei einiger Gelenkigkeit umgehen können. Wie die Kühlluftführung ausgebaut wird, haben wir auf Seite 57 beschrieben, zum Abnehmen des Heizschlauches brauchen lediglich die beiden Schlauchbinder gelöst zu werden.

Das Nachspannen geschieht folgendermaßen: Deckel für Abdeckblech abziehen (siehe Bild unten), Inbusschraube SW 8 bzw. Innenvielzahnschraube M 8 und die Halteschraube links unten an der Lichtmaschine (SW 13) lösen, Lichtmaschine stramm wegdrücken und Schrauben wieder festziehen. Anschließend Keilriemenspannung nochmals überprüfen.

**Gerissener Keilriemen**

Man muß es nicht unbedingt hören, wenn der Keilriemen abfliegt. Aber man sieht es am Aufleuchten der Ladekontrollampe bei laufendem Motor sofort

Zum Nachspannen des Keilriemens zieht man den Kunststoffdeckel rechts über der Keilriemenscheibe der Lichtmaschine ab, darunter wird die Spannschraube der Lichtmaschine sichtbar. Mit einem Innenvielzahnschlüssel M 8 bzw. einem Inbusschlüssel SW 5 wird die Halteschraube der Lichtmaschine gelockert, der Generator nach rechts gedrückt und die Schraube wieder festgezogen. Unter Umständen muß zum Spannen oder zum Auflegen eines neuen Keilriemens zusätzlich die Halteschraube SW 13 links unten an der Lichtmaschine gelockert werden.

(weil die Lichtmaschine nicht mehr angetrieben wird). Trotz gerissenem Keilriemen können Sie weiterfahren, denn das Kühlgebläserad sitzt auf der Motorkurbelwelle – der Motor wird also weiterhin gekühlt und die Batterie kann eine Zeitlang Strom für die Zündanlage liefern.
Zum Einbau eines Ersatz-Keilriemens (Größe 9,5 x 965) wird die Lichtmaschine – wie im vorigen Abschnitt beschrieben – gelockert und nach links gedrückt. Nun läßt sich der neue Keilriemen auf die Riemenscheiben des Kühlgebläses und der Lichtmaschine auflegen. Keinesfalls den Riemen über die Scheibenflanken zwängen, er kann dadurch innerlich reißen. Wenn der neue Keilriemen gut aufliegt, wird er, wie beschrieben, gespannt. Jetzt den Motor kurz laufen lassen, damit sich der Riemen etwas setzt; anschließend Spannung prüfen und gegebenenfalls nachspannen.

## Störungsbeistand
### Batterie und Lichtmaschine

Unsere nachfolgende Zusammenstellung befaßt sich mit möglichen Störungen in den und durch die beiden Stromquellen Batterie und Lichtmaschine. Die näheren Erläuterungen, wie auftretende Störungen behoben werden können, finden sich also zum Teil auch im Kapitel über die Batterie.

| Die Störung | – ihre Ursache | – ihre Abhilfe |
|---|---|---|
| A Rote Ladekontrollampe brennt nicht bei Motorstillstand und eingeschalteter Zündung | 1 Anzeigelampe durchgebrannt | Neue Lampe einsetzen |
| | 2 Batterie entladen | Batterie aufladen |
| | 3 Batteriekabel lose oder gebrochen | Batteriekabel kontrollieren |
| | 4 Kabel zwischen Klemme D+ der Lichtmaschine und Lampe unterbrochen | Leitung überprüfen und instandsetzen |
| | 5 Reglerschalter defekt | Austauschen |
| | 6 Kurzschluß einer Plusdiode | Sofort Ladeleitung B+ abklemmen, sonst Entladung im Stand, mit Batteriestrom zur Werkstatt |
| | 7 Kohlebürsten abgenutzt | Austauschen |
| | 8 Oxydschicht auf Schleifringen, Unterbrechung der Läuferwicklung | Lichtmaschine instandsetzen lassen |
| B Ladekontrollampe brennt nach Ausschaltung der Zündung weiter | Reglerschalter defekt oder Kurzschluß in der Lichtmaschine | Kabel B+ lösen und mit Batteriestrom zur Werkstatt |
| C Ladekontrollampe erlischt bei höherer Drehzahl nicht | 1 Keilriemen gerissen | Erneuern |
| | 2 Leitung D+/61 hat Masseschluß | Leitung überprüfen und instandsetzen |
| | 3 Reglerschalter defekt | Austauschen |
| | 4 Gleichrichter schadhaft, Schleifringe verschmutzt, Masseschluß in Leitung DF oder Läuferwicklung | Lichtmaschine instandsetzen lassen |
| D Ladekontrollampe brennt im Stand richtig, aber glimmt bei Motorlauf | 1 Übergangswiderstände im Ladestromkreis oder in der Leitung zur Anzeigelampe | Leitung ersetzen, Anschlüsse festziehen |
| | 2 Reglerschalter defekt | Austauschen |
| | 3 Lichtmaschinendiode defekt | Kabelstecker an Regler sofort abziehen und mit Batteriestrom zur Werkstatt |

| Die Störung | — ihre Ursache | — ihre Abhilfe |
|---|---|---|
| E Ladekontrollampe flackert bei mittlerer und hoher Drehzahl | 1 Keilriemen locker | Nachspannen |
| | 2 Klemmen gelockert oder Kabel defekt | Kabel und Anschlüsse zwischen Lichtmaschine, Regler und Batterie prüfen |
| | 2 Bei Kontaktreglern Einstellung falsch (Flattern) oder Reglerwiderstand durchgebrannt | Reglerschalter austauschen |
| | 3 Batterie defekt | Gegenprobe mit zuverlässiger Batterie |
| | 4 Kurzschluß in der Lichtmaschine | Instandsetzen lassen |
| F Ladekontrollampe verlöscht erst bei hoher Drehzahl | 1 Lichtmaschine nicht in Ordnung | Prüfen lassen |
| | 2 Reglerschalter arbeitet falsch | Austauschen |
| G Ladekontrollampe erlischt, leuchtet aber wieder schwach auf | Oxydierte oder verschmutzte Kontakte bewirken Spannungsabfall | Kontakte der Kabel säubern Reglerschalter überprüfen lassen |
| H Batterie wird überladen (Säurekristalle an der Batterieoberseite) | Spannungsregelung in Lichtmaschine oder Reglerschalter funktioniert nicht | in Fachwerkstatt prüfen lassen |

## Der Anlasser

Der Anlasser sitzt ziemlich versteckt unten rechts am Motor und ist von der Wagenunterseite zugänglich. Der Anlasser eines VW 411/412 mit Schaltgetriebe leistet 0,7 PS, bei Getriebeautomatik wird ein 0,8 PS leistender Anlasser eingebaut. Trotzdem ist der Anlasser sehr kompakt gebaut, weshalb er auch nur kurzzeitig angestrengt werden darf. Bei längerer Orgelei wird er sehr heiß. Wenn der Motor also nicht gleich anspringen sollte, müssen beim Anlassen Pausen eingelegt werden, was man ja auch mit Rücksicht auf die Batterie tun sollte.

Der Anlasser des VW ist ein Schubschraubtrieb-Anlasser. Dieses zungenbrechende Wort bedeutet, daß beim Durchdrehen des Zündschlüssels nach rechts sich zuerst durch einen Magnetschalter der Einrückhebel der Freilaufkupplung bewegt, wodurch sich das Zahnritzel des Anlassers auf einem Steilgewinde auf der Ankerwelle in den Zahnkranz des Motor-Schwungrades schiebt. Kurz vor dem Eingreifen des Ritzels in den Zahnkranz schaltet der Einrückmagnetschalter den vollen Ankerstrom ein, so daß der Anlasser den Motor erst nach dem Eingreifen kräftig durchdreht. Sowie der Zündschlüssel aus der Stellung „Anlassen" zurückgedreht wird, schiebt sich das Anlaßritzel auf der Ankerwelle wieder zurück. Damit der Anlasser durch den schneller drehenden Motor nicht beschädigt wird, falls der Zündschlüssel nicht unmittelbar mit dem Anspringen des Motors zurückgedreht wird, läuft das Anlasserritzel durch eine Freilaufeinrichtung auch bei eingeschaltetem Anlasser aus dem Zahnkranz des Motors.

### Anlasser prüfen

Wenn sich beim Startversuch der Anlasser nicht dreht, die Ladekontrollampe aber nur noch schwach leuchtet, ist zuerst eine schwache Batterie zu vermuten. Auch die Kabelverbindungen sollten zuerst geprüft werden, bevor man dem Anlasseer selbst zu Leibe rückt.

Will sich aber der Anlasser trotz intakter Batterie nicht drehen, überbrückt man mit einem dicken isolierten Kupferkabel (mindestens 2,5 mm² Litzenquerschnitt) am Magnetschalter die Klemmen 50 und 30 – letztere ist die große

Klemme, an der das dicke schwarze Kabel von der Batterie endet. Dadurch erhält der Anlasser auch ohne Zündschloß Einschaltstrom. Dreht er sich jetzt, dann ist der Stromweg von der Batterie über das Zündschloß (Klemme 30 und Klemme 50) gestört (siehe Schaltplan in der hinteren Buchklappe).
Sind Batterie und Kabel einwandfrei, was sich leicht durch das Aufleuchten einer Prüflampe an der Klemme 50 am Anlasser nachprüfen läßt, so ist der Magnetschalter am Anlasser selbst defekt.
Zu langsames Durchdrehen des Anlassers bei einwandfreier Batterie weist auf abgenutzte oder verschmorte Kohlen, auf korrodierte oder lose Kabelanschlüsse, auf verschmierten Kollektor oder defekten Anker hin. Der Anlasser muß in diesem Fall sorgfältig überholt werden.
Alle diesbezüglichen Instandsetzungen sollte man der Werkstatt überlassen, da bei diesem an sich recht anspruchslosen Apparat selten eine Störung allein auftritt, sondern nach jahrelangem Dienst gleichzeitig mehrere Teile erneuerungsbedürftig sind.
Dreht der Anlasser beim Starten schnelldrehend durch, ohne dabei den Motor „mitzunehmen", kann wiederholter Startversuch bei etwas vorwärts geruck-tem Wagen (dabei Gang einlegen und wieder herausnehmen) Erfolg bringen. Das Antriebsritzel ist dann nicht in den Zahnkranz des Schwungrades eingerastet, entweder, weil dessen vom vielen Starten angefräste Zähne gerade ungünstig standen oder weil das Antriebsritzel auf seinem Steilgewinde nicht schnell genug vorwärts geschoben wurde. Letzteres ist der Fall, wenn das Gleitfett auf dem Steilgewinde verkrustet oder verharzt ist.

**Fingerzeig:** *Wenn der Anlasser nach langer Autobahnfahrt nicht anspringen will, kann es daran liegen, daß der Magnetschalter hängen bleibt. Wenn man dann vorsichtig auf den Anlasser klopft, ist diese Hemmung meist behoben.*
*Wenn Ihr Wagen plötzlich z. B. auf einer belebten Kreuzung stehenbleibt und nicht mehr anspringen will, können Sie bei eingelegtem 2. Gang (nicht bei Automatik!) und Zündschlüssel auf Startstellung Ihr Auto mit dem Anlasser an den Straßenrand fahren.*

# Straßen des Stromes

Wenn elektrischer Strom fließen soll, muß ein geschlossener Kreislauf vorhanden sein; er muß also zum Stromverbraucher hin und zur Batterie oder Lichtmaschine wieder zurückgeführt werden. Beim näheren Betrachten der Verkabelung Ihres VW werden Sie aber zumeist nur ein Kabel entdecken, das den Strom zum Verbraucher führt, während der „Rückfluß" fast immer über Masse erfolgt, d. h. die Metallteile von Motor, Fahrgestell und Karosserie leiten den Strom zum Minuspol der Batterie (merke **M**inus an **M**asse!) Auf diese Weise werden natürlich einige Meter Kabel gespart! Es gibt aber auch spezielle Masse-(Minus-)Kabel, z. B. vom Signalhorn zur Hupplatte, die zumeist braun sind.

## Normung der Anschlüsse

Hinter der Sicherungsdose laufen eine große Anzahl bunter Kabel durcheinander; das sieht auf den ersten Blick recht verwirrend aus. Aber nicht nur die Kabelfarben sind eine Art Wegweiser, sondern vielfach sitzen die Leitungen auch an numerierten Anschlüssen. Schlagen Sie zum Vergleich doch einmal die hintere Buchklappe mit dem Schaltplan auf. Die Zahlen an den Kabelanschlüssen sind in den meisten Kraftfahrzeugen gleich – eine genaue Aufstellung finden Sie auf Seite 246. Die wichtigsten sollen hier kurz erwähnt werden. Klemme 30 wird stets von der Batterie bzw. Lichtmaschine gespeist und ist ständig stromführend. Vorsicht auch bei ausgeschalteter Zündung beim Berühren der Kontakte. Die Kabel besitzen meist eine rote Ummantelung.
Nur bei eingeschalteter Zündung ab Zündschloß erhält die Klemme 15 Strom, wodurch vor allem die Zündspule und außerdem alle Verbraucher, die nur bei Betrieb des Wagens Strom erhalten sollen, versorgt werden. Dazu gehören die Bremsleuchten und der Scheibenwischermotor. Die Kabelfarbe ist überwiegend schwarz.
Die Klemmen 56, 56 a und 56 b sind für die Stromführung der Beleuchtungseinrichtungen zuständig. Die Kabel besitzen jeweils eigene Farben.
Die Kabelstärke (Querschnitt) ist vom Bedarf des jeweiligen Stromverbrauchers abhängig. Durch ein kleines Wasserleitungsrohr kann nur wenig Wasser fließen und durch ein zu dünnes Kabel entsprechend wenig Strom. Die Folge davon ist Spannungsabfall und statt der Nennspannung von 12 Volt erreichen den Verbraucher nur noch 11 oder gar 10 Volt. Außerdem heizt sich ein zu schwaches Kabel auf und es kann zu einem Kabelbrand kommen.

### Neue Kabel einziehen

Um eine elektrische Leitung im Auto zu ersetzen, darf man in keinem Fall zu Haushaltskabel greifen, das man zu Hause vielleicht für den Staubsauger benutzt. Denn die für die Autoelektrik verwendeten Kabel müssen benzin- und ölfest, scheuer- und weitaus hitzebeständiger sein. Am besten kauft man Kabel in der Autoelektrik- oder VW-Werkstatt und verlangt auch gleich die genormte Farbe, um späteren Ratespielen vorzubeugen. Die passenden Flachstecker,

Endverbinder, Kabelschuhe usw. bekommt man dort ebenfalls. Die von der Isolierung befreiten und blankgeschabten Kabelenden werden in die entsprechenden Verbindungsstücke eingeführt und festgeklemmt.
Beim Ersatz eines einzelnen Kabels wird zur Vermeidung von Kurzschlüssen zunächst das Massekabel der Batterie gelöst. Um Spannungsabfall zu verhindern, soll das neue Kabel auf möglichst kurzem Wege verlegt werden, es darf jedoch auch nicht zu straff gezogen sein, daß es bei Vibrationen nicht abreißt. Mit Isolierband oder Tesafilm wird das neue Kabel an schon vorhandenen Strängen befestigt, keinesfalls darf es lose herumhängen.

**Die „Masse-Kur"**

Wie die verschiedenen Masseverbindungen zwischen Motor, Fahrgestell und Karosserie mit der Zeit unwillig werden können, die Verbindung zum Minus-Pol der Batterie aufrechtzuerhalten, so wächst auch der Spannungsabfall in den Leitungen mit dem Alter des Wagens. Das ist nicht die Schuld der Leitungsdrähte, sondern hat vielmehr in den Steckverbindungen der Kabel, den Anschlußkontakten der einzelnen Aggregate und den Schalterkontakten seine Ursache. Die Kabelklemmen, Anschlüsse usw. schabt man mit Feile, Taschenmesser oder mit Sandpapier blank, und die Umgebung der Klemme muß gleichfalls gereinigt werden. Zum Schluß sind die Kontaktstellen mit Isoliersprühmittel einsprühen, das eine Isolierschicht über die blanken Stellen legt und besonders Kurzschlüsse durch Wasserdunst verhindert.
Falls man Verdacht auf oxydierte Schalterkontakte hat, die in dem betreffenden Schaltergehäuse nicht erreichbar sind, hilft eine einfache Probe: Verbraucher mit dem betreffenden Schalter einschalten und anschließend Stromaus- und -eingang des Schalters direkt mit einem kurzen, dicken Kabelstück überbrücken. Zeigt sich beim Antippen der beiden Schalterklemmen eine bessere Leistung des Verbrauchers, liegt die Schuld im korrodierten Schalter.

**Fingerzeig:** *Die Zentralsteckdose im Motorraum sollten Sie unangetastet lassen. An ihr dürfen auch keine Stromprüfungen (z. B. mit einer Prüflampe) vorgenommen werden. Dabei können die kleinen Metallzungen in der Steckdose verbogen werden, was bei der Diagnose zu Fehlmessungen führt.*

## Die Sicherungen

Die Mehrzahl der Stromverbraucher im VW 411/412 hängen an einer der Sicherungen, welche bei Kurzschluß oder Überlastung der betreffenden Leitungen durchbrennen, bevor ein Kabel zu schmoren beginnt oder der Verbraucher zerstört wird. Eine durchgebrannte Sicherung darf deshalb niemals mit Stanniolpapier umhüllt wieder eingebaut oder durch einen Nagel ersetzt

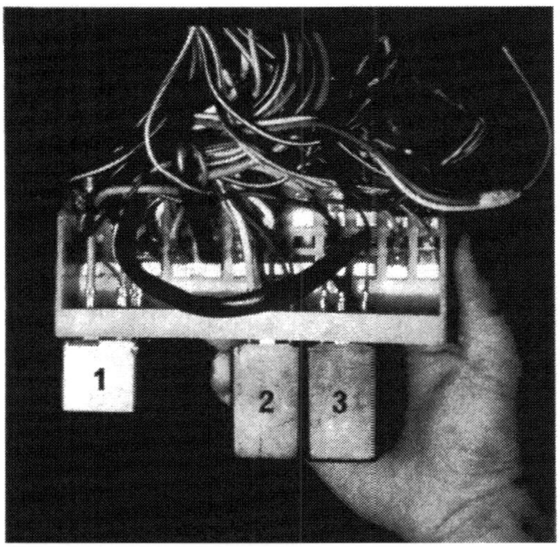


So sieht die Rückseite des Sicherungskastens aus, wenn man ihn aus seinen Haltelaschen mit einem Schraubenzieher herausgehebelt hat. Die verschiedenen Relais sind unten in den Sicherungskasten eingesteckt: 1 — Lichthupen- und Abblendrelais, 2 — Relais für Nebelscheinwerfer (Sonderausstattung), 3 — Blink- und Warnblinkrelais.

werden. Wenn dadurch ein Brand entsteht, bekommen Sie übrigens auch von der Teilkasko-Versicherung nichts ersetzt!
Nicht durch Sicherungen überwacht sind die Schaltungen zwischen Batterie, Lichtmaschine, Anlasser und Zündschloß. Auch Zündstörungen oder ein startunwilliger Motor können ihre Ursache nicht in einer durchgebrannten Sicherung haben. In allen anderen Fällen aber ist es empfehlenswert, bei Störungen zuerst die entsprechende Sicherung zu kontrollieren. Ist eine Sicherung durchgebrannt, gilt dies als Alarmzeichen, denn sie wurde überlastet.
Serienmäßig sind die Sicherungen des VW 411/412 auf 8 Ampere (weiße Farbe) oder 16 Ampere (rote Farbe) ausgelegt. Sie können also 96 bzw. 192 Watt übertragen. Das Einsetzen einer neuen gleichstarken Sicherung nützt aber bisweilen wenig; sie brennt gleich wieder durch. Sie sollten deshalb außer einigen 8 und 16 Ampere Sicherungen auch noch eine oder zwei für 25 Ampere in Reserve mitführen. Das kann von Nutzen sein, wenn eine schwächere Sicherung immer wieder durchbrennt, weil die entsprechende Leitung aus irgendeinem Grund überlastet ist. Davon wird noch kein Kabel verschmoren, aber Sie erreichen so die nächste Werkstatt, wo der Fehler eingekreist und behoben werden kann.
Besser ist es natürlich, gleich nach der Ursache zu forschen, wobei eine Prüflampe recht nützliche Dienste leisten kann, weil mit ihrer Hilfe unschwer festzustellen ist, ob in einer Leitung Strom fließt oder nicht. Einer der an der Sicherung hängenden Stromverbraucher oder das dorthin führende Kabel muß ja die Ursache der Überlastung sein.
Das beste Prüfgerät ist in diesem Falle allerdings ein Amperemeter – wenn man eines hat. Das wird anstelle der Sicherung zwischen die Kontakte geschaltet, dann nacheinander die daran hängenden Stromverbraucher einschalten und ablesen, wieviel Ampere da beansprucht werden. So läßt sich der Übeltäter einkreisen. Ein hundertprozentiges Verfahren ist das aber auch nicht, wenn die Ursache in einem nur während der Fahrt zum Kurzschluß führenden Wackelkontakt liegt.
Je nach Ausstattung und Baujahr hat der VW 411/412 bis zu 17 Sicherungen.

- 12 Sicherungen finden Sie im Sicherungskasten unter dem Armaturenbrett an der linken Seitenwand. Welche Stromverbraucher angeschlossen sind, ersehen Sie aus der Tabelle (fett gedruckte Zahlen 16 Ampere-Sicherungen).
- Bei Fahrzeugen mit Schaltgetriebe sitzt eine Sicherung für die Rückfahrscheinwerfer in einer Sicherungshülse im Motorraum (in Fahrtrichtung gesehen hinter dem Verteiler).
- Zwei weitere Hülsensicherungen befinden sich links im Motorraum (Kabel-

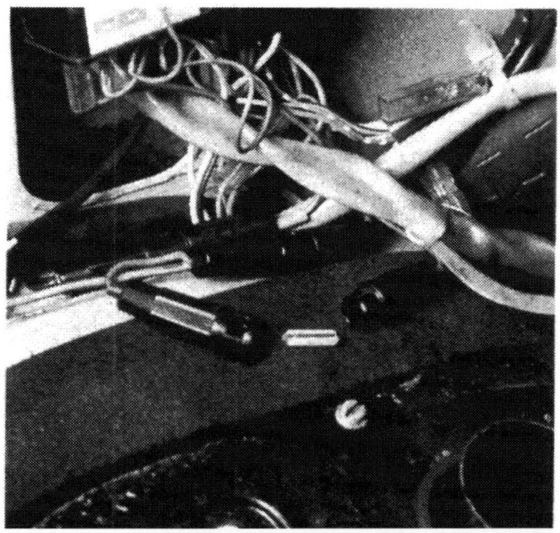

Bei der Limousine finden Sie die Hülsensicherungen links im Motorraum, beim Variant sind sie unter der Rücksitzbank untergebracht. Um an die Sicherungen heranzukommen, muß man die Hülsenteile zusammendrücken, gegeneinander verdrehen und auseinanderziehen.

farbe rot). Es handelt sich hierbei um die (rote) 16 Ampere-Hauptsicherung und die (weiße) 8 Ampere-Überhitzungsschutz-Sicherung des Heizverstärkers.

■ Eine weitere Hülsensicherung finden Sie im Motorraum, wenn eine heizbare Heckscheibe eingebaut ist. Sie ist auf 8 Ampere ausgelegt.

■ Ist Ihr VW mit einem Radio ausgestattet, findet sich die zugehörige Hülsensicherung links unter dem Armaturenbrett beim Lichtschalter. Um sie zu sehen, leuchtet man am besten mit einer Taschenlampe nach oben.

Beim Variant sind die Hülsensicherungen für den Heizverstärker und die heizbare Heckscheibe unter der hinteren Sitzbank untergebracht.

**Fingerzeig:** *Fällt ein Stromverbraucher aus, ohne daß die Sicherung durchgebrannt ist, kann es an oxydierten oder lockeren Halteklammern der Sicherung liegen. Sicherung herausnehmen, Halteklammern enger zusammendrücken, Sicherung wieder einsetzen und mehrmals drehen, damit sich die Berührungsflächen gegeneinander blank reiben.*

**Sicherungstabelle**

| Stromverbraucher | VW 411 ab 8/68 | VW 411 E ab 8/69 | VW 411 E ab 8/70 | VW 411 E ab 8/71 | VW 412 E ab 8/72 | VW 412 ab 8/73 |
|---|---|---|---|---|---|---|
| Abblendlicht links | 3 | 3 | 3 | 4 | 4 | 3 |
| Abblendlicht rechts | 4 | 4 | 4 | 3 | 3 | 4 |
| Blinkanlage | 8 | 8 | 12 | 11 | 11 | 11 |
| Bremsleuchten | 10 | 10 | 10 | 12 | 12 | 12 |
| Bremskontrolleuchte | über Bremslichtschalter an 10 | 10 | 10 | 12 | 12 | 12 |
| Elektrische Benzinpumpe | — | **9** | **9** | **9** | **9** | — |
| Fernlicht links | 6 | 6 | 5 | 5 | 6 | 5 |
| Fernlicht rechts | 5 | 5 | 6 | 6 | 5 | 6 |
| Fernlichtkontrolle | 6 | 6 | 6 | 6 | 6 | 6 |
| Frischluftgebläse | 8 | 8 | 12 | **10** | **10** | **10** |
| Heckscheibenheizung (Arbeitsstrom) | **12** | **12** | im Motorraum | | | |
| Heckscheibenheizung (Steuerstrom) | 8 | 8 | 12 | **10** | **10** | **10** |
| Heizverstärker Hauptsicherung | **12** | **12** | im Motorraum | | | |
| Heizverstärker (Steuerstrom) | **12** | **12** | **9** | **9** | **9** | **9** |
| Innenleuchte | 11 | 11 | 8 | 8 | 8 | 8 |
| Kennzeichenleuchte | 1 | 1 | 1 | 2 | 7 | 7 |
| Kontrolleuchten | 8 | 8 | 12 | 11 | 11 | 11 |
| Kraftstoffanzeige | 8 | 8 | 12 | 11 | 11 | 11 |
| Parklicht links | 7 | 7 | 7 | 7 | 1 | 1 |
| Parklicht rechts | 7 | 7 | 7 | 7 | 2 | 2 |
| Rückfahrleuchten (Automatik) | 8 | 8 | **11** | 11 | 11 | 11 |
| Scheibenwischer | **9** | **9** | **11** | **10** | **10** | **10** |
| Schlußlicht links | 2 | 2 | 2 | 1 | 1 | 1 |
| Schlußlicht rechts | 1 | 1 | 1 | 2 | 2 | 2 |
| Signalhorn | 10 | 10 | 10 | 12 | 12 | 12 |
| Skalenbeleuchtung (Automatik) | — | — | 2 | 1 | 1 | 1 |
| Standlicht links | 1 | 1 | 1 | 2 | 1 | 1 |
| Standlicht rechts | 1 | 1 | 1 | 2 | 2 | 2 |
| Warnblinkanlage | 11 | 11 | 8 | 8 | 8 | 8 |
| Zigarrenanzünder | — | **9** | **9** | **9** | **9** | **9** |

# Funkenregen

Im Brennraum wird das vom Kolben angesaugte Kraftstoff-Luft-Gemisch nach der Verdichtung von der Zündkerze entzündet. Für den notwendigen Strom sorgt die Batterie bzw. die Lichtmaschine. Soweit ist das wohl den meisten Autofahrern klar. Was aber zwischen Batterie und Zündkerze geschieht, liegt schon etwas im Dunkeln.
In den folgenden Abschnitten wollen wir uns näher mit der Zündanlage befassen, die – das zeigen auch die Erfahrungsberichte der Straßenwacht-Männer – noch immer zu den störanfälligsten Teilen unserer Autos gehört. Wenn Ihr VW einmal nicht anspringen will und es nicht am Kraftstoff mangelt, dürfte der ausbleibende zündende Funke die Ursache für die Startunwilligkeit sein.

## Etwas Funkentheorie

Um den Funken an der Zündkerze überspringen zu lassen, muß die Bordspannung von 12 Volt auf über 15000 Volt hochtransformiert werden, denn die Spannung aus der Batterie bzw. der Lichtmaschine genügt nicht, um gegen den Druck des zusammengepreßten Gemischs im Brennraum an der Kerze einen so kräftigen Funken überspringen zu lassen, wie er dort notwendig ist. Die Stromstärke (Ampere) spielt in diesem Zusammenhang kaum eine Rolle, denn ein Funke springt zwischen zwei Polen nur durch hohe Spannung, aber nicht durch hohe Stromstärke über. (Wer beim Basteln schon einmal einen elektrischen Schlag an der Zündanlage erwischt hat, kann bestätigen, daß nicht viel Kraft dahinter sitzt). Ferner muß der Zeitpunkt gesteuert werden, wann der Zündfunke an den Kerzen-Elektroden überzuspringen hat. Das besorgen in wohl abgestimmtem Rhythmus die Zündspule, der Verteiler und der Unterbrecher.
Damit hätten wir folgende Bestandteile der Zündanlage:

- Batterie oder Lichtmaschine
- Zündspule
- Unterbrecher
- Verteiler
- Zündkabel
- Zündkerzen

Nur indirekt mit der Zündung zu tun hat, trotz des Namens, das Zündschloß. Es ist die Schaltstation, durch die Sie mit dem Zündschlüssel den Elektronenfluß in Bewegung setzen können. Das Zündschloß bekommt Strom über die Klemme 30 direkt von der Batterie, schickt diesen über den Magnetschalter weiter an den Anlasser, der den Motor zum Start durchdreht und leitet gleichzeitig Strom an die oben aufgezählte Zündanlage für die ersten Zündungen weiter, damit der Motor anspringen kann.

## Wie der Zündfunke entsteht

Elektrischer Strom kann nur in einem geschlossenen Stromkreis fließen. Auf das Auto übertragen heißt das, daß vom Pluspol der Batterie oder Lichtmaschine ein Strom zum Verbraucher und durch diesen zur „Masse" der Fahrzeugkarosserie fließt, von wo er wieder zum Minuspol der Batterie ge-

langt. (Eigentlich „fließen" die Elektronen umgekehrt, von Minus nach Plus, aber das wußte man noch nicht, als man diese Bezeichnungen schuf, weshalb wir bei den vertrauten Bezeichnungen bleiben.)
Die Zündanlage hat einen doppelten Stromkreis oder sagen wir, es sind zwei Stromkreise ineinander verschlungen: der Primär-Stromkreis und der Sekundär-Stromkreis.
Fangen wir beim ersten Stromkreis, dem Primärstromkreis, an: Der Strom mit einer Spannung von 12 Volt aus der Batterie oder Lichtmaschine fließt vom Pluspol der Batterie (+) über das Zündschloß, weiter zum Unterbrecher, der den Zündstrom an Masse weiterleitet, solange er geschlossen ist. Damit wäre der Primärstromkreis geschlossen.
In der dicken Drahtwicklung der Zündspule entsteht dabei ein magnetisches Feld, das durch den Eisenkern in der Mitte noch verstärkt wird. Wenn nun der Unterbrecher den Primärstromkreis unterbricht, fällt das Magnetfeld um die Primärwicklung der Zündspule schlagartig zusammen. Dabei entsteht — durch sogenannte Induktion — in der Sekundärwicklung der Zündspule, die aus vielen Lagen dünnen Drahts besteht, ein plötzlicher Spannungsanstieg von 15 000 — 20 000 Volt.
Dieser Stromstoß wird von der Zündspule über eine Zündleitung in das Obergeschoß des Verteilers an den sich drehenden Verteilerläufer geschickt, von dort über die Zündkabel an die Zündkerzen-Elektroden weitergeleitet, wo der hochgespannte Zündstrom als Zündfunke überspringt. Und dieser entzündet das Gemisch im Brennraum. Der Funke springt wieder an Masse über – an die Masse-Elektrode der Kerze –, so daß auch dieser Sekundärstromkreis geschlossen ist, denn die Zündspulen-Sekundärwicklung ist ja über die Primärwicklung mit der Plusseite der Batterie oder der Lichtmaschine verbunden. Wie der Stromverlauf in der Praxis aussieht, kann man leicht im Schaltplan verfolgen.

## Das Zündschloß

Beim Einschalten der Zündung müssen die Kontrolleuchten für die Lichtmaschine und den Öldruck aufleuchten; tun sie es nicht, ist entweder die Batterie völlig entladen, ein Batteriekabel locker oder gebrochen oder es liegt am Zündschloß.
An die Rückseite des Zündschlosses und die dort sitzenden Kabelstecker kommt man nur mit einiger Akrobatik heran. Man muß die Funktion des Zündschlosses aber nicht unbedingt dort prüfen, sondern kann auch die Enden der am Zündschloß aufgesteckten Kabel nehmen. Voraussetzung ist allerdings eine Prüflampe.
■ Erhält das Zündschloß Strom über das rote Kabel an Klemme 30? Deckel vom Sicherungshalter abziehen und an der Sicherung für die Innenleuchte (siehe Sicherungstabelle Seite 115), die immer Strom führt, prüfen, ob überhaupt Strom anliegt.
■ Gibt das Zündschloß bei eingeschalteter Zündung an Klemme 15 Strom für die Zündspule ab? Mit Prüflampe an der Stromeingangsseite der Sicherung der Bremsleuchten prüfen, ob Strom vorhanden ist. Wenn nicht, ist das Zündschloß defekt.
Der VW läßt sich aber trotzdem zum Laufen bringen, wenn das Lenkschloß nicht blockiert ist. Man überbrückt mit einem kurzen Kabelstück die Eingangsseiten der Sicherungen von Klemme 15 und Klemme 30 (Bild Seite 118). Klemme 30 hat ein rotes und Klemme 15 ein schwarzes zuführendes Stromkabel. Nach den Sicherungsnummern kann man sich nicht richten, da deren Belegung im Lauf der Zeit mehrmals wechselte. Bei einigen Modellen ist

So kann man trotz eines defekten Zündschlosses mit seinem VW fahren: Am Sicherungskasten unter der linken Armaturenbrettseite verbindet man durch ein kurzes Kabelstück eine Sicherung mit Normklemme 15 und eine Sicherung mit Normklemme 30. Diese direkte Strombrücke unter Umgehung des Zündschlosses setzt die Zündung und die Kontrollinstrumente in Gang. Nur zum Start muß man den VW anschieben.

auf dem Sicherungskastendeckel zur Orientierung „15" und „30" aufgeprägt. Wenn Sie die entsprechenden Klemmen miteinander verbinden, leuchten die Kontrolleuchten im Armaturenbrett auf; der VW kann jetzt angeschoben werden. Zum Abstellen des Motors zieht man das provisorische Kabel wieder ab. Theoretisch könnte man auch mit dem Anlasser starten: Mit einem Schraubenzieher werden Klemme 30 und 50 am Anlasser überbrückt, der Anlasser läuft. Da letzterer aber nur von der Wagenunterseite zugänglich ist, macht das Anschieben weniger Schwierigkeiten.

## Die Zündspule

An der Zündspule gibt es nichts zu warten und zu reparieren. Ist sie defekt, so muß sie ausgetauscht werden. Man sollte sie jedoch sauber und trocken halten, damit Kurzschlüsse, Kriechströme und überspringende Funken vermieden werden.

### Zündspule prüfen

Eine Alterskrankheit der Zündspule ist ein Kurzschluß in der Sekundärwicklung. Durch spröde gewordenes Isoliermaterial kann parallel zum Zündfunken der Zündkerze ein Zündfunken von einer Wicklungsanlage zur anderen überspringen. Dadurch wird ein Teil des hochgespannten Stromes bereits in der Zündspule verbraucht, und die Zündkerze bekommt für einen wirkungsvollen Zündfunken nur eine zu geringe Spannung. Eine genaue Prüfung, ob die Zündspule einen solchen Fehler hat, ist nur auf einem Prüfstand möglich.

### Primärwicklung prüfen

Auch in der Primärwicklung kann ein Kurzschluß auftreten, wenn die Zündung zu lange eingeschaltet wird, ohne daß der Motor läuft. Falls der Unterbrecher während dieser Zeit geschlossen ist, so daß dauernd der Primärstromkreis geschlossen bleibt, kann sich die Primärwicklung stark erwärmen, die Isolierung wird brüchig, und es können sich nach einiger Zeit dadurch Kurzschlußbrücken bilden. Das macht sich dann entweder an schnell verbrauchten Kontakten im Verteiler bemerkbar, weil die Stromstärke im Primär-Stromkreis ansteigt, oder an nachlassender Zündleistung bei warmem Motor, weil die sich selbst erhitzende Primärwicklung höheren inneren Widerstand hat. Dieser Defekt der Primärwicklung ist an der kalten Zündspule nicht immer zu bemerken. Seltener kommt eine Unterbrechung der Primärwicklung vor. Mit einer Prüflampe kann man diesen Fehler feststellen, wie im Bild rechts gezeigt.

## Der Kondensator

Der Kondensator, der an der Seite am Verteilergehäuse sitzt, speichert Strom und hat die Aufgabe, Funkenbildung am Unterbrecher, der im folgenden Ab-

Ob die Primärwicklung der Zündspule defekt ist, läßt sich so prüfen: Anstelle des grünen Kabels (1a), das von Klemme 1 der Zündspule (Z) abgezogen wird, schließt man eine Prüflampe an und schaltet die Zündung ein. Wenn Sie nun die Prüflampenspitze fest gegen Masse drücken, wird der Stromweg über den Unterbrecher ersetzt und die Lampe muß aufleuchten. Andernfalls ist die Primärwicklung der Zündspule defekt. Weiter bedeuten: 4 — Normklemme 4, Hauptzündkabel zum Verteiler, 15 — Normklemme 15 mit schwarzem Kabel vom Zündschloß, K — Radio-Entstörkondensator.

schnitt besprochen wird, zu unterdrücken. Er hemmt den Abbrand der Unterbrecherkontakte und fördert das schlagartige Zusammenbrechen des Magnetfeldes in der Zündspule (je schneller das Magnetfeld zusammenbricht, um so höher wird die Spannung im Sekundärstromkreis und um so besser ist der Zündfunke).

Ein schwacher Zündfunke, dessen Ursache man in erster Linie in einem Fehler der Zündspule sucht, kann auch an einem defekten Kondensator liegen, der ja mit dieser durch ein Kabel über Klemme 1 der Zündspule verbunden ist. Eine genaue Prüfung des Kondensators auf „Durchschlag", also Kurzschluß, Isolationsverlust und ausreichende Kapazität ist nur in der Fachwerkstatt mit einem entsprechenden Prüfstand möglich. Wenn der Kondensator allerdings total ausgefallen ist, läßt sich dies eventuell bei abgenommenem Verteilerkopf an überspringenden starken Funken zwischen den Unterbrecherkontakten erkennen. Dazu muß ein Helfer den Motor mit dem Anlasser in Bewegung setzen. Auch völliger Kurzschluß zur Masse ist bei voll geöffneten Unterbrecherkontakten an einer Prüflampe erkennbar, die zwischen Klemme 1 der Zündspule und das davon abgezogene grüne Kabel geschaltet wird. Da die Unterbrecherkontakte geöffnet sind, besteht bei eingeschalteter Zündung kein legaler Weg des Batteriestromes zur Masse; die Prüflampe darf also nicht aufleuchten. Fließt der Strom jedoch über einen Kurzschluß im Kondensator zur Masse, leuchtet die Prüflampe auf. Auch bei stark verschmorten Unterbrecherkontakten, die noch nicht lange in Betrieb sind, besteht der Verdacht, daß der Kondensator defekt ist. Aber langes Prüfen des Kondensators rentiert sich zumeist nicht. Wenn er verdächtig ist, wird er ausgetauscht.

Es ist aber auch keine Schande, wenn man die Prüfungen auf einwandfreie Beschaffenheit der Zündspule, des Kondensators, des nachfolgend erklärten Unterbrechers und Verteilers der Bosch-Werkstatt überläßt, wenn einem der ganze „Elektrokram" nicht geheuer ist. In den Fachwerkstätten hat man raffinierte Apparate, mit deren Hilfe man durch Zeigerausschlag oder grünschimmernde Wellenlinien auf einer Mattscheibe (Oszillographen) schnell erkennt, wo in der ganzen Zündanlage der berühmte „Kupferwurm" steckt, den man mit seinen bescheidenen Heimbastlermitteln stundenlang suchen muß.

## Der Unterbrecher

In der Mitte des Verteilers rotiert der Unterbrechernocken – man sieht es bei abgenommener Verteilerkappe – und dieser Nocken hebt den Unterbrecherhebel ab. Damit bestimmt der Unterbrecher den Zündzeitpunkt. Er muß den Primärstrom in der Zündanlage unterbrechen, damit in der Sekundärwicklung

der Zündspule hohe Spannungen entstehen (durch „Induktion"). Vom Überspringen des Zündfunkens im richtigen Augenblick – dem Zündzeitpunkt – ist die Leistung des Motors abhängig.
Die beste Leistung hat der Motor, wenn der Druck des brennenden Benzin-Luft-Gemischs unmittelbar nach Beginn der Abwärtsbewegung des Kolbens am größten ist. Zum vollen Entflammen des Gemischs wird stets eine gleichbleibende Zeit benötigt, die zwar nur rund 1/3000 Sekunde beträgt, bei der rasenden Geschwindigkeit des Kolbens aber eine nicht unwesentliche Rolle spielt. Deshalb muß bei steigender Drehzahl der Zündzeitpunkt immer früher gelegt werden.
Wird der Zündzeitpunkt allerdings zu früh gelegt, schlägt das bereits entflammte Kraftstoff-Luft-Gemisch dem noch aufwärts strebenden Kolben entgegen: Der Motor klopft. Gibt man zu wenig Frühzündung, wird die Energie des Kraftstoffes nicht vollständig ausgenutzt und der Motor hat nur eine ungenügende Leistung. Zu Großvaters Zeiten mußte man diese Zündverstellung mit der Hand einstellen. Heute geht das automatisch.

## Automatische Zündverstellung

Mit steigender Motordrehzahl muß der Zündfunke früher überspringen, weil weniger Zeit zur Verbrennung des Gemisches bleibt; diese Verstellung übernimmt im VW der Fliehkraftversteller, der im Verteiler sitzt. Da aber das Entflammen des Kraftstoff-Luft-Gemisches auch von seiner Konzentration abhängig ist und bei nur halb durchgetretenem Gaspedal – bei „Teillast" – das verringerte Gemisch „langsamer" verbrennt, muß in diesem Fall der Zündzeitpunkt früher gelegt werden.

### Der Fliehkraftregler

Der Fliehkraftregler wirkt „innerlich" auf die Nocken der Verteilerwelle. Diese ist nämlich bei den Zündverteilern mit Fliehkraftverstellung kein Stück aus einem Guß, sondern in Antriebswelle und Verteilerwelle geteilt. Beide sind beweglich ineinandergesteckt. Die Trägerplatte des Fliehkraftreglers sitzt nun im Verteilergehäuse unter der Unterbrecherplatte fest auf der Verteilerantriebswelle. Je schneller sich diese dreht, um so intensiver drücken Fliehgewichte auf ihrer Trägerplatte gegen einen „Mitnehmer", der seinerseits die eigentliche Verteilerwelle mit den Nocken zusätzlich in ihrer Drehrichtung bewegt. Dadurch werden mit zunehmender Drehzahl die Unterbrecherkontakte früher geöffnet und zunehmende Frühzündung erreicht. Bei abnehmender Drehzahl machen dies kleine Spiralfedern wieder rückgängig. Die Fliehkraftverstellung bewirkt je nach Motor bis zu 30° Verstellung in Richtung Frühzündung.

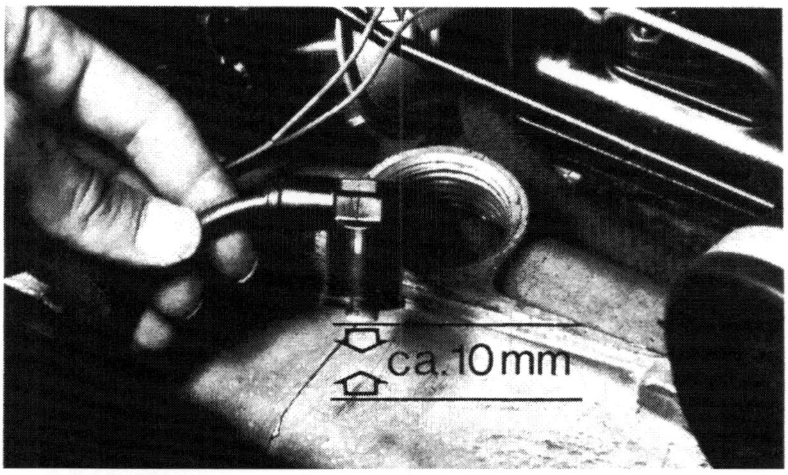

Wichtigste Zündstromprüfung: Führt das Hauptzündkabel Strom? Zur Kontrolle dickes Hauptzündkabel aus der Mittelbuchse des Verteilerkopfes ziehen, Kabelende auf 10 mm Abstand gegen Masse halten, während Helfer den Motor startet (ohne Gasgeben!). Dabei müssen kräftige Funken zwischen Masse und Kabelende überspringen, wenn Zündstrom in Ordnung. Andernfalls Zündspule prüfen (lassen).

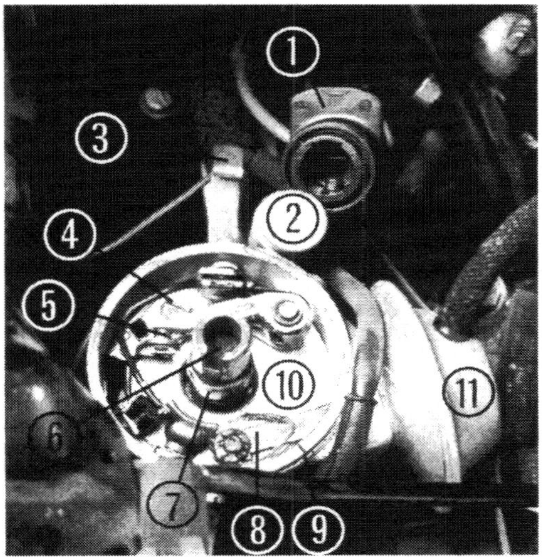


Zur Abnahme des Verteilerdeckels (hier bereits geschehen) sind die Klemmbügel (3) mit einem Schraubenzieher abzuspreizen. Im Innern des Verteilergehäuses (10) den Verteilerfinger (1) senkrecht nach oben von der Verteilerwelle (7; unten deutlich sichtbar die Unterbrechernocken) ziehen. Darunter werden sichtbar: 4 — Schraube zum Einstellen des Kontaktabstandes, 5 — Unterbrecherkontakte, 8 — Zugstange der Unterdruckdose (11), 9 — Kerbmarke für den Zündpunkt des 1. Zylinders. Außen am Verteilergehäuse: 2 — Kondensator.

Die Fliehgewichte und deren Rückholfedern sind genau aufeinander abgestimmt. Eine fehlerhafte Veränderung oder eine Störung kann nur die Fachwerkstatt feststellen.
Die Zündverteilerwelle unserer Motoren dreht sich stets, von oben betrachtet, rechts herum, also im Uhrzeigersinn.

**Die Unterdruck-Verstellung**

Die Unterdruck-Verstellung bewirkt eine seitlich am Zündverteiler angebrachte Blechdose, die durch eine dünne Saugleitung mit der Ansaugleitung des Motors kurz vor der Drosselklappe im Vergaser bzw. im Drosselklappenstutzen des Ansaugluftverteilers verbunden ist. Wenn die Drosselklappe im Leerlauf volkommen geschlossen oder bei Vollgas ganz geöffnet ist, herrscht an dieser Stelle kein nennenswerter Unterdruck. Ist jedoch bei halb durchgetretenem Gaspedal die Drosselklappe nur teilweise geöffnet, entsteht in der Ansaugleitung ein mehr oder weniger kräftiger Unterdruck, der über die Saugleitung in der Unterdruckdose eine Membrane anzieht, von der eine kleine Zugstange in den Verteiler hineinreicht und dort die drehbare Unterbrecherplatte anzieht. Dabei wird die Unterbrecherplatte entgegen der Drehrichtung des Verteilernockens gezogen, so daß die Unterbrecherkontakte früher geöffnet werden.
Die von August 1969 bis Juli 1970 gebauten VW 411 E und VW 411 Automatic erhielten einen Zündverteiler mit doppelt wirkender Unterdruck-Verstellung. An der Unterdruckdose sind zwei Anschlüsse für eine Verstellung in Richtung „früh" und „spät". Dadurch sollte der Ausstoß giftiger Abgas-Bestandteile verringert werden. Seit August 1970 erreicht man dies durch andere Maßnahmen.
Die Funktion der Unterdruck-Verstellung läßt sich – allerdings ohne genaue Meßwerte – selbst prüfen: Den Schlauch von der Unterdruckdose abziehen und zuhalten. Von einem Helfer den Motor starten und mit erhöhter Leerlaufdrehzahl laufen lassen. Bei gleichmäßiger Drehzahl den Schlauch schnell auf das Röhrchen der Unterdruckdose schieben. Da nun vom Vergaser bzw. der Einspritzanlage her Luft durch den Schlauch abgesaugt wird, muß die Unterdruck-Verstellung in diesem Teillast-Bereich in Aktion treten, wodurch die Motordrehzahl ohne Gaspedalveränderung sofort deutlich erhöht wird. Falls

der Motorlauf nicht etwas schneller wird, ist wahrscheinlich die Unterdruck-Verstellung gestört. Dann muß die Unterdruckdose ersetzt werden, eine Reparatur ist nicht möglich. Dieses Auswechseln sollte man der Werkstatt überlassen, denn erstens müssen unterschiedliche Unterdruckdosen eingebaut werden, je nachdem, welchen Zündverteilertyp man hat, und außerdem müssen beim Einbau verschiedene Werte nachgemessen werden, wozu nur die Werkstatt die nötigen Prüf- und Einstellgeräte hat.

## Die Unterbrecherkontakte

An den Kontakten des Unterbrechers, am Hammer und am Amboß, die eine sehr dünne Auflage von Wolfram-Metall haben, bewirkt das ständige Öffnen und Schließen des Stromkreises einen unvermeidbaren Verschleiß durch Abbrand, Verschmoren oder Metallwanderung, obgleich gerade Wolfram hierin sehr widerstandsfähig ist. Durch den Gleichstrom bilden sich am Hammer kleine Krater und am Amboß kleine Höcker, die sich in den Krater einfügen. Das stört zu Anfang nicht weiter, macht aber eine genaue Messung des Kontaktabstandes mit der Fühlerlehre unmöglich. Früher nahm man dann die speziell dafür geschaffene Kontaktfeile und feilte die Kontakte wieder flach. Das ist aber nicht mehr empfehlenswert, denn erstens können die abgefeilten Metallspäne Kurzschlüsse verursachen und zweitens ist der feine Wolfram-Belag zu dünn zum Feilen. Deshalb werden bei Verschleiß die Kontakte einfach ausgetauscht.

### Unterbrecherkontakte prüfen

Es empfiehlt sich, etwa alle 10 000 km nach den Unterbrecherkontakten zu sehen. Dazu die Verteilerkappe nach Lösen der beiden Halteklammern abheben und den Verteilerläufer von der Welle ziehen. Das Aussehen der Kontakte bedeutet:

- Kontakte silberartig, wie hell poliert: Zündanlage in Ordnung
- grauer Überzug durch Oxydation: zu kleiner Kontaktabstand oder zu geringer Kontaktdruck
- verbrannt, blau angelaufen: Kondensator oder Zündspule nicht einwandfrei
- verkrustet: Öl, Fett oder Schmutz zwischen die Kontakte geraten.

Sind die Kontakte verkrustet und verschmutzt, mit einem scharfkantigen Schraubenzieher oder Taschenmesser den Schmutz abschaben (keine Feile oder Schmirgelleinen dazu verwenden). Anschließend ein Läppchen um einen dünnen Holzstab wickeln und mit Tetrachlorkohlenstoff (als Fleckenreinigungsmittel in Drogerien bekannt) tränken. Damit die Kontakte abwischen. Benzin nicht dazu verwenden, da die Kontakte gegen Benzin empfindlich sind.

## Unterbrecherkontakte ersetzen

Pflegearbeit Nr. 54

Sind die Kontakte verbraucht, müssen sie durch neue ersetzt werden. Das soll nach VW-Vorschrift nach 20 000 km geschehen; bei einwandfreier Zündanlage können sie aber auch wesentlich länger halten.
Es sind beide Teile, also Hammer und Amboß, gleichzeitig zu ersetzen. Sind die alten Kontakte verschmort oder blau angelaufen, genügt allerdings das Austauschen allein nicht, es muß auch nach der Fehlerursache in der Zündanlage (Kondensator oder Zündspule) gesucht werden.
Zum Auswechseln der Kontakte den Kabelschuh des schwarzen Verbindungskabels zum Unterbrecherhebel innen im Verteilergehäuse abziehen. Feststellschraube herausschrauben und Kontakte herausnehmen.
Vor dem Einbau der neuen Unterbrecherkontakte wird die Nockenbahn der Verteilerwelle sorgfältig gereinigt und mit der Fingerspitze hauchdünn eingefettet (Bosch-Fett Ft 1 v 4). Ebenso wird das Gleitstück des Unterbrecherhebels leicht gefettet. Der Schmierfilz der Verteilerwelle und die Lagerung

Die Verteilerwelle im Zündverteiler ist innen hohl gebohrt und von unten steckt in ihr die Verteilerantriebswelle. Beide verdrehen sich bei der automatischen Zündzeitpunktverstellung ineinander. Der Schmierfilz in der Verteilerwelle (schwarzer Pfeil) soll etwa alle 10 000 km einen oder zwei Tropfen Öl erhalten. Der weiße Pfeil zeigt auf einen der vier Nocken der Verteilerwelle. Sie erhalten ein stecknadelkopfgroßes Kügelchen Spezialfett (z. B. Bosch Ft 1 v 4) gut verteilt.

des Unterbrecherhebels erhalten je einen Tropfen Motoröl. Achten Sie beim Einbau darauf, daß die neuen Kontaktflächen nicht mit den Fingern berührt werden. Eventuell dadurch übertragenes Fett oder Öl würde bald zu Oxydation führen. Die Kontaktflächen von Hammer und Amboß müssen plan zueinander stehen, sonst nachrichten. Abschließend sind Kontaktabstand und Zündzeitpunkt neu einzustellen.

**Kontaktabstand einstellen**

Der Abstand zwischen Unterbrecherhammer und Amboß soll bei voller Öffnung 0,4 mm betragen. Zum Messen des Kontaktabstandes wird bei geöffnetem Verteiler und eingelegtem 3. oder 4. Gang (Zündung nicht eingeschaltet) der Wagen solange hin- und hergeschoben, bis ein Nocken der Verteilerwelle die Kontakte auf größte Öffnung gebracht hat. Wer einen VW mit Getriebeautomatik besitzt, muß den Motor an der Keilriemenscheibe drehen.
Eine genaue Prüfung des Kontaktabstandes mit der Fühlerblattlehre ist jedoch nur bei neuen und daher ebenen Kontakten möglich. Da ältere Kontakte nicht mit einer Kontaktfeile geglättet werden sollen, hält man bei ihnen die Lehre am Rand dazwischen.

## Schließwinkel prüfen
Pflegearbeit Nr. 9

Als genauere Einstellarbeit empfiehlt das VW-Werk, statt den Kontaktabstand mit der Fühlerblattlehre zu messen, das Einstellen des sogenannten Schließwinkels. Dabei stören unebene Kontakte, im Gegensatz zur Einstellung mit der Fühlerblattlehre, gar nicht. Der Schließwinkel besagt, um wieviel Winkel-Grad sich die Verteilerwelle vom Schließen der Unterbrecherkontakte bis zum

Zum Einstellen des Unterbrecherkontaktabstandes muß ein Nocken der Unterbrecherwelle das Gleitstück des Unterbrecherhammers voll abgehoben haben, so daß die Unterbrecherkontakte voll geöffnet sind. Danach Klemmschraube der Kontaktplatte etwas lockern und mit Schraubenzieher in der Einstellkerbe Kontaktabstand mit Fühlerblattlehre auf 0,4 mm korrigieren. Dieses Einstellverfahren ist behelfsmäßig und nur bei neuen Kontakten einigermaßen genau.

Öffnen weiterdreht. Je näher man die Kontakte aneinander bringt, um so größer muß der Schließwinkel werden, weil die dicht beieinander liegenden Kontakte länger geschlossen bleiben. Bei größerem Kontaktabstand ist der Schließwinkel dagegen kleiner.

Dem günstigsten Unterbrecherkontaktabstand entspricht ein Schließwinkel von 44–50°. Der mittlere Schließwinkel von 47° entspricht genau 55,5 % eines rechten Winkels – auch auf diesen Wert sind manche Schließwinkel-Tester geeicht. Ein solches Meßgerät hat in der Regel nur die Fachwerkstatt; die preiswertesten Ausführungen beginnen bei etwa 150 DM.

Als „Verschleißgrenze" für die Zündeinstellung gelten 42° und 58°. Zeigt der Schließwinkeltester also einen niedrigeren oder einen höheren Wert als diese Grenzen an, dann muß man den Unterbrecherabstand nachstellen. Oder gleich, wenn man schon einmal dabei ist, neue Kontakte einzubauen.

## Zündzeitpunkt prüfen

Pflegearbeit Nr. 10

Alle 10 000 km wird der Zündzeitpunkt kontrolliert, beim Neueinstellen oder beim Auswechseln der Unterbrecherkontakte oder beim Aus- und Wiedereinbau des Zündverteilers muß neu eingestellt werden. Von dem richtig eingestellten Zündzeitpunkt hängt sowohl die beste Motorleistung wie der sparsamste Kraftstoffverbrauch ab.

Weil diese Einstellung ganz exakt sein muß, empfiehlt VW die Zündzeitpunkt-Einstellung mit einer Stroboskoplampe.

### Oberer Totpunkt und Vorzündung

Der Zündfunke kann das zusammengepreßte Kraftstoff-Luft-Gemisch um so wirkungsvoller entzünden, je stärker dieses auf engstem Raum verdichtet ist. Diese höchste Verdichtung besteht beim Viertaktmotor in jenem Augenblick, in dem der Kolben bei Beendigung des 2. Taktes – des Kompressionshubes – von der Aufwärtsbewegung in die Abwärtsbewegung des 3. Taktes – des Arbeitstaktes – übergeht. Der Kolben steht dann in seinem höchsterreichbaren Standpunkt für einen winzigen Sekundenbruchteil still, bis er sich nach unten bewegt. Diesen Punkt nennt man den „Oberen Totpunkt" (Kurzzeichen OT), zu dem es als Gegenstück den „Unteren Totpunkt" (UT) gibt.

Wie bei der Erläuterung der automatischen Zündzeitpunkt-Verstellung im Zündverteiler auf Seite 120 bereits dargestellt, reicht die „langsame" Verbrennung des Gemisches (etwa $^{1}/_{3000}$ s) aber zur Entzündung im Oberen Totpunkt nicht aus – der Kolben ist bei höherer Drehzahl schon vor der Flammenfront des Kraftstoff-Luft-Gemisches davongelaufen. Darum muß der Zündfunke schon vor Erreichen des OT den „Startschuß" geben. Damit dieser Zündfunke beizeiten kommt, wird der Motor zumeist mit Vorzündung eingestellt, die sich durch die automatische Zündzeitpunkt-Verstellung zu weiterer Frühzündung ausdehnt.

Diese Frühzündung wird auch bei der Einstellung mit der Stroboskoplampe berücksichtigt, denn VW schreibt dazu vor, daß bei einer Drehzahl von 3500 U/min, die mit einem Drehzahlmesser genau einreguliert wird, der Zündzeitpunkt bei den 68-PS-Vergasermotoren 32 Grad und bei den 80-PS-Einspritzmotoren 27 Grad vor dem OT liegen muß. Für die 75-PS- und 85-PS-1,8-Liter-Motoren ab August 1973 gilt der Zündzeitpunkt von 7,5 Grad vor dem OT bei Leerlaufdrehzahl (850 U/min bei Schaltgetriebe, 950 U/min bei Getriebeautomatik). Im Augenblick des Zündzeitpunktes blitzt die Stroboskoplampe auf und beleuchtet die genau vor der Einstellkerbe „stehende" rot ausgelegte Kerbe auf dem Kühlergebläserad (siehe Bild rechts oben). Zu diesem Einstellverfahren muß die Saugleitung(en) am Zündverteiler abgezogen werden, damit der Zündzeitpunkt nicht durch Unterdruck beeinflußt wird.

Die Zündzeitpunkt-Markierungen sind bei den verschiedenen Motorentypen unterschiedlich. Beim 80 PS-Einspritzmotor trägt das Kühlgebläserad rechts eine rot ausgelegte Markierung (27° vor OT für die Einstellung bei laufendem Motor) und links den Buchstaben „O“ eingeprägt (OT für die behelfsmäßige Einstellung bei stehendem Motor). Wenn diese Markierungen vor die Einstellkerbe im Motorgehäuse gebracht werden sollen, darf das Kühlgebläserad nur rechtsherum gedreht werden, sonst wird die Einstellung verfälscht.

**Behelfsmäßige Einstellung bei stehendem Motor**

Stehen Stroboskoplampe und Drehzahlmeßgerät zum Einstellen des Zündzeitpunktes bei laufendem Motor nicht zur Verfügung, so kann auch mit Hilfe einer einfachen Prüflampe bei stehendem Motor die sogenannte „Grundeinstellung“ vorgenommen werden, die allerdings nie so genau wie das Einstellen mit der Stroboskoplampe sein kann. Besonders bei den 1,7-Liter-Motoren sollte man daher die Einstellung bei nächster Gelegenheit mit einer Stroboskoplampe überprüfen (lassen).

Bei der behelfsmäßigen Einstellung bleibt bei den 1,7-Liter-Motoren die Vorzündung außer acht und es wird bei stehendem Motor genau auf den Oberen Totpunkt eingestellt, der auf dem Kühlgebläserad durch die Kerbe ganz links (bis September 1971) oder den Buchstaben „O“ markiert ist. Im Gegensatz dazu wird bei den 1,8-Liter-Motoren auf 7,5° vor OT bei stehendem Motor eingestellt, also auf die rot ausgelegte Einstellmarkierung.

Das Abheben der Unterbrecherkontakte löst den Zündfunken aus, deshalb muß eigentlich der Kontakt-Abhebepunkt eingestellt werden. Das ist – genau genommen – auch die Einstellarbeit bei stehendem Motor.

Deckel des Schauloches herausschrauben, Motor mit Schraubenschlüssel SW 22 an der Lichtmaschinen-Keilriemenscheibe drehen, bis die OT-Marke bzw. die rote 7,5°-vor-OT-Marke bei den 1,8-Liter-Motoren genau vor der Einstellkerbe am Motorgehäuse steht. Wenn Sie vorher die Zündkerzen herausschrauben, läßt sich der Motor leichter durchdrehen. Um die Einstellung ganz genau zu machen und das Lagerspiel zwischen Kurbelwelle und Verteilerwelle auszuschalten, muß die Zündzeitpunkt-Markierung auf dem Kühlgebläserad rechtsdrehend vor die Einstellkerbe gebracht werden. Ist man beim Drehen über die Kerbe hinausgeraten, muß das Kühlgebläserad mindestens eine Vierteldrehung zurückgedreht werden und von neuem im Uhrzeigersinn die Einstellmarkierung vor die Kerbe am Motorgehäuse gebracht werden. Korrekturen in Linksdrehung verfälschen die Einstellung völlig.

Stimmt die Markierungseinstellung genau, wird die Zündung eingeschaltet (aber nicht starten!), Prüflampe mit einem Kabel an Klemme 1 der Zündspule oder des Verteilers (jedenfalls an einen blanken Kontakt des grünen Kabels) anklemmen. Den anderen Pol der Prüflampe – meist eine Nadelspitze – fest an Masse drücken. Nun muß die Prüflampe brennen, wenn die Unterbrecherkontakte bereits geöffnet sind, weil der Zündspulenstrom nur durch die Prüflampe zur Masse fließen kann. Sind die Kontakte geschlossen, brennt die Prüflampe nicht, da der Strom den geringeren Widerstand über die Kontakte wählt.

Zur behelfsmäßigen Zündeinstellung bei stehendem Motor schließt man eine Prüflampe an Klemme 1 der Zündspule an (schwarzer Pfeil). Das Kühlgebläserad wird mit der entsprechenden Zündzeitpunktmarkierung rechtsdrehend vor die Einstellkerbe im Motorgehäuse gebracht (schwarz umrandeter Pfeil). Mit einem Schraubenzieher wird nun noch die Sockelschraube unten am Verteiler gelockert. Bei eingeschalteter Zündung die Prüflampennadel gegen Masse drücken und den Verteiler, wie auf diesen Seiten beschrieben, verdrehen.

Nun mit einem Schraubenschlüssel SW 10 die Klemmschraube unten am Verteiler lockern. Brannte die Prüflampe vorher, muß jetzt der ganze Zündverteiler behutsam im Uhrzeigersinn ein wenig nach rechts verdreht werden, bis die Prüflampe verlöscht, also die Kontakte geschlossen sind. Darauf den Verteiler ganz langsam wieder nach links drehen, bis die Prüflampe gerade aufzuleuchten beginnt. Jetzt haben die Unterbrecherkontakte gerade abgehoben. Das ist der richtige Zündzeitpunkt; die Klemmschraube am Zündverteiler wird wieder festgeschraubt.

**Fingerzeig:** *Wenn der VW 411/412 mit Benzin mit nicht ausreichenden Oktanzahlen gefahren werden muß, soll der Zündzeitpunkt nicht zurückgenommen werden. Da der Motor meist nur kurz mit solchem schlechteren Benzin auskommen muß, kann man auch seine Fahrweise entsprechend einrichten. Fahren Sie nicht Vollgas, sondern möglichst im Bereich des größten Drehmoments, das sind bei den 1,7-Liter-Motoren 2800 U/min oder 22, 40, 60 und 85 km/h und bei den 1,8-Liter-Motoren 3400 U/min oder 27, 50, 75 und 100 km/h in den einzelnen Gängen.*

## Der Zündverteiler

Im Grund genommen besteht der Verteiler nur aus dem Verteilerläufer und dem Verteilerdeckel. Dennoch bezeichnet man das ganze Aggregat, also auch den Unterbrecher und den Fliehkraftversteller, als Verteiler. Sein Antrieb erfolgt über ein Schneckenrad und die Verteilerwelle von der Kurbelwelle. Auf dem oberen Ende der Verteilerwelle sitzt der Verteilerläufer, dessen Metallzunge in geringem Abstand an den Kohlekontakten der Hochspannungsanschlüsse im Verteilerdeckel vorbeidreht. Der Läufer hat also die Aufgabe, den im richtigen Zündzeitpunkt produzierten hochgespannten Stromstoß an die Zündkerzen weiterzuleiten.

Diesen Stromstoß bekommt er über den Mittelanschluß im Verteilerdeckel von der Zündspule, und von der Metallzunge fließt der Strom zu dem in Drehrichtung des Läufers nächsten Kerzen-Hochspannungsanschluß. Bei einem Viertaktmotor leistet jeder Zylinder auf zwei Kurbelwellenumdrehungen nur einen Arbeitstakt, auf zwei Kurbelwellenumdrehungen entfallen also vier Zündungen, eine für jeden der vier Zylinder.

Alle 10 000 km soll der Schmierfilz in der Verteilerwelle einen oder zwei Tropfen Motoröl erhalten, wie auf Seite 45 beschrieben. Außerdem kann gelegentliches Säubern der Deckelinnenseiten nicht schaden. Wenn man dort Kratzer oder gar Risse entdeckt, muß der Deckel ausgewechselt werden. Die Kohle, die in der Mitte durch Federkraft gegen die Metallzunge gepreßt wird, soll in ihrer Führung leichtgängig sitzen.

**Fingerzeige:** *Die von manchen Firmen angebotenen „Zündverstärker" sind trotz großer Versprechungen bisher den Beweis ihrer Nützlichkeit schuldig geblieben. Anders ist es mit den Transistor- und Hochleistungs-Kondensatorzündungen. Jedoch stehen ihre Vorteile, nämlich höhere Lebensdauer der Unterbrecherkontakte, kräftiger Zündfunken bei hohen Drehzahlen und besserer Kaltstart, noch in keinem rechten Verhältnis zu ihrem Preis.*

*Poröse, undichte oder durch Öl gequollene Gummikappen auf dem Verteilerdeckel müssen gegen neue ausgetauscht werden.*

*Es gibt Zündstörungen, die ihre Ursache in feinsten Haarrissen oder strichartigen Schmutzansammlungen im Verteilerdeckel haben. Das kann Stromüberschläge ergeben. Abhilfe schafft meist nur ein Austausch des Verteilerdeckels. Notbehelf: Risse mit Fingernagellack überpinseln.*

*Wenn die Zündanlage gestört scheint, sollte man in stockdunkler Nacht im Freien den Motorlauf beobachten (aber nicht in der verdunkelten Garage, wegen der Gasvergiftungsgefahr!), die Taschenlampe einschaltbereit in der Hand. Wenn sich das Auge an die Dunkelheit gewöhnt hat, kann man unter Umständen am Verteiler, an der Zündspule, den Zündkabeln oder sonstigen Teilen der Zündanlage überspringende blaue Funken erkennen, die genau darauf hinweisen, an welchem Teil der Zündstrom „heimlich" zur Masse abfließt, also die Störung ihre Ursache hat.*

## Die Zündkabel

Bei unseren VW-Modellen machen die Zündkabel keine besonderen Schwierigkeiten, zumal ihre Anschlußkappen gut wasserdicht auf den Verteilerbuchsen und auf den Zündkerzensteckern sitzen. Wird nachträglich ein Autoradio eingebaut, müssen sie gegen solche mit entstörten Steckerbuchsen und Zündkerzen-Entstörsteckern ausgetauscht werden. Beim serienmäßigen Radio sind sie bereits eingebaut.

Wenn die Zündkabel alt und brüchig geworden sind, wodurch natürlich Feuchtigkeit eindringen und den Zündstrom abwandern lassen kann, sollten sie durch neue ersetzt werden. Das kann man ohne weiteres selbst machen, indem man sie aus Meterware passend schneidet.

Entsprechend der Zündfolge 1 — 4 — 3 — 2 sind bei rechtsdrehendem Verteilerfinger die Zündkabel im Verteilerdeckel angeordnet. Wo das Zündkabel für den Zylinder 1 einzustecken ist, kann man bei geöffnetem Verteilergehäuse an einer kleinen Kerbmarke im oberen Gehäuserand erkennen.

## Zündkerzen kontrollieren

Pflegearbeit Nr. 11

Die letzte Station der Zündanlage sind die Zündkerzen. Wenn sie nicht in einwandfreiem Zustand sind, wird alle gute Vorarbeit der Zündanlage wirkungslos. Deshalb soll mindestens alle 10 000 km, besser aber alle 5000 km, den Kerzen einmal prüfend ins Auge gesehen werden – dafür halten die Kerzen bei intakter Zündanlage auch länger als 20 000 km (die das Werk als Wechselintervall empfiehlt).

Die Zündkerzen werden mit einem Steckschlüssel SW 21 herausgeschraubt. Vorher muß allerdings das Luftfilter bzw. dessen Endstücke ausgebaut werden (siehe Seiten 43 und 90).

### Das Zündkerzengesicht

Aussehen und Färbung der Kerzenelektroden geben Rückschlüsse über Vergasereinstellung, Wärmewert der verwendeten Kerzen sowie Einsatzbedingungen des Wagens (Fahrweise). So urteilt man über das „Kerzengesicht":

- mittelbraun oder mittelgrau = gute Vergasereinstellung, Zündkerzen und Motor arbeiten richtig
- schwarz = Vergaser zu fett eingestellt oder Zündkerze ist im Betrieb durch vorwiegende Kurzstreckenfahrten zu kalt. Zündkerze mit nächstniedrigem Wärmewert probieren, wenn Vergasereinstellung stimmt
- hellgrau = Vergaser zu mager eingestellt
- silbrig = Zündkerze wird zu heiß, eventuell durch scharfe Langstreckenfahrten; Zündkerze mit nächsthöherem Wärmewert probieren. Oder Zündung zu früh gestellt
- verölt = Zündkerze setzt aus oder Kolbenringe undicht; wenn bei allen Zündkerzen, Fehler in der Zündanlage.

Zündkerzen, die nicht die richtige mittelgraue oder mittelbraune Farbe zeigen, braucht man nicht gleich wegzuwerfen. Schon um den Fehler einkreisen zu helfen, der aus dem „unschönen" Zündkerzengesicht zu vermuten ist, sollten die Zündkerzen, wie im folgenden Abschnitt beschrieben, gereinigt und im Prüfgerät unter Druck beobachtet werden. Wenn sie sich dort als brauchbar erweisen, kann man sie wieder einbauen (vielleicht untereinander austauschen) und nach kurzer Zeit wieder prüfen. Zeigen die gleichen Zylinder das (vorher notierte) gleiche Ergebnis, ist dort ein lokaler Fehler zu vermuten, zeigen die gleichen Zündkerzen (im anderen Zylinder) dasselbe fehlerhafte Gesicht, haben sie wahrscheinlich doch einen im Prüfgerät nicht erkennbaren Fehler oder sind im Wärmewert nicht richtig gewählt.

### Zündkerzen reinigen

Wenn die ausgebauten Zündkerzen das „richtige" Zündkerzengesicht zeigen und ihre Elektroden offensichtlich nicht zu weit abgebrannt sind (dünn oder völlig rund gebrannte Elektroden), lohnt sich eine Reinigung und Korrektur des Elektrodenabstandes. Die Reinigung ist bei einwandfreiem Zündkerzengesicht und fehlenden Verbrennungsrückständen nicht notwendig. Am besten läßt man die Zündkerzen in einem Sandstrahlgerät reinigen, wie es für diesen Zweck Tankstellen und Werkstätten haben. Denn das Sandstrahlen bläst auch die Rückstände zwischen Mittelelektroden-Isolator (dem „Speckstein") und Zündkerzenkörper heraus, denn gerade dort können Rückstände die Wärmeableitung behindern und den Zündfunken ableiten.

Dieses Zündkerzen-Reinigungsgerät ist in der Regel mit einem Prüfgerät (von Bosch oder Beru) kombiniert. Darin wird der Zündfunke unter einem Druck geprüft, der dem Kompressionsdruck im Verbrennungsraum entspricht. Durch ein Kontrollfenster kann man dabei beobachten, ob der Zündfunke regelmäßig und ohne Ableitung zwischen den Elektroden überspringt.

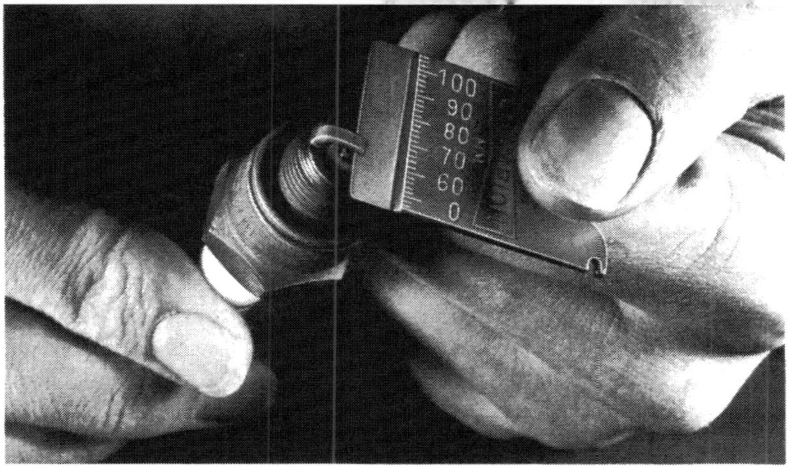


Von Champion gibt es eine praktische „Zündkerzenlehre" zum Nachbiegen und Prüfen des Elektrodenabstandes. Eine keilförmige Kante der Einstell-Lehre wird zwischen die Elektroden geschoben und der Abstand abgelesen.

**Elektrodenabstand nachstellen**

Durch den natürlichen Abbrand erweitert sich der Abstand zwischen den Zündkerzenelektroden mit der Zeit, so daß es dem Zündfunken schließlich immer schwerer wird, zwischen Mittelelektrode und Masseelektrode überzuspringen. Das gibt dann Zündaussetzer und geringere Motorleistung. Deshalb muß der Elektrodenabstand gemessen und im Bedarfsfall nachgestellt werden. Er ist mit 0,7 mm bei unseren VW-Motoren vorgeschrieben.
Mit einer Zündkerzenlehre, wie sie beispielsweise von Champion im Handel ist, kann man den Elektrodenabstand sehr genau nachmessen. Die keilförmige, sich verdickende Kante der Lehre wird zwischen die Elektroden der Kerze geschoben und an der Stelle, wo sie sich nicht weiter verschieben läßt, ist das Maß abzulesen. Bei Abweichungen wird die hakenförmige äußere Elektrode entsprechend nachgebogen (zu enger Abstand: vorsichtig mit Schraubenzieher oder Taschenmesser abwinkeln; zu weiter Abstand: mit dem Griff dieses Werkzeugs leicht gegenklopfen).

## Zündkerzen ersetzen

Pflegearbeit Nr. 53

Die Zündkerzen-Hersteller empfehlen einen Austausch alle 15 000 km, das Volkswagenwerk hält eine Laufzeit von 20 000 km für angemessen. Wer aber seine Zündkerzen regelmäßig gepflegt hat, wird mit ihnen höhere Kilometerleistungen erzielen.

**Der richtige Wärmewert**

Ob eine Zündkerze ihre Pflicht richtig erfüllen kann, ist nicht zuletzt von ihrem sogenannten „Wärmewert" abhängig. Da die verschiedenen Kraftfahrzeugmotoren sehr unterschiedliche Temperaturen in ihren Verbrennungsräumen entwickeln (es leuchtet ein, daß Motoren mit hoher Verdichtung und hoher Leistung mehr Hitze erzeugen als gemütliche Durchschnittsmotoren), kann man nicht jede Zündkerze in jeden Motor einsetzen. Sie muß auf die vom Motor erzeugte Hitze abgestimmt sein. Diese Eigenschaft wird durch den Wärmewert gekennzeichnet, der bei deutschen Zündkerzen einheitlich angegeben wird, z. B. mit 200 oder 225. Je höher diese Zahl ist, um so mehr Hitze kann die Zündkerze ableiten, um selbst nicht zu heiß zu werden. Bei „kälter" arbeitenden Motoren darf man aber auch keinen zu hohen Wärmewert wählen, denn dann wird von der Zündkerze zu viel Wärme abgeleitet und sie hat nicht ihre günstigste Betriebstemperatur, die zur sogenannten „Selbstreinigung" von Verbrennungsrückständen notwendig ist und an den Elektroden bei 500° C liegt.
Aber nicht alle Zündkerzen-Hersteller geben den Wärmewert so offensichtlich an.

Für den 68-PS-Motor wird der Wärmewert 145 empfohlen; beispielsweise:

- AC 45 XL
- Bosch W 145 T 2
- Beru 145/14/3
- Champion N-88

Bei den Motoren mit 75, 80 und 85 PS soll der Zündkerzen-Wärmewert 175 betragen; z. B.:

- AC 44 XL
- Bosch W 175 T 2
- Beru 175/14/3
- Champion N-7 Y

Wer immer sehr verhalten fährt, wird vielleicht bei dem vorgeschriebenen Wärmewert eine verrußte Kerze vorfinden. In diesem Fall sollte man es mit dem nächstniederen Wärmewert versuchen. Und umgekehrt kann bei hochsommerlicher Schnellfahrt ein höherer Wärmewert von Nutzen sein. Es kommt auf den Versuch an, aber man sollte sich immer vor Augen halten, daß das Werk die oben genannten Kerzen nicht ohne Grund vorschreibt.

**Die richtige Gewindelänge**

Die für den VW 411/412 benötigten Kerzen sind nicht so Allgemeingut wie die Zündkerzen für die übrigen Heckmotor-Volkswagen. Für unsere VW-Modelle sind Zündkerzen mit 19 mm Gewindelänge erforderlich (bei den anderen VW-Kerzen nur 12,7 mm).
Ist das Einschraubgewinde zu kurz, so springt der Zündfunke innerhalb der Gewindegänge des Zylinderkopfes im „toten Raum" über, d. h. es fehlt dort am zündfähigen Kraftstoff-Luft-Gemisch, so daß der Motor allenfalls schlecht läuft. Der nicht verbrennende Kraftstoff wäscht derweilen den Schmierfilm von den Zylinderwänden ab (ergibt trocken laufende Kolben und starken Metallabrieb) und die restlichen Gewindegänge im Zylinderkopf „backen" mit Verbrennungsrückständen zu. Zumindest müssen am Zylinderkopf die restlichen Gewindegänge mit einem Gewindeschneider wieder von den Verbrennungsrückständen befreit werden.

**Fingerzeige:** *Bei heißem Motorblock niemals kalte Zündkerzen zu fest einschrauben. Nach Abkühlen des Motors oder Erwämung der Zündkerzen sitzt diese wie eingenietet fest.*
*Das Kerzengewinde darf vor dem Einbau auf keinen Fall geölt werden, um es besser gängig zu machen. Öl würde verkohlen und die Zündkerze im Gewinde festbacken. Statt dessen mit einem weichen Bleistift Graphit auf das Gewinde schaben. Die Zündkerze läßt sich später spielend herausschrauben.*
*Beim VW 411/412 sind die Zündkerzen – anders als beim Käfer und VW 1600 – von oben zugänglich. Aber sie sind nicht etwa senkrecht eingeschraubt, sondern die Zündkerzen einer Zylinderreihe sind leicht v-förmig zueinander geneigt. Die Zylinderköpfe bestehen aus Leichtmetall, in das direkt die Kerzengewinde geschnitten sind. Beim Kerzeneinschrauben daher Vorsicht und Zündkerzen möglichst zuerst mit der Hand ohne Werkzeug in die ersten Gewindegänge einschrauben, sonst kann das Gewinde durch eine falsch angesetzte Zündkerze schnell zerstört werden. Damit wird der Zylinderkopf unbrauchbar. Bei zerstörtem Kerzengewinde kann die Zündkerze bei höheren Drehzahlen mit lautem Knall herausfliegen. Trotzdem muß der Zylinderkopf nicht gleich ersetzt werden. Die Werkstatt kann einen Stahlgewinde-Einsatz einpassen (Heli-Coil-Gewindeeinsatz der Firma Böllhoff & Co., 4812 Brackwede, Bunsenstraße 1).*
*Wenn bei Vergaser- oder Einspritzmotoren Schwierigkeiten beim Start und beim Kaltlauf auftreten, werden von VW-Werkstätten oft Champion-Zündkerzen empfohlen, die besonders gut auf die VW-Motoren abgestimmt zu sein scheinen.*

# Leuchtfeuer

Die Beleuchtungseinrichtungen unserer Autos sind im Laufe der Zeit immer leistungsfähiger geworden – der Schein einer Karbidlampe würde bei den heutigen Verkehrsverhältnissen nicht mehr ausreichen. Aber auch die besten Halogenscheinwerfer, wie sie der VW 411 E und der VW 412 haben, sind nur dann von Nutzen, wenn sie richtig eingestellt und ihre Glühlampen in Ordnung sind. Gutes und vollständiges Licht ist bei Nachtfahrten – vor allem auf Autobahnen und Bundesstraßen – ein wichtiger Sicherheitsfaktor, und wer schon einmal einem „Einäugigen" begegnet ist, von dessen zwei Scheinwerfern nur einer mit Standlicht oder überhaupt nicht brannte, weiß, wie irritierend das für den Entgegenkommenden ist.
Aber nicht nur die Scheinwerfer sollten in Ordnung sein. Auch für den Hinterherfahrenden ist es wichtig, zu erkennen, wo sich was vor ihm befindet. Also soll man der einwandfreien Funktion der Rückleuchten, der Bremslichter und der Blinker Aufmerksamkeit schenken und im Falle eines Defektes dafür sorgen, daß der Schaden umgehend behoben wird.

## Ersatzlampen im Handschuhfach

Die Glühlampen im Auto haben bei weitem keine so lange Lebensdauer wie etwa Haushalts-Glühbirnen. Das liegt nicht nur an den ständigen Erschütterungen während der Fahrt, die das Glühlampenleben verkürzen, sondern hat auch kalkulatorische Gründe.
Um eine defekte Glühbirne gleich ersetzen zu können, ist es empfehlenswert, ein Ersatzlampen-Kästchen, wie es von Osram oder Philips angeboten wird, mitzuführen. Damit Sie für Ihren VW die richtige Ersatzlampen-Bestükkung griffbereit haben, finden Sie hier eine Aufstellung der 12-Volt-Birnen aller äußeren Beleuchtungsorgane.

| | |
|---|---|
| Hauptscheinwerfer VW 411 bis Juli 69: | |
| Asymmetrische Zweifadenlampe | 45/40 Watt |
| Hauptscheinwerfer VW 411 E, 412 (Doppelscheinwerfer): | |
| Halogenlampe H 1 | 55 Watt |
| Standlicht: Röhrenlampe | 4 Watt |
| Parkleuchten bis Jan. 72: Röhrenlampe | 4 Watt |
| Blinkleuchten vorn und hinten: Kugellampe | 21 Watt |
| Brems- und Schlußlicht: Zweifaden-Kugellampe | 21/5 Watt |
| Kennzeichenleuchte Limousine bis Juli 1972 | 10 Watt |
| Limousine ab August 1972, Variant | 5 Watt |
| Rückfahrscheinwerfer: Kugellampe | 25 Watt |

## Prüfen der Beleuchtungsanlage

Pflegearbeit Nr. 39

Zwar sollte man sich vor Antritt der Fahrt jeweils davon überzeugen, daß die Außenbeleuchtung einwandfrei funktioniert, aber wer tut das schon, zumal, wenn er allein ist. Bei Dunkelheit ist es oft nicht schwer, sich von der einwandfreien Funktion der Leuchten zu überzeugen. Vordermänner reflektieren das Licht beider Scheinwerfer des Wagens oft durch die Stoßstange oder Lackierung. Man kann natürlich auch vor eine helle Wand fahren und beobachten, ob Reflexionen an zwei nebeneinanderliegenden Punkten vorhanden sind, also beide Scheinwerfer brennen. Die Rück- und Bremsleuchten kann man dadurch kontrollieren, daß man im Rückspiegel ihren Reflex in einem anderen Wagen beobachtet, oder ebenfalls an einer hellen Wand (z. B. in der Garage).

Der Ausfall einer Leuchte kann auch einen ganz besonderen Grund haben. Daher soll man bei völlig „toten" Leuchten deren Birne, ehe man sie gleich wegwirft, etwas genauer ansehen. Sie kann noch selbst in Ordnung sein, aber die Stromzufuhr klappt irgendwo nicht. Lampenfassung, Kabelverbindung oder die dazugehörige Sicherung lassen keinen Strom durch, was besonders dann auffällt, wenn auch die neue Birne nicht brennt.

Abhilfe: Birne bei eingeschaltetem Strom leicht hin- und herdrehen, flackert sie auf, Strom ausschalten und Lampenfassung und inwendige Kontaktzungen mit Taschenmesser vorsichtig blankschaben. Gleiches Verfahren bei der entsprechenden Schmelzsicherung (welche Sicherung „zuständig" ist, kann im Kapitel „Elektrische Leitungen" nachgeschlagen werden). Bleiben beide Versuche erfolglos, kann nur eine Kabelverbindung lose oder oxydiert sein (der Schaltplan im hinteren Buchrücken gibt Aufschluß über den Verlauf der Zuleitung).

**Halogen-Scheinwerfer-lampen auswechseln**

Seit August 1969 besitzt der VW Typ 4 Doppelscheinwerfer mit getrennten Reflektoren für Fern- und Abblendlicht. Der Fernscheinwerfer sitzt zur Fahrzeugmitte hin, das Abblendlicht wird vom äußeren Scheinwerfer ausgestrahlt. Wenn eine der Halogen-Einfadenlampen ausgefallen ist, kann dies sowohl an einem durchgebrannten Glühfaden als auch an einer schadhaften Masseverbindung liegen.

Um an die Glühbirnen heranzukommen, öffnet man die Kofferraumhaube, schraubt die Kunststoff-Rändelschraube der Abdeckkappe los und nimmt letztere ab. Die Gummischutzkappe wird am betreffenden Reflektor hinten abgezogen und über die Kabel gestreift. Dann zieht man das gelbe oder weiße Kabel an der Halogenbirne ab, hakt den Federdrahtbügel aus, klappt ihn nach oben und zieht die defekte Lampe heraus. Achten Sie beim Einsetzen der neuen Lampe darauf, daß der Birnensockel genau in die Aussparungen des Reflektors paßt. Die abgeschrägte Stelle der Birnensockelplatte muß seitlich nach unten zeigen. Anschließend Haltebügel der Glühlampe einhängen, Kabel und Gummischutzkappe aufschieben, Abdeckkappe auf-

Zum Auswechseln einer Halogenlampe (1) schraubt man die Abdeckkappe des Scheinwerfergehäuses los, zieht die Gummischutzkappe (3) am betreffenden Scheinwerfer ab und zieht das Kabel von der defekten Glühlampe ab. Nach Aushaken der Lampenhaltefeder (2) können Sie die Glühbirne entnehmen und eine neue einsetzen. Beim Einbau darauf achten, daß die abgeflachte Stelle am Lampensockel nach links unten zeigen muß.

Die Standlichtbirnen sitzen in den äußeren Scheinwerfern unter den Halogenglühlampen. Zum Austausch die Abdeckkappe losschrauben, die Gummischutzkappe über die Kabel streifen und die Fassung der Standlichtlampe herausziehen. Defekte Glühlampe in die Fassung drücken, nach links drehen und herausziehen. Der Glaskolben der neu eingesetzten Lampe soll nicht mit den Fingern berührt werden.

setzen (dabei auf einwandfreien Sitz der Gummidichtung achten) und die Kunststoff-Rändelschraube nicht zu fest anziehen.

**Standlichtlampe auswechseln**

Im äußeren Abblendlicht-Reflektor sitzt unter der Halogen-Glühbirne die Standlichtlampe. Um sie auszuwechseln, nimmt man wie oben beschrieben die Abdeck- und die Gummischutzkappe ab. Nachdem das graue Kabel abgezogen wurde, kann die Standlichtlampe samt Fassung aus dem Reflektor gezogen werden. Die defekte Glühbirne ein wenig in die Fassung drücken, nach links drehen und herausnehmen. Neue Lampe in die Fassung einsetzen und letztere bis zum Anschlag in den Reflektor hineindrücken. Kabel wieder aufstecken und Abdeckkappe aufsetzen.

**Scheinwerferbirnen wechseln VW 411 bis Juli 1969**

Der VW 411 der ersten Bauserie besitzt Ovalscheinwerfer mit je einem Reflektor und einer Zweifaden-Glühlampe („Bilux"). Zum Auswechseln dieser Lampe die Abdeckkappe abdrücken (an der Unterseite befinden sich zwei Griffleisten) und den schwarzen dreipoligen Stecker vom Lampensockel abziehen. Der Klemmring, den eine Feder nach hinten drückt, wird nun gegen den Reflektor gedrückt, nach links gedreht und läßt sich dann ausrasten und abnehmen. Alte Glühbirne herausnehmen. Beim Einsetzen der neuen Birne beachte man die Fixiernase unten an der Lampenfassung, die in die entsprechende Aussparung des Reflektors passen muß. Die mittlere der drei Steckerfahnen steht dann oben.
Die Standlichtlampe sitzt – von einer Kontaktfeder gehalten – in einer kleinen Fassung im Klemmring des Scheinwerfers. Zum Ausbau wird der Klemmring, wie eben beschrieben, gelöst. Die kleine Birne kann, nachdem sie leicht angedrückt und gedreht wurde, aus der Klemmringfassung entnommen werden. Eine neue Lampe wird so eingesetzt, daß die beiden Nasen am Lampensockel in die entsprechenden Aussparungen des Klemmringes einrasten.

**Fingerzeig:** *Neue oder intakte Glühlampe nicht am Glaskolben mit bloßer Hand anfassen, denn der Abdruck von Handschweiß wäre unvermeidbar. Dieser verdampft dann auf der brennenden Glühlampe und trübt den Scheinwerferspiegel. Darum beim Einsetzen einer neuen Lampe sauberes Taschentuch benutzen.*
*Die Spiegelfläche des Reflektors ist „aufgedampft" und äußerst empfindlich, sie darf weder mit den Fingern berührt, noch gar mit einem Lappen gereinigt werden.*

**Scheinwerferscheibe ersetzen**

Wurde ein Scheinwerferglas durch Steinschlag oder Unfall beschädigt, sollte es möglichst bald ersetzt werden, da sonst Feuchtigkeit eindringen kann, die die Korrosion im Scheinwerfer fördert. Bei Fahrzeugen mit Doppelscheinwerfern bestehen Streuscheibe (der Name besagt, daß diese Scheibe das gebündelte Licht des Reflektors fahrgerecht „streut") und Scheinwerferspiegel aus einem Teil. Sie können nur komplett erneuert werden. Dazu schraubt man die beiden Kreuzschlitzschrauben der Scheinwerfer-Zierblende los, zieht den Dichtring ab und löst die 3 Kreuzschlitzschrauben, mit denen der Haltering eines Scheinwerfer-Einsatzes befestigt ist. Hinten am Reflektor sind die Kabel abzuziehen und die Glühlampen auszubauen (siehe vorige Seite). Beschädigten Scheinwerfer-Einsatz aus dem dahinter liegenden Einstellring herausnehmen. Neuen Fernlicht- bzw. Abblendlicht-Einsatz in den Einstellring entsprechend den Haltenasen und Aussparungen einsetzen (Glasriffelung muß senkrecht stehen). Haltering wieder aufsetzen – er paßt nur in einer bestimmten Stellung – und festschrauben. Dichtring mit Profilgummikleber einkleben, dabei auf gute Abdichtung achten. Zierblende aufschrauben.
Bei Fahrzeugen mit Ovalscheinwerfern ist ein Streuscheibenwechsel einfacher: 4 Kreuzschlitzschrauben des Chromringes lösen, Chromring und die dahinter liegende Streuscheibe mit Gummidichtung abnehmen. Dichtring auf neue Streuscheibe aufziehen und in den ovalen Chromring einsetzen. Die spitz zulaufende Riffelung für das asymmetrische Abblendlicht muß von vorn gesehen nach rechts zeigen.

## Scheinwerfer einstellen
Pflegearbeit Nr. 40

Auch wenn nur eine neue Scheinwerferlampe unterwegs eingesetzt wurde, muß die Einstellung der Scheinwerfer überprüft werden, denn selbst Bruchteile eines Millimeters in der Fertigungstoleranz einer Glühbirne machen sich auf 25 oder 100 Meter Entfernung im Scheinwerferstrahl bemerkbar. Wenn ein neuer Scheinwerfer-Einsatz eingebaut wurde, ist eine Neueinstellung auf keinen Fall zu umgehen.
Behelfsmäßig geschieht das folgendermaßen: Wagen etwa 10 bis 20 Meter vor einer möglichst hellen Wand aufstellen und Fern- bzw. Abblendlicht (je nachdem, welche Glühlampe ersetzt wurde) einschalten. Der neu bestückte Scheinwerfer wird der Höhe nach mit dem unveränderten, entsprechenden Scheinwerfer gleichgestellt. Zum Verstellen benötigen Sie kein Werkzeug, es geschieht mit der Einstellschraube oben an der Rückseite des Reflektors für jeden der 4 Scheinwerfer getrennt.
Beim VW 411 mit ovalen Scheinwerfern wird nur das Abblendlicht eingeschaltet, das nach oben eine scharf abgegrenzte Hell-Dunkel-Grenze hat. Der

Die Schraube oben am Scheinwerfer dient zur Höheneinstellung des Scheinwerferstrahls. Sie wird beim Justieren der Scheinwerfer zuerst gedreht. Wenn die Höhe stimmt, wird die Seitenrichtung mit der linken Schraube eingestellt. Achten Sie beim Zusammenbau, daß das Massekabel (31) angeschlossen ist, sonst kann der Scheinwerfer nicht leuchten.

mit neuer Glühbirne versehene Scheinwerfer wird entsprechend der bisherigen Einstellung in der Höhe ausgerichtet. Das geschieht mit der links oben liegenden Rändelschraube.
Bis zur demnächst fälligen genauen Einstellung der Scheinwerfer kann man sich die Seiteneinstellung bei beiden Scheinwerfersystemen sparen.
Bei etwas Übung kann man auch selbst während der Fahrt beurteilen, ob die Fahrbahn nicht mehr richtig ausgeleuchtet wird. Spätestens merkt man es dann, wenn man von entgegenkommenden Verkehrsteilnehmern angeblinkt wird.

**Hilfsmarken an der Garagenwand**

VW-Vertretungen, Autoelektrik-Werkstätten und viele Tankstellen verfügen über Scheinwerfer-Einstellgeräte, so daß man jederzeit eine Kontrolle oder Neueinstellung durchführen lassen kann. Man kann es auch selbst machen, wenn eine völlig ebene Fläche von mindestens 9 Metern Länge mit abschließender senkrechter Wand zur Verfügung steht. Ferner benötigen Sie eine Hilfsperson, ein Maßband und eine gerade Latte zum Anzeichnen. Der Reifenluftdruck ist vor der Scheinwerfer-Einstellung zu kontrollieren.
Der VW wird genau senkrecht und im Abstand von 5 Metern vor die Wand gerollt. Peilen Sie nun durch das Heckfenster nach vorne über die Kofferraumhaube jenen Punkt auf der Wand an, der die Mitte Ihres Fahrzeugs markiert. Als Hilfspunkte nehmen Sie die obere mittlere Zierleistenklammer des Heckfensters und den Haltearm des Innenspiegels. Wo Ihr Auge die Wand anvisiert, lassen Sie von dem Helfer einen kurzen senkrechten Strich anzeichnen. Messen Sie nun die Höhe „d" der Scheinwerfermittelpunkte über dem Boden, zeichnen Sie die Maße auf der Wand an und ziehen Sie durch die Markierungen die waagerechte Linie „F" (siehe Zeichnung unten). 5 cm darunter zieht man die Linie „A", die das Höhenmaß für die Einstellung des Abblendlichtes darstellt. Auf ihr markiert man nun vom Mittelpunkt „M" aus den Abstand zu den Mittelpunkten der Abblendscheinwerfer. Bei den verschiedenen Modellen ist dieses Maß „a" unterschiedlich. VW 411 mit ovalen Scheinwerfern: a = 555 mm; VW 411 mit Doppelscheinwerfern: a = 635 mm; VW 412: a = 565 mm.
Bei Fahrzeugen mit Vier-Scheinwerfer-System müssen auch noch die Mittelpunkte der Fernscheinwerfer eingezeichnet werden. Vom Mittelpunkt „M" aus gemessen beträgt der Abstand beim VW 411 f = 474 mm und beim VW 412 f = 400 mm. Alle Einstellmarkierungen werden mit einem deutlichen Kreuz gekennzeichnet.
Erst nach diesen Vorbereitungen kann das eigentliche Einstellen beginnen.

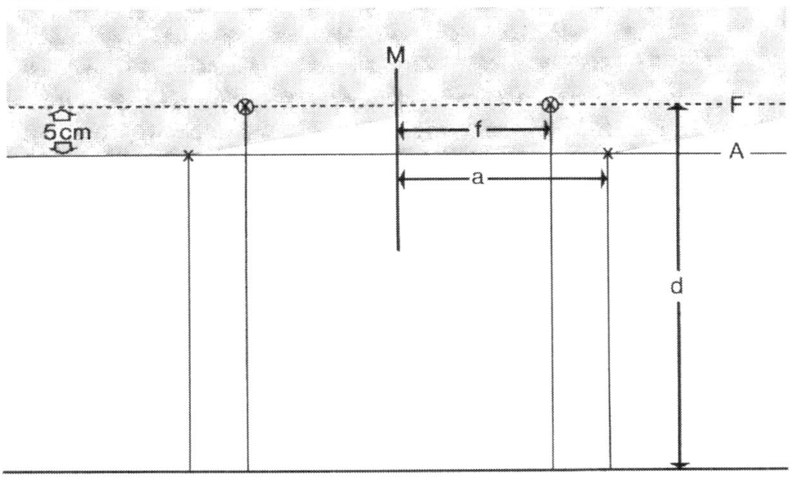


Vor der senkrechten Wand, auf der Sie diese Hilfslinien zum Einstellen der VW-Scheinwerfer ziehen, sollten Sie 9 Meter ebene Fläche haben. Die Buchstaben haben folgende Bedeutung: M — Fahrzeugmittelpunkt, f — Abstand der Fernscheinwerfer zum Mittelpunkt, a — Abstand der Abblendscheinwerfer zum Mittelpunkt, d — Höhe der Scheinwerfer am Wagen gemessen. Aus 5 Metern Entfernung soll die Leuchthöhe der Fernscheinwerfer (F) 5 cm über der Leuchthöhe der Abblendscheinwerfer (A) liegen.

Dazu muß die Hilfsperson in der Mitte der Rücksitzbank Platz nehmen. Bei eingeschaltetem Abblendlicht sollen die Knickpunkte der Hell-Dunkel-Grenze, die das asymmetrische Licht erzeugt, auf das entsprechende Kreuz zeigen.
Die Scheinwerfer werden nun abwechselnd mit einer Decke oder einer Jacke verdeckt, damit sich die beiden „Lichtbilder" nicht gegenseitig stören. Zeigt einer der Abknickpunkte nicht auf das für ihn bestimmte Markierungskreuz, wird zuerst mit der Höhen-Einstellschraube und dann mit der Seiten-Einstellschraube (siehe Bild Seite 135) der Scheinwerferstrahl justiert, bis der Abknickpunkt genau auf dem Markierungskreuz liegt.
Beim Vier-Scheinwerfer-System muß auch das Fernlicht eingeschaltet werden; der hellste Fleck zeigt dann auf das entsprechende Markierungskreuz auf der Linie „F". Wenn bei eingeschaltetem Fernlicht das Abblendlicht mitbrennt, muß letzteres abgedeckt werden, sonst erkennen Sie die betreffenden Markierungen schlecht. Wer einen VW 411 mit ovalen Scheinwerfern besitzt, hat keine Arbeit mehr; da stimmt die Einstellung des Fernlichts automatisch bei richtig eingestelltem Abblendlicht.

**Fingerzeig:** *Seit August 1973 brennen bei eingeschaltetem Fernlicht die Abblend- und Fernscheinwerfer zusammen. Dieses Fernlicht aus vier Scheinwerfern läßt sich auch bei älteren Modellen ohne großen Aufwand erzielen. Dazu wird der Sicherungskasten ausgebaut und die weiß-schwarze Leitung (Klemme 56) und das gelbe Kabel (Klemme 56 b) vom Abblendrelais (siehe Abbildung Seite 113) abgezogen. Die gelbe Leitung wird an Klemme 56 des Abblendrelais eingesteckt und das schwarz-weiße Kabel mit einem Doppelstecker versehen und zusammen mit dem bereits vorhandenen gelben Kabel an der Stromeingangsseite der Sicherungen 3 und 4 eingesteckt.*

## Lampenwechsel

### Blinkleuchten

Zunächst die vorderen Blinker: 2 Kreuzschlitzschrauben des Abdeckglases lösen und Blinkerglas abnehmen. Defekte Birne herausnehmen (andrücken, nach links drehen und aus der Fassung ziehen). Beim Wiedereinbau auf richtigen Sitz der Gummidichtung achten und Schrauben nicht zu fest anziehen. Ein erblindeter Reflektor sollte umgehend erneuert werden. Dazu 2 Kreuzschlitzschrauben lösen, Reflektor aus den vorderen Halterungen herausdrücken und zusammen mit der Fassung abnehmen.
Die hinteren Blinkleuchten sitzen in der kombinierten Heckleuchte unter einem separaten gelben Abeckglas, das ebenfalls von 2 Kreuzschlitzschrauben gehalten wird.

Zum Blinkerlampenwechsel vorn die beiden Kreuzschlitzschrauben des Abdeckglases losdrehen. Das Blinkergehäuse wird ebenfalls von zwei Kreuzschlitzschrauben im Kotflügel gehalten. Diese Schrauben sitzen neben den Löchern für die Abdeckglasschrauben. Beim Zusammenbau die Schrauben des Abdeckglases nicht zu stark festschrauben, das Kunststoffglas kann sonst brechen.

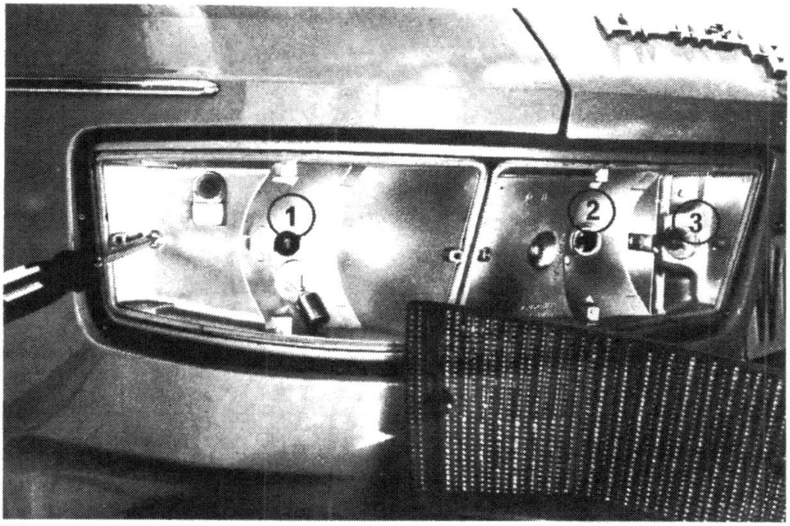


Die Heckleuchte besitzt zwei Abdeckgläser, die von je 2 Kreuzschlitzschrauben gehalten werden. Außen sitzt die Blinkerlampe (1), in der Mitte die Zweifadenlampe der Schluß- und Bremsleuchte (2) und zum Nummernschild hin die Glühbirne des Rückfahrscheinwerfers (3). Das Gehäuse der Heckleuchte ist mit 3 Kreuzschlitzschrauben an der Karosserie befestigt; links im Bild ist der Schraubenzieher an einer dieser Schrauben angesetzt.

**Fingerzeige:** *Die Blinkleuchten vorn und hinten müssen unbedingt die vorgeschriebenen 21 Watt haben. Eine Lampe mit anderen Daten verändert den Rhythmus der Blinker.*
*Wenn eine Blinklampe ausgefallen ist – man merkt es am doppelt schnellen oder ausbleibenden Aufleuchten der Blinkerkontrollampe –, nicht gleich eine neue Lampe einsetzen. Zunächst bei eingeschalteter Zündung und eingeschaltetem Blinklicht prüfen, ob nicht Korrosion oder mangelnder Kontakt die Ursache für das Versagen ist: Lampe in ihrer Fassung bewegen, Fassung notfalls etwas nachbiegen.*

**Brems- und Schlußleuchte**

In der Mitte der Heckleuchte sitzt die Zweifaden-Glühbirne für das Brems- und Schlußlicht. Zum Austausch müssen die 2 Kreuzschlitzschrauben des rotweißen Abdeckglases gelöst werden. Zwei in der Höhe verschieden angeordnete Nasen am Birnensockel sorgen dafür, daß die Lampe nicht falsch eingesetzt wird.
Zum Ausbau des kompletten Lampengehäuses sind 3 Kreuzschlitzschrauben zu lösen. Dann kann man das Gehäuse vorsichtig herausnehmen und die Kabel abziehen. Achten Sie beim Einbau darauf, daß sämtliche Kabel richtig angeschlossen und die Schutzkappen aufgesteckt sind.

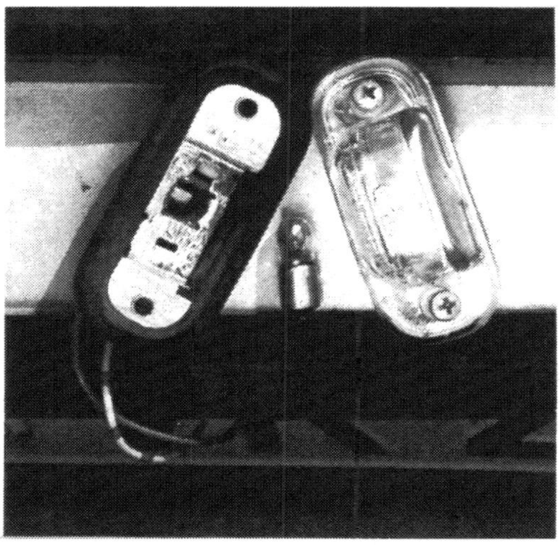

Nach Lösen von 2 Kreuzschlitzschrauben der Kennzeichenleuchte kann man das Gehäuse zusammen mit dem Abdeckglas herausziehen und kommt nun bequem an die Glühbirne heran. Lampe leicht hineindrücken, nach links drehen und herausziehen. Kontrollieren Sie beim Zusammenbau, ob die Kabelanschlüsse hinten an dem Leuchtengehäuse fest aufgesteckt sind.

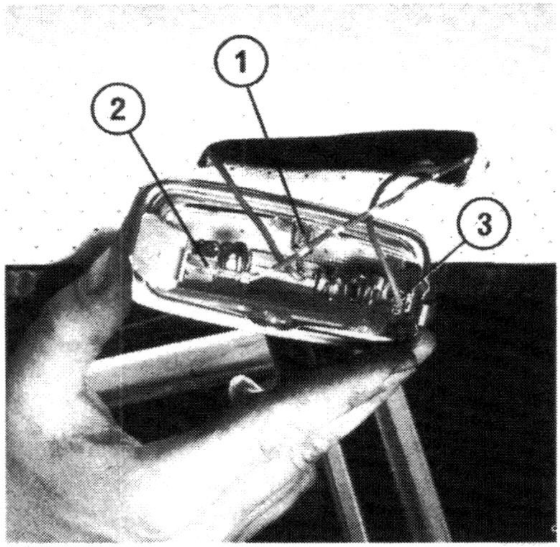


Zum Ausbau der Innenleuchte drückt man mit einem feinen Schraubenzieher gegen die Klemmfeder des Lampengehäuses (rechts im Bild sichtbar) und hebelt die Leuchte heraus. Es bedeuten: 1 — braunes Kabel des Handschalters zur Masse, 2 — braun-weißes Kabel zu den Türkontaktschaltern, 3 — rotes Kabel von Sicherung Klemme 30. Beim Einbau wird die Innenleuchte zuerst mit der Schalterseite und dann mit der Klemmfederseite in den Dachausschnitt eingesetzt.

**Rückfahrleuchte**

Zur Wagenmitte hin sitzt unter dem Abdeckglas der Heckleuchte die Lampe des Rückfahrscheinwerfers. Der Schalter für die Rückfahrleuchte befindet sich am Schaltgetriebe abschraubbar (SW 22) in halber Höhe links vorn; bei Fahrzeugen mit Getriebeautomatik ist er im Anlaß-Sperrschalter unter der Abdeckung für die Schaltbetätigung untergebracht.

**Kennzeichenleuchte**

Bis Anfang 1972 besaßen die VW Typ 4-Modelle an den vorderen Kotflügeln Parkleuchten. Das Abdeckglas wird von einer Kreuzschlitzschraube gehalten. Beim Einbau ist darauf zu achten, daß die kleine Haltenase zuerst eingesteckt und die Schraube nicht zu fest angezogen wird. Der Lampenträger läßt sich nach Lösen von 2 Kreuzschlitzschrauben und Abziehen des Kabelsteckers herausnehmen.

**Parkleuchte**

Bis Juli 1972 besaß die Limousine eine Kennzeichenleuchte, die mit einer 10-Watt-Glühbirne bestückt war; seit August 1972 sind es zwei Leuchten mit je einer 5-Watt-Birne. Der Variant verfügt ebenfalls über zwei 5-Watt-Glühbirnen. Zum Auswechseln einer Glühlampe müssen 2 (Variant 3) Kreuzschlitzschrauben gelöst werden, um das Leuchtenglas abnehmen zu können.

**Innenleuchte**

Die komplette Innenleuchte kann mit einem vorn angesetzten, feinen Schraubenzieher aus dem linken Dachholm gehoben werden, wenn man die Klemmfeder etwas zurückdrückt. Glühlampe aus den Kontaktfedern herausnehmen und ersetzen. Da die Innenleuchte ständig unter Strom steht, sollte man vor

Wenn beim Öffnen einer Tür die Innenraumleuchte nicht einschaltet, obgleich sie beim Öffnen der anderen Tür funktioniert, liegt der Fehler zumeist im betreffenden Türkontaktschalter. Dessen Halteschraube herausdrehen, den ganzen Schalter aus dem Türrahmen ziehen, reinigen (Schaltkontakt stellt Verbindung zur Masse her und läßt die Lampe dadurch leuchten), blank schaben. Der Kontaktstift muß sich leicht einfedern lassen und gut zurückfedern. Im Bedarfsfall leicht einölen.

dem Ausbau das Minuskabel der Batterie lösen, um Kurzschlüsse zu vermeiden. Beim Einbau zuerst die Schalterseite und dann die Klemmfeder in den Ausschnitt im Dachholm drücken.

## Der Lichtschalter

Durch Einkreisen einer Störung mit einer Prüflampe kann sich herausstellen, daß der Fehler im Lichtschalter sitzt. Um besser zur Fehlersuche an die Schalterrückseite mit den Kabelanschlüssen heranzukommen, kann man den Schalter komplett ausbauen. Um Kurzschlüsse zu vermeiden, wird zuerst das Minuskabel der Batterie gelöst, das bei der späteren Prüfung am ausgebauten Schalter wieder angeschlossen wird. Wie man den Lichtschalter ausbaut, ist im Bild unten gezeigt.
Die an der Schalterrückseite angeschlossenen 7 Kabel (bis Juli 1970 6 Kabel) brauchen Sie nicht zu verwirren. Durch eines der 3 dicken roten Kabel erhält der Lichtschalter an eine Klemme 30 stets Strom auch bei ausgeschalteter Zündung direkt von der Batterie (über Klemme B + des Reglerschalters). Welches der drei roten Kabel dies ist, kann man nach Abziehen von ihrer Schalterklemme mit der Prüflampe ermitteln. Die beiden anderen roten Kabel (ebenfalls an eine Klemme 30 angeschlossen) liefern dauernd Strom einmal an Sicherung Nr. 4 bzw. 3 (damit auch stets stromführend) und zum anderen an Klemme 30 des Zündschlosses. Die drei roten Kabel könnten also ebensogut an einer einzigen Schalterklemme zusammenstecken. Wird nun der Lichtschalter halb herausgezogen, erhalten die Klemmen 58 (graues Kabel zu den Sicherungen für das Standlicht) und 58 b (grau-rotes Kabel zur Instrumentenbeleuchtung) Strom. Die an die Klemme 58 b gelieferte Spannung ist überdies mit dem Schalterknopf noch regelbar. Außerdem erhält auch noch die Klemme 57 (grau-schwarzes Kabel; nur bis Juli 1973) Strom, an die die Standlicht-Kontrollampe angeschlossen ist.
Zieht man den bis Juli 1970 eingebauten Lichtschalter ganz heraus, erhält zusätzlich die Klemme 56 Strom (weiß-schwarzes Kabel zum Abblend-Relais), die für Fern- und Abblendlicht zuständig ist. Ab August 1970 erhielt der Lichtschalter einen zusätzlichen Kontakt mit der Bezeichnung X (weil es dafür keine Normklemmenbezeichnung gibt). Das daran angeklemmte Kabel verbindet den Lichtschalter mit der gleichbezeichneten Klemme X des Zündschlosses. Das Ganze nennt sich „Zündschloßabhängige Scheinwerferschaltung" und bewirkt, daß die Klemme 56 für Fern- und Abblendlicht nicht mehr, wie bis Juli 1970, direkt von Klemme 30 des Lichtschalters, sondern vom Zündschloß mit Strom versorgt wird. Dies geschieht aber nur bei eingeschalteter Zündung. Am stehenden Fahrzeug kann also nur noch das Stand-

Soll der Lichtschalter oder ein anderer Zugschalter ausgebaut werden, zuerst Rändelknopf von der Schalterwelle abdrehen. Darunter hält eine Rosette den Lichtschalter im Armaturenbrett fest. Sie wird in der Werkstatt mit einem Spezialschlüssel herausgedreht. Mann kann sich aber auch helfen, indem man zwei feine Schraubenzieher über Kreuz in die Schlitze der Rosette steckt und diese so aufdreht. Danach den Schalter zur Armaturenbrett-Rückseite herausschieben.

licht brennen, ebenso während des Startvorganges, bei dem sich die Batteriekraft ganz auf den Anlasser konzentrieren kann.
Mit diesen Hinweisen dürfte sich ein Fehler – etwa ein gebrochener Kontakt im Schalter – ermitteln und feststellen lassen, ob ein neuer Lichtschalter eingebaut werden muß oder nicht. Das kann man sich z. B. sparen, wenn die Lichtstärkeregelung der Klemme 58 b defekt ist. Dann läßt sich das grau-rote Kabel an die Klemme 57 anschließen, nur brennt dann die Instrumentenbeleuchtung stets mit gleicher Helligkeit.

## Zusätzliche Leuchten

Mancher Autofahrer möchte die Vorderfront seines VW mit zusätzlichen Scheinwerfern „verzieren". Bei Fahrzeugen mit Vier-Scheinwerfer-System dürfen es allerdings keine zusätzlichen Fernscheinwerfer sein, es sei denn, man legt das serienmäßige Fernlicht still und montiert größere Zusatz-Fernscheinwerfer. Ob eine derartige Umrüstung jedoch sinnvoll ist, bleibt fraglich.

### Nebelscheinwerfer

Anders ist es bei Nebelscheinwerfern, die, wenn sie richtig montiert werden, bei Nebel und Schneetreiben (nur dann darf man sie einschalten) die Straßenränder besser ausleuchten. Man sollte sie deshalb unter der Stoßstange anbringen, andernfalls nützen sie nicht viel mehr als das normale Abblendlicht.
Wer Nebelscheinwerfer selbst anbauen will: Im Zubehörhandel und (oft billiger) durch Versandhäuser wird eine große Auswahl an rechteckigen und runden Nebelleuchten angeboten, je nach Geschmack und Geldbeutel. Wenn schon, sollte man zwei Nebelleuchten anbauen, denn erst mit zwei Nebelscheinwerfern dürfen die Hauptscheinwerfer auf Standlicht geschaltet werden, vorausgesetzt, die Nebelscheinwerfer werden nicht weiter als 40 cm vom Außenumriß des Wagens nach innen versetzt. Bei nur einer Nebelleuchte dagegen muß das Abblendlicht immer mitbrennen, wodurch der Effekt zum Teil wieder aufgehoben wird.
Je nach Hersteller liegen den Nebellampen mehr oder weniger ausführlich gehaltene Montageanleitungen bei. Wer in seinem Heimwerkergerät auch eine Bohrmaschine und vor allem eine Quetsch-Kombizange (auf Seite 21 gezeigt) hat, kann sich also den Einbau durchaus selbst zutrauen.
Trotzdem noch einige Hinweise: Ein Schaltrelais ist beim Einbau von Nebellampen nicht nur zur besseren Lichtausbeute (verhinderter Spannungsverlust) notwendig, sondern man braucht es auch zum automatischen Ausschalten der Nebellampen beim Einschalten des Fernlichtes, denn laut Gesetz dürfen Nebellampen nur zusammen mit dem Standlicht (wenn zwei Nebellampen vorschriftsmäßig montiert sind) oder dem Abblendlicht brennen. So wird das Schaltrelais mit dem „Schaltstrom" der Klemme 85 an Sicherung Nr. 1 oder 2 (Standlicht, Klemme 58) und über den Schalter mit Relais-Klemme 86 an Sicherung Nr. 5 oder 6 (Fernlicht, Klemme 56a) angeschlossen. Wenn durch Einschalten des Fernlichtes Strom an Klemme 56 a liegt, schaltet das Relais aus und die Nebellampen verlöschen. Der „Arbeitsstrom" für die Nebellampen wird an der stets stromführenden Sicherung (Klemme 30) abgenommen.

# Alle Achtung

Wer im Auto sitzt, muß den anderen Verkehrsteilnehmern mitteilen können, was er als nächstes zu tun gedenkt, sonst gäbe es auf den Straßen ein heilloses Durcheinander. Während vor 50 Jahren noch Handzeichen genügten, bedienen wir heute im Fahrzeug den Blinkerschalter und die früher bei Kindern so beliebte Gummiballhupe wurde durch das elektrische Horn ersetzt. Zu den optischen Signaleinrichtungen gehören auch die Bremslichter und die Lichthupe.

Die (tönende) Hupe und die (sichtbare) Lichthupe sollte man nur bei wirklicher Veranlassung und auch dann sparsam bedienen. Auch dient die Lichthupe nicht dazu, ein überholendes Fahrzeug von der Fahrbahn zu scheuchen, und allzu nachdrücklicher Gebrauch der Lichtstrahlen kann sogar eine Anzeige wegen Nötigung einbringen.

Wesentlich wichtiger als die ganze Huperei sind die Blinker und Bremslichter. Als Zeichengeber zur beabsichtigten Richtungsänderung sind die Blinker so oft wie möglich zu bedienen, andererseits – und das wissen Sie bestimmt – ist der eingeschaltete Blinker kein Freibrief für hemmungsloses Ausscheren aus einer Kolonne oder für abruptes Abbiegen von der bisherigen Fahrtrichtung.

Die Bremslichter leuchten nur dann auf, wenn das Bremspedal betätigt wird. Man kann nachfolgende Autofahrer bei einer Stauung auch dadurch warnen, daß man das Bremspedal mehrmals niedertritt. Die blinkenden Bremslichter haben so einen zusätzlichen Warneffekt.

## Das Bremslicht

Die Kontrolle der Bremslichter ist ohne große Mühe möglich und soll deshalb regelmäßig durchgeführt werden. In der Garage muß die Wand hinter dem Wagenheck rot aufleuchten, wenn Sie das Bremspedal treten. Am Straßenrand zeigen Ihnen die Lichtreflexe auf der Karosserie des hinter Ihnen stehenden Wagens die gleiche Wirkung. Brennen die Bremslichter nicht, muß die entsprechende Sicherung (siehe Tabelle auf Seite 115) kontrolliert werden. Da auch der Strom für das Signalhorn über die gleiche Sicherung fließt, ist bei erneutem Durchbrennen eine Überprüfung aller angeschlossenen Leitungen notwendig. Das übernimmt eine Autoelektrik-Werkstatt, wenn man es nicht selbst machen kann.

Das Bremslicht bzw. die entsprechende Sicherung erhält Strom von Klemme 15 des Zündschlosses – es kann daher nur bei eingeschalteter Zündung brennen.

In jedem Fall soll man Ersatzsicherungen zur Hand haben, wie auch Zweifadenbirnen 21/5 Watt (der 21-Watt-Faden für das Brems-, der 5-Watt-Faden für das Rücklicht) zum Ersatz durchgebrannter Lampen. Das Rücklicht, von der gleichen Birne ausgestrahlt, kann also trotz Ausfall des Bremslichtfadens brennen.

**Die Bremslichtschalter**

Wenn beide Bremslichter trotz einwandfreier Sicherung nicht brennen, muß der Fehler in den Kabeln, den Kabelanschlüssen oder in den Bremslichtschaltern liegen. Die Zweikreisbremse besitzt für jeden Bremskreis einen eigenen Bremslichtschalter. Versuchsweise sollte man allerdings zuerst eine neue Glühbirne einsetzen, obwohl dieser Fehler ebenso selten ist wie der gleichzeitige Defekt beider Bremslichtschalter.

Aber auch die Bremslichtschalter lassen sich ohne Schwierigkeiten prüfen, wenn man die Lenksäulenverkleidung abnimmt (3 Kreuzschlitzschrauben). Dann sieht man zum Innenraum hin gerichtet den Tandem-Hauptbremszylinder mit den Bremsflüssigkeitszufuhrleitungen vom Bremsflüssigkeitsbehälter, den Bremsdruckleitungen und die beiden Bremslichtschalter, an denen je nach Ausführung 2 oder 3 Klemmen mit angeschlossenen Kabeln zu finden sind. Ist Ihr VW mit einem Bremskraftverstärker ausgerüstet, dann finden Sie den Tandem-Hauptbremszylinder links oben im vorderen Kofferraum.

Um die Bremslichtschalter einzeln auf Funktion zu prüfen, zuerst die Kabel am vorderen Bremslichtschalter abziehen, dabei auf einer Klemme zusammengesteckte Kabel zusammen lassen. Blanke Kabelklemmen vor Berührung mit blankem Metall („Masse") schützen, Zündung einschalten, Bremse treten und beobachten (auf Garagenrückwand), ob Bremslichter brennen. Nun Leitungen wieder aufstecken und das gleiche Prüfverfahren am hinteren Bremslichtschalter vornehmen. Brennen in beiden Fällen die Bremslichter, sind die Bremslichtschalter in Ordnung. Andernfalls Bremslichtschalter auswechseln lassen (von Werkstatt, weil danach der betreffende Bremskreis entlüftet werden muß).

## Warnlicht für die Bremsanlage

Pflegearbeit Nr. 65

Als Sonderausstattung wird eine Warnleuchte für die Bremsanlage angeboten, die den Ausfall eines Bremskreises anzeigt. Das Warnlicht sitzt zwischen den beiden Rundarmaturen oben am Instrumentenbrett. Die Funktion dieses Lämpchens muß bei Fahrzeugen bis Baujahr Juli 1971 zusätzlich kontrolliert werden, damit es im Notfall auch wirklich aufleuchtet. Deshalb führt zu ihm eine direkte Prüfleitung von der entsprechenden Sicherung (siehe Tabelle Seite 115). Drückt man bei eingeschalteter Zündung das Druckknopf-Lämpchen in das Armaturenbrett, wird dieser Prüf-Stromkreis geschlossen und das Lämpchen muß brennen. Wenn es nicht funktioniert, ist es auszubauen und zu ersetzen. Es handelt sich um ein 1,2 Watt-Glaslämpchen.

Leuchtet dieses Warnlicht jedoch beim Betätigen des Bremspedals auf, hat einer der beiden Bremslichtschalter nicht geschlossen, weil entweder einer der Bremskreise irgendwo ein Leck hat oder ihm der notwendige Brems-

Die Bremslichtschalter sitzen unten am Hauptbremszylinder. Sie werden sichtbar, wenn man die Verkleidung der Lenksäule losschraubt. Hat Ihr VW einen Bremskraftverstärker, brauchen Sie keinen Schraubenzieher in die Hand zu nehmen. Der Hauptbremszylinder sitzt dann links oben im vorderen Kofferraum. An einem defekten Bremslichtschalter ist nichts zu reparieren, er muß in der Werkstatt gewechselt werden, da anschließend die Bremsanlage zu entlüften ist.

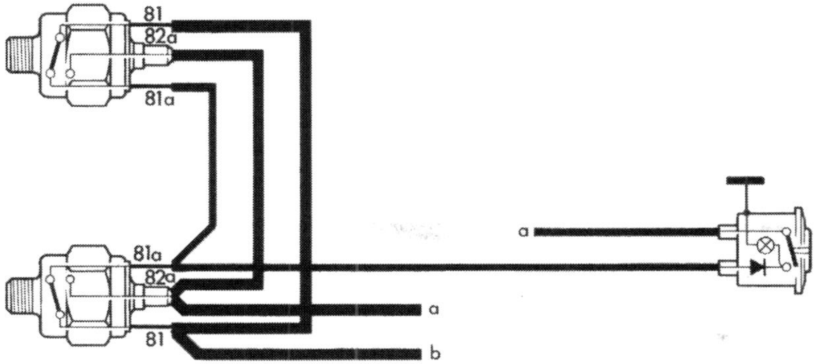


a - zur Klemme 15
b - zu den Bremsleuchten

Bis Juli 1969 sitzt auf dem Bremszylinder ein besonderer Druckschalter für die Warnlampe des Zweikreis-Bremssystems. Seitdem werden für die Zweikreisanlage zwei dreipolige Bremslichtschalter (für jeden Bremskreis ein Schalter) eingebaut, die bei Störung die Warnlampe aufleuchten lassen. Steht auch nur einer der beiden Bremslichtschalter unter Druck, fließt der Strom (dickes Kabel a) von den Klemmen 82 a über die dann nach hinten gedrückten Schaltlamellen zu den Klemmen 81, wodurch die Bremslichter aufleuchten. Fällt dabei ein Bremskreis aus und der betreffende Bremslichtschalter erhält keinen Druck, bleibt die Schaltlamelle dieses Schalters offen und leitet den Strom über die Klemme 81 a zur Warnlampe, wodurch diese aufleuchtet. Das Kabel a am Warnlichtschalter (rechts) führt Strom bei eingeschalteter Zündung (Klemme 15) nur zur Kontrolle des Warnlämpchens zu.

flüssigkeitsnachschub fehlt. Dann muß schleunigst die nächste VW-Werkstatt angesteuert werden. Auch wenn noch ein Bremskreis intakt ist, ist die Bremswirkung wesentlich schlechter – besonders dann, wenn die Vorderradbremsen ausgefallen sind. Also äußerst vorsichtig fahren!

Diesen Warnlicht-Strom erhält das Lämpchen von den Bremslichtschaltern entweder (bis Juli 1969) über einen besonderen Warnschalter (die Bremslichtschalter haben dann nur je 2 Kabelklemmen) oder ohne diesen besonderen Warnschalter durch eine Kunstschaltung der beiden dreipoligen Bremslichtschalter. Bei der ersten Bauart verschiebt sich bei Druckunterschieden in den beiden Bremskreisen ein Kolben, wodurch ein Schalterstift im besonderen Warnschalter betätigt und dem Warnlämpchen dadurch Strom zugeführt wird. In der neueren Ausführung haben die beiden Bremslichtschalter 3 Kabelklemmen mit Normbezeichnungen, da bei dieser Bauart die Kabelanschlüsse nicht verwechselt werden dürfen (das Vertauschen der Kabelanschlüsse an den zweipoligen Bremslichtschaltern stört dagegen nicht). Wie diese Schaltung funktioniert, ist in der Skizze oben gezeigt.

Den Warnlicht-Stromkreis kann man beim Entlüften der Bremsanlage prüfen, wenn dabei die Zündung eingeschaltet wird.

Seit August 1971 wird eine neue transistorisierte Brems-Kontrolleuchte verwendet. Sie besitzt keinen Prüf-Druckknopf mehr; die Kontrolle leuchtet beim Einschalten der Zündung auf und erlischt, wenn der Motor angesprungen ist. Die Glühlampe läßt sich von vorn auswechseln (Fenster ausrasten, Isolierschlauch 5 mm über die Glühlampe schieben und mit der Lampe herausziehen). Die Klemmen an der Leuchte sind wie folgt angeschlossen: 15 an 15, 61 an 61 am Lichtmaschinen-Reglerschalter, V und 31 sind miteinander verbunden und an Masse angeschlossen, K führt zur Klemme 81 a an den Bremslichtschaltern.

## Das Signalhorn

Pflegearbeit Nr. 43

Am vorderen linken Stoßstangenträger ist die Hupe mit einer Schraube SW 13 befestigt. Auf der Rückseite des Horns sind zwei Kabel angeschlossen, von denen das schwarz-gelbe bei eingeschalteter Zündung über die entsprechende Sicherung dauernd Strom zum Signalhorn führt. Um einen Ton zu erzeugen, muß also nur noch Verbindung zur Masse hergestellt werden. Das geschieht durch das braune Kabel, welches über die Hupplatte im Lenkrad, wenn sie gedrückt wird, den Strom zur Masse leitet.

Am Signalhorn am linken vorderen Stoßstangenhalter sind zwei Kabel angeschlossen, die von den Gummihülsen gegen Schmutz und Wasser geschützt bleiben müssen. Diese Kappen gelegentlich auf einwandfreien Sitz und Dichtheit prüfen. Das schwarz-gelbe Kabel führt dauernd Strom vom Sicherungskasten zu, das braune leitet ihn dauernd zur Hupplatte.
Die Hupe steht also bei eingeschalteter Zündung ständig unter Strom, kann aber erst tönen, wenn der Stromkreis durch den Druck auf die Hupplatte geschlossen wird.

Während der Fahrt kann das Signalhorn plötzlich und unbeabsichtigt zu tönen beginnen, wenn am braunen Kabel oder direkt am Horn ein Kurzschluß zur Masse auftritt. Wenn Sie die Zündung abschalten, schweigt die Hupe sofort. Da die Bremslichter an der gleichen Sicherung hängen, kann man nicht einfach die betreffende Sicherung herausnehmen und weiterfahren. Hört die Huperei auch nicht auf, wenn Sie an der Hupplatte wackeln, muß zuerst der Steckverbinder des braunen Kabels gelöst werden. Bleibt es nun bei eingeschalteter Zündung weiterhin ruhig, liegt im Verlauf des braunen Kabels, in der Lenksäule oder in der Hupplatte ein Kurzschluß vor. Hupt es dagegen beim Einschalten der Zündung wieder, müssen sie auch noch das schwarz-gelbe Kabel am Signalhorn abziehen und dessen Stecker zum Schutz vor Kurzschlüssen mit Isolierband oder Tesafilm isolieren; notfalls geht es auch mit trockenem Papier.

**Hupkontakte prüfen**

Wenn das Horn bereits nach Abziehen des braunen Kabels verstummt ist, werden die Signalhornkontakte im Lenkrad geprüft. Dazu Hupplatte im Lenkrad mit einem leichten Ruck abziehen. Darunter sehen Sie (bis Juli 1971) am Signalhornbügel ein Kabel verschraubt, das in die Lenksäule zur Lenkungskupplung führt und über das Lenkgetriebe (seit August 1970 mit einer be-

Die Hupplatte wird beim Drei- und Vierspeichenlenkrad mit einem kräftigen Ruck abgezogen. Dabei soll kein Werkzeug verwendet werden, da sonst der Kunststoff ausbrechen kann. Außen in den Lenkradspeichen und in der Hupplatte sehen Sie die Hupkontakte; über sie wird die Verbindung zur Masse hergestellt. Das kleine, aus der Lenksäule kommende braune Kabel muß an der Steckerfahne angeschlossen sein (Pfeil), sonst bleibt das Signalhorn tonlos oder es kann durch Kurzschluß zur Masse unbeabsichtigt tönen.

sonderen Kontaktfeder auf dem Blinkerschalter) die Verbindung zur Masse herstellt. Das an der Hupe angeschlossene braune Kabel führt über ein Steckergehäuse tief unten in der Lenkrohrverkleidung zum Kugellager des Lenkrohrs, so daß das Lenkrohr von der Hupe her (bei eingeschalteter Zündung) ständig unter Strom steht. Wird die Hupplatte gedrückt, kommt der Signalhornbügel mit dem Lenkrohr in Kontakt und schließt über das an ihm verschraubte Kabel den Stromkreis – die Hupe ertönt.
Zur Prüfung die drei Schrauben aus dem Schaltbügel herausdrehen; dabei die Schraubenfedern sowie die Unterleg- und Isolierscheiben nicht verlieren. Schaltbügel bei angeschlossenem Kabel so weghalten, daß keine metallische Verbindung zum Lenkrohr besteht und Zündung einschalten. Hupt es trotzdem, hat die Masseleitung auf dem Weg zum Lenkgetriebe Kurzschluß. Diesen Fehler muß die Werkstatt beheben.
Gibt die Hupe dagegen keinen Ton mehr von sich, war es ein Kurzschluß am Schaltbügel unter der Hupplatte. Schaltbügel wieder festschrauben und auf richtige Isolierung achten.
Beim Vierspeichenlenkrad (seit August 1971) sitzen die Hupkontakte in der Hupplatte, so daß nach deren Abnahme das Horn verstummen müßte, sonst liegt der Fehler ebenfalls auf dem Weg zum Lenkgetriebe.

**Fehler im Signalhorn**

Tönt die Hupe trotz abgezogenem braunem Kabel bei eingeschalteter Zündung, hat sie direkt irgendwie (über nassen Schmutz?) Kurzschluß. Daher zuerst Kontakte reinigen und, wenn dies noch nichts nützt, Hupe an ihrem Halter losschrauben, über den sie irgendwie Kurzschluß haben muß. Unter Umständen muß sie ersetzt werden.
Ersatz ist auch notwendig, wenn die Hupe streikt. Aber bevor man sie wegwirft, muß die Ursache gesucht werden, denn der Fehler kann ebenso auf dem Weg durch das braune Kabel zum Schaltbügel bzw. zur Hupplatte liegen.
Zur Prüfung einer unwilligen Hupe braunes Kabel daran abziehen und stattdessen mit einem kurzen Kabelstück Verbindung zu blankem Metall („Masse") bei eingeschalteter Zündung herstellen. Wenn die Hupe nicht ertönt, ist sie defekt. Ist sie in Ordnung, Fehler am Schaltbügel bzw. der Hupplatte suchen. Dazu bei abgenommener Hupplatte und eingeschalteter Zündung Kurzschlußbrücke zwischen Lenkrohr und „Masse" (z. B. blanke Stelle am Schalthebel) herstellen. Ertönt die Hupe nun, liegt der Fehler am Kabelstück zur Lenkungskupplung. Gibt sie keinen Ton von sich, erhält das Lenkrohr keinen Strom vom Signalhorn. In beiden Fällen muß die Werkstatt die Stromunterbrechung suchen, da dazu Teile der Lenkung abgebaut werden müssen.

## Blink- und Warnblinkanlage

Pflegearbeit Nr. 42

Warnblinkanlage und Blinkanlage sind im „Blinkwarnlicht-Relais" kombiniert. Zur Funktionsprüfung Warnblinkschalter am Armaturenbrett ziehen – alle vier Blinkleuchten und das Kontrollämpchen im Schalter müssen in gleichem Rhythmus aufleuchten. Anschließend Richtungsblinker bei eingeschalteter Zündung einschalten. Wenn die Kontrollampen im Kombiinstrument doppelt so schnell wie gewöhnlich aufblinken, ist eine der beiden eingeschalteten Glühlampen ausgefallen. Es kann aber auch an einem korrodierten Kabelanschluß, einer lockeren Birnenfassung oder einem oxydierten Glühlampensockel liegen. Beim Warnblinken verändert der Ausfall einer Glühlampe den Blinkrhythmus nicht.

**Richtungsblinken**

Während die Blinkanlage nur Strom bei eingeschalteter Zündung erhält, wird die Warnblinkanlage ständig mit Strom versorgt. In beiden Fällen führt der

Weg über den Warnblinkschalter. Er hat an seiner Rückseite eine ständig Strom führende Klemme 30 (rotes Kabel) und eine bei eingeschalteter Zündung Strom führende Klemme 15. Bei nicht gezogenem Warnblinkschalter wird der Strom von dessen Klemme 15 auf die Ausgangsklemme 49a durchgeschaltet, die durch ein schwarz-grün-weißes Kabel mit der Klemme 49a des Blinkerschalters und durch ein blaues Kabel mit der Klemme 49a des Blinkwarnlicht-Relais verbunden ist. Der bei eingeschalteter Zündung an den Blinkerhebel durchgeschaltete Strom fließt je nach Stellung des Hebels über dessen Klemme L (schwarz-weißes Kabel) oder R (schwarz-grünes Kabel) zurück zum Warnlichtschalter und von dort zu den jeweiligen Blinkleuchten.

**Warnblinken**

Ist dagegen der Warnblinkschalter gezogen, wird die Stromzufuhr von Klemme 15 unterbrochen und stattdessen von Klemme 30 am Warnblinkschalter auf die Ausgangsklemme 49a durchgeschaltet. Dort wird der ankommende Strom auf die beiden Klemmen L und R des Warnblinkschalters verteilt, so daß beide Blinkerseiten und die kleine Kontrollampe im Schalter Strom erhalten, um im Blinker-Rhythmus aufzuleuchten.

**Störungssuche**

Da die Blink- und Warnblinkanlage an getrennten Sicherungen angeschlossen sind (siehe Tabelle Seite 115), sollten bei Ausfall einer Anlage diese zuerst geprüft werden. Ebenso kann es an lockeren Kabelverbindungen am Warnblinkschalter liegen. Das Blinkwarnlicht-Relais – es ist unten an der Sicherungsdose in der Mitte bzw. bis Juli 1970 ganz links eingesteckt – läßt sich folgendermaßen prüfen: Bei ausgeschalteter Zündung Klemme + direkt mit Klemme 30 an der Sicherungsdose verbinden; Blinkerschalter einschalten (ohne Zündung). Wenn die Blinkerlampen rechts bzw. links aufleuchten, sind der Blinkerschalter und das Relais in Ordnung, der Fehler liegt dann am Warnblinkschalter. Dieser wird genau wie der Lichtschalter ausgebaut (siehe Seite 139), nachdem man den Zugknopf vom Schalter abgedreht hat. Ein defektes Kontrollämpchen (1,2 Watt mit Glassockel) wird so ausgetauscht: Mit einem feinen Schraubenzieher das rote Fenster aus dem abgeschraubten Zugknopf heraushebeln und das Lämpchen mit einem Draht herausschieben.
Den Ausbau eines defekten Blinkerschalters sollten Sie der Werkstatt überlassen, da der Montageablauf bei einzelnen Modelljahrgängen unterschiedlich ist.

## Das Kombi-Relais

Die Lichthupe des VW 411/412 funktioniert sowohl mit als auch ohne Zündung. Das unten am Sicherungskasten eingesteckte Abblend- und Lichthupenrelais (kurz Kombi-Relais) befindet sich bis Juli 1970 in der Mitte und bei neueren Modellen ganz rechts. Es erhält von der Sicherungskasten-Eingangsklemme 30 direkt Strom an seine Klemme 30. Das ist der „Arbeitsstrom“ für die Klemme F bzw. 56a (Fernlichtfäden der Scheinwerfer) des Kombi-Relais. Den „Schaltstrom“ erhält das Relais ab Klemme S des Kombischalters links an der Lenksäule durch ein braun-weißes Kabel an seine Klemme S. Durch Anziehen des Kombi-(Blinker-)hebels wird durch Kontakt mit „Masse“ der Schaltstromkreis geschlossen, das Kombi-Relais rastet ein und gibt Lichtstrom an die Scheinwerfer.
Ist über den Lichtschalter die Beleuchtung eingeschaltet, bewirkt der Kombihebel durch einen Stromstoß über die Klemme S jeweils ein Umkippen des Abblend- und Lichthupenrelais von Fern- auf Abblendlicht und umgekehrt.

# Überwachungspersonal

Ihr VW verfügt über eine Reihe von Instrumenten und Leuchten, die Ihnen anzeigen, wie schnell Sie fahren, ob genügend Benzin im Tank ist, das Fernlicht brennt, der Blinker eingeschaltet ist oder der Heizverstärker läuft. Während man ohne diese Kontrollinstrumente und -leuchten zur Not auch auskommen kann, wird kein Fahrer bei Regen oder Schneefall auf die Funktion der Scheibenwischer verzichten können. Was man als Selbstpfleger an allen diesen Teilen tun kann, haben wir im folgenden Kapitel beschrieben.

## Das Tachometer

Das Tachometer besteht aus dem Geschwindigkeitsmesser und dem Kilometerzähler. Zwar wird es nicht elektrisch betrieben, doch beruht die Wirkung des Geschwindigkeitsmessers auf einem ringförmigen Magneten, der durch die biegsame Antriebswelle in Drehung versetzt wird und Wirbelströme erzeugt, die ihrerseits wieder eine darübergestülpte Metallglocke mit sich zu ziehen versuchen. An dieser Metallglocke ist der Zeiger befestigt, der auf der Skala die jeweilige Geschwindigkeit anzeigt. Das linke Vorderrad treibt das Tachometer über eine biegsame Welle an. Ein Tachometer wird als Dokument gewertet, es darf also nicht abgehängt werden, damit der Kilometerzähler weniger Kilometer registriert als das Fahrzeug in Wirklichkeit zurückgelegt hat.

Den Ersatz eines defekten Tachometers – was selten vorkommt – sollten Sie der Werkstatt überlassen, da diese dann den Kilometerstand im Kundendienstpaß einträgt und mit Stempel und Unterschrift beglaubigt.

Statt zur VW-Vertretung kann man freilich zu einer Vertretung des Tachometer-Herstellers fahren, zu VDO. In allen großen Städten gibt es solche Vertretungen – die Adresse steht im Telefonbuch. Beim Spezialisten wird man oftmals besser bedient als in der Werkstatt, die sich naturgemäß mit sehr selten vorkommenden Pannen weniger beschäftigen kann.

### Tachowelle ersetzen

Der Defekt der Tachowelle kündigt sich meist durch knisternde Geräusche aus der Welle oder durch eine zitternde Tachonadel an. Das Auswechseln der Tachowelle in Eigenregie ist aber nur bedingt sinnvoll, da die Überwurfmutter der Tachowelle oben am Tachometer nach dem Einbau mit Plombenlack gesichert werden soll. So werden Manipulationen am Tachometer erschwert.

Trotzdem wollen wir kurz erläutern, wie es gemacht wird. Zuerst die Lenksäulenverkleidung und das Ablagefach links (bei L-Modellen) abschrauben. Dann wird die Überwurfmutter am Tachometer gelöst; dazu muß man von unten hinter das Armaturenbrett greifen. Eine lichtstarke Taschenlampe erleichtert die Arbeit erheblich. Die Radkappe am linken Vorderrad wird abgenommen und der Sprengring am Nabendeckel gelöst. Nun ziehen Sie die Tachowelle aus dem Achsschenkel heraus und durch die beiden Gummitüllen in der Karosserie ins Wageninnere.

Beim Einbau ist darauf zu achten, daß die neue Tachowelle nicht geknickt oder gezerrt wird, sonst bricht sie nach kurzer Zeit wieder. Dann den Vierkant-Mitnehmer im Tachometer einführen und die Überwurfmutter festziehen. Die Tachowelle wird mit einer neuen Gummihülse in den Achsschenkel eingeführt, am Nabendeckel mit dem Sprengring gesichert und mit Spezialkautschukmasse abgedichtet. Wenn die Tachowelle richtig verlegt wurde, muß das rote Farbband der Welle unter der Blechschelle im Radkasten befestigt sein.

**Fingerzeig:** *Beim Kauf eines gebrauchten VW 411/412 sollten Sie darauf achten, ob der Plombenlack an der Überwurfmutter des Tachometers unbeschädigt ist.*

## Die Kraftstoff-Anzeige

Bei eingeschalteter Zündung erhält die Kraftstoff-Meßuhr über ein dünnes schwarzes Kabel von der Ausgangsseite der Sicherung und damit von Klemme 15 des Zündschlosses Batteriestrom. Von der Kraftstoff-Meßuhr wird der Strom über ein braunes Kabel zum Geber der Kraftstoffanzeige im Tank weitergeleitet. Dieser Geber, der in die Oberseite des Tanks eingebaut ist, hat im Innern einen elektrischen Widerstand, über dessen Wicklungen ein durch die Flüssigkeitshöhe gesteuerter Schleifkontakt läuft. Die Einwirkung des Widerstandes auf den von der Meßuhr über den Geber zur Masse fließenden Strom gibt dem Zeiger der Meßuhr einen entsprechenden Ausschlag. Ob Kraftstoff-Meßuhr und Geber der Kraftstoffanzeige richtig arbeiten, ist an dem Zeigerausschlag bei leerem und vollem Tank ohne weiteres zu erkennen. Wenn die Zeigerausschläge nicht stimmen oder die Meßuhr gar nichts anzeigt, sollten zuerst die Kabelsteckverbindungen und die Sicherung (siehe Tabelle Seite 115) überprüft werden. Ist daran nichts zu entdecken, müssen nacheinander Meßuhr und Geber überprüft werden. Das kann jedoch nur die Werkstatt, wenn nicht gleichartige Geräte zum Vergleich zur Verfügung stehen.
Zum Ausbau des Gebers wird an der „Stufe" des vorderen Gepäckraumes die runde ausgestanzte Abdeckung abgenommen und der darunter liegende Blechdeckel gelöst. Nachdem man die 5 Befestigungsschrauben SW 9 losgeschraubt hat, kann der Geber herausgezogen werden. Achten Sie beim Einbau darauf, daß die Korkdichtung einwandfrei ist, andernfalls muß sie ersetzt werden. Die 5 Befestigungsschrauben werden über Kreuz angezogen.
Zum Ausbau der Tankuhr muß das Kombiinstrument bzw. die Zeituhr ausgebaut werden (siehe folgenden Abschnitt).

Muß der Geber der Kraftstoffanzeige ausgebaut werden, sind nach Wegnahme des runden Ausschnittes der Kofferraumverkleidung und Losschrauben des Blechdeckels zuerst das braune Massekabel abzuziehen und dann die 5 Halteschrauben zu lösen. Nun kann der Geber mit dem Dichtungsring aus dem Tank gehoben werden.

**Fingerzeig:** *Wird bei ausgeschalteter Zündung die Warnblinkanlage eingeschaltet, bewegt sich die Anzeigenadel der Kraftstoff-Anzeige im Takt der Warnblinkanlage; außerdem leuchten die Kontrolleuchten für Öldruck und Lichtmaschine schwach mit.*
*Die Ursache für beide Erscheinungen liegt im Aufbau des Warnblinkrelais ab August 1970, es handelt sich also nicht um Funktionsstörungen.*

## Die Zeituhr

Nur die L-Modelle verfügen über eine Zeituhr, bei den einfacher ausgestatteten Fahrzeugen sitzt an deren Stelle das Kombiinstrument. Der Ausbau ist in beiden Fällen gleich.
Über ein dünnes, rotes Kabel erhält die Uhr Strom von der Sicherung Klemme 30 (siehe Tabelle auf Seite 115). Ist die Uhr stehengeblieben, kontrolliert man zuerst die Innenleuchte, die an der gleichen Sicherung hängt. Rührt sich trotz geladener Batterie nichts, liegt der Fehler an der Sicherung.
Eine defekte Zeituhr läßt sich folgendermaßen ausbauen: Lenksäulenverkleidung und linkes Ablagefach losschrauben. Damit Sie nun auch sehen, wo Sie schrauben, sollten Sie eine kräftige Taschenlampe zur Hand nehmen. Mit einem Inbusschlüssel SW 4 sind die beiden Rändelmuttern der Zeituhr zu lösen, dazu greift man von unten hinter das Armaturenbrett. Rändelmuttern und Halteklammern abnehmen, Kontrolleuchten nach Linksdrehung abziehen und das komplette Instrument nach vorn herausziehen.
Soll die Kraftstoffanzeige ausgebaut werden, löst man die Befestigungsschrauben für den Zeituhrhalter und zieht das Zeituhrgehäuse ab. Die Kraftstoffanzeige ist nur noch mit zwei Schrauben an der Zeituhr befestigt.
Die Ganggeschwindigkeit der Uhr läßt sich regulieren, wenn man den Klebeverschluß auf ihrer Rückseite löst; darunter kommt ein Regulierschräubchen mit einer Skala zum Vorschein. Ein Teilstrich verändert den Gang der Uhr um etwa eine Minute am Tag.

## Die Kontroll- und Beleuchtungslämpchen

Defekte Kontroll- oder Beleuchtungslämpchen lassen sich mit einiger Geschicklichkeit ohne Ausbau der Instrumente auswechseln. Vorher werden die Lenksäulenverkleidung und das linke Ablagefach losgeschraubt. Vom Fußboden aus faßt man hinter das Armaturenbrett an die Rückseite der Instrumente und zieht nach Linksdrehung die Fassung des defekten Lämpchen heraus. Das alte Birnchen wird herausgezogen und ein neues 1,2 Watt-Lämpchen mit Glassockel eingesetzt. Fassung ins Instrument schieben und nach rechts drehen. Achten Sie darauf, daß die Massefahne am Gehäuse gut anliegt, sonst kann das neue Birnchen mangels Masse nicht brennen.

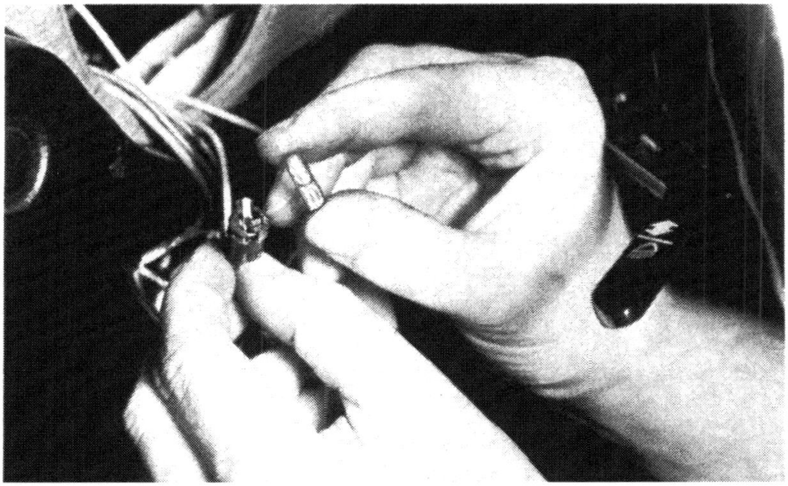

Die Fassung einer Kontroll- oder Instrumentenleuchte (von der linken Hand gehalten) läßt sich durch Drehen nach links aus dem Instrumentengehäuse ziehen. In diese Fassung ist die sockellose Glaslampe nur eingesteckt. Mit etwas Geschicklichkeit kommt man von unten an die Instrumenten-Rückseite heran und kann sich so den Ausbau des betreffenden Instrumentes sparen.

**Blinker-Kontrolle**

Die beiden grünen Kontrollampen für die Blinker rechts und links im rechten Instrument (seit August 1973 eine Lampe rechts oben) erhalten Strom von Klemme 15. Die nicht eingeschaltete Blinkerseite dient über die Glühfäden der Blinkerlampen als Masseanschluß. Die Kontrolle leuchtet also am Gegentakt zu den Blinkern auf. Geschieht dies in unregelmäßigem Rhythmus, ist entweder eine Blinkerlampe defekt, eine falsche Glühlampe beim letzten Austausch eingesetzt worden oder eine Kabelverbindung gestört.

**Standlicht-Kontrolle**

Die grüne Standlicht-Kontrolle rechts oben (bis Juli 1973) erhält bei eingeschaltetem Standlicht – nicht aber, wenn man das Hauptlicht einschaltet – Strom von Klemme 57 am Lichtschalter über ein grau-schwarzes Kabel. Durch diese Kontrolle erkennt man, ob beim Fahren – in der BRD verbotenerweise – Standlicht eingeschaltet ist. Allerdings sagt das Lämpchen nichts darüber aus, ob sämtliche Glühbirnen brennen.

**Fernlicht-Kontrolle**

Über ein blau-weißes Kabel erhält die blaue Fernlicht-Kontrolle links oben Strom von Klemme 56 a am Sicherungskasten. Aber ihr Aufleuchten ist noch kein Beweis, daß das Fernlicht tatsächlich brennt. Das muß man selbst nachsehen.

**Ladekontrolle**

Die rote Ladekontrollampe rechts im rechten Instrument ist mit einem blauen Kabel an die Klemme D+ am Lichtmaschinenregler angeschlossen. Sie muß beim Einschalten der Zündung aufleuchten und beim Erreichen einer Lichtmaschinendrehzahl von ca. 1000 U/min, wenn der Reglerschalter von der Batterie auf die Lichtmaschine umschaltet, wieder erlöschen. Da 1000 U/min der Lichtmaschine nur 440 U/min der Kurbelwelle bedeuten, leuchtet also die Ladekontrolle bei normal eingestelltem Leerlauf (800-1000 U/min) nicht, siehe auch Seite 103.
Leuchtet die Ladekontrolle beim Einschalten der Zündung nicht auf, so besteht zunächst der Verdacht, daß das Birnchen ausgefallen ist. Hier sollte man sofort für Ersatz sorgen. Drehstrom-Lichtmaschinen arbeiten ohne Ladekontrolle nicht einwandfrei.
Weitere Störungsmöglichkeiten haben wir auf Seite 109 beschrieben.

## Öldruck-Kontrolle

Um ständig überprüfen zu können, ob das Motoröl mit dem notwendigen Druck an alle Schmierstellen gefördert wird, ist unmittelbar nach dem Filter rechts am Motorblock ein Öldruckschalter eingebaut. Mit diesem ist die rote Öldruck-Kontrollampe durch ein blau-grünes Kabel direkt verbunden. Strom erhält sie (wie die anderen Kontrollampen) über ein schwarzes Kabel von Klemme 15.
Beim Einschalten der Zündung leuchtet die Öldruckkontrollampe auf und verlischt nach dem Anlassen des Motors, wenn der Öldruck im Öldruckschalter die Kontakte auseinanderdrückt. Bei stillstehendem Motor wird der mit einer Membrane verbundene Kontakt dagegen durch Federdruck geschlossen, so daß bei eingeschalteter Zündung der Stromkreis zur Masse geschlossen ist. Der Federdruck im Öldruckschalter ist so eingestellt, daß erst ein Öldruck von 0,5–0,8 atü die Kontakte öffnen kann. Dieser Öldruck ist bei kaltem Motoröl schon bei geringen Motordrehzahlen erreicht, so daß die rote Lampe schon im Motorleerlauf erlischt, während heißes und dadurch dünnflüssiges Motoröl der Ölpumpe nur geringen Druck entgegensetzt und dadurch u. U. erst bei etwas höheren Drehzahlen den notwendigen Druck zum Öffnen der Kontakte erreicht. Das bedeutet, daß in der Regel im Winter bei Kaltstart die rote Öl-

druckkontrollampe schneller als im Hochsommer beim erneuten Starten eines heißen Motors nach langer Fahrt verlischt.

Brennt das rote Lämpchen während der Fahrt, so ist das ein Alarmzeichen. Natürlich kann es auch ganz harmlos sein, weil der Öldruckschalter defekt ist oder weil das blau-grüne Kabel zwischen Kontrollampe und Öldruckschalter irgendwo Kurzschluß zur Masse hat. Aber zuerst besteht der Verdacht, daß der Öldruck zur Schmierung aller Motorteile nicht aufgebaut wird, manche Teile ohne Öl laufen und bei sorgloser Weiterfahrt schwere Schäden im Motor entstehen können. Zuerst soll darum beim Aufleuchten der Öldruckkontrollampe der Ölstand geprüft werden. Es ist immerhin möglich, daß das Motoröl aus irgendeinem Grund auf den letzten Kilometern Straße verteilt liegt, weil sich etwa die Ölablaßschraube oder das Ölfilter lockerte. Ebenso kann eine Schmierstelle, ein Kurbelwellenlager schadhaft sein, so daß das Motoröl ohne Widerstand aus dem defekten Lager läuft. Auch die Ölpumpe kann defekt sein, was allerdings nur sehr selten vorkommt. Einen Motorschaden, der die Öldruckkontrollampe zum Aufleuchten bringt, weil der Ölkreislauf gestört ist, kann in der Regel nur die Werkstatt feststellen, wenn kein deutlich hörbares Klopfen beim laufenden Motor auf den Schaden hinweist. Damit man sich von der Kontrollampe aber nicht unnötig ins Bockshorn jagen läßt, zuerst noch als Gegenprobe das Kabel vom Öldruckschalter abziehen. Die Lampe muß verlöschen, sonst hat das blau-grüne Kabel irgendwo Masseschluß.

Natürlich ist es genauso fehlerhaft, wenn die rote Kontrollampe überhaupt nicht aufleuchtet. Auch das muß möglichst bald in Ordnung gebracht werden (es kann an den Kabelverbindungen, am Glühlämpchen, an den Kabelsteckern oder am Öldruckschalter liegen), denn eine Kontrolle des Öldrucks ist sonst überhaupt nicht möglich. Zur Prüfung das blau-grüne Kabel am Öldruckschalter abziehen und bei eingeschalteter Zündung irgendwo mit dem blanken Kabelstecker an „Masse" des Motorblocks tippen. Da hierdurch der Stromkreis geschlossen wird, muß das Kontrollämpchen aufleuchten, wenn es selbst und das Kabel in Ordnung ist. Dann ist der Öldruckschalter defekt. Andernfalls Lämpchen austauschen bzw. Kabelverbindung prüfen.

**Öldruckschalter auswechseln**

Ist ein elektrischer Defekt im Öldruckschalter festgestellt oder ist er undicht geworden, so daß Motoröl austritt, muß er ausgewechselt werden: Kabel abziehen und Öldruckschalter mit einem Steckschlüssel SW 21 herausschrauben. Beim Einbau des neuen Schalters diesen nicht zu fest anziehen, da das Gewinde leicht konisch gearbeitet ist, um einwandfrei abzudichten.

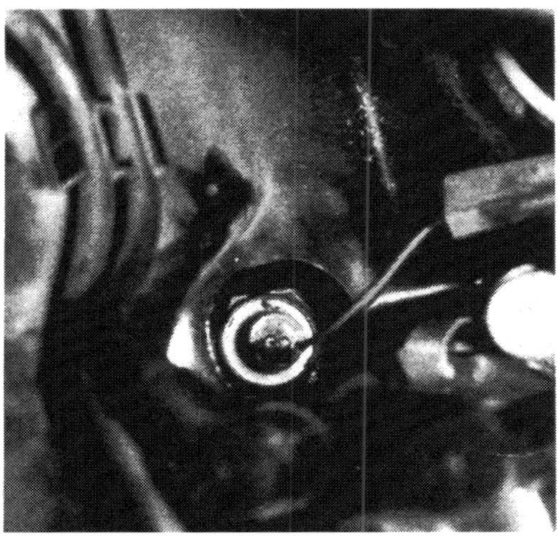

Links neben dem Zündverteiler sitzt der Öldruckschalter im Motorblock. Das zu ihm führende blau-grüne Kabel steht nach Einschaltung der Zündung unter Strom, so daß der Stromkreis nur duch die Membrane des Öldruckschalters — bei mangelndem Öldruck — geschlossen zu werden braucht, um das Öldrucklämpchen aufleuchten zu lassen. Zur Kontrolle eines defekten Lämpchens Kabelstecker von der Kabelklemme des Öldruckschalters ziehen und bei eingeschalteter Zündung irgendwo gegen gut leitende „Masse" drücken: das Lämpchen muß aufleuchten.

## Störungsbeistand
### Öldruckanzeige

| Die Störung | – ihre Ursache | – ihre Abhilfe |
|---|---|---|
| A Lampe leuchtet beim Einschalten der Zündung nicht auf | 1 Steckkontakte locker | Kabelsteckverbindungen überprüfen |
| | 2 Kontrollampe defekt | Lampe austauschen |
| | 3 Ölschalter defekt | Austauschen |
| B Lampe leuchtet während der Fahrt auf | 1 Ölmangel | Motoröl auffüllen |
| | 2 Kurzschluß am Kabel zwischen Lampe und Druckschalter | Kabel auf Scheuerstellen untersuchen. Anderes Kabel zwischenschalten |
| | 3 Ölkreislauf unterbrochen | Zur nächsten Werkstatt. Motor wird nicht mehr geschmiert |
| | 4 Öldruckschalter undicht | Schalter auswechseln |
| C Lampe verlischt erst bei Vollgas | 1 Öldruck zu niedrig | Zur nächsten Werkstatt. |
| | 2 Ölpumpe schadhaft | Untersuchen lassen |
| D Lampe leuchtet bei heißem Motor im Leerlauf auf | 1 Ansprechdruck des Öldruckschalters zu hoch | Heißes, dünnflüssiges Motoröl bringt weniger Druck als kaltes Öl. Kein Grund zur Sorge. |

## Instrumente und Kontrolleuchten überprüfen
Pflegearbeit Nr. 41

Die bis hier in diesem Kapitel beschriebenen Instrumente und Kontrolllampen sollen anstandslos funktionieren. Sie dienen ja, wie Sie sehen konnten, der Aufsicht über das Wohlbefinden des Motors und informieren Sie während der Fahrt über allerlei wichtige Dinge. Bei der VW-Diagnose wird das ordnungsgemäße Arbeiten der Instrumente und Leuchten alle 10 000 km überprüft, aber dies ist auch während der Fahrt möglich.

## Die Scheibenwischer
Pflegearbeit Nr. 38

Auf dem Schaltplan in der hinteren Buchklappe können Sie erkennen, daß zwischen Wischerschalter und Wischermotor eine Reihe von Kabelverbindungen bestehen. Mit dem Wischerschalter am Armaturenbrett bzw. an der Lenksäule können die Wischerblätter in zwei verschiedenen Geschwindigkeiten in Gang gesetzt werden. Beim Ausschalten bleiben die Wischer nicht sofort stehen, sondern laufen bis zu ihrer Endstellung. Das bewirkt nicht etwa

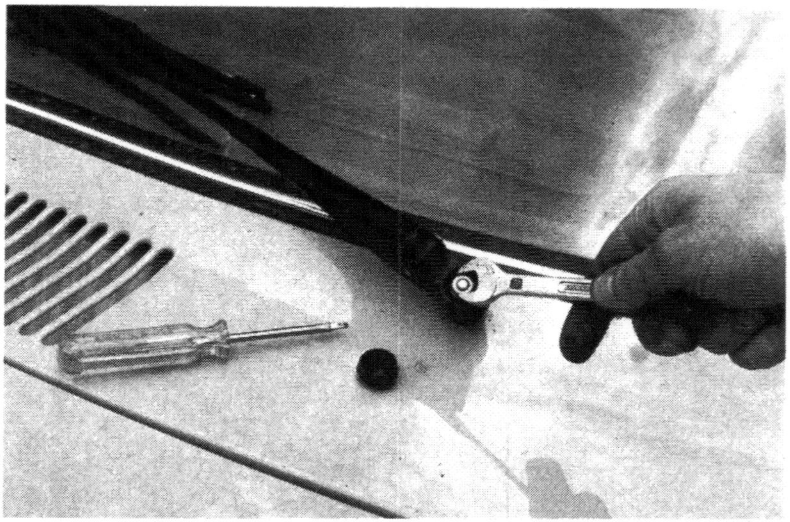

Zum Ausbau eines Scheibenwischerarmes zuerst die Kunststoffkappe mit einem Schraubenzieher abheben und dann die Halteschraube SW 10 lösen. Bei älteren Fahrzeugen erfolgt die Befestigung mit einer Hutmutter mit Unterlegscheibe. Schlägt der Wischerarm in der Endstellung auf das Karosserieblech oder steht er zu hoch, kann er auf der Kerbverzahnung der Wischerwelle um einen oder zwei Zähne versetzt werden.

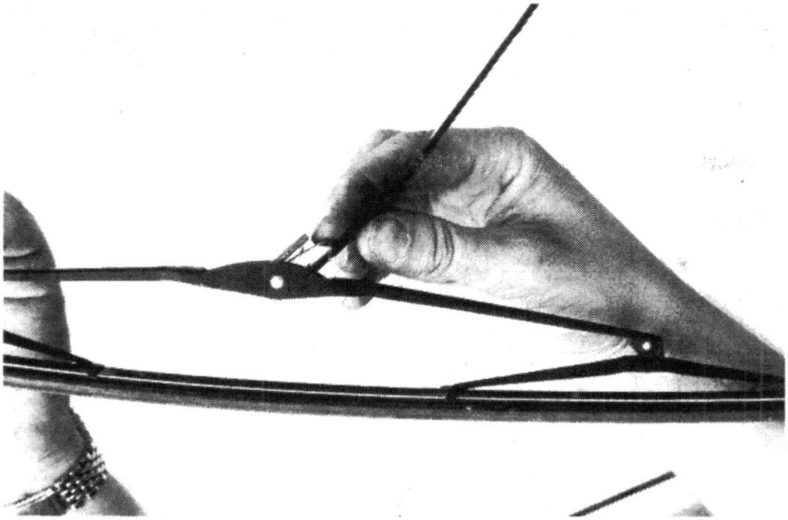

Zum Auswechseln der Wischerblätter diese zusammen mit dem Wischerarm von der Windschutzscheibe abklappen, die Arretierungsfeder (vom Zeigefinger der Hand gehalten) des Wischerblattes aus dem Ausschnitt des Wischerarmes drücken und das Wischerblatt in Richtung auf die Scheibenwischerwelle aus dem Wischerarm aushängen.

eine Rückholfeder, sondern ein im Wischermotor eingebauter Nockenschalter. Dieser unterbricht den über Klemme 53a unabhängig vom Wischerschalter zugeführten Strom erst bei dieser Wischerendstellung.

Bleibt der Scheibenwischermotor nach dem Ausschalten nicht stehen, dann hat sich an irgendeinem Aggregat dieser Anlage ein Massekontakt eingeschlichen und man kann als erste Abhilfe die Sicherung herausnehmen, bis man den Schaden beheben läßt. Sollte es zwischenzeitlich wieder beginnen zu regnen, setzt man die Sicherung einfach wieder ein.

Bleiben jedoch die Wischerblätter etwa durch Schneetreiben, Frost oder trockene Reibung außerhalb ihrer Ruhestellung stehen, während die Zündung eingeschaltet ist, wird die Ankerwicklung des Wischermotors durchbrennen, auch wenn der Wischerschalter ausgeschaltet wurde. Denn durch den Endstellungs-Schalteffekt bleibt der Wischermotor trotzdem unter Strom, kann sich aber nicht drehen. Abhilfe: Wischerblätter sofort von der Windschutzscheibe abheben, wenn sie „unterwegs" stecken bleiben oder angefroren sind, damit sie in Ruhestellung laufen können.

**Wischerblätter**

Nicht immer bringen die Wischerblätter ein wirklich einwandfrei sauberes Sichtfeld zustande. Das liegt einmal an der schlecht gereinigten Windschutzscheibe, die mit einem verfetteten Fensterleder beim Tanken oder bei der Wagenwäsche „blank" gerieben wurde. Meist sind aber die Wischerblätter schuld, denen man des öfteren seine Aufmerksamkeit schenken sollte.

Die Sommersonne macht den Scheibenwischergummi porös, und gerade bei Nachtfahrten im regnerischen Herbst ist eine schlecht gewischte Windschutzscheibe besonders unangenehm und gefährlich. Schließlich sollen die Wischerblätter selbst auch von Zeit gereinigt werden, denn an ihnen setzen sich ja die Fettrückstände von der Windschutzscheibe ab. Man reibt die Wischerblätter am besten mit einer festen Nylonbürse (Nagelbürste) und einer starken Waschmittellösung oder auch Brennspiritus ab. Dagegen ist Benzin völlig ungeeignet als Reinigungsmittel für Gummi, denn dieser wird durch Benzineinwirkung nur verhärtet.

Das Scheibenwischerlager ist gelegentlich für einen Tropfen Öl dankbar, der bei zurückgeklapptem Wischerarm an die Wischerwelle gegeben wird.

Welche Vorbereitungen zum Ausbau des Wischermotors getroffen werden müssen, ist im Text näher erläutert. Der Pfeil auf diesem Bild zeigt auf die Befestigungsschraube des Scheibenwischermotors, die vor dessen Abnahme noch gelöst werden muß. Vom Wischerrahmen wird der Motor gelöst, indem man die Arbeitsstangen mit einem Schraubenzieher vom Kugelbolzen der Antriebskurbel abdrückt. Die Einbaulage des Motors am Wischerrahmen wird angezeichnet und nach Lösen der Befestigungsschrauben nimmt man den Motor heraus. Beim Zusammenbau werden die Kugelbolzen und die Kugelschalen mit Universalfett geschmiert.

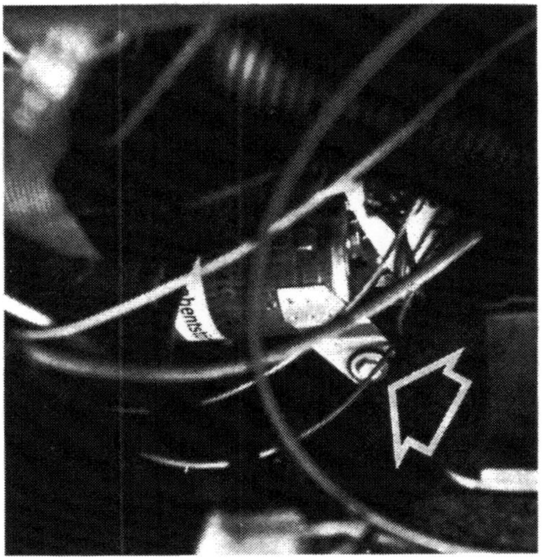

**Scheibenwischer-Motor und -Schalter**

Der Motor für den Scheibenwischer sitzt links hinter dem Armaturenbrett neben dem Frischluftkasten. Soll er wegen eines Defektes ausgebaut werden, sind nach Abnahme des Batterie-Massekabels beide Wischerarme loszuschrauben und abzunehmen. Der Deckel des Scheibenwischerlagers wird abgenommen und die Sechskantmutter losgeschraubt. Die Lenksäulenverkleidung wird losgeschraubt und die Schläuche zwischen Frischluftkasten und den Düsen sind abzunehmen. Die Zeituhr muß ausgebaut werden, die daran angeschlossenen Leitungen werden aber nicht abgezogen. Nachdem der Frischluftkasten ausgebaut und der Leitungsstrang zum Scheibenwischermotor am Wischerschalter und die Masseleitung am Getriebelager des Motors abgezogen wurde, kann man die Befestigungschraube des Scheibenwischermotors herausschrauben. Der Scheibenwischerrahmen mit Motor wird nach unten rechts herausgenommen.

Achten Sie beim Einbau darauf, daß die Wischerachsen senkrecht zur Windschutzscheibe stehen.

Während sich der Scheibenwischerschalter bis Juli 1971 wie der Lichtschalter (siehe Seite 139) ausbauen läßt, nachdem die Scheibenwaschanlage entlüftet und das Batterie-Masseband abgeklemmt wurde, sollte man den Ausbau des Wischerschalters an der Lenksäule besser der Werkstatt überlassen.

## Der Scheibenwascher
Pflegearbeit Nr. 37

Beim Druck auf den Wascherknopf bzw. wenn man am Lenksäulenschalter zieht, muß das Scheibenwaschwasser spritzen. Daß mit reinem Leitungswasser die Reinigungswirkung nur bescheiden ist, wissen Sie sicherlich. Denn außer gewöhnlichem feuchtem Straßenschmutz gelangen auch Abgasrückstände, Öldunst, Silikon aus Lackpflegemitteln etc. auf die Windschutzscheibe. Dazu braucht man ein Lösungsmittel, das aber den Lack nicht angreifen darf. Nicht alles, was Tankstellen, Kaufhäuser und Zubehörgeschäfte anbieten, taugt wirklich etwas. Die besten Erfahrungen machten wir mit Pingo Klarsicht im Sommer und Pingo Icecleaner im Winter.

Die Scheibenwaschanlage erhält ihren Druck aus dem Reserverad. Letzteres muß daher genügend aufgepumpt sein, sonst bleibt die Scheibe trocken. Bei Limousinen soll der Reifen auf 3 atü und beim Variant auf 4 atü aufgepumpt werden. Ein Spezialventil sorgt dafür, daß der Druck im Rerserverei-

fen nicht unter 2 bzw. 3 atü absinkt und man im Notfall nicht mit plattem Ersatzrad dasteht.
Wenn die Sprühdüsen vor der Windschutzscheibe durch unsauberes Scheibenwaschwasser oder eine ungeeignete Beimischung verstopft sind, nimmt man am besten einen dünnen Draht, wie er beispielsweise zum Befestigen der Ölwechselanhänger an den Motor dient. Mit einer harten Nadel kann dagegen die Sprühdüse beschädigt werden. Eine Stecknadel wird nur dann vorsichtig in eine Sprühdüse gesteckt, wenn diese in falscher Richtung spritzt und der Kugelkopf der Düse gedreht werden soll.

## Heizbare Heckscheibe

Ein sehr nützliches Zubehör ist die heizbare Heckscheibe, die durch einen beleuchteten Zugschalter am Armaturenbrett eingeschaltet wird. Die Kontrollampe soll verhindern, daß man die Heizscheibe zu lange eingeschaltet läßt, denn immerhin verbraucht sie 80 Watt. Um den Strom nicht von der Batterie über den Schalter am Armaturenbrett wieder zurück zur Heckscheibe leiten zu müssen (ergibt Spannungsverlust) ist ein Schaltrelais mit eingebaut (bei Limousinen im Motorraum, beim Variant unter der Rücksitzbank), das den Arbeitsstrom auf kurzem Wege von der Batterie über die besondere Hülsensicherung zu den Heizfäden der Heckscheibe leitet.
Ist die Kontrolleuchte defekt, schraubt man den Schalterknopf heraus, hebelt das grüne Fenster mit einem feinen Schraubenzieher heraus und kann nun die Glühlampe (1,2 Watt mit Glassockel) mit einem Draht nach vorn herausdrücken.
Wenn die Heizscheibe ihren Dienst versagt, sollten Sie zuerst kontrollieren, ob die Kabelschuhe rechts und links der Heizscheibe noch fest aufsitzen; sie können durch Vibrationen beim Fahren losgerüttelt werden. Für unterbrochene Heizfäden gibt es von der Sekurit Glas Union, 5 Köln, Heumarkt 43 Reparatursets im Zubehörhandel.

**Fingerzeig:** *Auch bei beheizter Heckscheibe haben Eisschaber und Defroster-Spray keineswegs ausgedient. Man kann es sich nämlich nach einer im Freien durchgestandenen tiefgekühlten Winternacht kaum leisten, die Heckscheibe schon vor dem Starten einzuschalten, damit bis zum Start das Eis weggeschmolzen ist. Bei dem hohen Stromverbrauch der Heckscheibe wird nämlich die restliche Batteriekraft oft nicht mehr zum Anlassen ausreichen.*

# Reibereien

Wenn Sie beim Fahren einmal darauf achten, wie häufig Sie die Kupplung im Stadtverkehr und im Gegensatz dazu bei Überlandfahrt auf der Autobahn treten, werden Sie erkennen, weshalb ein Stadtfahrer wesentlich früher neue Kupplungsbeläge braucht.
Aber wozu ist die Kupplung eigentlich da? Sie verbindet den Motor mit dem Getriebe, dem Achsantrieb und den Antriebsrädern. Beim Anfahren muß sie den laufenden Motor mit den noch stehenden Teilen der Kraftübertragung sanft verbinden. Zum Schalten des Getriebes muß sie den Motor abkuppeln – nur ein nicht belastetes Getriebe läßt sich überhaupt schalten – und die verschiedenen Drehzahlen von Motor und Kraftübertragung wieder angleichen. Aber obwohl der Kupplungsvorgang gewöhnlich reibungslos vonstatten geht, kann auf Reibung nicht verzichtet werden, denn Reibung gehört zum System der Kupplung.

## Wie die Kupplung arbeitet

Die Kupplung sitzt zwischen Motor und Getriebe auf der Kurbelwelle. Sie besteht aus dem Motorschwungrad, dem daran angeschraubten Kupplungsträger mit Kupplungsdruckplatte, der Kupplungsscheibe (Mitnehmerscheibe) und dem Ausrücklager. Die Kraft des Motors (genauer das Drehmoment) wird durch die Reibung zwischen der Mitnehmerscheibe und den Reibflächen von Druckplatte und Schwungrad übertragen. In eingekuppeltem Zustand drückt eine tortenförmig geschlitzte Membranfeder die Druckplatte und die Mitnehmerscheibe gegen das Schwungrad.
Beim Auskuppeln betätigt das Kupplungspedal über eine Kolbenstange im sogenannten Geberzylinder einen Kolben, der einen Öldruck erzeugt. Dieser

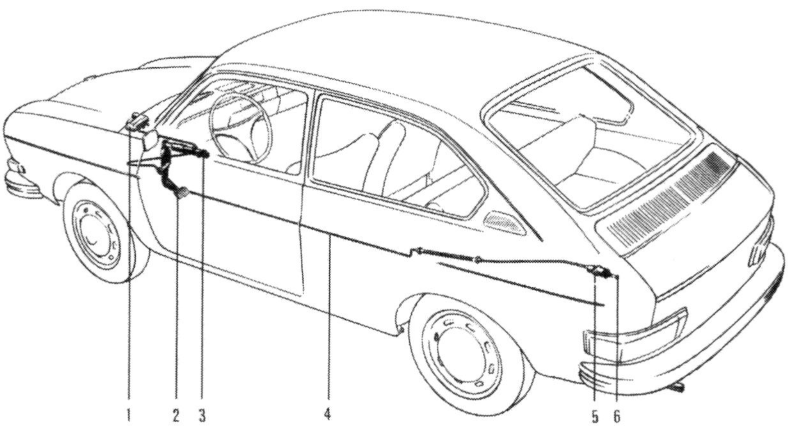


Die hydraulische Kupplungsbetätigung besteht aus folgenden Teilen: 1 — Behälter für die Hydraulik-Flüssigkeit (= Bremsflüssigkeitsbehälter); beim Druck auf das Kupplungspedal (2) verschiebt sich der Kolben im Geberzylinder (3). Der dadurch in der Leitung (4) entstehende Druck bewegt den Kolben im Kupplungs-Nehmerzylinder (5), wodurch der Ausrückhebel verschoben und die Kupplungsdruckplatte von der Kupplungsscheibe getrennt wird. Zum Entlüften der Kupplungsbetätigung dient das Entlüfterventil (6) am Nehmerzylinder.

Druck wirkt auf den Kolben im Druckzylinder an der Kupplung (Nehmerzylinder), wodurch sich dort eine mit dem Kolben verbundene Kolbenstange herausschiebt und den Ausrückhebel betätigt. Dieser Hebel drückt nun das Ausrücklager über einen Ausrückring gegen die Segmente (tortenförmige Ausschnitte) der Membranfeder. Das Ausrücklager übernimmt die Federkraft, die Druckplatte wird entlastet und bei völlig durchgetretenem Kupplungspedal zurückgezogen, so daß die Mitnehmerscheibe im Raum dazwischen frei umlaufen kann.
Die Kupplung arbeitet einwandfrei, wenn die Reibung so groß ist, daß das Motordrehmoment stets einwandfrei übertragen wird und andererseits beim Auskuppeln die Mitnehmerscheibe völlig getrennt ist und nicht mehr mitläuft.

## Kupplungs-Unarten

Obwohl die Kupplung ständig getreten wird, ist sie eines der anspruchlosesten Teile im Auto. Jedoch: Auch beim Treten kommt es auf das Wie an. Wer sich des Pedals nur bedient, wenn er wirklich schaltet, wird der Kupplung zu hoher Lebenserwartung verhelfen. Die anderen Leute sind die „Kupplungsfahrer": Sie mogeln sich vor dem Einbiegen in eine Straße oder vor dem Passieren einer Keuzung um das Schalten herum, indem sie die Kupplung so lange treten, bis sie wieder Gas geben. Resultat: Die Kupplung kann dabei schleifen, das heißt, die Kupplungsflächen reiben unter Hitzeentwicklung aufeinander. Das gibt vorzeitigen Verschleiß. Wer so fährt, muß natürlich wesentlich früher damit rechnen, daß die Kupplung durchrutscht oder nicht mehr richtig trennt.

### Rutschende Kupplung

Durchrutschen bedeutet, daß die Kupplung nicht mehr die volle Motorkraft übertragen kann, also nicht mehr einwandfrei verbindet. In schlimmen Fällen liegt die Ursache darin, daß durch Motoren- oder Getriebeöl die Reibflächen des Kupplungsbelages verschmutzt sind, oder daß durch übermäßige Hitzeentwicklung – z. B. durch häufige Rennstarts – der Belag verbrannt ist. Dann vermag auch die größte Anpreßkraft nicht genügend Reibung zum Übertragen des Drehmoments erzeugen. Aber auch eine sorgsam behandelte Kupplung kann durch allmählichen Verschleiß so abmagern, daß die Reibpartner einfach nichts mehr zu fassen bekommen – wo keine Anpreßkraft hinkommt, kann auch keine Reibungskraft erzeugt werden. In diesen Fällen wird man die Unarten der Kupplung meist erst bemerken, wenn beim Fahren im vierten Gang (in dem die dem Motor abverlangte Leistung am größten ist) der Motor bei Belastung „durchgeht", d. h. auffallend schneller dreht, als es der Fahrgeschwindigkeit entspricht. Beim Anfahren wird dagegen das Nachlassen der Kupplung weniger auffallen, weil man sich daran gewöhnt.
In diesen schlimmen Fällen muß die Werkstatt helfen. Sie muß schnell helfen, weil „durchgehende" Kupplungen so viel Wärme erzeugen, daß die Schwungscheibe und die Druckplatte Wärmerisse bekommen und dann beim Auswechseln der Kupplungsscheibe auch erneuert werden müssen. Beim Auswechseln einer Mitnehmerscheibe soll auch die Ölabdichtung vom Motor und Getriebeblock zur Kupplung überprüft werden.
Weil durch die Gewöhnung an eine schlechter werdende Kupplung größerer Schaden entstehen kann, empfiehlt es sich, von Zeit zu Zeit die Kupplung zu prüfen. Einwandfreie Kupplungen überstehen rauhe Prüfmethoden:
Handbremse anziehen, 3. Gang einlegen, langsam einkuppeln und Gas geben. Jetzt müßte der Motor abgewürgt werden. Wenn nicht, rutscht die Kupplung. Meistens ruckt aber der Wagen an, weil ihn die Handbremse nicht hält. Das ist ein anderer Schönheitsfehler, den Sie bei Gelegenheit gleich aus-

merzen sollten (siehe Kapitel „Bremsen"), besonders wenn Sie fürchten müssen, daß die Handbremse zum Blockieren des Wagens am Gefälle auch nicht mehr sicher reicht. Dieser Test sollte nur gelegentlich und höchstens zweimal hintereinander gemacht werden, weil sonst die Kupplung heiß wird – und dann ohnehin durchrutscht.

**Kupplung trennt nicht**

Wenn die Kupplung nicht richtig trennt, dann kratzt oder kracht es beim Schalten. Um festzustellen, daß es nicht am Getriebe liegt, müssen Sie die Probe mit einem nicht synchronisierten Gang machen. Das ist bei Ihrem VW nur der Rückwärtsgang. Lassen Sie den Motor laufen, kuppeln Sie ganz aus, warten Sie etwa eine Sekunde lang und legen Sie dann den Rückwärtsgang ein. Kratzt es, dann trennt die Kupplung nicht sauber. Ursache ist in schlimmeren Fällen eine durch Hitze verzogene Mitnehmerscheibe oder Kleben des Kupplungsbelages an der Schwungscheibe oder der Druckplatte.
Achten Sie auch darauf, daß der Weg des Kupplungspedals nicht durch zusätzlich eingelegte Fußmatten, Teppiche oder Isolierpappe reduziert wird. Das hat die gleichen Auswirkungen wie ein nicht völlig durchgetretenes Kupplungspedal: Die Mitnehmerscheibe läuft nicht völlig frei.
Wie die Bremsanlage kann auch die hydraulisch betätigte Kupplung „Luft" haben. Das können Sie feststellen, wenn Sie bei laufendem Motor mehrmals hintereinander den Rückwärtsgang bei getretener Kupplung einlegen. Geht es hörbar geräuschloser, muß die Kupplungshydraulik entlüftet werden.

**Kavalierstart**

Eine recht wirksame Methode, die Beläge frühzeitig zu verschleißen, ist das Anfahren im 2. Gang oder mit zu hoher Motordrehzahl, landläufig als Kavalierstart bekannt. Technisch gesehen bekommt man tatsächlich vom Halt weg eine größere Anfangsbeschleunigung, wenn man mit höherer Drehzahl und länger schleifender Kupplung anfährt. Dadurch wird aber nicht nur die Kupplung früher verschlissen, sondern auch der Benzinverbrauch kräftig in die Höhe getrieben.
Der starke Verschleiß rührt von der höheren Reibungswärme her. Diese Wärme entsteht in einem gewissen Maße immer beim Einkuppeln, denn der Belag schleift ja, bevor die Kupplung fest eingerückt ist. Bei Vollgas wird im Moment des Anfahrens zunächst nahezu die ganze Leistung des Motors in Wärme umgesetzt, bis schließlich bei fest eingerückter Kupplung keine Wärme mehr entwickelt wird.

**Beim Halten Auskuppeln?**

Die Angewohnheit, vor der roten Ampel mit durchgetretenem Kupplungspedal und eingelegtem 1. Gang zu warten, haben viele Fahrer. Die unbegründete Sorge, bei umspringendem Ampellicht den 1. Gang nicht einlegen zu können, und der durch die Membranfeder ermöglichte geringe Pedaldruck, verleiten viele Autofahrer zu dieser Unart. Zwar entsteht kein direkter oder sofort meßbarer Schaden, aber das Auskuppeln beansprucht das Ausrücklager, was notwendigerweise Verschleiß ergibt. Je länger und öfter das vor den vielen Ampeln geschieht, desto vorzeitiger wird dieses Lager abgenutzt.
Und noch mehr nutzt sich dabei ab: Das Axial-Drucklager der Kurbelwelle (nimmt Druck in Längsrichtung auf) muß den Kupplungsdruck von etwa zwei Zentnern aufnehmen, wodurch allmählich das Axialspiel vergrößert wird, was wiederum die Kolben beeinflußt, weil sie in der Motorlängsrichtung stärker gegen die Zylinderlaufbahnen gedrückt werden. Da die Kupplung im Großstadtverkehr ohnehin stark beansprucht wird, würden wir wenigstens bei stehendem Wagen die Kupplung entlasten.

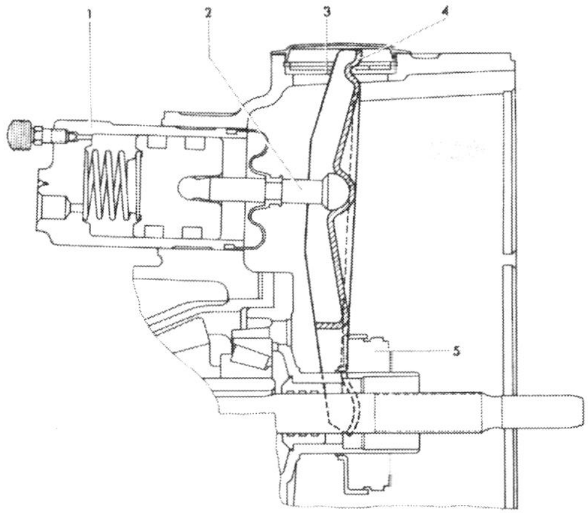


Im oberen Teil des Kupplungsgehäuses ist der Ausrückhebel (4) einseitig gelagert. Die Druckstange (2) des Kupplungs-Nehmerzylinders (1) verschiebt beim Druck auf das Kupplungspedal den Ausrückhebel. Die übrigen Zahlen bedeuten: 3 — Druckscheibe, 5 — Ausrücklager.

## Nachstellfreie Kupplung

Das Ausrücklager des VW 411/412 liegt ständig an dem Ausrückring der Membranfeder an. Den dafür notwendigen Druck liefert ein Vordruckventil am Kupplungs-Geberzylinder und zusätzlich eine Feder des Nehmerzylinders. Dadurch ist kein Kupplungsspiel – wie etwa vom Käfer her bekannt – mehr vorhanden. Außerdem stellt sich die Kupplungsübertragung entsprechend dem Verschleiß an der Mitnehmerscheibe automatisch nach.
Läßt sich das Kupplungspedal einen Teil des Pedalwegs leicht durchtreten, befindet sich Luft in der hydraulischen Kupplungsbetätigung. Nachdem man den Geberzylinder (oben am Kupplungspedal, nach Abnahme der Lenksäulenverkleidung sichtbar), die Leitung nach hinten und den Nehmerzylinder oben am Flansch des Getriebes zum Motor auf Dichtheit überprüft hat, muß die Kupplungsbetätigung entlüftet werden. Das geschieht – ähnlich wie bei der Bremsanlage – am Nehmerzylinder. Das Entlüftungsventil ist bis Baujahr Juli 1969 im Motorraum und ab August 1969 von der Wagenunterseite oben am Getriebe zugänglich.

### Neue Kupplungsbeläge

Die Kupplungsbeläge sind ebenso wie die Bremsbeläge dem Verschleiß unterworfen.
Als Faustregel gilt: Benzinverbrauch und Kupplungsverschleiß hängen eng zusammen. Wer im Stadtverkehr durch rasantes Anfahren und sehr hohes Ausdrehen der Gänge mehr Kraftstoff verbraucht, wird auch früher die Kupplung erneuern müssen. Wenn ein neuer Belag fällig ist, lassen Sie sich von der Werkstatt den alten Belag geben (auf Reparaturauftrag vermerken). Ist der alte Belag riefig, rissig, verbrannt oder bis nahe an die Nieten abgenützt, dann war die Erneuerung wirklich notwendig.
Die Kupplungsscheibe kann neu belegt werden, d. h. es wird nur der Reibbelag erneuert. Im allgemeinen wird aber gleich die ganze Mitnehmerscheibe ausgetauscht. Zum Austausch der Kupplung muß der Motor ausgebaut werden, deshalb Werkstattsache.
Neue Kupplungsbeläge müssen ebenso wie neue Bremsbeläge sorgfältig eingefahren werden. Wegen ihrer rauhen Oberfläche liegen neue Beläge nicht gleich auf ihrer gesamten Reibfläche an. Die Beläge müssen sich erst den Gegenreibflächen anpassen. Dies soll durch sanftes und nicht etwa forciertes Einfahren geschehen, da sonst der Anpassungsprozeß gestört und die Lebensdauer der Beläge verkürzt wird.

**Fingerzeige:** *Der zwei- bzw. dreiteilige Bremsflüssigkeitsbehälter liefert auch den hydraulischen Saft für die Kupplungsbetätigung. Bei der Kontrolle der Bremsflüssigkeit wird daher automatisch auch der Flüssigkeitsstand für die Kupplungsübertragung geprüft.*

*Selbst mit defekter Kupplungshydraulik kann man noch ein nahes Ziel oder die Werkstatt erreichen. Das Herausnehmen eines Ganges ohne zu kuppeln ist leicht. Gas wegnehmen und bei langsam werdender Fahrt oder bei abgebremstem Wagen kurz vor Halt den Gang herausdrücken. Versierte Fahrer erleichtern sich auf diese Weise das Stadtfahren.*

*Natürlich soll man versuchen, bei einem Kupplungsdefekt möglichst lang in dem Gang zu bleiben, der gerade eingelegt ist.*

*Gangwechsel ohne zu kuppeln ist möglich, aber nicht einfach: Nach Gaswegnehmen und verlangsamter Fahrt Gang herausnehmen und dann etwas Gas geben, damit die Motordrehzahl erhöht wird. Nun drückt man den Schalthebel in Richtung des neuen Ganges. Wenn die Motordrehzahl richtig dosiert ist, rutscht der neue Gang hinein. Man darf aber nicht zu schnell sein.*

*Will man ohne Kupplung anfahren, muß man den ersten Gang einlegen und den Anlasser betätigen. Der Wagen ruckt an und setzt sich in Bewegung (der Motor muß natürlich warmgelaufen sein). Wer während der Fahrt nicht schalten will, fährt auf diese Weise im zweiten Gang an. Allerdings wird es der Anlasser am Berg kaum schaffen, den Wagen in Gang zu setzen.*

## Störungsbeistand
### Kupplung

| Die Störung | – ihre Ursache | – ihre Abhilfe |
|---|---|---|
| A Kupplung rupft | 1 Druckplatte oder Schwungscheibe zu stark abgenützt (Riefenbildung) oder angerissen | Nachschleifen oder auswechseln |
| | 2 Kupplungsscheibe hat Schlag | Korrigieren, besser auswechseln |
| | 3 Verschmierte Kupplungsscheibe | Auswechseln, Dichtungen überprüfen |
| B Kupplung trennt nicht | 1 Kupplungsscheibe hat Schlag | Richten oder auswechseln |
| | 2 Hydraulik ohne Öl | Vorratsbehälter nachsehen, Dichtungen und Leitungen überprüfen |
| | 3 Beläge gerissen | Scheibe auswechseln |
| | 4 Nabe der Kupplungsscheibe zu stramm auf Welle | Gängigmachen oder auswechseln |
| C Kupplung rutscht | 1 Beläge zu stark abgenutzt | Scheibe auswechseln |
| | 2 Kupplungsscheibe verschmiert | Scheibe auswechseln, Dichtungen prüfen |
| D Geräusche bei Pedalbetätigung | 1 Defektes oder schlecht geschmiertes Ausrücklager | Auswechseln (nachträgliche Schmierung nur bei Demontage möglich) |
| | 2 Pedalweg stimmt nicht | Richtig einstellen |
| | 3 Spiel zwischen Nabe der Kupplungsscheibe und Welle zu groß, dadurch Schlagen | Kupplungsscheibe erneuern |
| | 4 Kupplungsscheibe nicht richtig mit Schwungscheibe zentriert | Neu montieren und richtig zentrieren |

# Zahnradfamilie

Beim VW 411/412 sind – wie bei den anderen Heckmotor-Volkswagen – Motor und Getriebe miteinander verblockt. Außerdem bilden das Getriebe und der Achsantrieb (Differential) eine Einheit; sie sind miteinander verschraubt und haben eine gemeinsame Ölfüllung. Alle diese Bauteile sind mit sehr geringen Toleranzen hergestellt und zusammengepaßt, weshalb Reparaturarbeiten, die durch Verschleiß erforderlich werden, der Werkstatt vorbehalten bleiben sollen. Die Wartungsarbeiten beschränken sich auf Ölstandskontrolle und -wechsel (siehe Kapitel „Schmieren aller Teile") sowie Überprüfung auf Dichtigkeit.

## Aufgabe des Getriebes

Auf ein Getriebe kann bei einem herkömmlichen Auto mit Verbrennungsmotor kaum verzichtet werden, denn die Leistung des Motors wird nur ab einer bestimmten Drehzahl wirksam. Unterschiedliche Fahrbedingungen (Beschleunigen, Bergfahren usw.) zwingen zu einer Abstimmung zwischen den Drehzahlen des Motors und den Antriebsrädern. Außerdem ist die Durchzugskraft des Motors (bestimmt durch das Drehmoment) je nach Drehzahl verschieden. Diese Eigenart überbrückt das Getriebe. Nur das automatische Getriebe vermag selbstättig die jeweils günstigste Übersetzungsstufe zu wählen – beim handgeschalteten Getriebe geschieht diese Beeinflussung individuell durch den Fahrer.

## Das Schaltgetriebe

Vom Motor wird die Kraft über Kupplung und eine kurze Welle zum Schaltgetriebe geleitet. In diesem Wechselgetriebe greifen verschiedene Zahnradpaare ineinander, die jeweils für die richtige Übersetzung zwischen Motor und Rädern sorgen. Welche Zahnradpaare (Übersetzungen) gerade in Funktion sein sollen, wird vom Fahrer durch Einlegen des betreffenden Ganges bestimmt.

Das Schaltgetriebe des VW 411/412 ist ein Vollsynchrongetriebe und deshalb ohne Zwischengas oder Zwischenkuppeln schaltbar. Nur der Rückwärtsgang ist unsynchronisiert. Der Wagen muß stehen, bevor der Rückwärtsgang eingelegt wird.

Die Gangräder in einem solchen Synchrongetriebe sitzen auf der Getriebehauptwelle, in ständigem Eingriff mit den Zahnrädern der darunterliegenden Welle. Das Verhältnis der Zähnezahl innerhalb der verschiedenen Zahnradpaare ergibt das Übersetzungsverhältnis in den Gängen. Synchronisierung bedeutet – vereinfacht ausgedrückt – die Tatsache, daß ein Zahnradpaar erst dann miteinander läuft, wenn beide Zahnräder gleich schnell (synchron) drehen.

Mit je einem Zahnrad des betreffenden Ganges ist seitlich eine kleine konusförmige Reibungskupplung verbunden. Beim Schalten wird über einen „Synchronring" durch diese „Synchronisierung" das Zahnrad abgebremst

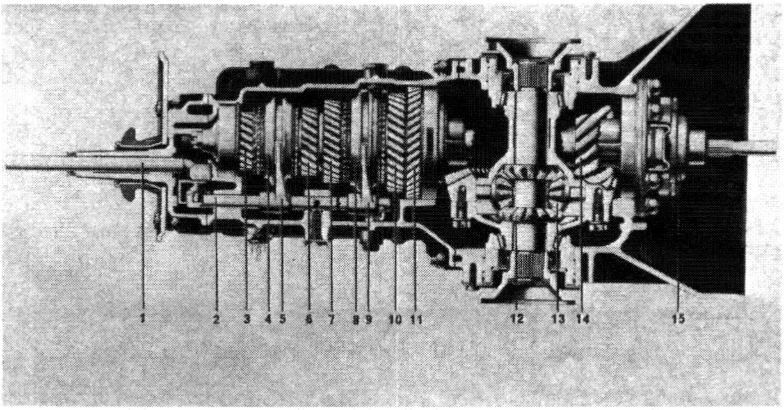


Bei diesem Längsschnitt durch das Schaltgetriebe und den Hinterachsantrieb erkennen Sie folgende Teile: 1 — Innenschalthebel, 2 — Schaltstange 3. und 4. Gang, 3 — Antriebsrad für Vorgelegewelle, 4 — Synchronkörper 3. und 4. Gang, 5 — Schaltgabel 3. und 4. Gang, 6 — Gangrad 3. Gang, 7 — Gangrad 2. Gang, 8 — Synchronkörper 1. und 2. Gang, 9 — Schaltgabel 1. und 2. Gang, 10 — Gangrad 1. Gang, 11 — Gangrad Rückwärtsgang, 12 — Großes Ausgleichkegelrad, 13 — Kleines Ausgleichskegelrad, 14 — Hauptwelle mit Triebling, 15 — Ausrücklager.

(beim Aufwärtsschalten) oder beschleunigt (beim Abwärtsschalten), bis Gleichlauf mit dem Zahnrad auf der anderen Getriebewelle erfolgt ist.
Deshalb sollte man beim Schalten den Schalthebel nicht mit Gewalt in kürzester Frist durchreißen, sondern dem Getriebe den nötigen Sekundenbruchteil zur Drehzahl-Anpassung der Zahnräder lassen. Das schont das Getriebe und erhöht die Lebensdauer, besonders bei noch kaltem Motor und steifem Getriebeöl.

**Schaltschwierigkeiten**

Bei hakender Schaltung sollten Sie zuerst die Einstellung der Anschlagplatte (siehe Bild unten) prüfen lassen. Bei eingelegtem 2. Gang darf der Schalthebel nicht mehr als 10–15 mm Spiel (am Knopf gemessen) aufweisen. Dieses Spiel soll sich auch nicht durch Drehen des Schalthebels verändern lassen, sonst muß er ersetzt werden. Bestehen die Schaltschwierigkeiten weiterhin, sollten

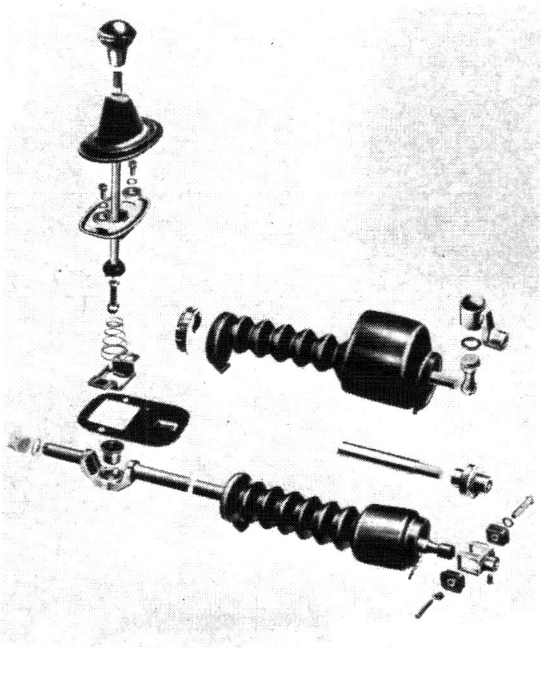

Die wichtigsten Teile der Schaltbetätigung von links oben nach unten: Schalthebelknopf, Schalthebel, Schaltblock, Gleitschale für Schalthebel, Druckfeder, Anschlagplatte, Abdeckblech, Führungsbuchse, Schaltstange.

die Riegelbuchsen für die Gangarretierung ersetzt werden. Als letzte Möglichkeit bleibt noch die Nacharbeitung des Zwischenschalthebels, die aber nur bei ausgebautem Getriebe und abgenommenem Schaltgehäuse möglich ist.

**Fingerzeige:** *Schont man mit Zwischengas das Getriebe? Es hat nur dann eine mildernde Wirkung (auch auf den Kupplungsbelag), wenn bei hohen Drehzahlen heruntergeschaltet wird (Notfälle, sportliches Fahren). Können schalten damit schneller. Auch bei kaltem und steifem Getriebeöl wirkt es schonend.*
*Weil das Synchronisieren auf Reibung beruht, sind fremde Ölzusätze für das Getriebeöl nicht angebracht. Diese Zusätze sollen meistens die Reibung herabsetzen, was genau entgegengesetzt dem Prinzip der Synchronisation ist. Andererseits können durch Ölzusätze die Synchronringe verkleben, was ebenfalls die Leistungsfähigkeit der Synchronisation beeinträchtigt.*

## Die Getriebeautomatik

Der VW 411/412 kann auf Wunsch auch mit dem vom VW 1600 her bekannten Automatik-Getriebe geliefert werden. Immer mehr Autofahrer entschließen sich heute zur Automatik, und wer viel im Stadtverkehr fahren muß, wird bald nicht mehr auf sie verzichten wollen.
Allerdings bereitet das Abschleppen mit Getriebeautomatik Probleme (siehe Seite 236), und außerdem kann der Automatik-VW nicht angeschoben oder angeschleppt werden. Die Wartung der Batterie hat deshalb für den Automatik-Fahrer besondere Bedeutung.
Hier eine kurze Funktionsbeschreibung: Zwischen das Planetengetriebe und den Motor ist der hydraulische Drehmomentwandler geschaltet, in dem die Leistung des Motors durch Schaufelräder übertragen wird. Gekuppelt mit dem Motor ist das Pumpenrad, das die Wandlerflüssigkeit bei laufendem Motor in Rotation versetzt und nach außen gegen das Wandlergehäuse schleudert. Dabei trifft die Flüssigkeit auf das sogenannte Leitrad, welches für eine Umlenkung in die Drehrichtung der Kurbelwelle sorgt. Dadurch wird auch das Turbinenrad in Drehung versetzt, das mit dem nachgeschalteten Getriebe fest verbunden ist. Da die Zahnräder des Getriebes dauernd in Eingriff stehen und die Wandlerflüssigkeit bei laufendem Motor immer versucht – durch das Pumpenrad in Bewegung versetzt –, das Getriebe und damit auch die Antriebsräder in Bewegung zu versetzen, „kriecht" dieser auch im Leerlauf, muß also mit Fuß- oder Handbremse festgehalten werden.
Die Übersetzungsänderung erfolgt durch Zusammenschalten verschiedener Gangradpaare. Aber das geschieht beim automatischen Getriebe nicht durch manuellen Eingriff mit dem Schalthebel, sondern unter Betätigung von Kupplungen und Bremsbändern durch das hydraulische Steuersystem.
Was Sie beim Automatik-VW tun können, ist lediglich die Fahrstufe wählen: P = Parken, R = Rückwärtsgang, N = Neutral, D = 1., 2. und 3. Gang. Damit das Getriebe, etwa beim Beschleunigen, Überholen oder Bergabfahren, nicht zu früh hochschaltet, können Sie die Fahrstufe D noch begrenzen, indem Sie Fahrstufe 2 oder 1 wählen, dann wird nur der 1. oder nur der 1. und 2. Gang geschaltet. Sie müssen in diesem Fall aber aufpassen, daß Sie den Motor in diesen Gängen nicht überdrehen.
Wenn Sie von D nach 2 schalten, wird sofort der 2. Gang geschaltet, was über 100 km/h zum Überdrehen des Motors führt. Wird jedoch der 1. Fahrbereich gewählt, schaltet das Getriebe zunächst in den 2. Gang und erst zwischen 50 und 30 km/h in den 1. Gang. Aus der Stellung N darf nur bei Leerlaufdrehzahl in einen anderen Bereich geschaltet werden. Wurde der Wähl-

Bei dieser Darstellung des aufgeschnittenen automatischen Getriebes bedeuten: 1 — Ölpumpe, 2 — Vorwärtskupplung, 3 — Kleines Sonnenrad, 4 — Kleines Planetenrad, 5 — Pumpenrad, 6 — Leitrad, 7 — Turbinenrad, 8 — Ölsieb, 9 — Schieberkasten, 10 — Großes Planetenrad, 11 — Großes Sonnenrad, 12 — Bremsband 1. und Rückwärtsgang, 13 — Triebling mit Welle.

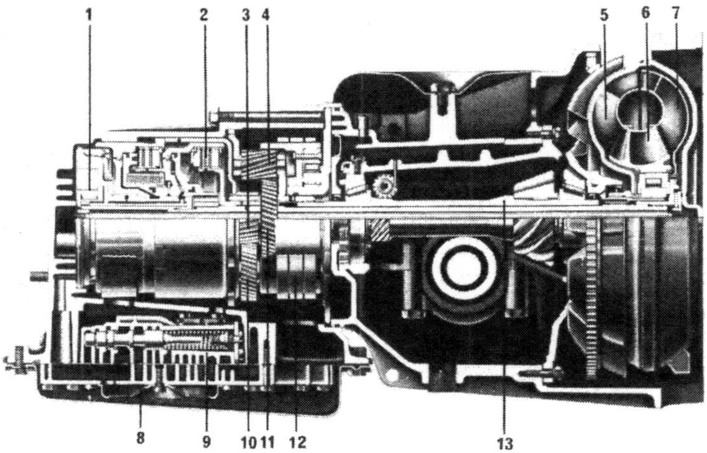


hebel versehentlich während der Fahrt nach N gelegt, muß vor dem Einlegen eines Wahlbereiches Gas weggenommen und Leerlaufdrehzahl abgewartet werden. Das Getriebe könnte sonst Schaden nehmen.
Durch die Parksperre wird die Abtriebswelle blockiert, weshalb sie keinesfalls bei noch rollendem Fahrzeug eingelegt werden darf.

**Schaltpunkte prüfen**

Wenn Sie Ihr Tachometer – wie auf Seite 13 beschrieben – geeicht haben, können Sie feststellen, ob die Getriebeautomatik Ihres Wagens richtig hoch- bzw. herunterschaltet.

| Typ | Gaspedal-stellung | Schaltpunkte km/h beim Hochschalten | | Schaltpunkte km/h beim Zurückschalten | |
|---|---|---|---|---|---|
| | | 1.-2. Gang | 2.-3. Gang | 3.-2. Gang | 2.-1. Gang |
| VW 411 | Vollgas | 29–33 | 75– 84 | 61–52 | 23–19 |
| 68 PS | Kickdown | 55–66 | 92–100 | 93–86 | 60–48 |
| VW 411 E 412 E | Vollgas | 28–32 | 78– 89 | 53–40 | 23–18 |
| 80 PS | Kickdown | 49–64 | 91–104 | 97–86 | 57–43 |
| VW 412 412 S | Vollgas | 32–45 | 81– 93 | 62–52 | 30–25 |
| 75 PS, 85 PS | Kickdown | 53–66 | 95–108 | 103–91 | 61–47 |

## Störungsbeistand
### Getriebeautomatik

Neben den anschließend aufgeführten Möglichkeiten gibt es noch eine Vielzahl von Störungen (z. B. falsche Einstellung des Wählhebelseilzuges), die von der Werkstatt behoben werden müssen.
Bei zu niedrigem AFT-Stand können folgende Störungen auftreten:
- Kein Antrieb in allen Gangbereichen.
- Unregelmäßiger Antrieb in allen Gangbereichen.
- Zu langgezogene Hochschaltungen.

Eine zu hohe Leerlaufdrehzahl verursacht:
- Ruckartige Schaltübergänge beim Einlegen von D oder R aus Stellung N.
- Starkes Kriechen bei eingelegtem Fahrbereich im Leerlauf.

Ein defekter Kickdown-Schalter (vorn unter dem Gaspedal) oder eine abgefallene Schutzkappe verursacht in Stellung D Pendelschaltungen zwischen dem 2. und 3. Gang.
Wenn der ATF-Peilstab falsch eingeführt wurde, kann dadurch das Getriebe blockiert werden – das Fahrzeug läßt sich dann auch nicht schieben.

### Ölwannenschrauben auf festen Sitz prüfen
Pflegearbeit Nr. 24

Alle 10 000 km sieht der VW-Wartungsplan die Kontrolle der Befestigungsschrauben der Ölwanne vor. Diese Arbeit ist besonders dann wichtig, wenn Sie an der Getriebeunterseite Undichtigkeiten (siehe Pflegearbeit Nr. 17) feststellen. Alle Befestigungsschrauben müssen mit 1 mkg (10 Nm) mit einem Drehmomentschlüssel angezogen werden; deshalb ist dies eher eine Arbeit für die Werkstatt.

### Der Hinterachsantrieb

Die Drehbewegung vom Motor verläuft in Wagenlängsachse; sie muß deshalb im Hinterachsantrieb (er sitzt zwischen Motor und Getriebe) rechtwinklig „um die Ecke" geführt werden. Über Teller- und Kegelrad und links und rechts über je eine Achswelle wird die Antriebskraft zu den Hinterrädern geführt. Durch seine Übersetzung gleicht der Antrieb die höhere Getriebeausgangszahl der kleinsten Drehzahl an. Unterschiedliche Radwege bei Kurvenfahrt zwischen innerem und äußerem Hinterrad gleicht das Kegelradgetriebe (Differential) aus.

**Fingerzeige:** *Bleibt man im Schnee oder Morast stecken, ist es schädlich für die Zahnräder im Differential, wenn man ein Hinterrad zu lange im Stand durchdrehen läßt. Legen Sie zum Anfahren Fußmatten unter oder geben Sie nur wenig Gas und ziehen Sie die Handbremse leicht an. Dadurch wird die Antriebskraft auf beide Hinterräder gleichmäßiger verteilt.*
*Wenn Sie ölfeuchte Hinterrad-Bremstrommeln feststellen, so stellt sich die Frage: Ist es Bremsflüssigkeit oder Getriebeöl? Machen Sie den Fingertest: Reiben Sie das Öl zwischen Daumen und Zeigefinger. Verreibt es sich fast so wie Wasser, ist es Bremsflüssigkeit. Ist es zähhaftend und dickflüssig, handelt es sich um Hinterachsöl aus einer möglicherweise undichten Radlagerung der betreffenden Seite.*

### Getriebe und Achsantrieb auf Undichtigkeit untersuchen
Pflegearbeit Nr. 17

Am einfachsten läßt sich diese Pflegearbeit gelegentlich eines Motorölwechsels durchführen. Ist der Getriebe-Hinterachsblock ölfeucht? Achten Sie besonders auf die Stellen, wo Motor und Hinterachsantrieb sowie Achsantrieb und Getriebe zusammengeflanscht sind. Bei Leckstellen ist der Schmutz schwarz verfärbt. Wenn Sie sich nicht sicher sind, wo das Öl austritt, Getriebe reinigen und nach einigen Kilometern wieder nachschauen.

# Führungs-Aufgaben

Mit dem Typ 4 wandte man sich bei VW von bisher bei der „Heckmotor-Generation" verwendeten Bau-Prinzipien ab. So besitzt der VW 411/412 beispielsweise keine Drehstabfederung mehr, sondern Schraubenfedern. Allerdings sind letztere im Grunde genommen nichts anderes als gewickelte Drehstäbe (Torsionsstäbe).
Das Fahrwerk mit der Federbein-Vorderachse und der Schräglenker-Hinterachse ist recht aufwendig konstruiert. Zudem erfordert es nur einen geringen Wartungsaufwand. Der Eigenpfleger muß sich auf die reinen Sichtprüfungen beschränken, da zu den übrigen Arbeiten an Fahrwerk und Lenkung teures Spezialgerät und Fachwissen erforderlich ist.

## Die Vorderachse

**Pflegearbeiten Nr. 21 und Nr. 63**

Die Federbein-Vorderachse bietet verschiedene Vorteile: Sie sorgt für gute Federung und Straßenlage, ist raumsparend (so wird der vordere Kofferraum nur wenig eingeengt) und nicht zuletzt läßt sie sich einfacher und kostengünstiger herstellen. Allerdings gestaltet sich das Auswechseln der vorderen Stoßdämpfer wesentlich schwieriger und die Räder bei Federbein-Achsen sind schwerer auszuwuchten. Nicht einwandfrei ausgewuchtete Räder lassen das Lenkrad beim Fahren vibrieren oder flattern und erhöhen den Verschleiß an Radlagern und den Teilen der Radaufhängung und Lenkung. Das Federbein besteht aus einem langen Stoßdämpfer (Position 3 im Bild un-

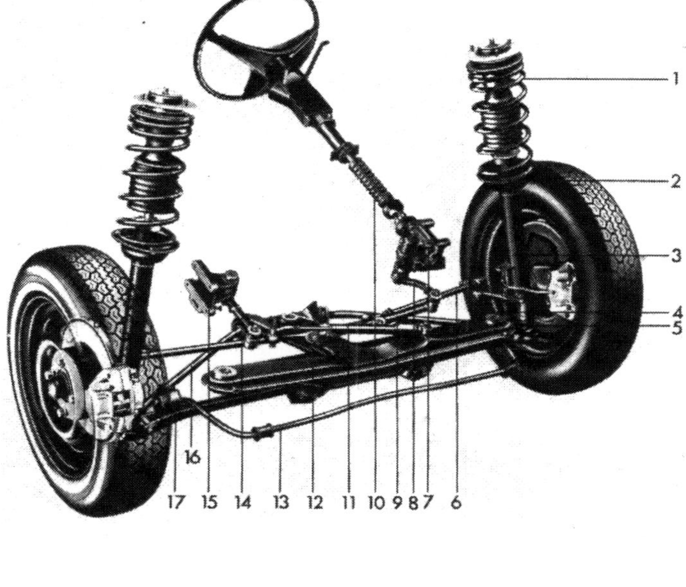


Den Aufbau der Vorderachse verdeutlicht diese Zeichnung: 1 — Schraubenfeder, 2 — Federteller, 3 — Stoßdämpfer, 4 — Achsschenkel, 5 — Führungsgelenk, 6 — einstellbare Spurstange, 7 — Lenkgetriebe, 8 — Lenkhebel, 9 — mittlere Spurstange, 10 — Lenkungsdämpfer, 11 — zusammenschiebbares Prallelement, 12 — Vorderachsträger, 13 — Stabilisator, 14 — Hilfslenker mit Lagerblock (15), 16 — Schubstrebe, 17 — Querlenker.

ten) und einer darauf gesetzten Schraubenfeder (1), die zwischen Federtellern (2) gelagert ist. Oben ist das Federbein am Radkasten befestigt. Der Stoßdämpfer ist unten mit dem Achsschenkel (4) und dem Führungsgelenk (5) verschraubt. Die untere Lagerung des Federbeins übernimmt ein Querlenker (17; er liegt quer zur Fahrtrichtung), der über Silentblöcke mit dem Vorderachsträger (12) verbunden ist und durch eine Schubstrebe (16) abgestützt wird. Der Drehstab-Stabilisator vermindert die Karosserieneigung bei Kurvenfahrt. Die guten Federungs- und Fahreigenschaften dieser (nach ihrem Erfinder auch benannten McPherson)-Vorderachse ergeben sich daraus, daß Feder und Dämpfer in der gleichen Richtung wirken und ganz nahe am Rad stehen.

Schmierstellen sind an der Vorderachse nicht vorhanden. Die stählernen Kugelköpfe der Führungsgelenke sind nicht nur in umhüllende Kunststoffschalen, sondern auch in Fett gebettet. Damit Nässe und Schmutz nicht in die Gelenke eindringen können, sind sie mit Gummimanschetten verkapselt, die alle 10 000 km überprüft werden sollen (Pflegearbeit Nr. 21). Die Führungsgelenke sollen ein Autoleben aushalten, aber eingedrungener Schmutz läßt ihre Lebensdauer rasch sinken; nachträgliches Abschmieren ist nicht möglich. Das Axialspiel der Führungsgelenke soll alle 50 000 km in eingebautem Zustand geprüft werden (Pflegearbeit Nr. 63). Auch im Neuzustand kann geringfügiges Spiel vorhanden sein, das sich vor allem bei schlechter Abdichtung (beschädigte Gummimanschette) vergrößert. Für diese Kontrolle ist ein besonderer Gelenkhebel erforderlich, weshalb man sie besser der Werkstatt überläßt.

## Spur und Sturz prüfen

Pflegearbeit Nr. 25

Jedes der beiden Vorderräder hat die Tendenz, nach außen wegzulaufen, hervorgerufen vor allem durch den Fahrwiderstand. Um das zu verhindern, stellt man sie so ein, daß sie vorn näher zusammenstehen als hinten; sie laufen gewissermaßen aufeinander zu. Ist die Vorspur – so nennt man diese Einstellung – zu groß oder zu klein, verschleißen die Reifen schneller, auch wird das Lenkverhalten ungünstig beeinflußt. Natürlich kann nur die Werkstatt die Vorspur mit dem optischen Meßgerät einwandfrei prüfen und gegebenenfalls richtig einstellen. Nur behelfsmäßig läßt sich die Messung an den Innenseiten der vorderen Radfelgen vornehmen. Dabei darf das Fahrzeug nicht belastet sein. Zum Einstellen werden die Spurstangen verdreht.

Mit Sturz bezeichnet man eine leichte Schrägstellung der Vorderräder. Sie stehen unten näher zusammen als oben. Damit bewirkt man, daß die Räder nicht die Tendenz bekommen, von den Radlagerzapfen abzulaufen. Auch hier ist man wegen der Einstellgeräte auf Werkstatthilfe angewiesen.

Diese Wartungsarbeiten sollten Sie schon vor den vorgeschriebenen 10 000 km durchführen lassen, wenn Sie feststellen, daß ein oder beide Vorderreifen schräg abgefahren sind. Unsanfte Bordsteinberührungen oder hartes Anfahren von Steinen kann bei der Federbein-Vorderachse die Einstellung verändern.

## Die Hinterachse

Pflegearbeiten
Nr. 18 und Nr. 23

Jedes Hinterrad ist an einer v-förmigen Schwinge (Schräglenker, 7 im Bild) befestigt, deren in Fahrtrichtung zeigende Schenkel über Lagerböcke mit dem Hinterachsträger (8) verschraubt sind. Durch diese Konstruktion ergeben sich beim Ein- und Ausfedern nur geringe Spur- und Sturzänderungen der Räder (im Gegensatz zu den beim Kurvenfahren bei alten „Pendelachs-Käfern" auftretenden „O-Beinen"). Zwischen dem Schräglenker (= schräg zur Fahrtrichtung) und der Karosserie sitzen die Schraubenfeder (1) und der Stoß-

Hier die Teile der Schräglenker-Hinterachse. Ihr Hauptvorzug besteht in den nur sehr geringen Änderungen von Sturz und Spur beim Ein- und Ausfedern. Die Zahlen bedeuten: 1 — Schraubenfeder, 2 — Stoßdämpfer, 3 — Kupplungs-Nehmerzylinder, 4 — Getriebe, 5 — Gelenkwelle, 6 — Hinterachsantrieb, 7 — Schräglenker, 8 — Hinterachsträger, 9 — Gleichlaufgelenk, 10 — Befestigungsschrauben der Gleichlaufgelenke, 11 — Anlasser. 12 — Magnetschalter.

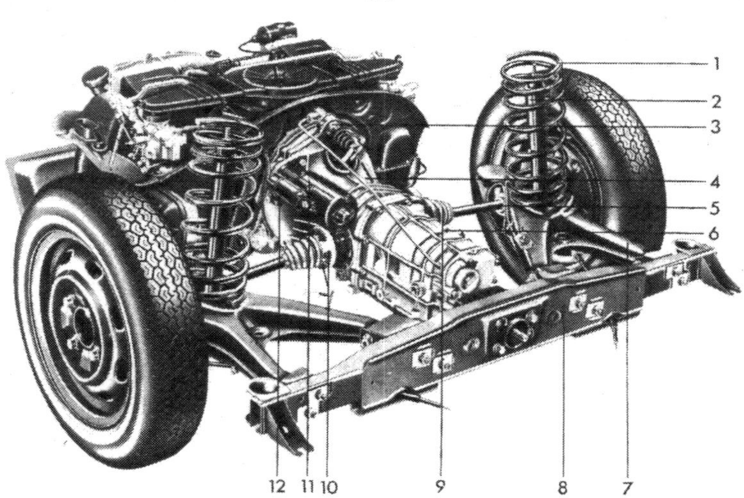


dämpfer (2). Seit August 1969 werden die Limousinen zusätzlich mit einem Stabilisator an der Hinterachse ausgerüstet.

Die Kraftübertragung auf die Hinterräder erfolgt über Gelenkwellen (5) mit je zwei Gleichlaufgelenken (9), von denen zwei am Getriebegehäuse und zwei außen am Achslenker zu finden sind. Wegen der doppelten Gelenke heißt diese Hinterachskonstruktion auch Doppelgelenkachse.

Die Gelenkschutzhüllen am Getriebegehäuse und an den Schräglenkern werden auf Beschädigungen und Risse geprüft (Pflegearbeit Nr. 18). Das kann man leicht machen, wenn man das betreffende Hinterrad dreht und dabei die Schutzhüllen betrachtet. Beschädigte Schutzhüllen sollten umgehend erneuert werden, da sonst die Lebensdauer der Gelenke leidet.

Der feste Sitz der Befestigungsschrauben der Gleichlaufgelenke soll alle 10 000 km überprüft werden (Pflegearbeit Nr. 23). Dazu wird ein Innenvielzahnschlüssel benötigt. Das Anzugsdrehmoment beträgt 4,5 mkg (45 Nm).

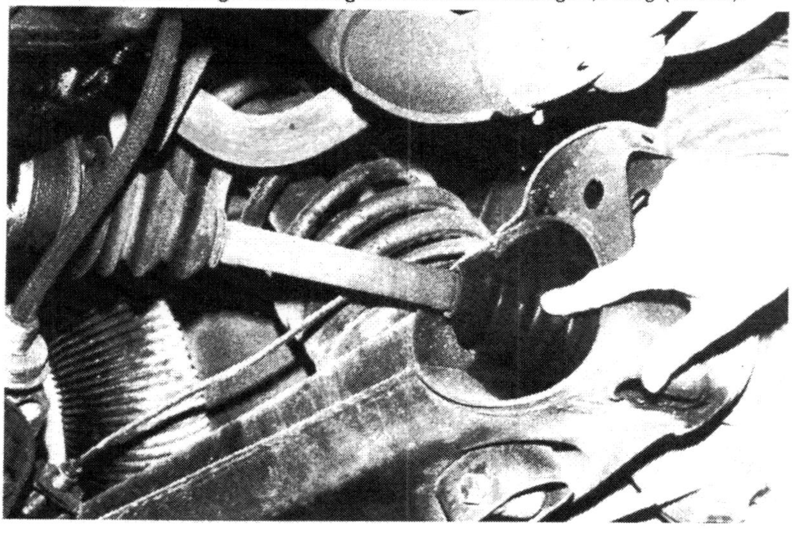

Wenn der VW zum Ölwechsel hochgebockt ist, kann man die Schutzhüllen der Gelenkwellen rundum auf Beschädigungen untersuchen, wenn man am betreffenden Hinterrad dreht. Defekte Schutzhüllen müssen umgehend erneuert werden, sonst müssen die Gleichlaufgelenke ebenfalls ersetzt werden.

## Befestigung und Dichtheit der Stoßdämpfer prüfen

Pflegearbeit Nr. 22

Die hydraulisch wirkenden Stoßdämpfer sind wartungsfrei, an ihnen gibt es nichts zu pflegen oder reparieren. Die Stoßdämpfer dämpfen die Schwingungen der Federung und verhindern damit, daß die Räder vom Boden springen und daß der Wagen nach jeder Unebenheit nachschaukelt.
Man sollte die Stoßdämpfer-Befestigung hin und wieder prüfen. Gelegentlich abgenommener Räder oder entlasteter Achsen läßt sich durch Auf- und Abschwingen der Räder feststellen, ob sie nicht klappern. Gealterte (verhärtete) oder gerissene Befestigungs-Gummilager können ausgetauscht werden.
Auf Feuchtigkeitsspuren achten. Geringe Leckverluste wiegen nicht schwer, da die Flüssigkeitsreserve im Dämpfer im allgemeinen ausreicht. Bei größeren Verlusten müssen die Dämpfer ausgetauscht werden. Dämpferflüssigkeit läßt sich nicht nachträglich auffüllen.

### Stoßdämpfer prüfen

Es gehört einige Erfahrung dazu, die Wirksamkeit von Stoßdämpfern während der Fahrt festzustellen. Die Federung ist unruhiger und die Straßenlage auf unebener Strecke schlechter, die Lenkung labiler und der Wagen schaukelt länger als normal nach, wenn ein Dämpfer ausgefallen ist. Einzelne Merkmale können aber auch von anderen Ursachen hervorgerufen werden, z. B. Defekt an der Lenkung, falsche Fahrwerkseinstellung, zu wenig Luft in den Reifen. Behelfsmäßige Kontrolle im Stand: Wagen am betreffenden Kotflügel mit der Hand aufschaukeln und plötzlich loslassen. Die Federbewegung müßte nach höchstens zwei Schwingungen zur Ruhe kommen.
Weil Stoßdämpfer langsam auszufallen pflegen, gewöhnt man sich daran, daß der Wagen allmählich schlechter liegt und die Federung schlechter wird. Das Prüfen eines ausgebauten hydraulischen Dämpfers von Hand gibt nicht unbedingt Aufschluß über dessen Wirksamkeit. Allenfalls läßt sich feststellen, ob er ein Totalausfall ist oder nicht. Dazu steckt man durch sein oberes und unteres Auge ein Werkzeug (z. B. kräftiger Schraubenzieher), stellt sich mit beiden Füßen auf das untere und versucht mit dem oben eingesteckten den Dämpfer hochzuziehen und zusammenzudrücken. Registriert man dabei „toten Gang“ oder „Leerhub“, ist der Dämpfer ncht mehr verwendungsfähig. Bei der Prüfung von Hand müssen die Dämpfer senkrecht stehen, wie im Wagen eingebaut.
Überbeanspruchte Dämpfer werden schnell heiß, lassen damit in ihrer Wirkung nach, sofern sie nicht defekt sind. Die Überlastung liegt darin, wenn auf schlechter, schlaglochreicher Straße lang anhaltend schnell gefahren wird. Dann erhitzt sich die hydraulische Flüssigkeit und die Dichtungen werden zerstört: Flüssigkeit läuft aus.
Hinweis: Bei der Wagenwäsche sollte man den Wasserstrahl nie so führen, daß Wasser unter die Schutzrohre der Stoßdämpfer dringt.

### Stoßdämpfer ausbauen

Ein Federbein muß normalerweise komplett ersetzt werden, wenn die Dämpfwirkung nachläßt. Zum Aus- und Einbau sind besondere Werkzeuge erforderlich – Werkstattsache. Für den Variant gibt es verstärkte Federbeine, die man auch in einer Limousine einbauen lassen kann, wenn diese oft voll beladen gefahren wird. Für sportliche Fahrer bieten Bilstein, Fichtel + Sachs und Koni Gasdruck-Stoßdämpfer an, die sich durch straffere Dämpfwirkung – verbunden mit einem gewissen Komfortverlust – auszeichnen. Sie sind als Federbein-Patronen erhältlich, wobei nur der alte Dämpfer gegen die Patrone ausgetauscht wird.
Ein Tip für Leute, die in Nordwestdeutschland wohnen: In Holland sind die Koni-Dämpfer bis zu 30 % billiger.

Zur Prüfung der Stoßdämpfer während der Fahrt gehört einige Erfahrung. Die hier gezeigte behelfsmäßige Kontrolle im Stand ist einfacher: Wagen am betreffenden Kotflügel von Hand aufschaukeln und plötzlich loslassen. Die Federbewegung müßte sofort gedämpft werden. Schwingt der Wagen weiter, ist der betreffende Stoßdämpfer wahrscheinlich defekt. Genauer ist natürlich die Kontrolle auf einem speziellen Prüfstand.

Zum Ausbau der hinteren Stoßdämpfer muß das Fahrzeug auf einer Rampe o. ä. stehen. Die hinteren Räder dürfen nicht frei durchhängen – durch plötzliches Entspannen der Schraubenfeder besteht Unfallgefahr! Zuerst die untere Befestigungsschraube SW 19 des Stoßdämpfers am Schräglenker herausschrauben. In der Gepäckablage hinten wird die Bodenverkleidung so weit gelöst, daß der darunter liegende Plastikdeckel abgenommen werden kann. Selbstsichernde Befestigungsmutter SW 17 losschrauben und Stoßdämpfer nach unten herausnehmen. Einbau in umgekehrter Reihenfolge, oben eine neue selbstsichernde Mutter verwenden.

## Radlager reinigen und fetten

Pflegearbeiten Nr. 58 und Nr. 59

Die Kegelrollenlager der Vorder- und Hinterachse sollen alle 50 000 km gereinigt und mit neuem Fett versehen werden. Die runde Zahl 50 000 steht jedoch nur deshalb im Inspektionsplan, damit die Arbeit auf eine 10 000-km-Wartung fällt. Man kann das Fett auch ohne weiteres etwas früher oder später erneuern, wenn man neue Radlager oder Bremsscheiben einbauen läßt.
Wir haben diese Wartungsarbeit bewußt mit einem „W" versehen, da zum Ausbau der vorderen Radlager nach Abnahme des Nabendeckels die Bremsscheiben und damit auch die Bremssättel abgebaut werden müssen.
An den Hinterrädern müssen die Gelenkwellen, die Bremstrommeln und die Hinterradwellen ausgebaut werden, um an die Radlager heranzukommen. Pro Rad werden etwa 40 g Mehrzweckfett auf Lithiumbasis benötigt.

**Radlagerspiel prüfen**

Nur die Radlager in den nicht angetriebenen Rädern – also den Vorderrädern – sind einstellbar. Zur Sicherung und Einstellung der äußeren Kegelrollenlager wird am VW eine Klemmutter mit Innensechskant-Klemmschraube verwendet. Allerdings ist zum genauen Einstellen eine Meßuhr erforderlich.
Wagen vorn hochbocken und Rad abnehmen. Mit einem Flachmeißel oder Schraubenzieher Nabendeckel vorsichtig heraushebeln. Inbusschraube soweit lösen, daß sich die Klemmutter gerade anziehen läßt. Dabei die Bremsscheibe drehen (damit sich die Lager gut setzen können), bis sie schwergängig geht. Jetzt Klemmutter knapp eine Vierteldrehung zurückdrehen. Inbusschraube festziehen. Zur Kontrolle: Die Scheibe zwischen dem äußeren Radlager und der Klemmutter soll sich gerade noch drehen lassen. VW

So wird das Radlagerspiel geprüft: Das auf dem Boden stehende Rad oben fassen und quer zum Wagen zu bewegen versuchen. Bei einwandfreien Lagern darf hier kein Spiel vorhanden sein; das Rad darf also nicht wackeln, nicht „locker" sitzen. Ist Spiel vorhanden, prüft man, ob es wirklich am Radlager und nicht etwa an den Spurstangengelenken liegt. Dazu von einem Helfer die Fußbremse treten lassen, wodurch das Radlager in seiner Lage blockiert wird. Ist auch dann Spiel vorhanden, liegt es nicht (nur) am Radlager.

schreibt ein Spiel von 0,03–0,12 mm vor. Beim Aufsetzen der Nabenkappe aufpassen; verformte Kappen dichten schlecht ab.

## Die Lenkung

Der VW 411/412 besitzt eine Kugelumlauflenkung, bei der anstelle eines Schneckentriebs umlaufende Stahlkugeln (58 Stück, im Bild unten Position 4) in den Gewindegängen zwischen Lenkspindel (2) und Lenkmutter (1) letztere verschieben. Je eine Halbschale (5) führt die Kugeln in der Mutter zurück und sorgt so für insgesamt zwei geschlossene Kugelkreisläufe. Weist die Lenkspindel Spiel in Längsrichtung auf, läßt sich dieses an einer Schraube (3) einstellen – Werkstattarbeit. Das Lenkgetriebe ist mit 250 ccm Getriebefließfett befüllt und wartungsfrei.
Die Drehbewegung am Lenkrad wird im Lenkgetriebe in eine Hin- und Herbewegung am Lenkhebel übersetzt und über das aus drei Spurstangen gebildete Lenkgestänge und die Lenkarme der Achsschenkel an die Räder weitergeleitet (siehe Bild auf Seite 166). Die mittlere Spurstande ist am Lenkhebel und einem Hilfslenker angelenkt, an ihr ist auch der mit dem Vorderachsträger befestigte Lenkungsdämpfer angeschraubt. Er soll verhindern, daß Fahrbahnstöße ungehindert ans Lenkrad weitergeleitet werden. Die äußeren Spurstangen sind einstellbar und an der mittleren Spurstange befestigt.

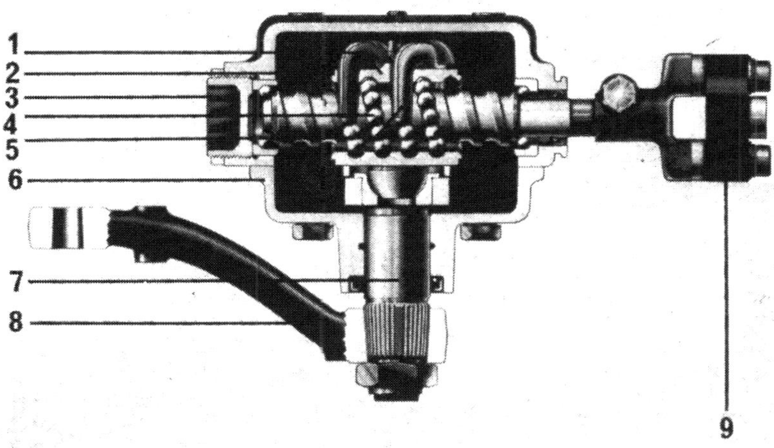


Diese Schnittzeichnung des Lenkgetriebes zeigt folgende Teile:
1 — Lenkmutter,
2 — Lenkspindel,
3 — Einstellschraube für die Lenkspindel,
4 — Kugeln (58 Stück),
5 — Halbschalen der Kugelführung,
6 — Lenkgehäuse,
7 — Lenkhebelwelle,
8 — Lenkhebel,
9 — Lenkungskupplung.

An der Lenkung ist Eigenhilfe nicht angebracht. Aber gelegentlich kann man überprüfen, ob Spiel oder „Luft" in den Übertragungsorganen vorhanden ist. Man stellt also fest, ob sich die Bewegung am Lenkrad unmittelbar auf die Vorderräder überträgt. Da die Reifen einen geringen Teil des Einschlages „schlucken", achtet man besser auf die Bewegung der Felge.

## Lenkungsspiel prüfen
Pflegearbeit Nr. 48

Die ziemlich leichtgängige Kugelumlauf-Lenkung zeichnet sich durch kaum merkliches, gleichmäßiges Spiel über den gesamten Einschlagbereich aus.
Eine Kontrolle, ob sich die Lenkung korrekt verhält, ist eigentlich bei jeder Fahrt möglich; beim Wartungsdienst überprüft man das alle 10 000 km. Man kurbelt das Seitenfenster herunter und stellt sich neben den Wagen. Dann greift man durchs Fenster, und während man das Lenkrad dreht, beobachtet man das linke Vorderrad und besonders die Felge. Denn die Reifen sind elastisch und können zunächst einen Teil des Einschlags „schlucken", ehe sie sich bewegen. Das Lenkrad soll sich nicht mehr als einen Fingerbreit bewegen lassen, ehe der Einschlag an den Felgen sichtbar wird.

## Spurstangenköpfe auf Spiel und Staubkappen auf Dichtheit prüfen
Pflegearbeit Nr. 20

Die gelenkigen Verbindungen der Spurstangen sind an sich wartungsfrei, da die Gelenke eine Dauer-Fettfüllung besitzen. Durch Steinschlag oder andere mechanische Beschädigungen können jedoch die Gummikappen auf diesen Gelenken schadhaft geworden sein, so daß von außen Schmutz und Feuchtigkeit eindringen kann. Beschädigte Schutzkappen dürfen nur dann ersetzt werden, wenn mit Sicherheit kein Schmutz in das Gelenk eingedrungen ist. Andernfalls muß das Spurstangengelenk komplett ersetzt werden.
Ob die Spurstangenköpfe Spiel haben, prüft man, indem ein Helfer das Lenkrad zügig hin- und herdreht und man an den Spurstangenköpfen fühlt, ob diese „Luft" haben. Bei dieser Gelegenheit schenkt man auch dem Lenkungsdämpfer einen prüfenden Blick. Er muß trocken sein und darf keine Spuren eines Flüssigkeitsverlustes zeigen.

Die Spurstangengelenke besitzen eine Dauer-Fettfüllung und sind wartungsfrei. Man sollte aber regelmäßig überprüfen, ob die Gummikappen auf diesen Gelenken nicht beschädigt sind, sonst kann Schmutz in das Gelenk eindringen und es muß ausgetauscht werden.

# Verzögerung erwünscht

Um Ihr Fahrtempo zu verringern, müssen Sie nicht unbedingt das Bremspedal betätigen. Sie können auch den nächsttieferen Gang einlegen und so mit dem Motor bremsen. Meist wird aber das Herunterschalten allein nicht genügen und Sie müssen doch aufs Bremspedal. Was geschieht da eigentlich? Wenn der Fuß das Pedal niederdrückt, preßt eine vom Pedal betätigte Verbindungsstange einen Kolben in den Hauptbremszylinder. Dadurch wird Bremsflüssigkeit zur Druckübertragung zu den Radbremszylindern gedrückt. Dort geschieht das Umgekehrte: Der Flüssigkeitsdruck treibt einen Kolben aus dem Zylinder, womit die Bremsklötze gegen die Scheibe bei der Scheibenbremse, bzw. die Bremsbacken gegen die Trommel gedrückt werden.
Da vom Zustand und der Wirkung der Bremsen die eigene Sicherheit und die anderer abhängt, sollte man Reparaturen oder komplizierte Wartungsarbeiten nicht etwa zwischen Mittagessen und Kaffeetrinken schnell selbst erledigen wollen. Es ist keine Schande, wenn man die an der Bremsanlage notwendigen Wartungsarbeiten der Werkstatt überläßt und sich darauf beschränkt, Sicht- und Funktionskontrollen vorzunehmen.

## Bremsen prüfen
Pflegearbeit Nr. 51 a

Die Bremsen müssen genau so gut eingefahren sein wie der Motor. Bremsscheibe bzw. Bremstrommel und Bremsbelag müssen sich aneinander gewöhnen und ihre gemeinsame Oberfläche, auf der sie sich berühren, muß möglichst groß sein. „Trägt" der Belag nur auf wenigen Quadratzentimetern, ist die Bremswirkung schlecht und ungleichmäßig. Aufschluß darüber gibt eine scharfe Bremsung, vorausgesetzt, man ist allein auf der Straße.
Bremsproben beginnt man, indem zunächst aus mäßiger und dann aus höherer Geschwindigkeit abgebremst wird. Das gleiche wiederholt man mit losgelassenem Lenkrad. Das gibt – auf ebener, nicht gewölbter Straße – Aufschluß darüber, ob der Wagen beim Bremsen einseitig wegzieht. Trotz unbelebter Straße sollte man vor der ersten Bremsung nicht schneller als 60 km/h sein, und erst, wenn man sich über die Verhaltensweise des Autos im klaren ist, erhöht man zu den Versuchen das Tempo. Schließlich, nachdem man alle losen Gegenstände im Wagen gut verstaut hat: Ruckartig auf die Bremse treten.
Preisfrage: Wenn der Wagen nach rechts zieht, welche Bremsen sind dann nicht in Ordnung? Natürlich haben Sie's gewußt: die linken. Ungleichmäßig ziehende Bremsen deuten zumindest auf verschlissene Beläge, wenn nicht auf undichte Bremsleitungen, auf klemmende Bremskolben oder auf verrosteten Bremssattel hin. (Auch ungleicher Reifendruck wirkt sich derartig aus.) Verbunden mit der verminderten Bremswirkung ist ein größerer Pedalweg, der normal etwa eine Fingerbreite betragen soll. Im übrigen darf sich der Bremspedalweg auch nach mehrmaligem hintereinander erfolgtem Bremsen nicht verringern.

Die hydraulische Zweikreis-Bremsanlage und die mechanische Handbremse des VW 411/412 besteht aus folgenden Teilen: 1 — Bremssattel mit Bremsscheibe, 2 — Bremsflüssigkeitsbehälter, 3 — Hauptbremszylinder, 4 — Bremsleitung zum hinteren Bremskreis, 5 — Bremsleitung zum vorderen Bremskreis, 6 — Handbremshebel, 7 — Seilzug der Handbremse, 8 — Bremskraftregler (nur bei Limousinen eingebaut), 9 — Trommelbremse.

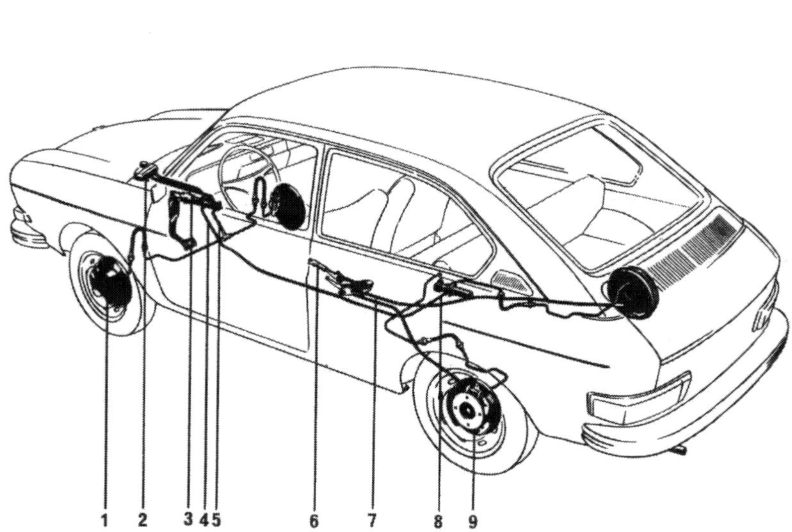


## Bremsflüssigkeitsstand kontrollieren

Pflegearbeit Nr. 36

Der zur schnellen Kontrolle durchscheinende, weiße Vorratsbehälter für die Bremsflüssigkeit sitzt im vorderen Kofferraum an der Abschlußwand zum Innenraum. Bei Fahrzeugen mit Bremskraftverstärker sind Hauptbremszylinder, Servogerät und Bremsflüssigkeitsbehälter zusammen im vorderen Kofferraum eingebaut. Der Vorratsbehälter ist durch zwei halbhohe Zwischenwände in drei Kammern unterteilt. Zwei Kammern sorgen für die notwendige hydraulische Flüssigkeit der Bremsanlage, so daß bei Ausfall eines Bremskreises genügend Flüssigkeit für den noch intakten Bremskreis zur Verfügung steht (Zweikreis-Bremssystem). Die dritte Kammer dient als Ausgleichsbehälter für die hydraulische Kupplungsbetätigung. (Fahrzeuge mit Getriebeautomatik haben einen Bremsflüssigkeitsbehälter mit nur zwei Kammern.)

Die Bremsflüssigkeit soll bis etwa 15 bis 20 mm unter dem Verschlußdeckel stehen. Ist der Flüssigkeitsspiegel auffallend abgesunken, muß der Zustand der Bremsleitungen sehr sorgfältig überprüft werden (siehe nächsten Abschnitt) und eine eventuelle Undichtigkeit von der Werkstatt behoben werden. Weil der VW 411/412 vorne Scheibenbremsen besitzt, tritt hier auch eine Eigenart dieser Anlage auf, die man bei Wagen mit nur Trommelbremsen nicht findet. Die im Durchmesser verhältnismäßig großen Kolben der Scheibenbrems-Radzylinder treten entsprechend dem Belagverschleiß weiter heraus, wodurch mehr Flüssigkeit nachfließen muß als bei der Trommelbremse. Ein gewisses Absinken der Bremsflüssigkeit ist also bei wachsendem Wagenalter nicht unbedingt alarmierend. Wirklich routinierte Leute können am tiefen Stand der Bremsflüssigkeit sogar den Abnutzungsgrad der Scheibenbremsbeläge feststellen. Dazu muß das System der Bremsleitungen natürlich dicht sein.

Beim Erneuern der Scheibenbremsbeläge müssen übrigens die Kolben zurückgedrückt werden, wodurch der Flüssigkeitsstand wieder ansteigt. Wurde inzwischen zu viel nachgefüllt, würde ein Behälter auch bei aufgeschraubtem Deckel überlaufen, da sich darin ein Entlüftungsloch befindet. Zum Nachfüllen nur Original-Bremsflüssigkeit (blau) verwenden. Auf keinen Fall, auch nicht als Notbehelf, darf Motoröl verwendet werden. Motoröl zersetzt die Gummiteile. Bremsflüssigkeit ist ein synthetischer Stoff, der auch bei Kälte oder Hitze nicht dick- oder dünnflüssiger werden darf. Sie greift übrigens den

Lack an, daher beim Hantieren damit aufpassen. Da Bremsflüssigkeit auch stark wasseranziehend ist, erhöht sich im Lauf der Zeit ihr Siedepunkt. Bei starker Beanspruchung der Scheibenbremsen kann es zu Dampfblasenbildung in den Leitungen kommen – die Bremse fällt dann ganz aus. Deshalb soll die Bremsflüssigkeit alle zwei Jahre erneuert werden (siehe Seite 184).

## Bremsanlage auf Dichtheit und Beschädigungen prüfen
Pflegearbeit Nr. 19

Die Kontrolle der Bremsanlage sieht zunächst vor, daß sämtliche Leitungen und Anschlüsse auf Undichtigkeit überprüft werden. Verfolgen Sie bei trokkener Wagenunterseite (Auto hochbocken oder auf eine Grube fahren) den Verlauf der Bremsschläuche: Sie dürfen weder feucht noch aufgequollen sein. Die Bremsleitungen dürfen keine Rostspuren aufweisen. Falls doch – auswechseln lassen. Geknickte oder plattgedrückte Bremsleitungen sind ebenso zu ersetzen wie Bremsschläuche mit Scheuerstellen. Achten Sie auch besonders auf Anschluß- und Verbindungsstellen. Bremsflüssigkeit kriecht auch unter den Schmutz. Schwarzer Schmutz deutet auf Undichtigkeit hin, auch feuchtdunkle Stellen am Scheibenbremssattel (vorn) oder an einer Bremstrommel (hinten). Radbremszylinder undicht? Sind Staubkappen auf allen Entlüftungsventilen (auf den Radinnenseiten bzw. an den Bremssätteln)?

Bremsschläuche vertragen kein Benzin, Petroleum, Dieselkraftstoff oder Fett. Sie dürfen auch nicht lackiert werden. Weil Einsprühöl natürlich Öl enthält, sollte es von den Bremsschläuchen ferngehalten werden. Das bedeutet praktisch: Wagenunterseite nicht mit Öl einsprühen lassen. Unterbodenschutzwachse dagegen sind ungefährlich.

Bremsdruckprobe: Bremspedal etwa eine Minute niedergedrückt halten. Gibt es dabei nach, liegt Undichtigkeit vor.

## Die Scheibenbremse

Die Sache ist ziemlich einfach: Parallel mit dem Rad dreht sich eine Stahlscheibe, gegen die von beiden Seiten Reibklötze gepreßt werden. Heute hat man sich allgemein zu Scheibenbremsen – zumindest für die Vorderräder – entschlossen, weil dieser Bremsentyp der althergebrachten Trommelbremse in einigen Punkten überlegen ist.

Sie lassen sich besser kühlen, weil Scheiben und Beläge offen im Luftstrom des Fahrtwindes liegen. Deswegen sind sie standfester: Bei mehrmaligen Vollbremsungen oder bei anhaltendem Bremsen bergab hält die Bremswirkung länger an (kein „Fading"). Zudem ist die Bremswirkung einer Achse gleichmäßiger als bei Trommelbremsen. Ferner ist die Scheibenbremse selbstnachstellend und sogar selbstreinigend.

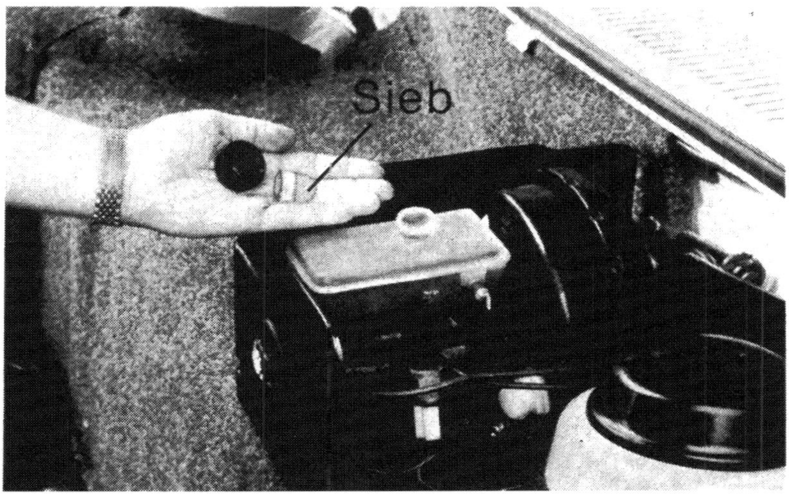


Der Bremsflüssigkeitsbehälter soll möglichst bis über die Hälfte gefüllt sein. Plötzlicher Mangel von Flüssigkeit muß sofort ergründet werden. Zum Nachfüllen darf nur Original-Bremsflüssigkeit verwendet werden, keinesfalls — auch nicht behelfsweise — Motoröl. Im Deckel befindet sich eine Entlüftungsöffnung, um die notwendigen Schwankungen des Flüssigkeitspegels zu ermöglichen. Das Sieb schützt die Bremsanlage vor eindringenden Schmutzteilchen beim Nachfüllen.

Wenn man von vorn auf den vorderen Bremssattel blickt, sieht man folgende Teile: 1 — Entlüftungsventil, 2 — kreuzförmige Belaghaltefeder, 3 — unteres Entlüfterventil (wird nur zum Wechsel der Bremsflüssigkeit benötigt), 4 — Bremsbeläge, 5 — Belaghaltestifte, 6 — Kolbenverdrehsicherungen.

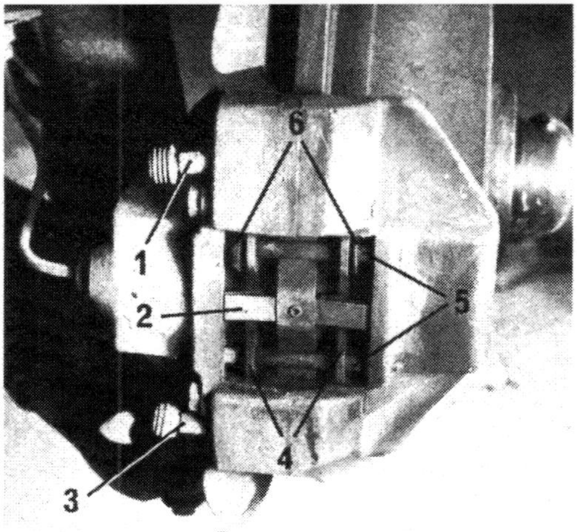


Allerdings hat die Scheibenbremse auch negative Seiten. Die Beläge verschleißen schneller, und weil sie kaum abgeschirmt ist, können zwischen Beläge und Scheibe Fremkörper eindringen. Das führt zu lästiger Quietscherei, was durch Säubern oder Auswechseln des Belags beseitigt werden kann. Bremsquietschen liegt auch manchmal an einem verdrehten Kolben im Zylinder. Mit einem speziellen Kolbendrehwerkzeug bringt die Werkstatt das wieder in Ordnung.

Bei starkem Regen kann die Bremswirkung wegen der „offenen" Bauweise um einen Sekundenbruchteil später einsetzen, als es bei Trommelbremsen der Fall ist. Die zwischen Scheibe und Bremsklotz befindliche Feuchtigkeit wird erst durch den Anpreßdruck der Beläge zum Verdampfen gebracht.

Ein weiterer Nachteil der Scheibenbremsen besteht darin, daß sie nicht, wie die Trommelbremsen, selbstverstärkend wirken. Dabei wird ein Bremsbacken in Drehrichtung der Trommel „mitgenommen" und bremst sozusagen von selbst mit. Bei schwereren Wagen – und dazu zählt der VW 411/412 mit rund 1100 kg Leergewicht – ist der seit August 1971 lieferbare Bremskraftverstärker daher keine unnütze Ausgabe.

Von den beiden möglichen Arten der Scheibenbremse – Festsattel- und Schwimmsattel-Bremse – wird beim VW 411/412 die erste verwendet. Das bedeutet, daß die Beläge gleichmäßig von rechts und links gegen die Scheibe gepreßt werden und sich sozusagen gegen den fest sitzenden Sattel abstützen. Beim Entlasten des Bremspedals lösen sich die Bremsbeläge und Kolben bis auf ein ganz geringes „Lüftspiel" (0,05–0,20 mm) von der Bremsscheibe. Die Größe des Lüftspieles beeinflußt den Bremspedalweg. Deswegen ist bei zu großem Pedalweg außer der Entlüftung auch der Seitenschlag der Bremsscheibe zu kontrollieren.

Die Nachstellung eines Belages erfolgt durch den ihn betätigenden Kolben, wobei dieser den Belagträger um den jeweiligen Betrag der Abnutzung an die Bremsscheibe nachschiebt. Ein die Rückzugsbewegung begrenzender Gummiring hält den Kolben bzw. Reibklotz immer dicht an der Scheibe. Dabei wandern die Kolben je nach dem Grad der Abnützung des Belages allmählich weiter aus dem Zylinder heraus.

## Belagstärke der Scheibenbremse prüfen
Pflegearbeit Nr. 30

Die Kontrolle der Scheibenbremsbeläge und deren Auswechseln ist – verantwortungsvolles Arbeiten vorausgesetzt – verhältnismäßig einfach. Da sich die Beläge in den hinteren Trommelbremsen nur langsam abnutzen, ergibt sich mit steigendem Kilometerstand des Wagens nur ein ganz wenig zuneh-

Um die Bremsbeläge der Scheibenbremse aus dem Bremssattel herauszunehmen, schlägt man mit einem Dorn oder starken Nagel die Haltestifte heraus, wodurch man gleichzeitig die Klemmfeder aus ihrem Sitz befreit.

mendes Spiel im Bremspedal. Es darf aber nicht darüber hinwegtäuschen, daß sich die Beläge vorn an den Scheibenbremsen relativ rasch abnutzen – bei sehr scharfer Fahrweise schon nach rund 10 000 km. Wer sich um die Wartung seines Wagens selbst kümmert, der muß vor allem die vorderen Scheibenbremsbeläge im Auge behalten!

Der Wagen wird an der betreffenden Seite hochgebockt und das Rad abgenommen. Zur Kontrolle schlägt man die Lenkung in die dem Rad entgegengesetzte Richtung, damit der Bremssattel gut zugänglich ist. Die Radkappe dient zur Aufnahme der Radbolzen und der anderen noch zu demontierenden Teile.

Oben im Bremssattel befindet sich eine viereckige Öffnung, in deren Ausschnitt man einen Teil der Bremsscheibe und die beiden rechts und links davon sitzenden Bremsbeläge sehen kann. Damit die Beläge während des Fahrbetriebs nicht herausrutschen, sind sie gesichert. Zum Halt dienen Sicherungsstifte, die in sich gegenüberliegenden Führungen des Bremssattels sozusagen verkeilt sind und gleichzeitig die Beläge arretieren, indem sie durch Ösen an den Ecken dieser Beläge hindurchgeführt wurden.

Beide Haltestifte lassen sich mit einem Durchschläger (oder mit einem entsprechend starken Zimmermannsnagel) und mit einem Hammer von vorn nach hinten herausschlagen. Man sollte jedoch erst einen der beiden Stifte entfernen, um danach die Spreizfeder zu entnehmen, die auf die Beläge drückt. Die Stellung dieser kreuzförmigen Feder muß man sich merken, um sie später wieder genau so anbringen zu können. Dann wird der zweite Haltestift herausgeschlagen. Die Stifte verfügen an ihrem nach hinten gerichteten Ende über Klemmhülsen mit einer federnden Spreizwirkung; ist deren Kraft erlahmt, müssen sie ausgetauscht werden.

Nun entnimmt man zuerst einen der Bremsbeläge. Das gelingt am besten, wenn man mit einem Schraubenzieher abwechselnd durch die Ösen des Belagträgers fährt und – die Schraubenzieherklinge auf den Bremssattel gestützt – den Belag heraushebelt. Will man die Belagstärke des anderen Bremsbelages an einer Bremse kontrollieren, muß man zuerst den vorher entnommenen Belag wieder in seine alte Position bringen.

Der Belag darf höchstens bis auf einen Rest von 2 mm des Bremsbelags abgenutzt sein (ohne Belagplatte gemessen). Spätestens bei diesem Abnutzungsgrad auch nur eines Belags müssen alle Bremsbeläge an den Vorderrädern erneuert werden. In keinem Fall darf das Metall der Platte mit der Bremsscheibe in Berührung kommen. Durch die Hitzeentwicklung beim Bremsen

Aus dem Bremssattel wird der Bremsbelag (1) entnommen, indem man mit einem Schraubenzieher wechselweise durch die Ösen für die Haltestifte (3) fährt und den Belag daran herauszieht. Zum Auswechseln oder Kontrollieren nimmt man immer nur einen Belag heraus. Erst wenn der Belag wieder richtig an seiner Stelle sitzt, soll der andere herausgezogen werden. Die kreuzförmige Belaghaltefeder (2) darf zum Schluß nicht verkehrt herum eingesetzt werden.

könnten Platte und Scheibe miteinander verschweißen, was zum Blockieren des Rades, zumindest aber zu Rillen auf der Bremsscheibe führt.

In der Mitte des Belages verläuft eine Nut, die in ihrer Tiefe fast bis zur Platte reicht. Sie soll Belagabrieb und Staub aufnehmen; ist sie nicht mehr vorhanden, muß der Belag erneuert werden.

Für die Scheibenbremsen gibt es im VW-Ersatzteildienst komplette Reparatursätze zum Belagtausch. Grundsätzlich müssen immer alle vier Beläge einer Achse erneuert werden, nicht nur einer oder zwei.

Vor dem Einsetzen neuer Beläge müssen zuerst die Kolben in den beiden sich gegenüberliegenden Bremszylindern zurückgedrückt werden, weil sie entsprechend den dünner werdenden Belägen aus den Zylindern herausgewandert sind. Die Werkstatt macht das mit einer Kolbenrücksetzstange, man kann sich aber auch helfen, indem man mit einem breiten Schraubenzieher den Kolben vorsichtig wieder hineindrückt. Das gleiche wird dann auf der anderen Seite des Bremssattels wiederholt, wobei ein Belag immer eingesteckt bleibt.

Beim Zurückdrücken des Bremskolbens wird zugleich die Bremsflüssigkeit durch die Leitungen in den Bremsflüssigkeitsbehälter zurückgedrückt. Dort ist zwischendurch zu beobachten, daß der Behälter nicht überläuft.

Die Beläge müssen sich in ihren Führungen leicht bewegen lassen. Eventuell ist der Führungsschacht mit Spiritus (kein Öl oder Benzin) und Lappen zu reinigen. Nach dem Einsetzen bzw. Auswechseln der Beläge setzt man einen Haltestift, die Spreizfeder und den anderen Haltestift wieder ein (Stifte mit

Ein Blick in den Bremssattel bei herausgenommenen Bremsbelag: Der schwarze Pfeil zeigt auf die sogenannte Kolbenverdrehsicherung. Sie soll beim Ausbau der Beläge nicht mit herausgenommen werden. Der schwarz umrandete Pfeil deutet auf die Schutzkappe des Bremskolbens. Zeigt diese Schutzkappe Beschädigungen (verhärtet, spröde oder eingerissen), muß sie erneuert werden. Da hierzu der Bremssattel ausgebaut werden muß, ist das auf jeden Fall eine Arbeit für die Werkstatt.

Hammer vorsichtig in die Bohrungen treiben). Klappergeräusche entstehen manchmal an den Scheibenbremsen durch zu geringe Vorspannung der Spreizfeder. Man biegt sie in solchen Fällen etwas nach oben durch, erhöht also die Vorspannung.
Als wichtige Maßnahme nach dem Einsetzen von Bremsbelägen ist noch bei stehendem Wagen das Bremspedal niederzudrücken. Somit kommen die Beläge zum Anliegen an die Scheibe, und erst jetzt ist Bremswirkung vorhanden. Während der nächsten Fahrt kann es schon zu spät sein, wenn man bremsen muß und dazu zwei- oder dreimal auf die Bremse zu treten hat.
Mit neuen Bremsbelägen sollen auf den ersten 200 km keine Gewaltbremsungen durchgeführt werden, sie müssen sich erst einarbeiten, sie müssen eingefahren werden. Sonst wird die Lebensdauer der Beläge verkürzt.

## Spiel- und Leerweg des Bremspedals prüfen
Pflegearbeit Nr. 45

Der Leerweg des Bremspedals soll 5 bis 7 mm betragen. Ist er größer, müssen entweder die hinteren Trommelbremsen nachgestellt werden (siehe unten) oder es liegt an zu großem Lüftspiel zwischen Scheibe und Belägen, was die Werkstatt mit einer Fühlerblattlehre prüft. Das Lüftspiel soll 0,05 bis 0,20 mm betragen. Ist das Lüftspiel zu groß, so liegt das meist an einem Verkleben des Kolbens am Dichtring. Bei Verschleiß rutscht der Kolben nicht mehr durch den Ring hindurch, er spannt ihn und wird nach dem Bremsen zu weit zurückgezogen. Abhilfe schafft u. U. der Ausbau des Bremsbelages und das Einschieben eines mindestens 6 mm dicken Holzbrettes entsprechender Form. Durch mehrmaliges kräftiges Betätigen des Bremspedals wird der Kolben gelöst und gängig. Die Kolben werden mit der Rücksetzzange wieder zurückgedrückt und der Vorgang wiederholt. Zuletzt Belag wieder einbauen.

### Zustand der Bremsscheibe

Die Bremsscheiben können im Laufe des Betriebes Riefen bekommen. Erst wenn diese mehr als 0,4 mm tief sind, sollte die Scheibe ausgewechselt werden. Ein einmaliges fachgerechtes Nachschleifen ist zulässig. Dunkelfärbung (Anlauffarben) der Scheiben sind kein Grund zum Austausch. Die Scheibe darf höchstens einen Seitenschlag von 0,20 mm aufweisen, doch kann dies nur mit einer Meßuhr festgestellt werden.

## Bremsbacken der Hinterräder einstellen
Pflegearbeit Nr. 31

Der VW Typ 4 besitzt, wie viele andere Fabrikate auch, an den Hinterrädern Trommelbremsen. Dieser Bremsentyp weist gegenüber der Scheibenbremse folgende Vorteile auf: Geringe Anfälligkeit gegen Verschmutzung, Nässeunempfindlichkeit, wesentlich längere Haltbarkeit der Beläge.

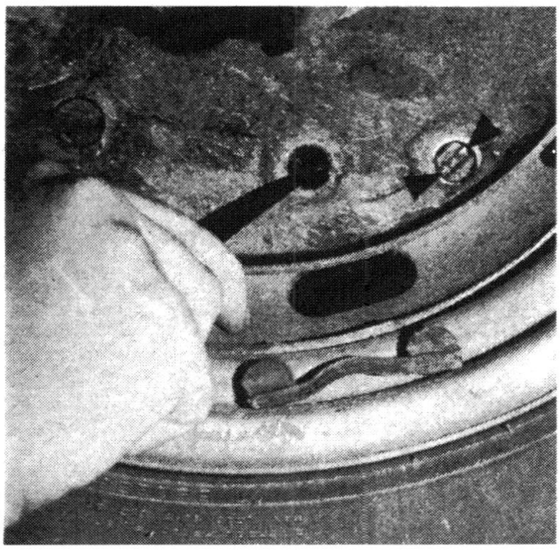

An die Öffnungen im Bremsträgerblech für die Belagnachstellung und -kontrolle kommt man nach Abnahme der Kunststoffstopfen heran. Die Stärke der Bremsbeläge (schwarze Pfeile) ist leicht zu erkennen. Zum Nachstellen der Bremsen wird die verzahnte Nachstellmutter mit einem durch das Schauloch geführten Schraubenzieher so verdreht, bis der Belag leicht an der Trommel anliegt. Danach wird die Mutter 3—4 Rasten zurückgestellt.

Wenn man die Bremstrommel abgezogen hat, kommen folgende Teile der Hinterradbremse zum Vorschein: 1 — Radbremszylinder, 2 — Rückzugfeder, 3 — Druckstange für die Handbremsbetätigung, 4 — Bremsbakkenlagerung, 5 — Nachstellmuttern, 6 — Befestigungsschraube der Radwelle (7), 8 — Hebel für die Handbremsbetätigung, 9 — Bremsbelag.

Allerdings stellen sich die Beläge der Trommelbremse nicht selbsttätig nach, wie dies bei der Scheibenbremse der Fall ist. Wenn Sie eines Tages das Gefühl haben, Sie müßten das Bremspedal weiter durchtreten, liegt es zumeist an fortgeschrittenem Belagverschleiß. Die Bremsbacken brauchen einen größeren Weg, bis sie an den Trommeln anliegen.
Der Wagen wird wegen Wegrollen gesichert und hochgebockt, die Handbremse wird ganz gelöst. Nachstellen muß man nur hinten – also zieht man die Gummikäppchen in den Bremsankerplatten ab und sucht (am besten mit Hilfe einer Taschenlampe) die gezahnten Nachstellmuttern für die Bremsbacken. Bevor man an ihnen zu drehen beginnt, tritt man einige Male kräftig auf die Bremse, damit sich die Backen in ihren Trommeln zentrieren. Jetzt fährt man mit einem Schraubenzieher durch die Nachstellöffnungen und verdreht die Muttern so lange, bis am gedrehten Rad ein Schleifgeräusch hörbar wird oder es sich bereits schwerer zu drehen beginnt. Sodann wird die Mut-

Die Bremstrommel wird seit August 1970 von 2 Innensechskantschrauben SW 5 gehalten (bis Juli 1970 waren es 2 Kreuzschlitzschrauben). Vor dem Abnehmen der Bremstrommel muß man meist die Bremsbacken etwas zurückstellen, sonst läßt sich die Trommel nicht abziehen. Heftige Hammerschläge sind zum Abziehen nicht zu empfehlen, dadurch kann das Metall am Rand der Trommel ausbrechen.

Um die Bremsbacken zu lösen, bedient man sich in der Werkstatt einer speziellen Zange, damit man die Rückzugfeder aus den Backen klinken kann. Die gekrümmten Federenden kann man aber auch bequem heraushebeln, wenn man mit einem Schraubenzieher zwischen Feder und Bremsbackenplatte fährt.

ter um 3 bis 4 Rasten zurückgedreht, so daß das Geräusch gerade verschwunden ist, der Belag also nicht mehr schleift. Das Rad muß sich frei drehen können.
Dieser Vorgang wiederholt sich an der zweiten Nachstellmutter in gleicher Weise, wobei es Sie nicht irritieren darf, daß die Drehrichtung beider Muttern entgegengesetzt ist (beide haben Rechtsgewinde). Nach dem Einstellen der Bremsen Pedal wieder ein paarmal kräftig treten.

## Belagstärke der Trommelbremse prüfen

Pflegearbeit Nr. 30

Fortgeschrittener Belagverschleiß setzt dem Nachstellen ein Ende. Die Stärke der hinteren Bremsbeläge läßt sich recht einfach kontrollieren, wenn man die äußeren Kunststoffstopfen im Bremsträger abzieht – dadurch werden die Schaulöcher frei. Die hinteren Beläge sollen ersetzt werden, wenn sie nur noch etwa 2,5 mm stark sind. Bei normaler Beanspruchung halten die Trommelbremsbeläge mindestens 30 000 km.

### Trommelbremsbeläge ersetzen

Der Bremsbelag ist auf die Bremsbacken aufgenietet; man wird also den eventuell notwendigen Belagwechsel der Werkstatt überlassen, wenn man nicht über das entsprechende Werkzeug verfügt. Allerdings werden auch Austausch-Bremsbacken angeboten was die Arbeit wesentlich vereinfacht.
Zur Abnahme der Bremstrommel zuerst das betreffende Rad abschrauben, 2 Kreuzschlitzschrauben (seit August 1970 2 Inbusschrauben SW 6) lösen, Beläge ganz zurückstellen und Trommel abnehmen. Auf den Bildern oben ist ersichtlich, wie die Bremsbacken befestigt sind. Schwierigkeiten kann allenfalls das Lösen der Rückzugfeder bereiten, wenn man keine Federzange besitzt, um sie aus der einen Backe auszuklinken. Es gelingt aber auch, indem man mit einer Zange das Federende aus ihrem Haltepunkt etwas lüftet und mit einem Schraubenzieher nachfährt. Danach muß man die Schraubenzieherklinge an einem festen Punkt innerhalb der Bremse ansetzen und die jetzt am Schraubenzieherschaft eingehakte Feder aus der Backe heraushebeln.

## Die Handbremse

Bei unseren VW-Modellen wirkt die Handbremse – wie bei den meisten Autos – mechanisch auf die Hinterräder. Wenn Sie den Handbremshebel ziehen, werden die Bremsseile zu den Hinterrädern gespannt. In der Brems-

Sieht man sich die Bremstrommel innen näher an und läßt das Licht schräg auf ihre Oberfläche fallen, erkennt man meist feine Rillen, die von Schmutz hinterlassen wurden. Sind die Rillen tiefer als 1 mm (etwa durch bis auf die Nieten abgenutzte Beläge), muß die Bremstrommel ausgedreht werden. Die Bremsscheiben sind übrigens durch ihre offene Lage noch wesentlich empfindlicher gegen Rillenbildung durch Schmutz.

trommel wird der Bremshebel der sogenannten Primärbacke angezogen und drückt über eine Druckstange beide Bremsbacken nach außen – das Hinterrad ist arretiert.

Die Wirkung der Handbremse ist nur mittelmäßig, wie dies leider bei fast allen neuzeitlichen Autos der Fall ist. Probieren Sie einmal (auf ganz freier Straße), den Wagen aus mäßigem Tempo nur mit der Handbremse zum Stand zu bringen. Sie wünschen sich dann zumindest zwei Handbremsen!

## Leerweg des Handbremshebels kontrollieren

Pflegearbeit Nr. 46

Die Wirkung der Handbremse sollte beginnen, wenn man sie um zwei bis drei Rasten anzieht. Nach der sechsten Raste sollten die Hinterräder blockiert sein. Stimmt diese Einstellung nicht, so muß die Handbremse nachgestellt werden.

Wenn man am Handbremshebel die Gummistulpe nach vorn schiebt, wird der Ausgleichsbügel sichtbar, an dem die beiden Bremsseile mit ihren Gewindebolzen befestigt sind. Zum Nachstellen zunächst die Kontermuttern lösen (SW 10) und dann die Nachstellmuttern so weit anziehen (Bremsseile mit einem Schraubenzieher gegen Verdrehen sichern), daß bei hinten hochgebocktem Fahrzeug und um drei Rasten angezogener Handbremse sich die

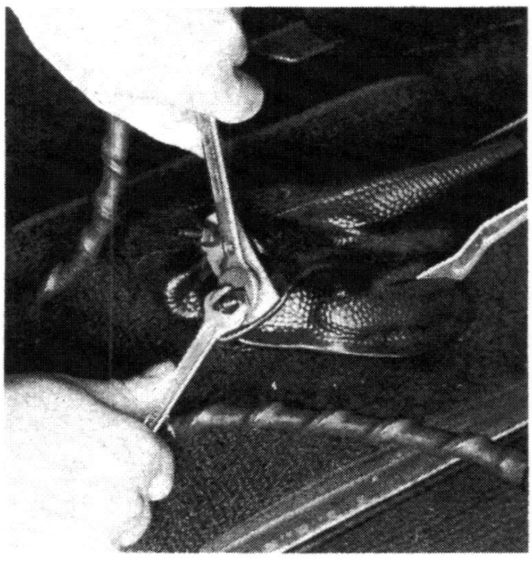

Zum Nachstellen der Handbremsseile benötigt man 2 Schraubenschlüssel SW 10. Nach dem Lösen der Kontermutter dreht man die Einstellmuttern der beiden Seilzüge soweit im Uhrzeigersinn, daß eine gleichmäßige Bremswirkung an den Hinterrädern erzielt wird. Der Ausgleichbügel muß waagerecht stehen, die Räder müssen bei gelöster Bremse frei beweglich sein.

Hinterräder gerade noch von Hand drehen lassen. (Bei Fahrzeugen mit Fahrgestell-Nr. 412 2 040 790 bis 412 2 064 917 muß die Handbremse beim Einstellen fünf Rasten angezogen werden). Bevor die Handbremse eingestellt wird, ist allerdings die Fußbremse nachzustellen.

## Entlüften der Bremsanlage

Wenn sich das Bremspedal zu tief durchtreten läßt, ist Luft in der Bremsleitung (falls die Beläge nicht am Ende sind). Man kann die Luft leicht feststellen, wenn das Pedal beim Betätigen federt oder wenn die richtige Bremswirkung sich erst nach einigem „Pumpen" des Pedals einstellt. Dann muß die Anlage so bald wie möglich entlüftet werden. Vor dem Entlüften ist zuerst zu kontrollieren, ob der Behälter für die Bremsflüssigkeit im Kofferraum vorn links richtig gefüllt ist.

Nun zum Entlüften. Durch diese Maßnahme soll, wie schon der Name verrät, die Luft wieder aus der Bremsanlage herausgebracht werden. Ein zweiter Mann drückt mit dem Bremspedal pumpenderweise die Flüssigkeit aus den Leitungen, und zwar so lange, bis sie keine Luftbläschen mehr mit sich bringt. Das Volkswagenwerk empfiehlt, zuerst den vorderen Bremskreis und dann die hinteren Radbremszylinder zu entlüften.

Dann sieht der Gang der Handlung folgendermaßen aus: Entfernen der Schutzkappe von den Entlüfterventilen, diese anschließend mit Lappen von Schmutz säubern – Schlauch über den Ventilnippel schieben – anschließend Schlauchende in Glasgefäß (altes Marmeladenglas, kleinere Flasche) stecken. An den Festsätteln vorn dienen nur die oberen Ventile der Entlüftung. Das Gefäß muß schon mit Bremsflüssigkeit gefüllt sein, damit beim folgenden „Pedalpumpen" keine Luft in die Leitung zurückgesaugt wird. Das Schlauchende muß also in der Flüssigkeit liegen. – Mit Gabelschlüssel SW 7 Entlüfterventil etwa eine halbe Umdrehung lösen. – Auf Zuruf des Mannes am Rad fängt der Mann mit dem Bremspedal zu pumpen an (schnell treten, langsam zurückkommen lassen). – Beobachtet der erste Mann, daß mit der Flüssigkeit keine Luftblasen mehr herausgedrückt werden, ruft er „halt!". – Der zweite Mann hält Pedal in seiner tiefsten Stellung – der erste schließt das Entlüfterventil – Schlauch abziehen, Staubkappen (gesäubert) aufsetzen.

Bei den vorderen Scheibenbremsen empfiehlt es sich, erst mit dem Brems-

Bremse entlüften: Hierzu wird mit einem Schraubenschlüssel die Entlüftungsschraube (bei den vorderen Scheibenbremsen nur die obere; Pfeil zeigt darauf) geöffnet. Vorher ist die kleine Gummischutzkappe vom Entlüfterventil zu ziehen, letzteres mit einem Lappen von Schmutz zu säubern und der Entlüftungsschlauch überzustreifen. Mit seinem anderen Ende liegt dieser in einem mit Bremsflüssigkeit teilweise gefüllten Glasgefäß, so daß man durch dessen durchsichtige Wände das Aufsteigen herausgepreßter Luftblasen beobachten kann. Steigen keine Luftblasen mehr auf, ist diese Bremse entlüftet und das Entlüfterventil wird wieder mit dem Schraubenschlüssel geschlossen.

pedal durch Pumpen Druck zu erzeugen. Dann wird das Entlüfterventil geöffnet, das Pedal geht nach unten. Dann Entlüfterventil schließen und Pedal hochkommen lassen.
Nach jeder Radentlüftung muß der Bremsflüssigkeitsbehälter wieder aufgefüllt werden. Sonst sinkt die Flüssigkeit so weit ab, daß wieder Luft in die Leitungen gerät.

## Bremsflüssigkeit wechseln
Pflegearbeit Nr. 64

Der Bremsflüssigkeitswechsel ist alle zwei Jahre vorgeschrieben und soll in der Werkstatt mit einem Entlüftungsgerät durchgeführt werden. Ohne dieses Gerät geht man ähnlich wie beim Entlüften (siehe vorhergehenden Abschnitt) vor. Bei Fahrzeugen bis Baujahr Juli 1971 wird der Wechsel folgendermaßen durchgeführt: Bremsflüssigkeit aus dem Vorratsbehälter mit sauberer Pipette absaugen und mit frischer Bremsflüssigkeit befüllen. Entlüfterventil am rechten Bremssattel öffnen, 30 mal mit dem Bremspedal pumpen, Ventil schließen; bei geöffnetem linken Ventil 15mal pumpen; Entlüfterventil am rechten hinteren Radbremszylinder öffnen, 25 mal pumpen und bei geöffnetem linkem Ventil 10 mal pumpen. Dabei darf der Flüssigkeitsspiegel im Vorratsbehälter nie ganz auf den Behälterboden absinken.
Seit August 1971 haben die Festsättel eine zusätzliche untere Entlüfterschraube, die aber nur dem Bremsflüssigkeitswechsel dient. Der Wechsel geht nun so vor sich: Entlüfterventile an den hinteren Radbremszylindern öffnen und so lange pumpen, bis keine Flüssigkeit mehr austritt; untere Entlüfterventile der Festsättel öffnen, Bremsflüssigkeit völlig herauspumpen, obere Ventile öffnen, bis die Flüssigkeit unten restlos abgetropft ist. Neue Bremsflüssigkeit auffüllen und Bremsanlage, wie im vorhergehenden Abschnitt beschrieben, entlüften.

## Bremskraftverstärker überprüfen
Pflegearbeit Nr. 47

Der VW 411/412 kann seit August 1971 auf Wunsch mit einem Bremskraftverstärker geliefert werden, der die Pedalkraft verringert. Das Servogerät sitzt im vorderen Kofferraum links an der Abschlußwand zum Innenraum.
Dieser Bremskraftverstärker ist in zwei Kammern aufgeteilt, die jedoch mit der Bremsflüssigkeit nicht direkt in Verbindung kommen. In beiden Kammern – getrennt durch eine Membrane – herrscht normalerweise Unterdruck. Bei Betätigung des Geräts (von der Pedalseite her, wenn also die Bremse getreten wird) strömt in die kleinere Kammer Außenluft, deren Druck sich auf die Membrane fortpflanzt. Die Membrane drückt den luftverdünnten Raum der trommelförmigen großen Kammer, die über eine Leitung mit dem Ansaugrohr des Motors verbunden ist, zusammen und verstärkt dadurch den Druck auf den angeschlossenen Hauptbremszylinder. Die Pedalkraft wird übrigens um das 2,15fache verstärkt.
Trotz der Bremshilfe ist das Bremspedal starr mit dem Kolben im Hauptbremszylinder verbunden. Sollte das Hilfsgerät einmal ausfallen, so kann man immer noch (wenn auch mit höherem Pedaldruck) bremsen.
Bei stehendem Motor liefert der Servo keine (zusätzliche) Bremskraft, deshalb muß man z.B. beim Abschleppen kräftiger aufs Bremspedal treten.
Der Bremskraftverstärker ist wartungsfrei. Seine Funktion kann man prüfen, wenn man bei stehendem Motor mehrmals kräftig auf das Bremspedal tritt, um den Unterdruck im Gerät abzubauen. Dann hält man das Pedal kräftig gedrückt und läßt den Motor an. Das Bremspedal muß unter dem Fuß spürbar nachgeben.
Die Werkstatt tauscht ein defektes Servogerät aus, es wird nicht mehr repariert. Eigenhändiger Austausch ist nicht zu empfehlen.

Die Funktion des Bremskraftreglers (nur bei Limousinen) kann man prüfen, wenn ein Helfer kurz einmal kräftig auf das Bremspedal tritt und man fühlt, ob sich der Kolben im Regler verschiebt. Beim Lösen des Bremspedals muß ein leichter Schlag spürbar sein.

## Bremskraftregler prüfen
Pflegearbeit Nr. 29 und Nr. 66

Die VW 411/412 Limousinen besitzen einen Bremskraftregler (siehe Foto oben) im Bremskreis für die Hinterachse. Ab einem bestimmten Druck in der Bremsleitung bewirkt er, daß die Bremskraft an den Hinterrädern weniger ansteigt als an den Vorderrädern. Beim Bremsen – wobei die Achslast an der Hinterachse vermindert wird – wird so vermieden, daß die Hinterräder vorzeitig blockieren. Da der Variant hinten schwerer ist, benötigt er keinen Bremskraftregler.

Eine schnelle Funktionsprüfung läßt sich folgendermaßen durchführen (Wagen hinten aufbocken): Während ein Mann kurz kräftig auf das Bremspedal tritt, fühlt ein zweiter am Regler, ob sich der Kolben im Regler verschiebt. Beim Loslassen des Pedals muß im Bremskraftregler ein leichter Schlag spürbar sein. Eine exakte Druckprüfung soll die Werkstatt alle zwei Jahre vornehmen.

**Fingerzeig:** *Bei Fahrzeugen, die sehr viel im Winter auf gestreuten Straßen gefahren werden, tritt zuweilen ein Bremsenfehler besonderer Art auf: Unter dem Einfluß von Feuchtigkeit und Salz quellen die Bremsbeläge, korrodieren die beweglichen Teile. Der Fehler äußert sich in ungleichmäßig ziehenden Bremsen, in Geräuschen beim Bremsen, in nicht mehr lösenden Bremsen, die also auch bei losgelassenem Pedal schleifen. Abhilfe bringt nur die Demontage der betreffenden Teile und Reinigen.*

## Störungsbeistand
**Bremsen**

| Die Störung | – ihre Ursache | – ihre Abhilfe |
|---|---|---|
| A Wagen zieht nach rechts oder links beim Bremsen | 1 Reifendruck ungleichmäßig | Korrigieren bei kalten Reifen |
| | 2 Bereifung ungleichmäßig abgenutzt | Reifen so untereinander auswechseln, daß auf jede Achse gleichmäßig abgenutzte Reifen kommen |
| | 3 Verschmierte Beläge | Beläge erneuern, jeweils bei beiden Rädern einer Achse |
| | 4 Bremssattel oder Bremstrommel verschmutzt oder verrostet | Säubern und gängig machen |
| | 5 Unrunde Bremstrommeln | Trommeln ausdrehen |
| | 6 Verschmutzte Schächte im Bremssattel | Reinigen |
| | 7 Kolben im Bremssattelzylinder verdreht | Kolbenstellung berichtigen |

| Die Störung | — ihre Ursache | — ihre Abhilfe |
|---|---|---|
| B Bremsen quietschen | 1 Staub und Schmutz an Scheibenbremsen oder in der Trommel | Mit Preßluft ausblasen und mit Bürste säubern |
| | 2 Federn der Bremsbeläge gebrochen | Federn ersetzen |
| | 3 Bremsscheibe hat Schlag | Erneuern |
| C Pedalweg zu groß | 1 Beläge abgenutzt | Beläge erneuern |
| | 2 Bremsscheibe hat Schlag | Auswechseln |
| D Pedalweg zu groß und federndes Durchtreten | 1 Luft in Bremsanlage, evtl. Bremsflüssigkeit im Vorratsbehälter zu tief abgesunken | Bremsen entlüften evtl. Vorratsbehälter auffüllen |
| | 2 Beschädigte Manschette im Trommelbremszylinder | Auswechseln |
| | 3 Undichtigkeit | Gesamtes System kontrollieren |
| E Pedalweg zu groß, trotz Entlüftung | Schadhafte Gummidichtungen oder Bremsschläuche dehnen sich aus | Beides auswechseln |
| F Pedal läßt sich ganz durchtreten, Bremswirkung läßt nach | 1 Undichtigkeit in der Leitung | Anschlüsse kontrollieren, evtl. Leitung auswechseln |
| | 2 Beschädigte Manschette im Haupt- oder Radzylinder | Manschette auswechseln (Werkstatt) |
| G Schlechte Bremswirkung bei hohem Fußdruck | 1 Gummidichtungen verquollen | Bremsanlage waschen, Gummiteile und Bremsflüssigkeit erneuern, Entlüften |
| | 2 Beläge in Trommelbremse verölt | Radlagerdichtung und Beläge erneuern |
| H Bremse zieht von selbst | 1 Ausgleichsbohrung im Hauptzylinder verstopft | Hauptbremszylinder überholen (Werkstatt) |
| | 2 Gequollene Manschetten, ungeeignete Bremsflüssigkeit | Bremsanlage spülen, Manschette auswechseln |
| | 3 Bremsscheibe hat Schlag | Bremsscheibe zentrieren (Werkstatt) |
| I Bremsen schütteln | 1 Beläge ungleichmäßig abgenutzt | Beläge auswechseln |
| | 2 Bremsscheibe hat Schlag | Bremsscheibe zentrieren (Werkstatt) |
| | 3 Bremstrommel unrund oder exzentrisch | Trommeln egalisieren oder auswechseln |

# Gummifüße

Während die Automobilhersteller früher der Ansicht waren, die Reifen stellten nur eine Art Zubehör dar, hat sich dies inzwischen gründlich geändert. Die Erkenntnis hat sich durchgesetzt, daß der Reifen ein organisches Teil des Fahrwerks ist und die Reifenbauart bereits in der Konstruktion berücksichtigt werden muß. Dementsprechend wurde das Fahrwerk des VW 411/412 ausschließlich auf die zeitgemäßen Gürtelreifen ausgelegt. Das vereinfacht die Wahl beim Kauf von neuen Reifen, denn solche in herkömmlicher Diagonalbauweise sind an den VW Typ 4-Modellen nicht zulässig.

## Die Reifengrößen

Die Limousinen des VW 411/412 sind ab Werk mit Reifen der Größe 155 SR 15 ausgerüstet, der VW 411/412 Variant rollt auf den etwas breiteren Reifen 165 SR 15. Seit August 1969 können die Limousinen auch mit den Reifen der Größe 165 SR 15 versehen werden, ohne daß dem TÜV diese Umrüstung vorgeführt werden muß. Diese Angaben finden Sie auch in Ihren Fahrzeugpapieren.

## Was bedeutet die Reifenbezeichnung

Nach international gültigen Regeln wird die Reifengröße in englischen Zoll, in Millimetern oder gemischt in Zoll und Millimetern angegeben. Die erste Zahl der Größenangabe bezeichnet die Breite – oder besser gesagt, die Dicke des Reifens und läßt den Reifenfachmann außerdem noch erkennen, um welchen Reifentyp es sich dabei handelt. Dementsprechend ist der in Millimeter und Zoll angegebene Reifen 155 SR 15 genau 155 mm dick.
Die letzte Zahl der Größenangabe bezeichnet den Innendurchmesser des Reifens und zugleich den Durchmesser der dazu passenden Felge. Außer in der französischen Reifenindustrie erfolgt diese Angabe in Zoll. Der Reifen 155 SR 15 hat demnach einen Innendurchmesser von 15 Zoll (Kurzzeichen für Zoll: "), was 381 mm entspricht, und die dazu passende 15"-Felge hat an der Auflage für den Reifenwulst ebenfalls 381 mm Durchmesser.
Zur Größenangabe genügen bereits die beiden erläuterten Zahlen, denn alle anderen Abmessungen jeder Reifengröße sind genormt, so daß alle Reifen mit gleicher Bezeichnung ohne Rücksicht auf die Marke darin, von erlaubten Toleranzen abgesehen, gleich sind.
Gürtelreifen – sie werden auch Radialreifen genannt – erkennt man an der Bezeichnung „R" (= Radial). Das „S" kennzeichnet den zulässigen Geschwindigkeitsbereich, der Reifen darf bis 180 km/h schnell gefahren werden. Daneben gibt es noch „H"-Reifen (bis 210 km/h) und „V"-Reifen (über 210 km/h), die aber wesentlich teurer sind und am VW keine Vorteile bieten.

## Aufbau des Gürtelreifens

Grundsätzlich besteht die Karkasse – so nennt der Fachmann den Unterbau – eines Gürtelreifens aus Textilfäden. Sie verlaufen an der Reifen-Seitenwand radial und unter der Lauffläche quer zur Fahrtrichtung. Man erhält dadurch

Diese Schnittbilder zeigen den Unterschied zwischen einem Diagonalreifen (links) und einem Gürtelreifen (rechts). Die Gummigewebelagen — das Reifengerüst — verlaufen beim Diagonalreifen schräg, beim Gürtelreifen (allerdings nur die unterste Lage) quer, sozusagen in Richtung des Reifenradius. Über dieser radialen Lage verlaufen verschiedene Lagen schräg, die den steifen Gürtel bilden.

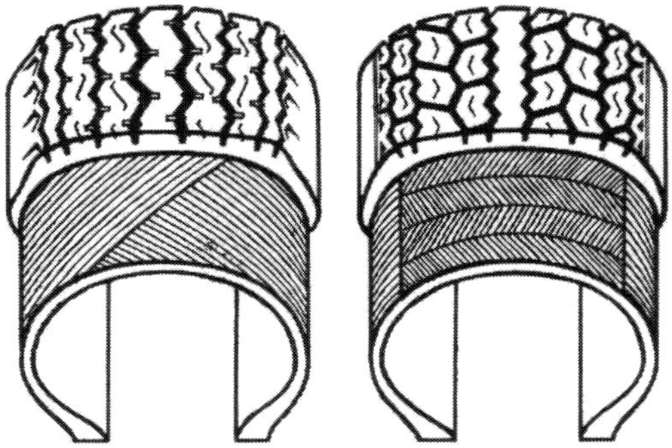

eine hohe Flexibilität der Reifenflanke, was für die Eigenfederung des Reifens von Bedeutung ist. Von den radial verlaufenden Fäden stammt auch der Name Radialreifen. Da aber die Lauffläche steif und formbeständig sein soll, legt man um den Reifen einen starken Gürtel aus diagonal verlegten Gewebefäden. Je nach dem Material, aus welchem dieses Gewebe besteht, unterscheidet man Stahl- und Textil-Gürtelreifen. Erstere besitzen einen Gürtel aus zwei Lagen Stahlcord, Textil-Gürtelreifen weisen gewöhnlich vier Lagen Nyloncord auf.

Stahl-Gürtelreifen sind bekannt für ihre hohen Laufleistung; die durch den Stahlcord-Gürtel versteifte Lauffläche walkt und arbeitet nur wenig, wodurch die Reifenerwärmung und damit der Gummiabrieb gering bleibt. Allerdings werden durch die komfortablere Auslegung der heutigen Stahl-Gürtelreifen die Laufleistungen der ersten Generation (z. B. Michelin X) nicht mehr erreicht.

Nicht die lange Lebensdauer allein entscheidet über die Qualität eines Reifens, wesentlich wichtiger ist die Rutschfestigkeit, also die Fahrsicherheit. Stahl-Gürtelreifen besitzen ganz allgemein härtere Gummimischungen als Textil-Gürtelreifen, wodurch die Rutschfestigkeit beeinflußt wird. Dies kommt allerdings erst im sogenannten Grenzbereich zur Geltung, beispielsweise in sehr scharf gefahrenen Kurven, wo der VW mit Stahl-Gürtelreifen ziemlich plötzlich hinten ausbrechen kann. In diesem Fall sind Textil-Gürtelreifen gutmütiger; sie rollen im übrigen auch etwas weicher ab, sind also komfortabler. Dies wird allerdings mit einem schnelleren Verschleiß erkauft.

Da der VW 411/412 sehr empfindlich selbst auf geringste Unwuchten reagiert,

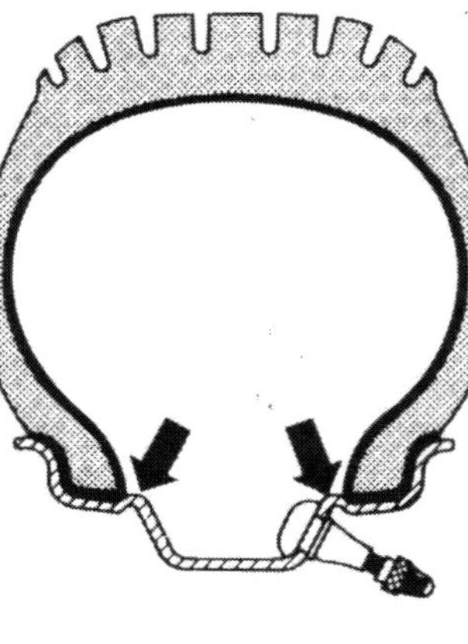

Für schlauchlose Gürtelreifen ist eine besondere Felge erforderlich, die sogenannte „Hump-Felge". Sie besitzt auf beiden Seiten einen kleinen Höcker (Pfeile), die verhindern, daß der Reifen bei Seitenbeanspruchung in das Felgenbett gleitet. Die Eindrückung läßt sich von außen fühlen. Der VW 411/412 wird serienmäßig damit ausgerüstet, aber es gibt auch passende Felgen ohne diesen „Hump"-Wulst.

liefert das Volkswagenwerk die Wagen nur noch mit Stahl-Gürtelreifen aus, da deren Fertigungsgenauigkeit meist etwas besser ist.

**Keine Diagonalreifen montieren**

Die Standardreifen vieler Reifenhersteller sind noch die konventionellen Diagonalreifen, die bei den meisten anderen VW-Modellen noch serienmäßig montiert werden. Der Unterbau solcher Reifen besteht aus mehreren Gewebelagen, die sich diagonal kreuzen. Diese Reifenbauart zeichnet sich vor allem durch guten Komfort und geräuscharmen Lauf aus; ein dem Gürtelreifen 165 SR 15 gleichwertiger Diagonalreifen ist rund 20 Prozent billiger. Das Fahrwerk des VW 411/412 ist aber ganz auf Gürtelreifen abgestimmt, konventionelle Reifen würden das Fahrverhalten sehr ungünstig beeinflussen.

## Die Felgen

Serienmäßig sind die VW Typ 4-Modelle mit Felgen der Größe 4½ J x 15 ausgerüstet. Diese Bezeichnung hat folgende Bedeutung:

4½ = Felgenmaulweite in Zoll, an der Felgenhornbasis quer zur Laufrichtung des Rades gemessen.
J = Formung des Felgenhorns nach Norm-Vorschrift.
x = Zeichen für Tiefbettfelge.
15 = Felgendurchmesser von Wulst zu Wulst, in Zoll gemessen.

Hier haben wir es ebenfalls mit Norm-Bezeichnungen zu tun, jedoch nur die für die Reifengröße wichtigen Felgenabmessungen, nicht aber die Art der Felgenbefestigung betreffend. So differieren die Anzahl der Radmuttern oder die sogenannte „Schüsseltiefe" der Felge von Automarke zu Automarke (der Peugeot 404 hat z. B. 4½ J x 15 Felgen mit 3 Befestigungslöchern). Beim Kauf neuer Felgen muß sowohl das Autofabrikat wie die genaue Typenbezeichnung angegeben werden, da auch VW unterschiedliche Felgen gleicher Größe auf seine Fahrzeuge montiert.
Die für die Montage von schlauchlosen Gürtelreifen erforderlichen „Hump"-Felgen (siehe Zeichnung links unten) besitzt der VW 411/412 seit Serienbeginn. Beim Neukauf von Felgen sollte man trotzdem auf diesen „Hump"-Wulst achten.

**Breitere Reifen und Felgen**

Die VW Typ 4-Limousine rollt auf relativ schmalen Reifen und mancher Besitzer möchte seinen Volkswagen gerne etwas breitbeiniger laufen lassen. Über die Möglichkeit, die Reifengröße des Variant zu montieren, haben wir bereits gesprochen. Darüber hinaus können sowohl die Limousinen wie der Variant mit noch breiteren Reifen und Felgen ausgerüstet werden; allerdings müssen solche Änderungen dem TÜV vorgeführt und in die Fahrzeugpapiere eingetragen werden.
So können beispielsweise auf Felgen der Größe 5½ J x 15 sowohl die normalen 165 SR 15, als auch die ganz breiten 185/70 HR 15 montiert werden. Vorläufig nur von Veith-Pirelli und Continental gibt es die spezielle VW-Größe 175/70 HR 15, die ebenfalls auf den breiteren Felgen aufgezogen werden kann.
M+S-Reifen können aus Raumgründen auf breiteren Felgen nicht verwendet werden; der Lenkeinschlag muß bisweilen geringfügig begrenzt werden, damit die breiteren Reifen nicht an Lenkungsteilen oder am Radkasten scheuern.
Die sogenannten 70er Reifen haben diesen Namen von ihrem niedrigen Querschnitt, der sich im Verhältnis von Höhe zur Breite als 70:100 darstellt. Ein solcher Gürtelreifen verfügt über eine sehr große Laufflächenbreite, woraus sich ein wesentlich größerer Kontakt mit der Straßenoberfläche ergibt. Beim

herkömmlichen Gürtelreifen, wie er seit 1959 produziert wird, beträgt das Verhältnis Höhe/Breite nur 80:100 und beim 1964 eingeführten Reifen mit Super-Niederquerschnitt (Diagonalreifen) 82:100.
Die größere Auflagefläche der Breitreifen hat zwei Vorteile, nämlich bessere Fahreigenschaften bei hohen Geschwindigkeiten und etwas längere Lebensdauer und zwei Nachteile: Die Aufschwimmneigung auf einer Wasserlache (Aquaplaning) wird verstärkt und der Rollwiderstand erhöht (verringerte Spitzengeschwindigkeit).

## Winterbereifung

Mit welchen Reifen man im Winter am besten ausgerüstet ist, hängt von verschiedenen Gesichtspunkten ab. Der VW 411/412 ist wie die anderen Volkswagenmodelle mit Heckmotor für seine guten Fahreigenschaften im Winter bekannt (starke Belastung der Antriebsachse).

**Gürtelreifen wintertauglich**

Die bereits serienmäßig montierten Gürtelreifen reichen im Winterbetrieb oft völlig aus. Der stabile Laufgürtel walkt wenig auf der Fahrbahn, die Haftfähigkeit auf Schnee und Eis ist dadurch recht gut. Wer hauptsächlich auf schneefreien oder gestreuten Straßen fährt, kommt ohne spezielle Winterreifen aus. Für plötzlich einsetzenden Schneefall sollte man einen Satz Gleitschutzketten (Schneeketten )im Kofferraum parat haben, die ohnehin besser auf Sommerreifen montiert werden sollen und bei Schnee allen speziellen Winterreifen überlegen sind (siehe auch Winterkapitel Seite 232).
Als sogenannte Ganzjahresreifen auf Stahlgürtelbasis haben sich beispielsweise der Michelin zX, der Phoenix P 2010 S und der Semperit M 401 bewährt, unter den Textil-Gürtelreifen besitzt der Dunlop SP 68 trotz Längsrippenprofil ebenfalls recht gute Wintereigenschaften. HR- oder VR-Gürtelreifen sind im Winter nicht geeignet, da ihre Gummimischungen bei tiefen Temperaturen zu hart werden, wodurch die Rutschfestigkeit verringert wird.

**M + S- und Eis-Reifen**

In ausgesprochen winterlichen Gegenden läßt sich die Anschaffung besonderer Winterreifen selten umgehen. Das Angebot auf diesem Gebiet ist sehr groß, wobei zwischen Reifen mit und ohne Stahlspikes zu unterscheiden ist. Herkömmliche Winterreifen auf Diagonalkarkasse kommen für den VW Typ 4 allerdings nicht in Frage.
Die sogenannten M+S- (= Matsch und Schnee)-Reifen besitzen grobere Profilstollen als Sommerreifen und können so auf Schnee und Schneematsch besser greifen. Als Eisreifen erhalten sie zusätzlich am Rand kleine Stahlstifte eingesetzt (Spikes), die sich in das Glatteis festkrallen.

In der Erstausstattung erhält der VW 412 meist den Stahlgürtelreifen Michelin zX, der für seine lange Lebensdauer und seine Wintertüchtigkeit bekannt ist. Bei nasser Fahrbahn entspricht seine Rutschfestigkeit jedoch nicht mehr dem heutigen Stand.

Textilgürtelreifen, wie der abgebildete Dunlop SP 68, sind in der Regel etwas komfortabler als Stahlgürtelreifen; dafür muß man aber mit einer etwas geringeren Profillebensdauer rechnen.

Winterreifen ohne Spikes sollten möglichst an allen vier Rädern montiert werden, da sonst zwar für gutes Anfahren auf Schnee gesorgt ist, die Lenk- und Bremseigenschaften aber nur mäßig sind. Spikes-Reifen müssen auf alle Fälle vorn und hinten aufgezogen werden, da sonst das Brems- und Lenkverhalten völlig unterschiedlich wäre.
Auf trockener und nasser Fahrbahn besitzt ein Spikes-Reifen schlechtere Fahreigenschaften als ein gleichartiger Reifen ohne Nägel. Durch Auftausalze entschärfte winterliche Autobahnen und milde Winterperioden lassen die krallenbewerten Reifen oft fraglich erscheinen, weil sie ein falsches Sicherheitsgefühl entstehen lassen. Auch auf vereisten Straßen verleiten sie zu schnellerem Fahren. Jeder sollte sich fragen, ob ihr Vorteil an relativ wenigen „eisigen" Tagen die Anschaffung wert ist. Ganz davon abgesehen, daß der durch Eisreifen hervorgerufene Verschleiß der Straßendecken letzten Endes zu Lasten des Steuerzahlers geht, trotz pflichtgemäß aufgeklebtem „100 km"-Schild. Nicht umsonst wird erwogen, die jetzt üblichen Spikes-Reifen ab 1975/76 zu verbieten.
Neben den bewährten, bisherigen Winter-Gürtelreifen mit und ohne Spikes, wie dem Dunlop SP M + S bzw. M + S-E, dem Metzeler Blizzard MC oder dem Pirelli MS 35 bieten einige Reifenhersteller Neuentwicklungen ohne Stahlspikes an, die durch spezielle Gummimischungen verbessertes Fahrverhalten auf Glatteis bieten, ohne die Straßenoberfläche zu beschädigen. Dazu gehören beispielsweise der Conti M + S Contact oder der Metzeler Blizzard Magnet.

**Zusätzliche Felgen für Winterreifen**

Wenn Sie sich zusätzliche Felgen für die Winterbereifung anschaffen, sparen Sie die Kosten für das Ummontieren der Reifen vor und nach dem Winter. Und ohne große Schwierigkeit können Sie die Sommerreifen montieren, wenn im Winter wochenlang trockenes Wetter herrscht.

**Fingerzeig:** *Die Laufrichtung eines Reifens sollte grundsätzlich beibehalten bleiben; das gilt ganz besonders für Eisreifen, deren Spikes sonst leichter verloren gehen können. Malen Sie mit Ölkreide einen Pfeil auf die Reifenwand, der die bisherige Laufrichtung des Reifens markiert.*

## Runderneuerte Reifen

Bei vielen Autofahrern stehen die runderneuerten Reifen in schlechtem Ansehen und dies zu Unrecht. Es gibt namhafte Betriebe, die sich fabrikmäßig mit der Runderneuerung abgefahrener Reifen befassen und auf diese Arbeit vertrauenswürdige Garantie geben. Solche Großbetriebe sind beispielsweise

Der Metzeler Blizzard Magnet mit blauer Lauffläche gehört zur neuen „Generation" der Winterreifen, deren Laufflächenmischung speziell auf die winterlichen Fahrzustände abgestimmt ist. Für einen Satz derartiger Winterreifen müssen Sie mit rund 600 DM rechnen.

Der Pirelli MS 35 — im Bild noch die Ausführung mit Spikes — zählt zu den herkömmlichen Gürtel-Winterreifen, mit denen man auch tieferen Schnee bewältigen kann. Seit 1974 wird dieser Reifen nur noch ohne Spikes geliefert.

Diese beiden Arten der Runderneuerung sind am häufigsten verbreitet: 1 — von Wulst zu Wulst, das beste und teuerste Verfahren; 2 — von Schulter zu Schulter, was einwandfreie Seitenwände erfordert.

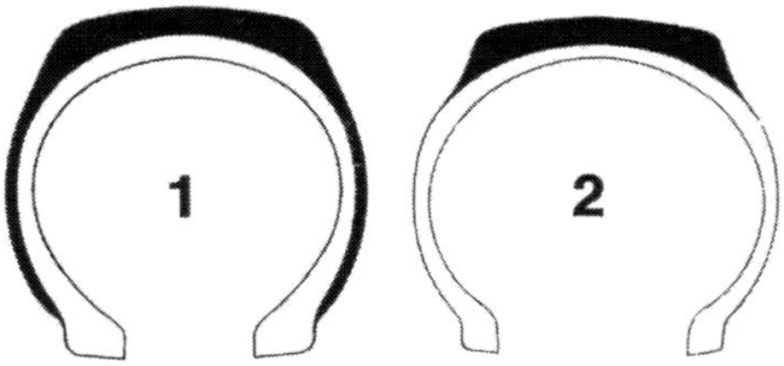


Reifen-Holert, Peters Pneu Renova, Vergölst, Gummi-Mayer und Sigrist in Stuttgart-Feuerbach, sowie Gummi-Reiff in Reutlingen. Die Fachleute guter Runderneuerungsbetriebe nehmen einen Reifen zur Runderneuerung erst nach gründlicher Inspektion an. Wenn Gewebebrüche, bis auf das Gewebe abgefahrene Profile, Durchschläge, größere Verletzungen und mürbe Seitenwände festgestellt werden, lehnen sie die Runderneuerung der Karkasse ab. Auch wenn mit einem runderneuerten Reifen nicht mehr ganz die Kilometerleistung wie zuvor erreicht wird, so rentiert sich das Runderneuern durch den verhältnismäßig niedrigen Preis doch noch. Diese runderneuerten Reifen lassen sich ohne weiteres auf die Vorder- oder Hinterachse montieren und man braucht damit nicht ängstlich zu fahren, wenn die Arbeit in einer vertrauenswürdigen Firma gemacht wurde und Garantie gewährt wird.

Runderneuerte Reifen lassen sich allerdings nicht so exakt fertigen wie neue Reifen, sie müssen entsprechend sorgfältig ausgewuchtet werden. Die Räder mit den kleinsten Auswuchtgewichten sollten immer an der Vorderachse montiert werden.

Es gibt zwei Runderneuerungs-Verfahren mit entsprechenden Preisunterschieden:

■ Runderneuern von Schulter zu Schulter. Über den Laufstreifen hinaus wird bis zur Seitenwand des Reifens neuer Gummi aufvulkanisiert. Dieses Verfahren ermöglicht eine saubere Rundschulter des Reifens, ist aber eine billigere Art der Runderneuerung, bei der man mit etwa 60 Prozent des Basispreises rechnen muß.

■ Runderneuern von Wulst zu Wulst. Es ist das teuerste und umfassendste Verfahren, bei welchem der gesamte Reifen eine neue Oberschicht erhält. Alterungsrisse und Scheuerbeschädigungen der Reifenwände werden damit wieder in Ordnung gebracht. Hier kommt man auf etwa 70 Prozent des Basispreises von Markenreifen.

Ein runderneuerter Gürtelreifen 155 SR 15 mit Sommerprofil kostet rund 51,– DM, mit M + S-Profil 56,– DM. Der breitere 165 SR 15 kostet als Sommerreifen etwa 60,– DM, mit Winterprofil 66,– DM (alle Preisangaben einschließlich Mehrwertsteuer).

**Rechtzeitig neue Reifen montieren**

Durch die großen 15-Zoll-Gürtelreifen hält sich der Reifenverschleiß des VW 411/412 in Grenzen. Allerdings läßt sich kein allgemein gültiger Wert angeben, da die persönliche Fahrweise hierbei von entscheidender Bedeutung ist, während die Unterschiede von einer Reifenmarke zur anderen keine solch große Rolle spielen. Noch stärker wirkt sich erhöhter Reifenverschleiß durch zu niedrigen Luftdruck aus. Auch die Außentemperatur macht sich beim Reifenabrieb bemerkbar. Im Hochsommer können sich durch scharfe Fahrt heißgefahrene Reifen viermal so schnell verschleißen als in gemächlicher Fahrt bei Frostwetter. Schließlich müssen Lenkung, Stoßdämpfer, Sturz, Spur,

Nachlauf der Räder in Ordnung sein. Fehler in dieser Beziehung sind am außergewöhnlichen und einseitigen Reifenverschleiß vom Fachmann zu erkennen.
Im Durchschnitt halten die Reifen an den Limousinen zwischen 25 000 und 35 000 km, die breiteren Reifen des Variant erreichen eine etwa 3000 km höhere Lebensdauer, bei Fahrzeugen mit Getriebeautomatik erhöht sich die Lebensdauer der Reifen um 3000 bis 5000 km.
Ein Reifen muß auf seiner gesamten Breite mindestens 1 mm Profil aufweisen. Das ist der unterste zulässige Wert, wobei die Fahreigenschaften auf nasser Fahrbahn schon stark verschlechtert sind. Die Originalbereifung des VW 411/412 besitzt deshalb sogenannte Verschleißanzeiger, die bereits bei einer Profiltiefe von 1,6 mm erkennbar werden. Es handelt sich hierbei um vier bis sechs quer zur Lauffläche verlaufende Streifen im Grund der Profilrinnen. Solchermaßen abgenutzte Reifen sollten möglichst bald ersetzt werden.
Bei Winterreifen soll das Profil mindestens 4 mm tief sein, um bei winterlichen Verhältnissen gutes Vorankommen zu gewährleisten. Dasselbe gilt für Sommer-Gürtelreifen, die im Winter gefahren werden.
Wer von Textil- auf Stahl-Gürtelreifen oder umgekehrt umrüsten will und vorläufig nur zwei Reifen ersetzt, weil die beiden anderen noch ausreichendes Profil aufweisen, sollte grundsätzlich die Reifen mit Stahlgürtel auf der Hinterachse montieren. Auf der Vorderachse begünstigen sie die Übersteuerneigung, das heißt das Heck des Wagens drängt beim Kurvenfahren nach außen.

**Beste Montagezeit im Herbst**

Vielleicht überrascht es Sie, daß sowohl neue wie runderneuerte Reifen eingefahren werden müssen. Sie werden nämlich erst nach rund 500 bis 1000 km wirklich rutschfest, wenn die vorher vom Vulkanisieren sehr glatte Reifenoberfläche angerauht ist. Auch können bei neuen Reifen die noch hohen Profilstollen (bei Gürtel-Reifen etwa 8 mm, bei Winter-Reifen etwa 12 mm) unter gewissen Fahrbedingungen „umkippen“, so daß auch hierdurch die Rutschfestigkeit geringer ist.
Die beste Montagezeit ist für alle Reifen der Herbst. Im heißen Hochsommer werden die noch dicken Profilstollen vor allem bei scharfer Fahrt sehr heiß, was sich in erhöhtem Abrieb bemerkbar macht. Im Herbst laufen sich dagegen die Reifen unter günstigen Temperaturbedingungen ein und der erste Abrieb wird durch die Kälte vermindert. Solche Reifen haben eine bis zu 30 Prozent längere Lebensdauer.

**Reifenmaß und Geschwindigkeit**

Mit dem Umfang der Reifen wird die erreichbare Geschwindigkeit und die Tachometeranzeige beeinflußt. Die Eichung des Tachometers findet bei Benutzung neuer Reifen mit vorgeschriebenem Luftdruck statt. Abgefahrene Reifen haben einen kleineren Rollumfang, die Höchstgeschwindigkeit fällt ab, Anzugsvermögen und Steigfähigkeit können jedoch wegen der nun „günstigeren“ Übersetzung durch kleinere Reifen etwas verbessert sein.
Die dünneren Reifen übermitteln dem Tacho eine vorgeschwindelte Wegstrecke, da sie ja schneller rollen müssen. Der erfreute Fahrer glaubt dann hoffentlich an keinen Leistungszuwachs seines Autos, vielmehr muß die höhere Tachoanzeige dem von den Reifen zwangsläufig erhöhten Rolltempo zugeschrieben werden. Im Gegensatz dazu können M + S-Reifen, auch die Eis-Reifen, wegen ihrer höheren Profilstollen einen um ein bis zwei Prozent größeren Abrollumfang haben.

Über die zulässige Geschwindigkeit mit den verschiedenen Reifen wurde auf Seite 187 schon gesprochen. Es ist noch zu erwähnen, daß M + S-Reifen ohne Spikes bis zu einer Geschwindigkeit von maximal 160 km/h zugelassen sind, während solche mit Spikes – unabhängig von dem 100 km/h-Limit in der BRD – bis zu einer Geschwindigkeit von 150 km/h gefahren werden dürfen.

## Reifendruck-Vorschriften
Pflegearbeit Nr. 34

Die Tragfähigkeit eines Reifens ist von seinem Reifendruck abhängig. Bei geringerem Luftdruck sinkt die (mit der Ply-Rating-Zahl ausgedrückte) Tragfähigkeit. Natürlich wird man nicht gleich auf den Felgenkanten bei zu niedrigem Reifendruck fahren, aber der Wagen liegt erstens schwammig und unsicher auf der Straße und zweitens geht zu geringer Luftdruck erheblich zu Lasten der Lebensdauer eines Reifens. Das läßt unsere Abbildung der Reifen-„Abdrücke" bei verschiedenem Luftdruck deutlich erkennen.
Als günstigste Kombination zwischen guter Straßenlage, angenehmem Fahrkomfort und langer Lebensdauer hat das Volkswagenwerk die nachstehenden Luftdruck-Empfehlungen gegeben. Wir haben diese Angaben in einer Tabelle zusammengefaßt und raten, diese Werte bei den Reifen Ihres Wagens keinesfalls zu unterschreiten.
Ein beispielsweise mit 1,8 angegebener Reifendruck bedeutet, daß der Luftdruck im Reifeninneren 1,8 kg auf 1 $cm^2$ beträgt, wobei dies üblicherweise in der Bezeichnung für den atmosphärischen Überdruck = atü angegeben wird.

| Typ | Belastung | Sommerreifen vorn | Sommerreifen hinten | Winterreifen vorn | Winterreifen hinten | Reserverad |
|---|---|---|---|---|---|---|
| VW 411/412 Limousine | halb | 1,4 atü | 1,8 atü | 1,6 atü | 2,0 atü | 3,0 atü |
| | voll | 1,6 atü | 2,2 atü | 1,8 atü | 2,4 atü | |
| VW 411/412 Variant | drei viertel | 1,3 atü | 2,1 atü | 1,5 atü | 2,3 atü | 4,0 atü |
| | voll | 1,3 atü | 2,5 atü | 1,5 atü | 2,6 atü | |

Belastung des Wagens und die bei individueller Fahrweise erreichte Geschwindigkeit geben zudem Ausschlag auf die Reifendruck-Vorschriften. Man wird also bei der Rücksitz- oder Laderaum-„Ausnutzung" abwägen müssen, ob der Reifendruck zu erhöhen ist. Nun soll man natürlich nicht dauernd von

Hier wird der Wert des richtigen Reifendruckes durch den „Abdruck" bewiesen. Links zu hoher Luftdruck. Der stark gewölbte Reifen berührt nur in der Mitte die Fahrbahn, das bewirkt vorzeitigen Verschleiß der Profilmitte. Im mittleren Bild stimmt der Luftdruck: Gleichmäßige Abnutzung über die ganze Reifenbreite. Rechts fehlt es an Luft. Die Reifenmitte wölbt sich nach innen, walkt zu stark und die Reifenschultern werden vorzeitig verschlissen.

Die lange Lebensdauer der Reifen ist entscheidend vom richtigen Luftdruck abhängig. Darum empfiehlt sich zur gleichmäßigen Kontrolle die Anschaffung eines eigenen Luftdruckprüfers, denn der Reifendruck soll ja am kalten Reifen, also vor Fahrtantritt, gemessen werden. Der Skalenbereich eines eigenen Luftdruckprüfers soll wegen der Ablesegenauigkeit nicht über 3 atü hinausgehen.

einer Tankstelle zur anderen pendeln, um fortwährend dort die Luftpumpe zu strapazieren, sondern man wird sich nach der hauptsächlichsten Inanspruchnahme richten, wobei es kein Fehler ist, wenn stets der höhere Luftdruck gewählt wird.
Bei sportlicher Fahrweise oder Autobahnfahrt ist es ohnehin ratsamer, den Druck bei allen Reifen um 0,2 bis 0,3 atü zu erhöhen, da sich dann die verstärkte Beanspruchung nicht so sehr auf die Lebensdauer der Reifen auswirkt. Ständig mit zu wenig Druck aufgepumpte Reifen halten nicht lange. Die Autofirmen raten gewöhnlich zu Reifendrücken, die für die entsprechenden Reifen gerade noch vertretbar sind. Dies geschieht aus Gründen des Fahrkomforts. Was man am Fahrwerk als Kompromiß zwischen Fahreigenschaften und Komfort für die Insassen entwickelt, geht meistens zu Lasten der Reifen – die man ja immer wieder neu anschaffen kann. Höherer Luftdruck hilft also, die Lebensdauer der Reifen zu verlängern, auch wenn man damit etwas unkomfortabler fährt als mit „weicheren" Reifen.

**Luftdruck bei kalten Reifen messen**

Schon nach wenigen Kilometern zügiger Fahrt kann der Luftdruck um 0,2 bis 0,4 atü ansteigen. Es wäre daher falsch, beim Halt an der nächsten Tankstelle den Reifenluftdruck entsprechend zu erniedrigen, denn diese Druckerhöhung durch Erwärmung wurde von den Reifenherstellern bereits berücksichtigt. Aus diesem Grund lohnt sich der Erwerb eines eigenen Luftdruckprüfers, womit der Reifendruck vor Antritt einer Fahrt bei kalten Reifen gemessen werden kann.
Wenn kein besonderer Verdacht auf mangelnden Luftdruck besteht, muß die Messung keinesfalls jeden Tag vorgenommen werden. Es genügt alle ein bis zwei Wochen, denn auch ein schlauchloser Reifen darf in sechs bis acht Wochen nur 0,1 atü verlieren. Schnellerer Druckverlust deutet auf einen Defekt hin. Das zu häufige Luftdruckprüfen an den Tankstellen hat sogar auf die Dauer einen Nachteil. Bei dieser Tankstellenprüfung wird nämlich jedesmal zuerst ein kleiner Luftstoß in den Reifen gegeben. Dadurch wird zwangsläufig Kondenswasserdunst, Schmutznebel und Öldunst aus dem Gerät durch das Reifenventil gepreßt, wodurch auf die Dauer die Ventilnadel eine Schmutzkruste erhält und ihre Dichtfähigkeit nachläßt.

Es gibt unterschiedliches Reifenzubehör: 1 bis 3 — Ventilkappen (mit den beiden ersten kann man auch das Ventil herausdrehen). Beim Wagenwaschen bleibt an Nr. 2 allerdings der Schwamm hängen, solche Kappen legt man besser ins Handschuhfach. 4 — Ventil für Luftschlauch, 5 — Ventil für schlauchlose Reifen. 6 bis 8 — Ventileinsätze, wobei Nr. 6 die konventionelle Art darstellt. Die kleineren französischen Einsätze — z. B. von Michelin — sind besser, da sie keine Feder haben, die sich verbiegen kann.

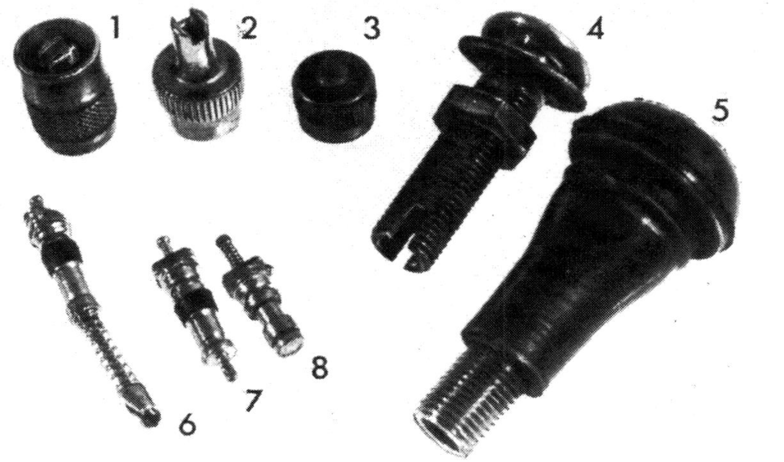


## Reifenzustand prüfen

Pflegearbeit Nr. 33

Mit einem eigenen Luftdruckmesser sichern Sie stets gleichbleibende Meßgenauigkeit. Wenn Sie bei der regelmäßigen Prüfung Druckverlust an einem Reifen feststellen, müssen Sie sich ihn etwas genauer anschauen. Entweder kann das Ventil undicht geworden sein oder in der Reifendecke sitzt eine Glasscherbe, oder ein Nagel, wodurch ein kleines Loch entstanden ist. Jedenfalls muß der Ursache des Druckverlustes nachgespürt werden, es hilft nichts, einfach Luft nachzupumpen. Wenn nämlich darauf nicht geachtet wird, kann die Instandsetzung eines Reifens nach einer Dauerschädigung unmöglich werden. Das würde dann einen neuen Reifen kosten.

Es kann auch nichts schaden, öfter als im Pflegeplan vorgechrieben, nach dem äußeren Zutand der Reifen zu sehen. Die beste Möglichkeit ergibt sich, wenn der Wagen in der Tankstelle zum Ölwechsel oder zu einer Unterwagenwäsche hochgebockt wird. Bei dieser Gelegenheit bohrt man mit einem kleinen Schraubenzieher Fremdkörper aus der Reifendecke und prüft nach, ob sie bereits ernsthaften Schaden gestiftet haben. Im Vordergrund der Reifenprüfung steht natürlich die Beobachtung der Reifenabnutzung. Sie können sehr zufrieden sein, wenn jeweils die Reifen einer Achse über den gesamten Reifenumfang und über die gesamte Profilbreite gleichmäßig abgenutzt sind. Zeigt sich jedoch eine einseitige Abnutzung oder hat das Profil wellige Vertiefungen in regelmäßigen Abständen, dann ist am Fahrgestell oder am Rad selbst etwas faul.

In diesem Falle sollten Sie aber einen wirklichen Fachmann zu Rate ziehen, denn nur dieser kann durch die Art der ungleichen Reifenabnutzung erkennen, ob es sich um zu viel oder zu wenig Luftdruck, um unausgewuchtete Räder, um unwirksame Stoßdämpfer, um ausgeschlagene Gelenke, um Fehler in Vorspur oder Radsturz als Ursache handelt. Alle diese zahlreichen Fehlerquellen hinterlassen nämlich ihre individuellen Spuren auf dem Reifenprofil. Unter Umständen müssen dann die Räder abgenommen und neu ausgewuchtet werden oder die betreffende Achse ist zu vermessen. Das sind jedoch Arbeiten, die Ihnen auch mit guten Heimpfleger-Hilfsmitteln nicht möglich sein werden.

Die Kosten, die Sie in Ihrer Werkstatt dafür entrichten, haben Sie mit der gewonnenen Reifenersparnis schnell hereingeholt.

Die stärker beanspruchten Hinterräder sind beim VW Typ 4 gewöhnlich früher verschlissen. In der Bedienungsanleitung wird deshalb empfohlen, die Räder jeweils einer Seite auszutauschen, also unter Beibehaltung ihrer bisherigen Laufrichtung. Es ist umstritten, ob der Tausch sinnvoll ist; für die Empfehlung spricht, daß der Reifenabrieb gleichmäßiger erfolgt, allerdings müssen bei Ersatz vier – bei Einbeziehung des Reserverades drei – neue Reifen gekauft werden. Bei Wechsel in kurzen Kilometerabständen können Fehler der Lenkung, Radaufhängung, Stoßdämpfer, Gelenke usw. ihre Spuren nicht deutlich genug am Reifenprofil hinterlassen. Eine Laufstrecke von 10 000 bis 15 000 Kilometern genügt allerdings in jedem Fall, derartige Fehler erkennen zu lassen.

**Räder austauschen?**

Sommerreifen mit dem besseren Profil sollten an den Vorderrädern montiert sein, um das gefährliche Aquaplaning (Aufschwimmen auf Wasserlachen) zu vermeiden. Bei Reifen mit weniger als 4 mm Profiltiefe sind 50 kg Ballast im Kofferraum vorn sehr nützlich.

**Fingerzeige:** *Zur pfleglichen Behandlung der Reifen gehört es, daß deren Ventile stets durch Kappen verschlossen sind. Sonst setzt sich dort Schmutz an, der beim nächsten Luftgeben zwischen Ventilnadel und Ventilwand geklemmt wird und zur Undichtigkeit führt.*

*Auch die Felgen erwarten gelegentlich einen prüfenden Blick. Anfahren an große Steine oder Bordkanten kann zu Beschädigungen am Felgenhorn (und an der Radaufhängung!) führen. Dadurch wird der schlauchlose Reifen unter Umständen undicht. Als Gegenmaßnahme kann man einen passenden Schlauch (HJ 15 für Reifengröße 155 SR 15 bzw. J 15 für 165 SR 15) einlegen. Allerdings muß dafür gesorgt werden, daß beim Aufpumpen des Reifens die unter der Reifendecke eingesperrte Luft entweichen kann, sonst können „Luftkissen" zwischen Schlauch und Decke zum Walken des Reifens und Erhitzen bis zum Reifenplatzer führen.*

*Entlüftet werden schlauchlose Reifen durch eine besondere Entlüftungsscheibe um das verschraubte Metall-Schlauchventil, die vor dem Einlegen des Schlauches bis zum Ventilfuß aufgeschraubt werden muß. Beim Schlauchkauf darauf achten!*

Um an die Radschrauben zu kommen, muß der Radzierdeckel abgezogen werden. Wie das mit der Abziehkralle (Pfeil) aus dem Bordwerkzeug geht, zeigt unser Bild. Ein Schraubenzieher ist zum Abdrücken nicht geeignet, denn damit zerkratzt man Chrom und Felgenlackierung.

## Radschrauben auf festen Sitz prüfen

Pflegearbeit Nr. 32

Als besonderer Wartungspunkt ist die Prüfung der Radschrauben auf festen Sitz vorgesehen. Diese Kontrolle ist aber kurze Zeit nach einem Radwechsel wichtiger, auch wenn er von einer Werkstatt durchgeführt wurde. Nach 10 000 km Fahrt wird man eher Mühe haben, die Schrauben zu lösen, selbst wenn sie mit dem vorgeschriebenen Drehmoment von 15 mkp angezogen wurden.

Da das Volkswagenwerk sehr mit Recht das erneute Auswuchten der Räder (siehe letzter Abschnitt dieses Kapitels) nach jeweils 10 000 km empfiehlt, fällt diese Radschraubenkontrolle mit dem Ab- und Anmontieren der Räder beim Nachwuchten zusammen.

## Der Radwechsel

Die Generation heutiger Autofahrer bleibt weitgehend von Reifenpannen verschont. „Plattfüße" haben Seltenheitswert bekommen. Deshalb ist der Umgang mit dem Wagenheber schon oft unbekannt, und festgerostete Radschrauben bereiten manchem Automobilisten unüberwindliche Schwierigkeiten. Trotzdem muß man, um einen vielleicht guten Reifen nicht vollständig zu ruinieren, den Versuch zum Wechseln wagen. Schon nach wenigen hundert Metern Fahrt ist nämlich das Gewebe so verwalkt, daß jede Reparatur des Reifens unmöglich wird. Zur Vorbereitung auf diesen Ernstfall sollten Sie gelegentlich einer gründlichen Fahrzeugreinigung einmal eine Art Notstandsübung mit dem Wagenheber und Radmutterschlüssel vornehmen. Prüfen Sie vor allem öfter, ob Ihr Wagenheber noch leichtgängig ist.

Der Radwechsel geht nun so vor sich:

- Handbremse festziehen
- Räder der anderen Wagenseite mit Steinen oder Holz blockieren
- Radkappe mit der Abziehkralle des Bordwerkzeugs oder des Radschraubenschlüssels abnehmen
- Radschrauben (SW 19) um eine Umdrehung lockern
- Wagenheber in das Vierkantrohr unter der Wagenseite bis zum Anschlag einsetzen (siehe Bild Seite 31) und Ersatzrad bereitlegen
- Fahrzeug hochhebeln bzw. hochkurbeln, bis das Rad gerade vom Boden abhebt
- Die vier Radschrauben herausdrehen und in der Radkappe ablegen
- Rad abnehmen und Ersatzrad aufstecken
- Radschrauben eindrehen und über Kreuz gleichmäßig leicht anziehen, dabei das Rad hin- und herbewegen, damit es sich einwandfrei auf der Radnabe zentriert.
- Wagen ablassen, Wagenheber herausziehen
- Radmuttern über Kreuz fest anziehen und Radkappe mit Handballenschlag andrücken
- Defektes Rad und Wagenheber verstauen.

Wenn man auf den Gewindegang der Radschrauben etwas Fett aufträgt, bevor man die Radmuttern aufschraubt, sind Kraftanstrengungen bei späteren Radwechseln nicht mehr nötig. Einfacher geht es mit einem Radschraubenschlüssel, aber auch dessen Hebelarm muß man gelegentlich mit einem aufgeschobenen Rohrstück verlängern.

Der VW 412 besitzt seit August 1972 Felgen mit Mittelzentrierung, um eventuelle Lenkunruhe durch die Radmontage auszuschalten. Die Radnabe hat einen festen Ring, in den das Mittelloch der Felge genau paßt.

### Reifen-Reparatur

Ein defekter Reifen sollte möglichst bald repariert werden, sonst läuft man Gefahr, bei einem zweiten Plattfuß kein Ersatzrad zu haben. Die Reparatur eines schlauchlosen Reifens, an dem sich die Ursache der Plattheit erkennen läßt – ein eingedrungener Nagel etwa –, ist eine Sache von wenigen Minuten: Das Einstichloch wird aufgebohrt, gereinigt, mit Vulkanisierlösung eingerieben und ein Gummi-Pilz eingeführt, der sich im Reifen spreizt und das Loch dicht verschließt. Man kann solch eine Reparatur auch selbst machen. Einen entsprechenden Reparatursatz gibt es z. B. von Tip-Top. Selbst-Reparatur hat allerdings nur dann Sinn, wenn man eine Luftpumpe zur Hand hat.

**Reifen lagern**

Abmontierte Reifen dürfen nicht in hellem Licht aufbewahrt, sondern müssen in dunklen, staubfreien Räumen gelagert werden. Die Raumtemperatur soll zwischen – 10° C und + 20° C liegen; mehr oder weniger ist schädlich. Auf Felgen montierte Reifen können – mit Normaldruck aufgepumpt – liegend gestapelt werden, während nicht montierte Reifen besser senkrecht aufgestellt und alle paar Wochen ein Stückchen weitergedreht werden, damit sie keine einseitigen Abplattungen bekommen.

## Räder auswuchten

Wir haben bereits erwähnt, daß der VW 411/412 wegen der Federbein-Vorderachse sehr empfindlich auf unwuchtige Vorderräder reagiert. Das heißt, man spürt Vibrationen im Lenkrad oder Schütteln im Vorderwagen; beides tritt bei bestimmten Geschwindigkeiten besonders stark auf. Die Ursache liegt an ungleichmäßiger Gewichtsverteilung am Rad, wie unsere Skizze erläutert.

Unwucht-Vibrationen im Lenkrad machen sich gelegentlich schon am neuen Fahrzeug bemerkbar. Reklamieren Sie diesen Mangel und lassen Sie sich nicht vertrösten, das werde mit der Zeit von selbst verschwinden. Das verschwindet nicht, sondern wird schlimmer – nach Ablauf der Garantiezeit!

Radialreifen sollte man baldmöglichst nachwuchten lassen, wenn die erwähnten Vibrationen im Lenkrad zu spüren sind oder ungleicher Abrieb zu sehen ist. Aber nicht alle 4 Räder sind dann unbedingt unwuchtig. Doch reißen manche Mechaniker bei diesem Nachwuchten zuerst die angebrachten Ausgleichsgewichte ab. Sie müssen verlangen, daß das Rad erst einmal zur Probe läuft. Vielleicht ist die Auswuchtung noch einwandfrei und Sie können sich einen Teil des Geldes für das Auswuchten – pro Rad zwischen 4 und 5 DM – sparen.

Die VW-Werkstatt wird es vielleicht auch nicht selbst schaffen, denn manchmal machen Gürtelreifen beim Auswuchten erhebliche Schwierigkeiten. Ihre Herstellung ist schwieriger als bei den früheren Diagonalreifen; so kann bei-

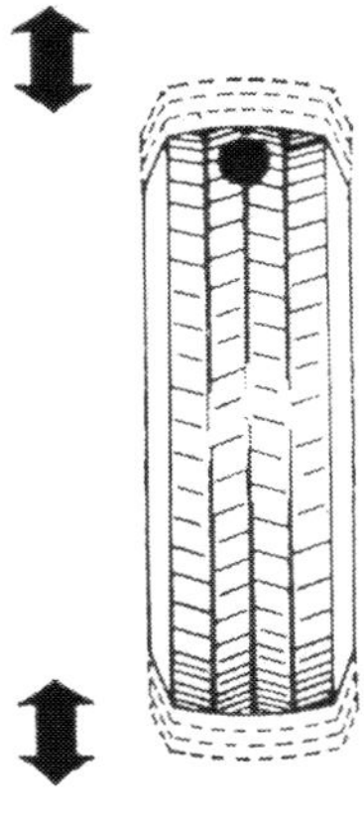

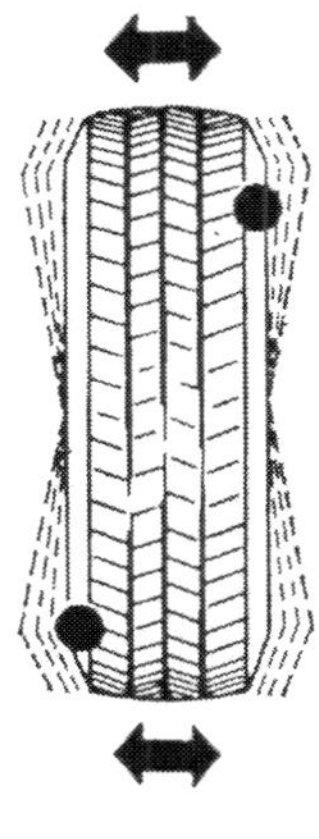

Unsere Skizze erläutert die Auswirkungen der Unwucht:
Die **statische** Unwucht erkennt man, wenn ein freihängendes, drehendes Rad immer mit der gleichen Stelle zu Boden sinkt und sich allmählich auspendelt. Folge: Das Rad hüpft während der Fahrt.

Die **dynamische** Unwucht ist durch Auspendeln des Rades nicht zu erkennen, denn sie liegt irgendwie schräg zur Radachse, so daß das schnellaufende Rad flattert und wackelt. Unausgewuchtete Räder führen zu schnellem Reifenverschleiß, unruhiger Lenkung und vorzeitiger Abnutzung der Radlager.

spielsweise der Gürtel verspannt sein oder beim Vulkanisieren (Aufbringen der Lauffläche) verrutschen. Das kann „Höhenschlag" oder ungleichmäßige Elastizität der Reifenlauffläche ergeben, was sich durch Auswuchten nicht ohne weiteres beheben läßt. Entweder muß der fehlerhafte Reifen ausgetauscht werden oder man geht zu einem wirklich guten Reifendienst (Autowerkstatt und Tankstelle haben dazu meist nicht die notwendigen Erfahrungen), wo Felge und Reifen jeweils genau auf Höhen- und Seitenschlag (also Abweichungen von der genauen „Rundheit", die praktisch nie ganz erreicht wird) vermessen werden. Dann wird der Reifen so lange auf der Felge gedreht, bis sich Höhen- und Seitenschlag von Felge und Reifen möglichst ausgleichen. Der Fachmann nennt dieses Verfahren „Matchen".
Ein weiteres Mittel zur Laufruhe ist das „Harmonisieren" des Rades: Nach der ausgleichgünstigsten Montage auf der Felge wird die Lauffläche des Reifens mit einer Spezialmaschine völlig gleichmäßig rund geschliffen, wobei natürlich nur die herausstehenden Profilteile um wenige Zehntel Millimeter abgetragen werden. Ein solcher „harmonisierter" Reifen hat nicht wegen des teilweise abgetragenen Profils eine kürzere, sondern wegen seiner Gleichmäßigkeit zumindest eine gleichlange Laufzeit.
Nach dem Matchen bzw. Harmonisieren sollten die am Fahrzeug montierten Vorderräder elektronisch feingewuchtet werden, wobei selbst feine Gewichtsunterschiede festgestellt und ausgeglichen werden können. Dabei werden auch die Radkappen und Radzierringe mit berücksichtigt. Nach dem ersten Meßvorgang wird das Rad abgenommen und um ein Loch versetzt wieder montiert; so werden auch geringste Gewichtsunterschiede erkennbar. Diese Stellung des Rade sollte dann möglichst lange beibehalten bleiben.
Auch nach jeder Reifenreparatur muß das betreffende Rad neu ausgewuchtet werden. Ein Flickstopfen im schlauchlosen Reifen verändert bereits die Unwucht. Eine Unsitte mancher Werkstatt ist es übrigens, die Ausgleichsgewichte auf der Felge zu belassen, wenn der Reifen von der Felge ab- und wieder aufmontiert wurde. Dann können die Gewichte nicht mehr stimmen und es ist besser, sie ganz abzumachen, bis das Rad ausgewuchtet werden kann, denn bei veränderter Reifenmontage können die falsch gesetzten Gewichte zu verdoppelten Unwuchten führen.

# Künstliche Bewässerung

Selbstpflege beginnt für viele Autofahrer mit der eigenhändigen Säuberung des fahrbaren Untersatzes. Mit Schwamm und Eimer bewaffnet rücken die Bewohner ganzer Straßenzüge am Wochenende ihren Wagen zuleibe. Da man aber gerade bei der Wagenwäsche und auch bei der Lackpflege einige schwerwiegende Fehler begehen kann, wollen wir in den folgenden beiden Kapiteln Ratschläge und Hinweise geben, was man tun und was man besser lassen sollte. Ein eifrig, aber falsch bearbeiteter Lack kann schon nach zwei Jahren seinen Glanz verloren haben, während eine weniger, dafür aber richtig behandelte Lackierung noch glänzt wie am ersten Tag.

## Waschen mit dem Schlauch

Der auf der Karosserieoberfläche haftende Schmutz darf nicht einfach mit etwas Wasser abgerieben werden, da sonst Staub- und Sandkörnchen feine Kratzer auf dem Lack hinterlassen. Nach einigen derartigen Behandlungen sieht man bei schräg auffallendem Sonnenlicht deutlich streifen- und kreisförmige Schleifspuren.

Der Schmutz muß also vorher eingeweicht und anschließend vom Wasser abgeschwemmt werden. Am einfachsten geht das mit dem Schlauch, was allerdings nicht zu einer Überschwemmung der Umgebung führen muß. Das Wasser soll nur mäßig und ohne Druck fließen; ein kräftiger Strahl ist nur zum Säubern der Radkästen und der Fahrzeugunterseite notwendig. Auf dem Lack schadet hoher Wasserdruck, da er Staub- und Sandkörnchen über die Oberfläche treibt, was ebenfalls Kratzer hinterläßt.

Am besten ist die Wagenwäsche mit dem Schlauch und einer dran angeschlossenen Waschbürste. Der Wasserstrahl soll aber nur sanft fließen, sonst reißt er die Schmutzteilchen über den Lack. Das ergibt eine Schmirgelwirkung, die den Lack auf die Dauer blind werden läßt.

Die eigentliche Wäsche erfolgt mit der Schlauchbürste, dem Waschhandschuh oder dem Schwamm. Sehr gut ist eine weiche Schlauchbürste mit langen Borstenhaaren, die ständig von frischem Wasser durchflossen wird. Praktisch ist auch ein weicher Faust-Waschhandschuh; aus Perlon kostet er im Zubehörgeschäft etwa 10 DM. Aus einem Reststück flauschigem Stoff kann man sich ihn auch selbst zusammennähen. Der Waschhandschuh wird über die eine Hand gestülpt, die andere hält den Schlauch. Beide Hände ziehen gemeinsam leicht über den Lack, starkes Reiben ist dabei zu vermeiden.
Vielfach wird zum Waschen auch ein Schwamm verwendet. Er muß aber große Poren aufweisen, weil ein feinporiger den Schmutz stärker festhält und schmirgelt; außerdem läßt er sich schlechter auswaschen. Ab 10 DM bekommen Sie einen großporigen Naturschwamm, bei den billigeren Viskoseschwämmen müssen Sie beim Kauf darauf achten, daß sie nicht zu steif sind.

## Die Eimerwäsche

Nicht jeder Autobesitzer kann in Hof, Garten oder Garagenvorplatz einfach einen Schlauch an die Wasserleitung anschließen. Manche müssen ihren Bedarf an Wasser im Eimer herbeischleppen, und in diesem Fall sind zwei Eimer besser als einer, weil die Waschbrühe, schneller als einem lieb ist, trübe wird. So oft wie möglich muß das alte Wasser durch neues ersetzt werden, denn der im Schmutzwasser treibende Staub und Sand wird immer wieder kratzend über den Lack gewischt. Auch nimmt man am besten Kunststoffeimer und keine aus Metall, um nicht gleich Kratzer oder Beulen im Wagen zu haben, wenn man versehentlich einmal anstößt.
In dem einen Eimer wird immer der schmutzige Schwamm oder Waschhandschuh ausgewaschen, im anderen der saubere Schwamm mit Wasser getränkt. Unter ständigem Auswaschen wird so die Karosserie von oben nach unten abgewaschen. Möglichst oft frisches Wasser holen. Mit den Resten des schmutzigen Wassers kann man den Schmutz an den Rädern und in den Radkästen aufweichen. Zum Abwaschen der Reifen, Felgen und der Innenseite der Radkästen eignet sich eine gewöhnliche Wurzelbürste.
Ist eine Shampoowäsche nötig geworden, kann man das Schaumreinigungsmittel mit dem Wasser für die Reinigungswäsche zusetzen.

Zur Wagenwäsche braucht man mindestens zwei Eimer. Im einen wird der schmutzige Schwamm ausgewaschen und im anderen der nun saubere Schwamm mit Wasser vollgesogen. Von oben nach unten muß der Wagen Zug um Zug mit sehr nassem und ständig frisch ausgewaschenem Schwamm gereinigt werden.

Zum Abledern des Wagens brauchen Sie ein echtes Ziegen- oder Rehleder, auch wenn es nicht billig ist. Die meisten Kunst- und Ersatz-Fensterleder taugen nicht viel und sind meist auch zu klein, denn ein Waschleder soll mindestens 50 x 50 cm groß sein. Damit wird das Wasser breitflächig vom Lack abgezogen. Zwischendurch muß das Leder in sauberem Wasser ausgewaschen werden, damit kein Restschmutz darin hängen bleibt.

## Wagen abledern

Den Abschluß der Wagenwäsche bildet das Trockenledern. Es ist unerläßlich, denn bei Luft- und Sonnentrocknung würde das Wasser je nach Zustand der Lackkonservierung graue Tropfen- oder Schlierenflecken hinterlassen.
Das trockene Leder wird zuerst angefeuchtet und dann wieder ausgewrungen. Sonst nimmt es kein Wasser auf. Das Waschleder Zug um Zug in breiter Bahn über den Lack ziehen. So nimmt man das meiste Wasser weg. Beim anschließenden Trockenpolieren kann man kräftiger drücken, denn Schmutzteilchen sind (hoffentlich) nicht mehr vorhanden. Und zudem wird das Leder ja mehrmals ausgewaschen.
Am Waschleder sollte man nicht sparen. Ein großflächiges Ziegen- oder Rehleder (ca. 15 Mark) erleichtert das Trockenledern der großflächigen Blechteile und hält am längsten. Dadurch lohnt sich die Anschaffung wieder. Ein billiger Fetzen aus Restbeständen taugt jedoch fürs Abreiben der Felgen oder Karosserie-Ecken, an denen das teure Leder zerrissen werden könnte. Auch von Kunst- oder Ersatzledern ist abzuraten. Mit Ausnahme des Vileda-Autotuchs, mit dem wir gute Erfahrungen gemacht haben. Dabei kostet es nur ein Drittel eines guten Leders.

**Wann nicht waschen**

In prallem Sonnenschein sollte das Auto nicht gewaschen werden. Das Wasser verdunstet auf dem heißen Karosserieblech schneller, als Sie es abledern können. Die dabei entstehenden Wasserflecke durch Kalk- und Schmutzrückstände sind dabei harmlos. Durch die Brennglaswirkung einzelner Wassertropfen entstehen aber Verfärbungen im Lack, die sich nur mit Polieren wieder entfernen lassen.
Waschen Sie nie Ihr Auto im Freien bei Temperaturen um Null Grad oder darunter! Sollten Sie wirklich den Wagen sauber bekommen haben, dann nutzt auch ein anschließendes Abledern zum Trocknen wenig. Das Wasser dringt in Fugen und Karosserienähte, verkriecht sich hinter Zierleisten und Gummidichtungen und beginnt sein zerstörerisches Werk, sobald es gefriert. Eis nimmt mehr Raum ein als Wasser und entwickelt bei dieser Ausdehnung eine Kraft, die den unterwanderten Karosserieteilen schlecht bekommt. Wenn das Wasser in leichte Lackschäden gedrungen ist, die noch verhältnismäßig harmlos waren, greift es die Umgebung an – äußerliches Abtrocknen nutzt

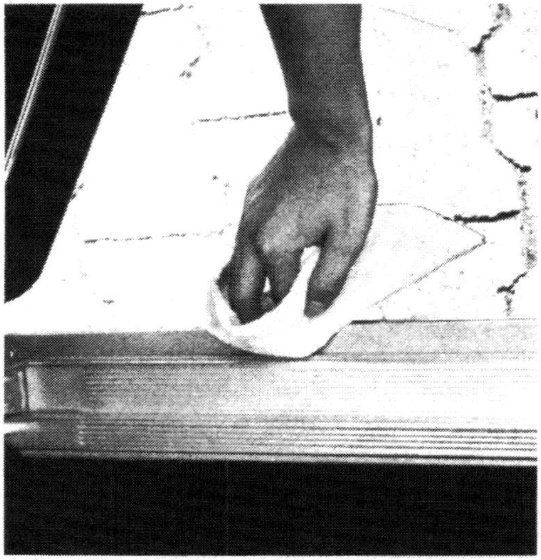

Nach dem Waschen sollen auch die Innenkanten des Einstiegschwellers abgetrocknet werden, denn dort trocknet die Feuchtigkeit nur schlecht aus. Zum Trocknen nimmt man aber nicht das teure Waschleder, sondern einen Lappen.

dann nichts. Bei Temperaturen um den Gefrierpunkt verdunstet Wasser nicht so schnell wie es Schaden stiftet, und diese Auswirkungen sind spätestens im Frühjahr zu sehen. Wenn Ihr Auto dennoch im Winter – besonders von den Auftausalzen – gereinigt werden muß, sorgen Sie nach der Wäsche dafür, daß der Wagen richtig durchtrocknen kann.

**Fingerzeige:** *Einige Tankstellen vermieten für wenig Geld Waschboxen, wo man seinem Auto mit genügend Wasser wieder neuen Glanz verleihen kann. Von dieser Möglichkeit Gebrauch zu machen, lohnt sich besonders in Städten, wo Autowaschen am Straßenrand verboten ist.*
*Aus Gründen des Gewässerschutzes ist Autowaschen an Flüssen und Bächen verboten. Abgesehen davon, daß dies Bußgeld kosten kann, erweist man auch dem Lack keinen Gefallen, da derartige Flüssigkeiten oft durch Abwässer und Chemikalien verunreinigt sind.*

Zur Karosseriepflege gehört auch die sorgfältige Reinigung der Windschutzscheibe. Bei ihr genügt Wasser allein auf die Dauer nicht, denn auf ihr setzt sich öliger Dunst von Motorabgasen und eventuell auch etwas Silikon aus Lackpflegemitteln ab. Geben Sie deshalb bei Bedarf zur Beseitigung dieser Rückstände der Windschutzscheibe eine intensive „Abreibung“ — am besten mit dem Messingputzmittel „Sidol“. Es ist billiger und mindestens ebenso wirkungsvoll wie viele andere für diesen Zweck angebotene moderne Pflegemittel.

## Schnell-Waschanlagen

Mancher Autobesitzer empfindet die Wagenwäsche als ziemlich unangenehme und zeitraubende Arbeit. Er fährt lieber in eine Schnell-Waschstraße, wo das Auto in fünf Minuten wieder sauber ist. Grundsätzlich ist dagegen nichts einzuwenden. Bei neuen Wagen sollte man allerdings erst rund acht Wochen warten, bis der Lack vollständig ausgehärtet ist. Bei einem nachlackierten Auto dauert die Aushärtungszeit noch länger, da die Werkstatt den Lack nicht mit Temperaturen über 80° C (Einbrenntemperatur der Werkslackierung 135–185° C) einbrennen kann. Das würden die Reifen und die Kunststoffteile nicht überstehen.

Folgende Punkte sollten bei der Schnellwäsche beachtet werden:

- Wird der Volkswagen ausschließlich auf diese Weise gesäubert, zwischendurch gezielt nach Lackschäden durch Steinschlag oder Korrosion suchen. Kleinere Schäden sind leichter auszubessern, wenn man nicht zu lange wartet.
- Nach etwa fünf Schnellwäschen sollte der Lack wieder mit Hartwachs konserviert werden. Es wirkt als Puffer gegen die schleudernden Borsten. Das in der Waschanlage versprühte Wachs genügt nicht, da es speziell dem schnelleren Trocknen dient.
- Damit sich an unzugänglichen Stellen (z. B. hinter den Stoßstangen) keine Schmutz- und Rostnester bilden, muß dort von Hand nachgewaschen werden.
- Ein stark verschmutztes Fahrzeug sollte zuerst mit sanftem Wasserstrahl intensiv abgespritzt werden, damit die Schmutzkruste aufweichen kann.
- Die Borsten der Waschbürsten sollten noch lang und relativ neu sein, sonst wird der Lack sehr strapaziert. Ausgefranste Borstenenden schaden dem Lack allerdings nicht.
- Fahren Sie möglichst nicht am Wochenende an die Waschanlage. Werktags und tagsüber hat man dort mehr Zeit für Sie und das Auto wird gründlicher gesäubert.

**Fingerzeig:** *Außenspiegel nach der Schnellwäsche auf richtige Stellung überprüfen. Meist wird er verstellt.*

## Motorwäsche mit Vorsicht

Wenn der VW-Motor nicht undicht ist, sammelt sich im Motorraum auch nach längerer Zeit nicht viel Staub und Schmutz an. Meist genügt das Auswischen mit einem Lappen. Wasser ist auf keinen Fall zu empfehlen, denn es kann Störungen an der Elektrik und Elektronik bewirken. Nur wenn im Motorraum fettige Schmutzkrusten (durch ausgelaufenes Ölbad-Luftfilter o. ä.) zu finden sind, sollten Sie diese mit einem Motorreinigungsspray behandeln. Die verschmutzten Teile werden damit besprüht und anschließend mit einem schwachen Wasserstrahl abgewaschen. Vorher sollten Sie aber die wichtigsten Teile der elektrischen Anlage, wie Regler, Zündkerzenstecker, Verteiler, Schwebesicherungen und elektrische Anschlüsse der elektronischen Benzineinspritzung mit Lappen oder Plastikfolie abdecken, um Startschwierigkeiten und Funktionsstörungen zu vermeiden.

Besonders leicht dringt Wasserdampf in das Verteilergehäuse und leitet durch Niederschlag am Verteilerdeckel den Zündfunken ab. In diesem Fall hilft meist Auswischen mit einem Papiertaschentuch oder Aussprühen mit einem speziellen Kontakt-Sprühmittel (z. B. „Intact" von Aral). Übrigens kann auch das Chromschutzspray von Polifac Wasser in der Zündanlage verdrängen.

Achten Sie vor allem darauf, daß die Motor- und Getriebeunterseite immer sauber ist. Durch Schmutzkrusten wird die Kühlung des Öles verschlechtert.

**Die Lackpflege**

# Gut gewachst glänzt lang

Die eigentliche Lackschicht, die Ihrem VW 411/412 die Farbe gibt, ist nur 0,03 bis 0,04 mm stark. Dabei muß sie an allen Stellen so intensiv decken, daß nirgendwo die darunter liegenden Schichten des Lackaufbaues – Phosphatierung, Grundierung und Füller – durchscheinen. Witterungseinflüsse, wie pralle Sonne, strenge Kälte oder strömender Regen dürfen den Lack ebensowenig beeindrucken wie grobkörniger Schmutz oder hart anprallendes Salzwasser. Außerdem muß er ziemlich schlagfest sein und sich allen Bewegungen und Vibrationen des Bleches geschmeidig anpassen.
Derartige Strapazen kann der Lack längere Zeit nur aushalten, wenn ihm die notwendige Pflege zuteil wird, denn auch die beste Lackierung altert mit der Zeit. Der „Weichmacher", der den Lack elastisch hält, verflüchtigt sich allmählich und die einzelnen Farbpartikelchen liegen nicht mehr im Lack eingebettet, sondern stehen spröde ab. Dadurch erhält die Farbschicht ein stumpfes Aussehen, die Poren erweitern sich, wodurch Feuchtigkeit eindringt und den Lack von innen zermürbt.

## Lackpflege von Stufe zu Stufe

Diesem Alterungsprozeß soll die Lackpflege vorbeugen. Sie beginnt schon mit der Wagenwäsche. So lange das Wasser noch in kleinen Tropfen über den Lack perlt, ist die Wäsche mit reinem Wasser ausreichend. Dies ist aber nur ein Anhaltspunkt, da sich solche Wasserperlen auch bilden, wenn der Lack mit Petroleum oder ungebrauchtem Motoröl eingerieben wurde oder fettiger Industrieruß sich auf der Lackierung niedergeschlagen hat.

Deutlich sehen Sie auf diesem Bild den Unterschied zwischen konserviertem und nicht konserviertem Lack. Die Kontrolle, ob der Lack ein Pflegemittel braucht, ist einfach: Perlt das Wasser, wie rechts gezeigt, in kleinen Tropfen über den Lack, ist reine Wasserwäsche weiterhin ausreichend. Verläuft das Wasser jedoch ohne Ränder (links) wird auf jeden Fall eine Lackpflege notwendig. Ist Petroleum oder Öl auf den Lack gekommen, „perlt" das Wasser auch, trotzdem ist dann eine Lackpflege fällig.

Erst wenn die Wäsche mit klarem Wasser nichts mehr ausrichtet, wenn das Wasser teigig und ohne Ränder über den Lack läuft und die Oberfläche stumpf bleibt, soll die eigentliche Lackpflege beginnen. Übereifrige Selbstpfleger tun da häufig des Guten zu viel. Wer immer wieder mit einem Poliermittel an seinem Auto herumfummelt, wird sich immer öfter dazu veranlaßt sehen, und eines Tages ist die hauchdünne Lackschicht durchpoliert. Deshalb gilt bei der Lackpflege der Grundsatz, daß man an seinem Lack um so länger Freude hat, je sparsamer man mit Pflegemitteln umgeht und stets nur jenes nimmt, das gerade noch die angestrebte Wirkung zeigt.
Es ist nun nicht damit getan, daß man zu einer Tankstelle oder in den Autozubehör-Laden geht und sagt, man möchte ein gutes Lackpflegemittel haben. Der Verkäufer, wenn er fachkundig ist, wird sich zuerst nach dem Zustand des Lackes erkundigen, der behandelt werden soll. Denn darauf kommt es an. Das Angebot an Pflegemitteln ist ziemlich verwirrend. Einerseits werden unterschiedliche Begriffe für gleichartige Mittel verwendet und andererseits bieten zahllose Firmen ihre Produkte an. Wer sich bei einer unbekannten Marke nicht auf den Rat eines fachkundigen Tankwarts oder eines routinierten Selbstpflegers stützen kann, sollte sich besser an die bekannten Namen der Pflegemittel-Branche halten.
Große Firmen werden sich hüten, durch mindere Qualität ihren Ruf zu verlieren. 1-Z, Johnson, Pingo, Po ifac, Rex, Sonax, Teroson oder Wenol sind Beispiele für bekannte Hersteller. Das Volkswagenwerk und die bekannten Mineralöl-Firmen bieten unter ihrem Namen komplette Pflegemittel-Sätze an, wobei die Gebrauchsanweisungen der Aral-Autopflegemittel wegen ihrer sachlichen und klaren Verständlichkeit hervorzuheben sind. Auch führende Kauf- und Versandhäuser achten auf gute Qualität der von ihnen vertriebenen Pflegemittel.

**Fingerzeig:** *Keine Universal-Lackpflegemittel kaufen, mit denen man angeblich neue wie alte Lacke gleichermaßen gut pflegen kann. Leider auch unter Markennamen anzutreffen. Was für neuen Lack gut ist, nutzt dem alten nichts, und Mittel für verwitterten Lack sind für jungen Lack zu scharf.*

**Auto-Shampoo nicht zu oft anwenden**

Leider ist auch Auto-Shampoo zur „Naß-Pflege" des Lacks beim Samstagnachmittag-Straßenrand-Pflegern viel zu beliebt, so daß sie allwöchentlich mit wenigen Eimerchen Wasser und Shampoo ihr Auto wieder auf Hochglanz bringen. Daß Eimerwäsche schon an sich problematisch ist, wurde bereits auf Seite 202 beschrieben. Schlimmer wird es noch, wenn die fehlende Wassermenge durch Shampoo ausgeglichen werden soll. Die Rechnung geht nicht auf, denn die meisten Auto-Shampoo, auch als „Auto-Schaumwäsche" bezeichnet, laugen den Lack mit der Zeit doch ziemlich aus und ihre vielfach angebliche „rückfettende Wirkung", bei der die fettlösenden Bestandteile des Shampoos in den Lackporen nach getaner Arbeit während des Reinigungsprozesses durch schützende Wachsteilchen ersetzt werden sollen, ist eine Art chemischer Akrobatik, die wohl nur in der Theorie einwandfrei funktioniert. Nicht so in der Praxis, denn die Versuche verantwortungsbewußter Pflegemittelhersteller haben gezeigt, daß nach zwei Jahren der Lack nie mit Shampoo gewaschener Wagen wesentlich besser ist als jener, der ständig fleißig mit Shampoo gepflegt wurde.
Deshalb: Auto-Shampoo nur gelegentlich verwenden, wenn der Lack etwa von Dieselqualm, Ruß oder anderer Schmiere wasserunlöslich verschmutzt ist. Vorher wird der grobe Schmutz vom Wagen abgewaschen – also noch

ohne Shampoo –, danach kommt als zweiter Gang die „Feinwäsche“ mit Shampoo, das hinwiederum mit einer tüchtigen Wasserflut abgeschwemmt werden muß, damit alle fettlösenden Stoffe und Emulgatoren aus den Lackporen gewaschen werden (aus diesem Grund ist also Shampoo schon nichts für die wassersparende Eimerwäsche) und schließlich soll nach dem Trokkenledern dieser mit einem Hartwachs oder Lack-Konservierer behandelt werden, wenn die „Tropfenprobe“ auf dem trockenen Lack nicht durch scharfe Tropfenränder beweist, daß eine wasserabstoßende Schutzschicht bereits auf dem Lack durch die „rückfettende“ Wirkung sitzt.

**Fingerzeig:** *Verwenden Sie auf keinen Fall ein Spül- oder Reinigungsmittel aus dem Haushalt, selbst wenn auf dem Etikett etwas von Wagenwaschen erwähnt ist. Der poröse Autolack würde von einem derartigen Mittel angegriffen; die Oberflächen von Kacheln, Glas und Porzellan sind wesentlich härter.*

**Waschkonservierer**

Bei manchen Fabrikaten ist das Autoshampoo mit einem Waschkonservierer kombiniert, es wird also in einem Vorgang der Lack gesäubert und mit einer dünnen Wachsschicht versehen. Gewöhnlich wird ein Waschkonservierer erst dann angewendet, wenn der Wagen ganz normal mit klarem Wasser gewaschen wurde.
Auf einem kleinen Eimer Wasser gibt man zumeist einen Meßbecher Waschkonservierer und überwäscht den Wagen noch einmal mit dem Schwamm – er wird „abgeschwammt“, sagt der Wagenpfleger. Danach wird der Wagen, je nach der Gebrauchsanweisung des einzelnen Präparates, im nassen Zustand abgeledert (z. B. bei „alwi“-Waschkonservierer) oder man läßt ihn von der Luft trocknen (z. B. bei Polifac). Zuletzt mit Poliertuch oder Polierwatte nachreiben. Es bleibt eine feine Wachsschutzschicht auf dem Lack zurück. Diese Waschkonservierung ist bei gesundem Lack angebracht. Wird sie zu oft, etwa bei jeder Wagenwäsche, ohne andere Lackpflege wiederholt, zeigt sich der Lack nach unseren Erfahrungen nach einiger Zeit milchig-trübe. Dann ist die Wachsschicht mit der Zeit zusammen mit feinstem Staub „zu dick“ geworden. Das schadet dem Lack darunter an sich nichts, aber die Schicht sollte zwischendurch mit einem milden Lackreiniger wieder heruntergeputzt werden.

**Spezial-Waschmittel**

Bei angetrockneten Insektenleichen nach einer langen Fahrt im Sommer, bei hartnäckigem Schmutz oder Flugrost ist ein herkömmliches Autoshampoo überfordert. Für diese Fälle gibt es säurehaltige Spezial-Waschmittel von Bostik („Bostik wie neu“) und von Loba-Chemie („abomar“, Vertrieb Firma Artweger, 8415 Nittenau). Diese Mittel sollte man nur anwenden, wenn man sehr viel fließendes Wasser – also einen Schlauch – zur Verfügung hat. Mit Eimern kann man so viel Wasser gar nicht heranschleppen, wie zum Abschwemmen der Waschmittel benötigt wird, die etwa 10 Minuten einwirken müssen.
Selbstverständlich gilt hier ganz besonders: Auto-Kosmetik ohne Sonne! Es kann verheerende Lackverfleckungen geben, wenn das Karosserieblech nicht kühl bleibt. Praktisch sind das also Lackreinigungsmittel, die nur an regentrüben Tagen und nur bei wirklich hartnäckiger Lackverschmutzung angewendet werden sollten. Dann sind sie allerdings überraschend wirkungsvoll. Man nimmt zum Auftragen dieser Mittel am besten eine breite, weiche Bürste. Zum Schluß darf nicht versäumt werden, den sorgfältig abgelederten Lack mit einem Konservierungsmittel zu pflegen.

**Lack-Konservierer**

Durch ein Konservierungsmittel wird auf den Lack eine schützende Wachsschicht aufgetragen, die die Lackporen verschließt. Bei neuem oder gut erhaltenem Lack wendet man ein derartiges Pflegemittel an, das zumeist unter der Bezeichnung „Hartglanz", „Autowachs" oder „Sprühwachs" angeboten wird. Auch manche „Auto-Polish", die dem Namen nach eigentlich zu den polierenden Lackpflegemitteln gehören, sind in Wirklichkeit Lackkonservierer.
Es gibt die Lackkonservierer als Paste oder Flüssigkeit, die glasig-trübe aussehen muß als Beweis, daß sie keine Schleifmittel enthält, die für neuen Lack bereits zu scharf sind. Nach dem Auftragen je nach Gebrauchsanweisung wird die Wachsschicht blankgerieben – wir sagen bewußt nicht „poliert", denn das ist etwas anderes und eine Stufe weiter. Beim Blankreiben darf die Watte nichts von der Lackfarbe annehmen, sonst ist es kein echtes Konservierungsmittel, sondern es enthält schleifende oder lacklösende Bestandteile, die in einen Lackkonservierer nicht hineingehören.
Die meisten Konservierer sind auf Wachsbasis aufgebaut. Bei guten Konservierungsmitteln ist den synthetischen Wachsen in mehr oder weniger großen Anteilen Naturwachs beigemischt. Das beste und härteste Naturwachs ist das von der südamerikanischen Carnauba-Palme. Der Zusatz ist meist auf der Packung vermerkt.
Manche Konservierungsmittel sind mit Silikonteilchen durchmischt. Silikon verstärkt zwar die Konservierungswirkung, aber auf der Windschutzscheibe, wo es vom Blech her unvermeidbar hingerät, führt es zu sichtstörender Schlierenbildung. Außerdem muß ein mit Silikon gepflegter Lack erst umständlich vorbehandelt und geschliffen werden, wenn der Lack ausgebessert werden soll. Auf Silikon bildet der aufgesprühte Lack nämlich „Fischaugen" oder „Krater" durch chemische Zersetzung.
Eine Konservierung bleibt im Durchschnitt drei bis vier Monate wirksam.

**Fingerzeig:** *Einen speziellen Lackkonservierer gibt es von der Firma Topper, München, unter der Bezeichnung „PVC 101 Lackversiegelung". Nach einer gründlichen Autowäsche bildet er, auf feuchten oder trockenen Lack aufgebracht und sorgfältig blankgerieben, einen hauchdünnen Plastiküberzug, der ein halbes Jahr wirkungsvoll bleiben soll. Dieses Spezial-Konservierungsmittel bietet vor allem Schutz vor den Bürsten der Autowaschstraßen und den vielfach dort verwendeten aggressiven Waschmitteln.*

**Lackpolitur**

Solche Mittel sind erst angebracht, wenn der Lack altert und stumpf zu werden beginnt. Die milderen „Auto-Polish", „Spezial-Politur" oder „Wax-Politur" lösen den Schmutz im Lack auf und schleifen die Oberfläche leicht an. Die Polierwatte darf sich dabei etwas in der Wagenfarbe färben. Am milchigsahnigen Aussehen der Flüssigkeit sind die Schleifmittelanteile zu erkennen.
Bei einer intensiv schleifenden Lackpolitur nimmt die Watte kräftig Farbe an. Man sollte deshalb nur bei verwitterten Lacken zur Politur greifen. Wer den Lack regelmäßig konserviert hat, wird ein derartiges Mittel erst nach drei bis vier Jahren anwenden müssen. Der Kunstharzlack hält eine solche Behandlung auch nur wenige Male aus, besonders an Ecken und Kanten schaut die Grundierung bald heraus, wenn man zu hart poliert.

**Lackreiniger**

Eine Sonderstellung nehmen die Lackreiniger ein. Sie dienen vor allem zur Vorbehandlung und Aufarbeitung sehr stumpfer und stark angegriffener Lacke, also ähnlich wie die scharfen Lackpolituren. Im Gegensatz dazu haben jedoch die Lackreiniger auch stark lösende Zusätze, die die oberste „tote"

Bei den zahlreichen Lackpflegemitteln laufen die Bezeichnungen oft verwirrend durcheinander. Ihre schwersten Geschütze, die Poliermittel mit schleifender Wirkung, sollen nur sehr selten angewandt werden. Ob ein Lackpflegemittel den Lack schleifend angreift, läßt sich auf dem polierenden Wattebausch erkennen. Wenn der Lack auf ihm stark „abfärbt", handelt es sich um eine Polierpaste. Bei geringer Abfärbung ist es zumindestens eine intensiv wirkende Autopolitur oder ein Lackreiniger.

Lackschicht anlösen, so daß diese mit der Polierwatte leicht beseitigt werden kann. Wir haben recht gute Erfahrungen z. B. mit „1 z Extra" (gelbe Flasche) und „Pingo Rapid Extra" gemacht.
Meistens muß ein mit Lackreiniger aufgearbeiteter Lack anschließend konserviert werden (Gebrauchsanweisung beachten!).

**Schleifpolierpaste**

Schleifpolierpaste, die fast schon so grob wie Handwaschpaste aussieht und von den meisten Lackpflegeherstellern gar nicht für Selbstpfleger angeboten wird, sollte nur zum Auspolieren von Schrammen und nach einer Streifberührung mit einem fremden Fahrzeug zum Wegpolieren des fremden Lackes benutzt werden. Die verwendete Watte färbt sich sehr schnell in der Wagenfarbe, woran man die scharfe Wirkung deutlich sehen kann. Man sollte sich in keinem Fall dazu verleiten lassen, schon bei geringeren Anlässen zu solch brutalen Mitteln zu greifen.

Insektenleichen auf der Vorderfront des VW können den Lack verätzen, man sollte sie deshalb möglichst schnell beseitigen. Das geht entweder mit einem speziellen Insektenentferner oder mit einem dicken Packen möglichst nassen Zeitungspapiers, das man über Nacht auf die Wagenfront legt. Keinesfalls mit Lackreiniger arbeiten, davon gehen zwar die Insektenleichen weg, der Lack aber auch.

Eine solche Lackaufarbeitung wendet man vor allem an, wenn das Fahrzeug verkauft werden soll. Dann lohnt sich auch die mehrstündige Handarbeit, die damit verbunden ist, denn um eine nachhaltige Wirkung zu erreichen, muß, je nach Gebrauchsanweisung, die ganze Prozedur in mehreren Arbeitsgängen vorgenommen werden.

**Vorsicht mit der Poliermaschine**

Vielleicht besitzen Sie in Ihrer Hobbywerkstatt eine der Allround-Bohrmaschinen. Verschonen Sie damit Ihren VW, und wenn die Lammfellscheibe noch so weich ist, die Sie da aufstecken können. Was Sie nämlich pfeiferauchend polieren, entpuppt sich anschließend als übel zugerichtete und womöglich zerkratzte Fläche, der die Bezeichnung „Lack" nur noch mit Einschränkungen zukommt. Außerdem schleudert die rotierende Polierscheibe das teure Politurmittel durch die Gegend und spritzt die Garagenwand voll.
Diese Universalmaschinen drehen so schnell, daß zwischen der Polierscheibe und dem Lack eine hohe Reibungswärme entsteht, die das Poliermittel zersetzen oder gar festbrennen lassen kann. Kratzer sind dann unvermeidlich. Umgeht man die Reibungswärme, indem man weniger drückt, gelangt das Poliermittel nicht in die Lackporen. Auch der „Langsam-Gang" einer solchen Maschine kann Sand und Staub, der zwischen Scheibe und Lack gerät, zu kreisförmigen Schrammen zwingen, ehe Sie es richtig merken. Selbst versierte Tankwarte und Wagenpfleger strengen sich deshalb lieber mit der Hand an.

## Pflege von neuem Lack

Die Autolacke sind gegenüber früher bedeutend widerstandsfähiger. Trotzdem ist es nicht zu raten, schon bei neuem Lack mit allerlei Pflegemittelchen herumzufummeln. Erst wenn die „Tropfenprobe" zeigt, daß die Konservierung nicht mehr ausreicht, soll der Lack eine Schutzschicht erhalten. Ist aber auf neuen Lack fettiger Schmutz geraten, der sich mit klarem Wasser nicht entfernen läßt, verträgt auch der Lack des neuen Wagens die Behandlung mit einem milden Pflegemittel. Er ist ja durch Transportkonservierung und Entkonservierung auf dem Weg vom Werk bis zum Besitzer schon allerhand Plagen gewohnt.
Echte Vorsicht ist aber bei Nach- oder Neulackierungen geboten, denn in den Autolackierereien wird entweder lufttrocknender Lack oder solcher mit geringerer „Einbrenntemperatur" verwendet, der nicht so robust sein kann, wie der mit höherer Temperatur „eingebrannte" Lack der Autofabrik. Hier darf man in den ersten Wochen tatsächlich nur mit klarem Wasser waschen.

# Blechmoden

Der VW 411/412 besitzt nicht mehr das vom Käfer und VW 1600 her bekannte Plattformchassis, auf das der Aufbau aufgeschraubt wird, sondern eine selbsttragende Karosserie. Alle Teile der Rohkarosserie (ohne Kotflügel, Hauben und Türen) sind verschweißt und haben eine tragende Funktion inne. Die Räder mit den Achsen werden beim Zusammenbau praktisch nur „angehängt". Mit dieser Bauweise lassen sich die Forderungen der Unfallsicherheit in Form von Knautschzonen leichter erfüllen. Außerdem sind derartige Aufbauten billiger herzustellen als in der althergebrachten Rahmenbauart, die außer bei den obengenannten VW-Modellen nur noch bei Lastwagen Anwendung findet.
Trotz selbsttragender Bauweise sind beim VW Typ 4 alle Kotflügel angeschraubt, was bei einer eventuellen „Feindberührung" einen erheblichen Einfluß auf die Reparaturkosten hat. Darin unterscheidet er sich von der Vielzahl der wohlgeformten Blechhüllen, deren Kotflügel nur mit Hilfe eines Schweißgerätes wieder (teuer) in Form gebracht werden können.
Bei schweren Blechschäden haben aber meist auch die benachbarten Teile der Karosserie etwas abbekommen – wie etwa die Türholmen oder das Abschlußblech vorn oder hinten. Dann sind hausbackene Blechklempnereien fehl am Platze; in diesem Fall muß die Werkstatt mit Spezialwerkzeugen und Meßgeräten helfen.

## Klappergeräusche

Es braucht jedoch nicht gleich „gekracht" zu haben. Klappergeräusche sind eine üble Blechmusik, und wenn man nicht weiß, was da klappert, wird man leicht nervös. Haubendeckel und Türen können klappern, aber auch ein Bund Schlüssel im Handschuhkasten und – sogar bei nagelneuen Autos – eine bei der Montage hinter die Verkleidung gerutschte Schraube.
Sehr oft klappern locker hängende Kabel ans Blech. Deshalb zuerst einmal alle lockeren Kabel in der Geräuschgegend wieder in die Kabelschellen drücken oder mit Klebeband befestigen. Rasselt irgendwo etwas herum, ist es vermutlich eine Schraube oder Mutter. Wenn man sie nicht findet, soll man einmal nachprüfen, wo eine solche Befestigung fehlt: In der Nähe wird sich auch der Klopfgeist aufhalten.
Oft ist die Suche nach dem Störenfried ein Geduldsspiel. Denn durch die Geräuschübertragung in der Karosserie, die an machen Stellen wie Resonanzboden wirkt, kann der Klopfgeist ganz woanders sitzen, als wo man ihn sucht. Wer über genügend starke Nerven verfügt, läßt es klappern!
Vorbeugend gegen Quietschgeräusche (oder versuchsweise) hilft es, alle in der Störgegend erreichbaren gegeneinander scheuernden Teile mit Glyzerin einzureiben oder zu beträufeln. Öl ist in diesem Falle nicht immer ratsam, denn sehr oft sind Gummi- oder Kunststoffzwischenlagen an der Quietscherei mitbeteiligt, denen Öltropfen nicht gut bekommen würde.

Gegen Klappergeräusche hilft natürlich auch das Nachziehen aller Schrauben und Muttern zur Befestigung der verschiedenen Teile an der Karosserie. Bei Wartungsarbeiten, die man an diesem oder jenem Teil des Wagens vornimmt, sollte man den entsprechenden Schraubenschlüssel auf die umliegenden Schrauben und Muttern ansetzen und mit kurzem Zug prüfen, ob sie sich gelockert haben. Hüten Sie sich dabei jedoch, alle Schrauben nun mit größter Gewalt anziehen zu wollen. Für viele von ihnen sind bestimmte Zugspannungen zum Festdrehen vorgeschrieben, die man nur mit einem Drehmoment-Schraubenschlüssel genau befolgen kann.

**Fingerzeige:** *Bevor Sie für die nachfolgend beschriebenen Montagearbeiten zum Schraubenschlüssel greifen, sollten Sie die zu lösenden Schrauben mit einem Rostlösemittel (wie auf Seite 23 beschrieben) behandeln. Damit erleichtern Sie sich nicht nur die Arbeit, sondern die Gefahr, daß Schrauben abbrechen, wird verringert.*
*Mit einiger Geschicklichkeit kann man Stoßstangen und Kotflügel alleine ab- und anschrauben. Dagegen sind beim Aus- und Einbau der Hauben und Türen unbedingt zwei Mann erforderlich, da man diese großen und schweren Teile nicht selbst halten und gleichzeitig schrauben kann.*

## Stoßstangen auswechseln

Bevor die vordere Stoßstange ausgebaut wird, müssen die Kabel vom Signalhorn abgezogen werden (beim Einbau das Aufstecken der Kabel nicht vergessen). Zuerst löst man unter dem Wagen jeweils die drei Befestigungsschrauben SW 13 der Stoßstangenträger; seit August 1972 sind die hinteren Träger nur noch mit zwei Schrauben befestigt. Dann die Stoßstange herausziehen und die Träger abschrauben (je 3 Sechskantschrauben SW 13). Die Profilgummileiste bei L-Ausstattung ist mit 5 Kreuzschlitzschrauben befestigt. Beim Einbau Schloß- und Halteschrauben leicht einölen, Unterlegscheiben nicht vergessen. Der Vierkant am Kopf der Schloßschraube darf nicht beschädigt sein, sonst dreht sich die Schraube in den entsprechenden Löchern der Stoßstange. Achten Sie auf gleichmäßigen Abstand zwischen Stoßstange und Kotflügel, bevor Sie die Befestigungsschrauben der Stoßstangenträger festziehen.

Die Stoßstangen sind mit je 3 Schloßschrauben an den Haltern angeschraubt. Am linken vorderen Stoßstangenhalter ist zusätzlich noch das Signalhorn angeschraubt. Bevor die Stoßstangenhalter von der Stoßstange losgeschraubt werden können, müssen die Halter von der Karosserie gelöst werden.

Die Gummileiste der Stoßstange (nur L-Ausstattung) ist mit 5 Kreuzschlitzschrauben an die Stoßstange angeschraubt. Bei neueren Modellen besitzt die Gummileiste Halteschrauben SW 10.

Die hinteren Stoßstangen stammen seit August 1970 vom VW 1600. Werden bei älteren Modellen die bisherigen Halter weiterverwendet, so müssen sie beide so weit gebogen werden, daß sie in montiertem Zustand parallel zueinander stehen.

## Vorderen Kotflügel ersetzen

Wenn das vordere Abschlußblech oder das Seitenteil nicht beschädigt sind (sonst sind Schweißarbeiten erforderlich), kann auch ein Heimwerker einen Kotflügel ersetzen. Zur Arbeitserleichterung wird zuerst das betreffende Rad abgenommen. Dann die Zierleiste unter der Tür abhebeln (siehe Bild unten) und Stoßstange abschrauben. Das Kabel für die Blinkleuchte zieht man aus dem Steckverbinder im Kofferraum und durch die Gummitülle im Seitenteil. Sollen Glas und Gehäuse am neuen Kotflügel wieder verwendet werden, schraubt man sie am leichtesten am demontierten Kotflügel ab. Bei Fahrzeugen mit L-Ausstattung Parkleuchte, sowie unbeschädigte Ziereinfassung des Rad-

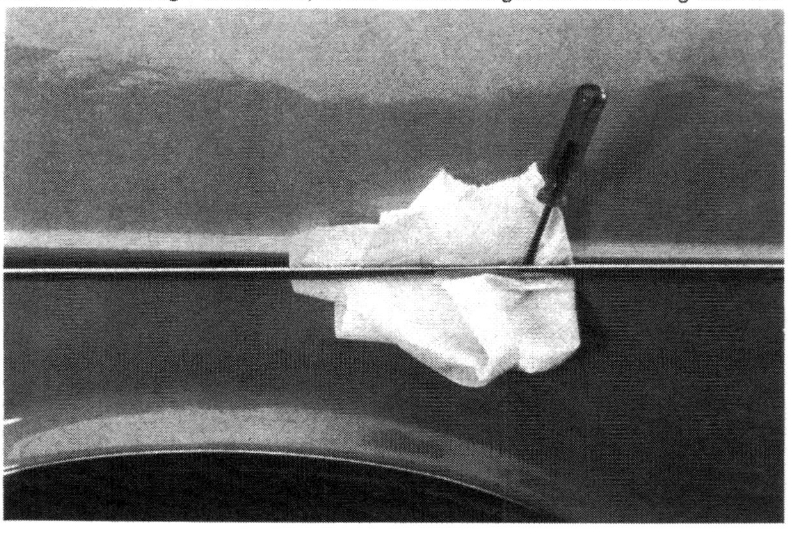

Beim Abhebeln der Zierleisten schützt man den Lack durch einen Lappen vor Beschädigungen. Beim Einbau wird die Leiste mit den daran befestigten Kunststoffstiften mit dem Handballen in die entsprechenden Bohrungen im Karosserieblech gedrückt.

Die Zierleisten an den Radausschnitten werden von kleinen Blechklammern (Pfeil) gehalten. Zum Ausbau der Zierleiste muß man diese Klammern mit einer Zange abziehen; beim Wiedereinbau benötigt man neue Klammern.

ausschnittes abmontieren und seitliche Zierleisten abhebeln. Bei Ersatz des rechten Kotflügels muß der Spannring an der Gummimanschette des Einfüllstutzens entfernt und die Manschette durch den Kotflügelausschnitt gedrückt werden. Außerdem ist das Schloß für die Tankeinfüllklappe auszubauen (siehe Seite 217). Vor dem Abschrauben der insgesamt 13 Schrauben SW 10 wird der PVC-Unterbodenschutz zwischen Kotflügel und Scharniersäule mit einem kräftigen Messer durchtrennt.

Zuerst die 4 Sechskantschrauben mit Unterlegscheiben an der Scharniersäule lösen (bei geöffneter Tür sichtbar) und die am Unterholm liegende. Dann sind 8 Sechskant-Blechschrauben zu lösen, die mit Unterleg- und Gummischeiben versehen sind, und zwar eine im Bereich der vorderen Stoßstangenbefestigung und die 7 seitlichen im vorderen Kofferraum. Kotflügel nun etwa 20 mm nach vorn drücken und aus den Haltewinkeln abnehmen.

Vor dem Einbau das alte Dichtungsmaterial an der Scharniersäule entfernen und neues VW-Dichtungsband D 19 aufdrücken. Die Schrauben und Schnappmuttern müssen wie die Dichtungsfalze (Keder) zwischen Seitenteil und Kotflügel in einwandfreiem Zustand sein. Nachdem alle Schrauben festgezogen sind, werden die Keder mit Klammern mit Hilfe eines Holz- oder Plastikkeiles vorsichtig eingeschlagen. Die Montagespalte zwischen Seitenteil und Kotflügel dichtet man anschließend mit Unterbodenschutz ab.

Beim VW 412 sind die vorderen Kotflügel mit 12 Schrauben und einem Haltewinkel befestigt.

## Hinteren Kotflügel ersetzen

Betreffendes Rad abnehmen, Stoßstange, Rückleuchte und Umrandung des Radausschnittes abmontieren. Bei zweitürigen Modellen muß die seitliche Zierleiste abgehebelt werden, bei Viertürern nur, wenn sie am neuen Kotflügel wieder verwendet werden soll. Vom Innenraum her wird die Kofferraum- und Dachverkleidung etwas gelöst, beim viertürigen Modell müssen die Rücksitzbank und -lehne ausgebaut, sowie die Seitenverkleidung abgezogen werden. Von der Kotflügel-Innenseite aus löst man am Radausschnitt am Ansatz zwischen Seitenteil bzw. Tür 1 bzw. 2 Kreuzschlitzschrauben. Die Sechskant-Blechschrauben SW 10 werden nun in dieser Reihenfolge abgeschraubt: 3 im Bereich der Stoßstangenbefestigung, 2 – bzw. 3 bei Viertürern

– vom Innenraum und 4 vom Motorraum her. Jetzt kann der Kotflügel etwas nach vorne geschoben und dann zusammen mit dem Keder nach oben gedrückt und von den Haltewinkeln abgenommen werden. Der Einbau erfolgt umgekehrt, anschließend wird der Keder eingeschlagen und die Dach-, Kofferraum- und Seitenverkleidung wieder angeklebt.

## Hinteren Kotflügel ersetzen
**Variant**

Die Vorbereitungen entsprechen denen der Limousine, im Innenraum zieht man die Dach- und Seitenverkleidung des Laderaumes etwas ab. Dann Kreuzschlitzschraube im Radausschnitt lösen und 3 Blechschrauben im Bereich der Stoßstangenbefestigung abschrauben. Der Kotflügel ist nun noch an folgenden Punkten befestigt: Eine Schraube SW 10, die durch die Öffnung für die Heckleuchte im Abschlußblech erreichbar ist, zwei Kreuzschlitzschrauben am hinteren Seitenteil (bei geöffneter Hecktür sichtbar) und 3 Schrauben SW 10 unter dem hinteren Seitenfenster, die vom Laderaum her erreichbar sind. Nachdem man den Keder herausgezogen hat, schiebt man den Kotflügel etwas nach vorn, drückt ihn dann nach oben und nimmt ihn von den Haltewinkeln ab.
Vor dem Einbau entfernt man alle Dichtungsmaterialreste und legt neues Dichtungsband D 19 doppelt auf. In die Ecken wird Dichtungsmasse D 14 aufgedrückt. Anschließend den Kotflügel einpassen und festschrauben. Die Keder mit Klammern zwischen Seitenteil und Kotflügel sowie Abschlußblech hinten und Kotflügel werden vorsichtig mit einem Holz- oder Plastikkeil eingeschlagen. Zum Schluß die Dachverkleidung wieder ankleben und die Seitenverkleidung der Ladefläche mit den Spannklammern befestigen.

## Die Kofferraumhaube

Zum Ausbau der vorderen Haube wird lediglich ein Schraubenschlüssel SW 13 benötigt. Der Kofferdeckel ist an zwei Scharnieren befestigt und wird durch einen Federstab in geöffneter Stellung gehalten. Arbeiten am Federstab sollten der Werkstatt überlassen bleiben.
Damit der Windlauf (so heißt der Blechstreifen vor der Windschutzscheibe) beim Ausbauen nicht durch die Ecken der Haube zerkratzt wird, legt man einige alte Lappen unter. Wird derselbe Kofferdeckel wieder verwendet, zeichnet man die Lage der Scharniere mit einem spitzen Nagel an der Hauben-

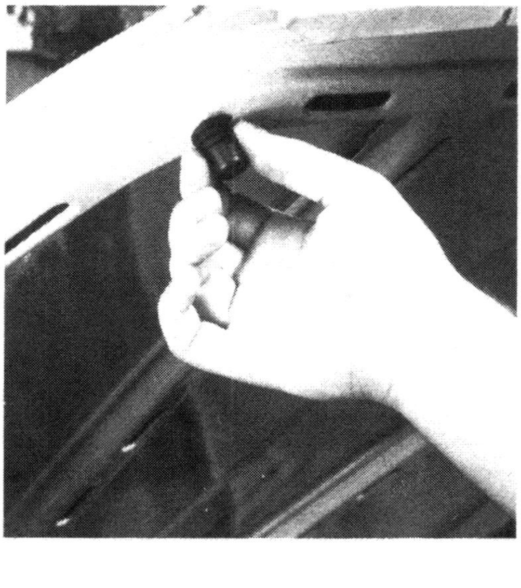

Rechts und links außen an der Kofferhaube sitzt je ein Anschlagpuffer. Wenn die Haube klappert oder sich nicht einwandfrei ins Schloß drücken läßt, müssen diese Puffer nachjustiert werden. Sitzt die Kofferhaube zu locker, dreht man die Puffer heraus; läßt sie sich nur mit festem Druck schließen, müssen die Puffer hineingedreht werden.

verstärkung an. Dann werden je 2 Sechskantschrauben SW 13 gelöst und die Haube abgenommen. Beim Einbau wird der vordere Deckel entsprechend den Markierungen festgeschraubt; er braucht nicht eingepaßt zu werden. Vorher sollte man allerdings den Sitz und Zustand der Haubendichtung kontrollieren. Ist sie rissig und ausgefranst, wird sie abgezogen und eine neue Dichtung auf den umlaufenden Steg aufgedrückt (nicht ankleben).
Wenn eine neue Haube eingebaut werden soll oder die bisherige schief sitzt, schraubt man sie an den Scharnieren lose an und verschiebt sie so lange, bis sie an allen Kanten einen gleichmäßigen Abstand aufweist. Nun zieht man die Schrauben an. Durch Hinein- oder Herausdrehen der einstellbaren Gummipuffer wird der Kofferdeckel in der Höhe nach den Kotflügeln ausgerichtet. Anschließend Funktion des Schlosses durch mehrmaliges Öffnen und Schließen prüfen, gegebenenfalls einstellen (siehe Seite 218).

## Die Motorraumhaube

Die hintere Haube wird von 2 Schraubenfedern offen gehalten. Der Aus- und Einbau des Motorraumdeckels sowie das Einpassen erfolgt wie bei der Kofferhaube beschrieben (SW 10). Das Blech unterhalb des Heckfensters wird zum Schutz vor Kratzern mit einem weichen Tuch abgedeckt.

### Tankeinfüllklappe

Wenn die Tankklappe ausgebaut werden soll, brauchen von der Kotflügelinnenseite lediglich 2 Sechskantschrauben SW 8 gelöst zu werden. Die Klappe kann nur komplett mit ihrem Halter und der Feder ersetzt werden.
Der Betätigungszug für die Benzineinfüllklappe wird als Ersatzteil nur zusammen mit dem Schloß geliefert.
Zum Ausbau schraubt man zuerst den Zugknopf rechts unten am Armaturenbrett ab. Dann die seitliche Teppichverkleidung oben etwas abziehen. Dahinter sehen Sie an das Abdeckblech für die Warmluftführung ein Halteblech angeschweißt, das mit einer kleinen Klemme den Bowdenzug für die Tankklappe hält. Diese Klemme aufbiegen und vom Halteblech abziehen. Im Kofferraum vorn rechts 2 Kreuzschlitzschrauben lösen. Bei geöffneter Tankklappe sind links zwei Kreuzschlitzschrauben mit Federscheiben am Schloß loszuschrauben. Schloß und Betätigungszug lassen sich nach unten aus dem Kotflügel herausnehmen. Einbau sinngemäß umgekehrt.

Soll der Betätigungszug für die Tankklappe ersetzt werden, sind im Kofferraum vorn rechts 2 Kreuzschlitzschrauben zu lösen, außerdem müssen bei geöffneter Tankklappe die beiden Schrauben (schwarze Pfeile) losgeschraubt werden. Was beim Ausbau sonst noch zu beachten ist, steht im Text oben.

## Hecktür Variant

Der Einbau einer neuen Heckklappe ist für den Heimwerker nicht empfehlenswert, da sie durch ihr Gewicht erhebliche Schwierigkeiten beim Einpassen machen kann, außerdem muß die Heckscheibe eingebaut werden. Arbeiten an der Haltefeder (Drehstab) sind ohnehin Werkstattsache.

Wird die gleiche Tür wieder verwendet, zeichnet man mit einem spitzen Nagel die Lage der Scharniere an. Kabel der Kennzeichenleuchte und der heizbaren Heckscheibe trennen (vorher Batterie abklemmen), die insgesamt 4 Inbusschrauben SW 6 lösen und Hecktür abnehmen. Nach dem Einbau werden die Kabel mit Steckverbindern verbunden.

Eine rissige Heckklappendichtung muß ersetzt werden, sonst kann Staub und Feuchtigkeit in den Innenraum eindringen. Alte Dichtung abreißen, Reste des Klebers mit Waschbenzin entfernen. Die neue Dichtung und der Hecktürausschnitt werden auf ihren Auflageflächen mit Profilgummikleber (von VW oder Teroson) eingestrichen und etwas trocknen gelassen. Nach entsprechender Zeit Klebefläche der Gummidichtung flüchtig mit Benzinlappen überwischen und sofort andrücken. Die beiden Enden der Gummidichtung mit Kleber bestreichen und ebenfalls zusammendrücken.

## Haubenschloß vorn

Das Oberteil des Schlosses besteht aus dem Träger mit Zapfen und Fanghaken und ist an der Kofferhaube mit 2 Schrauben SW 10 befestigt. Wenn die Haube nicht einwandfrei schließt, kann der Sitz des Oberteils bei gelockerten Schrauben durch Verschieben berichtigt werden. Der Schloßzapfen ist in seiner Lage verstellbar. Dazu Kontermutter SW 13 über der Feder gegenhalten und Zapfen mit einem starken Schraubenzieher nachstellen. Anschließend prüft man durch mehrmaliges Öffnen und Schließen der Haube, ob das Schloß richtig angeschraubt wurde und ob die Länge des Schloßzapfens stimmt.

## Haubenschloß hinten

Das Oberteil des Motorhaubenschlosses wird von 2 Sechskantschrauben SW 10 gehalten. Falls die hintere Haube ungenau schließt, läßt sich die Lage des Schlosses nach Lösen der beiden Schrauben durch Verschieben in den quadratischen Durchbrüchen berichtigen. Der Deckelschloß-Zapfen kann in der Höhe nicht verstellt werden. Ist er zu kurz oder zu lang, werden Unterlegplatten eingeschoben bzw. herausgenommen. Zeichnen Sie aber vorher

Der Schloßträger des vorderen Haubenschlosses wird von 2 Schrauben SW 10 gehalten (im Bild ist die eine davon losgeschraubt). Durch Verschieben des Schloßträgers kann man einwandfreies Schließen der Haube erreichen. Eine weitere Einstellmöglichkeit besteht darin, daß man den Schloßzapfen, wie im Bild gezeigt, herein- oder herausdreht.

die Lage des Schloßoberteils an, da Sie sonst dessen Sitz nochmals einstellen müssen.

## Schloß der Hecktür

Schließt die Hecktür zu stramm und ist der Druckknopf schwergängig, liegt dies an einer zu weit nach links unten geneigten Schließplatte (bei Draufsicht). Eine zu stark nach links oben geneigte Schließplatte erkennt man daran, daß sich der Druckknopf zu leicht drücken läßt. Bei zu weit nach links eingestellter Schließplatte läßt sich die Hecktür nur schwer oder gar nicht abschließen. Zum Einstellen beide Kreuzschlitzschrauben etwas lösen und Schließplatte entsprechend verschieben.

## Türen aus- und einbauen

Wenn die gleiche Tür wieder eingebaut werden soll, erleichtert man sich die Arbeit, wenn vorher die Lage der Scharniere an der Scharniersäule mit einer Reißnadel oder einer scharfen Schraubenzieherkante angezeichnet wird. Beide Sechskantschrauben für den Türfeststeller mit einem Steckschlüssel SW 10 abschrauben. Die Kreuzschlitzschrauben des oberen und unteren Scharniers sollten mit einem Schlagschrauber gelöst werden, besonders wenn der Wagen schon älteren Datums ist. Mit einem normalen Kreuzschlitzschraubenzieher lassen sich eingerostete Schrauben meist nicht lösen, man ruiniert nur die Kreuzschlitze. Beim Herausschrauben die Tür festhalten.
Die Scharniere der hinteren Tür sind mit 4 Kreuzschlitz- bzw. 4 Inbusschrauben SW 6 an der Mittelsäule befestigt, die bei geöffneter Vordertür zugänglich sind. Zuvor muß aber am Türfeststeller der Sicherungsring unten vom Lagerbolzen entfernt und der Bolzen herausgedrückt werden.
Beim Einbau die Tür so einpassen, daß der Abstand zum Türausschnitt überall gleich ist und die Blechsicke bzw. die Chromleiste in gleicher Höhe mit den Kotflügeln liegt. Die Türscharniere sind an bewegliche Gewindeplatten angeschraubt, damit die Tür einwandfrei eingepaßt werden kann. Dazu am besten die Schließplatte (siehe Bild unten) ausbauen. Die Tür muß ringsum gleichmäßig mit der Dichtung an den Türausschnitt andrücken. Eine beschädigte Türdichtung erneuern und mit Profilgummikleber (VW D 12) ankleben. Zum Schluß Schließplatte einstellen (siehe unten) und Scharniere ölen (auf Seite 44 beschrieben).

Mit einem Kreuzschlitzschraubenzieher sind die Schrauben der Schließplatte etwas zu lockern, wenn diese Schließplatte verstellt werden soll, um Klappergeräusche der Tür zu beseitigen.
Allerdings kann das Türklappern auch an einem ausgeschlagenen Türschließkeil — das ist das Gummidreieck am oberen Ende der Schließplatte — liegen. Dieser Gummikeil läßt sich leicht selbst austauschen.

**Türen einstellen**

Liegt eine Tür nach dem Einbau nicht flächenglatt zum Kotflügel, zur unteren oder oberen Türleiste, dann müssen die Scharnierschrauben noch einmal etwas gelockert und in ihren Bohrungen so weit verschoben werden, bis die geschlossene Tür flächenglatt anliegt. Dieses Heimwerker-Justieren wird allerdings nicht ausreichen, wenn beispielsweise die Tür beim Öffnen auf den Bürgersteig gerammt wurde, sich durch Anprall verschoben hat und nun etwas verkantet im Türausschnitt sitzt. Da sind die speziellen Richtwerkzeuge der erfahrenen Werkstatt notwendig, und anschließend muß die Türschloßeinstellung überprüft werden.

**Türschloß einstellen**

Sind trotz glattflächigem Sitz der Tür zur Außenfront Klappergeräusche zu hören oder schließt das Schloß nicht einwandfrei, kann man sich selbst helfen. Sie benötigen einen kräftigen Kreuzschlitzschraubenzieher, mit dem die vier Schrauben der Schließplatte etwas gelockert werden. Auf dem Karosseriepfosten wird die Schließplatte so verschoben, daß das Türschloß „satt" einrastet. Schließt die Tür nur bei starkem Druck von außen, muß die Schließplatte etwas nach außen hin verschoben werden.

**Fingerzeig:** *Im Winter sollen die Türdichtleisten und die Gelenke der vorderen Ausstellfenster öfter mit Glyzerin sparsam eingerieben werden. Das verhindert Festfrieren bei scharfem Frost. Im Sommer hält Talkum die Gummidichtteile geschmeidig. Brüchige Gummidichtungen austauschen.*

**Türverkleidung ausbauen**

Zuerst wird die Abdeckung der Fensterkurbel abgedrückt, die darunter liegende Kreuzschlitzschraube gelöst und die Kurbel abgenommen. Aus der Griffschale des inneren Türgriffes den Kunststoffeinsatz herausheben bzw. Türinnengriff ziehen und Kreuzschlitzschraube der Griffschale lösen und Griffschale abnehmen. Nun können die Halteklammern der Türverkleidung mit einem lappenumwickelten Schraubenzieher aus den Bohrungen in der Tür herausgehebelt werden. Die Verkleidung ist nun noch mit einer Blechlasche an der Tür eingehängt. Verkleidung etwas abziehen und nach oben aushängen. Beim Einbau wird die Türverkleidung zuerst etwas durchgebogen und die Lasche in den Ausschnitt der Tür eingehängt.

Soll die Innenverkleidung der Tür abgenommen werden, zuerst an der Fensterkurbel die Gummiabdeckung mit feinem Schraubenzieher abhebeln. Unter der Abdeckung der Fensterkurbel wird in der Kurbelwelle eine Kreuzschlitzschraube sichtbar, die herausgedreht werden muß.

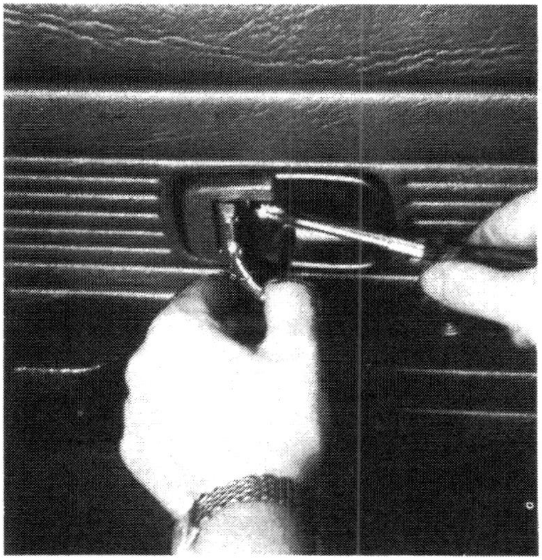

Die Schale des Türgriffes wird von einer Kreuzschlitzschraube gehalten. Um an sie heranzukommen, muß bei älteren Modellen erst ein Kunststoffeinsatz mit einem feinen Schraubenzieher herausgehebelt werden. Bei neueren Wagen wird diese Schraube nach Herausziehen des Türgriffes sichtbar.

Bei neueren Modellen fällt die Laschenbefestigung weg. Hier muß die Armlehne abgeschraubt werden (3 Kreuzschlitzschrauben) und vor dem Ablagekasten eine Kreuzschlitzschraube (unter einer Plastikabdeckung) gelöst werden.

Defekte Dichtungshütchen für die Halteklammern sollen ersetzt werden. Wenn man sie vor dem Einbau innen mit Glyzerin bestreicht, lassen sich die Halteklammern der Türverkleidung leichter eindrücken.

Unter der Innenverkleidung ist über den Türkästen eine Folie mit dauerplastischem Klebstoff geklebt. Diese Folie darf nach der Arbeit an der Tür nicht vergessen werden, denn sie schützt die Papprückseite der Türverkleidung gegen das unvermeidbar durch den Fensterschlitz eindringende Wasser. Zerreißt die Folie, kann sie durch eine in der Größe passende Haushaltfolie ohne weiteres ersetzt werden.

Die Fensterkurbel (die auf ihrer Verzahnung beliebig aufgesteckt werden kann) soll bei geschlossenem Fenster schräg nach oben zeigen.

Wenn die hintere Seitenverkleidung des Zweitürers bzw. des Variant ausgebaut werden soll, ist zuerst der Rücksitz mit Lehne auszubauen (siehe Seite 226). Die Verkleidung ist ebenfalls mit Halteklammern befestigt. Zusätzlich ist der Kunstlederbezug der Verkleidung hinten mit dem Seitenteil und vorn unter dem Keder am Türausschnitt verklebt. Diese Klebestellen sollen Zugluft verhindern.

## Fenster austauschen

Abgesehen vom Austausch der Türfenster, der nach Ausbau der Türverkleidung möglich ist, möchten wir vor dem Einsetzen neuer Scheiben, also Windschutzscheibe und Rückscheibe, warnen. Erstens brechen bei ungeschickter Handhabung die Scheiben leicht. Dann hat man nur noch höhere Kosten, denn die Scheiben sind teurer als die Einbauarbeit. Wenn dagegen dem Mann in der Werkstatt beim Einsetzen eine Windschutzscheibe bricht, war es seine Schuld. Zweitens muß beim Einbau jeder Scheibe mit einer besonderen Druckpresse Dichtungsmasse zwischen die Gummifassung der Scheibe und den Karosserierand gedrückt werden. Da diese Dichtungsmasse nicht eintrocknet, kann man sich erheblich das Wageninnere verschmieren.

Der Ausbau einer Türfensterscheibe mit Hebeschiene geschieht folgender-

Beim Frühjahrsputz sollte man auch im Türinnern nach dem Rechten sehen, es kommt hier leicht zu Rostansatz. Wie die Verkleidung abgebaut wird, ist auf den Vorseiten beschrieben. Die beiden schwarzen Pfeile zeigen auf die Durchbrüche, durch welche die Fensterhebeschiene an die Scheibe angeschraubt wird. Auf das Führungsrohr des Seilzugs für den Fensterheber zeigt der weiße Pfeil.

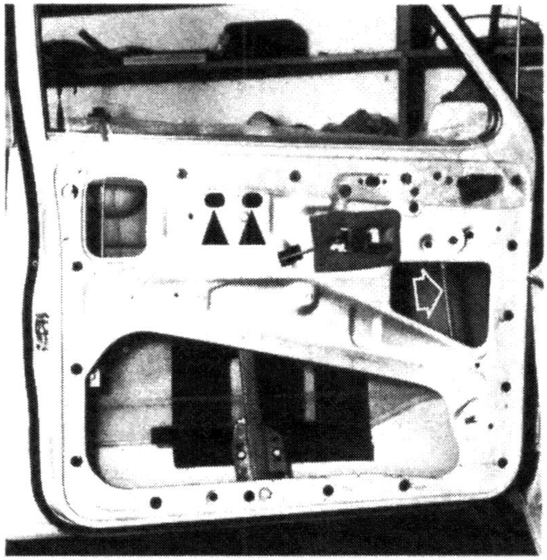

maßen: Innen und außen die Fensterschachtabdichtung von den Halteklammern im Fensterschacht abdrücken und Fensterhebeschiene vom Fensterheber abschrauben. Scheibe aus ihren Führungen vorn und hinten nach unten herausziehen. Zum Einbau die neue Scheibe mit Fensterhebeschiene von oben in den Türschacht einführen und in die Tür stellen. Beide Schachtabdichtungen in die Klammern im Fensterschacht eindrücken und die Scheibe in ihre Führungen einschieben. Jetzt die Fensterhebeschiene mit beiden Sechskantschrauben und Unterlegscheiben lose am Fensterheber anschrauben. Fenster mehrmals öffnen und schließen und dann die Fensterhebeschiene in der obersten Stellung fest am Fenster anschrauben. Die beiden Sechskantschrauben SW 10 sind in den ovalen Durchbrüchen des inneren Türbleches sichtbar. Zum Schluß Kunststoffolie und Türverkleidung wieder einbauen.

Die Türfenster werden über einen Kabelzug betätigt, der in einem geschlitzten Rohr läuft, an welchem auch der Antrieb angebracht ist. Bei schwergängigen Fenstern kann Ölen (kein Fett dazu verwenden!) des perlonbeflockten Kabelzuges helfen. Klappernde Geräusche kann durch den Kabelzug im Rohr verursacht werden. Vorsichtiges Zusammendrücken des geschlitzten Rohres an den entsprechenden Stellen schafft Abhilfe.

## Schiebedach

Bei einem schwergängigen oder klappernden Dachausschnitt sollte die Werkstatt für Abhilfe sorgen. Läßt sich das Kurbeldach gar nicht mehr bewegen, kann es an gerissenen oder aus den Führungen gesprungenen Seilzügen liegen. Unsachgemäße Eigenreparaturen können in diesem Fall nur den Schaden vergrößern. Dagegen kann man von Zeit zu Zeit die Führungen des Schiebedaches mit einem benzingetränkten Lappen säubern und anschließend mit Vaseline einfetten. Die Seilzüge sollen nicht gefettet werden.

## Rostbefall

Zwar hat VW die Karosserien so versorgt, daß sie den Witterungseinflüssen eine ganze Weile standhalten: Sie sind phosphatiert, grundiert und dann erst einer Kunstharzlackierung unterzogen worden. Aber steter Tropfen höhlt den Stein, und mangelhafte Pflege, Industrie- und Meeresluft und der Zahn der Zeit hinterlassen ihre Spuren.

Plötzlich zeigt sich irgendwo der erste Rost, und es bleibt nicht dabei. Schnell sind bei Unachtsamkeit die Hauben- und Türkanten angestoßen und dann der Korrosion ausgesetzt. Wie bei fast allen anderen Wagen ist das Karosserieblech unterhalb der vorderen Stoßstange dem Aufprall hochgewirbelter Steine ausgesetzt. Hierbei handelt es sich um direkt von außen einwirkende Schädigungen, die sich bei rechtzeitigem Erkennen leicht beseitigen lassen.
Anders ist es bei der Verrostung von Karosserienähten. Hier kommt die Korrosion von innen, und ist der Lack erst einmal hochgedrückt, helfen Schönheitsreparaturen von außen wenig. Von innen unzugängliche Karosserienähte können nur in einer Fachwerkstatt repariert und gegen spätere Einflüsse isoliert werden.
Roststellen können vor allem bei den VW 411 der ersten Bauserien bis Oktober 1971 an den Vorderkotflügeln im Bereich der Scheinwerfer auftreten. Ist das Blech dort bereits durchgerostet, gibt es Reparaturmöglichkeiten mit flüssigem Kunststoff und Glasfasermatten (VW Kunststoff-Reparaturset D 28). Schmutz und Blattrost werden beseitigt und die Stelle anschließend innen und außen blankgeschliffen. Glasfasermatte zurechtschneiden, von innen auflegen und mit Kunstharz bestreichen (Härter laut Gebrauchsanleitung zusetzen). Nach dem Austrocknen die Löcher von außen mit Spachtelmasse füllen. Anschließend folgt die Lackvorbereitung, wie weiter unten beschrieben.

**Lackschäden beheben**

Kratzer, Lackabschürfungen oder Steinschlagschäden sollte man möglichst bald beheben, um einer Unterrostung vorzubeugen. Es genügt aber nicht, einfach mit der Farbsprühdose auf die beschädigte Lackfläche zu zielen. Zwar haben sich solche Spraydosen als gut brauchbar erwiesen, aber wenn die Lackierung halten soll, muß sie sorgfältig „aufgebaut" werden. Bei Metalleffekt-Lackierungen warnen wir allerdings vor zu großem Sprüheifer. Es ist sehr viel Übung erforderlich, bis man solchen Sprühlack ganz gleichmäßig spritzen kann. Er darf nur hauchdünn aufgetragen werden, sonst laufen die kleinen Metallpartikel nach unten; das ergibt dann eine fleckige Fläche. Kleine Lackschäden reibt man deshalb besser mit einem Lackpflegemittel auf Wachsbasis dick ein, damit das Blech darunter nicht rosten kann.

**Beulen im Blech**

Wenn bei unsanfter Berührung das eigene Blech seine ursprüngliche Form verloren hat, kann man manchen Schaden auch in Eigenhilfe beheben. Dabei sollten Sie folgendermaßen vorgehen:

- Beschädigte Karosserieteile zuerst mit Gummihammer, Handfaust und Schlichthammer sorgfältig ausbeulen, leicht überfeilen, mit Schleifpapier (Nr. 180) trocken alle alten Lack-, Grundierungs- und Spachtelreste von der schadhaften Stelle entfernen, mit Plastik-Füllmasse spachteln, nach Trocknungszeit alle Unebenheiten abschleifen (mit Schleifpapier, das über ein handgroßes, völlig planes Brettstück gespannt ist), Grundierung aufpinseln oder aufsprühen, mit feinem Schleifpapier (Nr. 400) naß nachscheifen, angrenzende Karosserieteile sorgfältig abdecken und Lackfarbe aus Sprühdose aufsprühen. Übrigens: Die Grundierung darf auf keinen Fall gespart und direkt auf das blank geschliffene Metall mit Lackfarbe gesprüht werden. Das deckt nicht und das Metall schimmert durch die wolkige Farbe. Haftgrund muß immer dazwischen sein!
- Neue unlackierte Karosserieteile (etwa einen Kotflügel) gründlich mit reinem Benzin oder „Washprimer" entfetten (selbst Fingerspuren vom Transport würden sonst später durch die Lackierung schlagen), eventuelle Transportschäden (auch kleinste) mit Spachtel und Grundierung beseitigen und

Das kann Ihnen auch passieren, wenn Sie Autolacke verschiedener Hersteller übereinander sprühen, wie wir es hier für einen Demonstrationsversuch gemacht haben. Nitrokombinations-, Acryl- und Kunstharzlack vertragen sich nicht miteinander; sie können schrumpfen oder reißen. Deshalb sollten Sie Haftgrund, Sprühlack und Überzugslack nur von einer Marke zusammen verwenden.

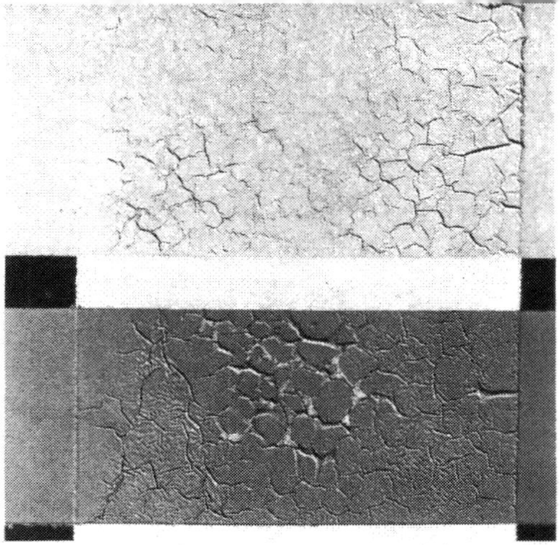

erst dann Lackfarbe sprühen. Allerdings ist das Lackieren neuer Teile mit der Sprühdose nur bedingt sinnvoll. Oft ist es günstiger, ein solches Teil in der Werkstatt vom Fachmann lackieren zu lassen.

■ Alte Lackierung zuerst mit reinem Benzin entfetten, dann mit 400er oder 600er Schleifpapier naß schleifen, bis alle Lackpflegemittelrückstände (vor allem Silikonspuren) und „toten" Lackteilchen beseitigt sind und die alte Lackierung eine milchig-matte Oberfläche zeigt, naß abwaschen, schnell trocknen, damit sich nicht neuer Rostanflug zeigt (Heizstrahler tun da gute Dienste), eventuelle Unebenheiten spachteln, grundieren und nachschleifen, angrenzende Karosserieteile gut abdecken und zuletzt Lackfarbe sprühen.

■ Roststellen (auch unter dem Lack) bis aufs blanke Blech abschleifen, mit Nitro-Verdünnung sorgfältig entfetten und anschließend mit Grundierung (zur Verhinderung weiteren Rostens) überziehen, eventuelle Unebenheiten spachteln, grundieren; naß schleifen und nach sorgfältiger Trocknung lackieren (nur sinnvoll, wenn das Blech noch nicht durchgerostet ist).

**Sprühdosen im Original-Farbton**

Alle notwendigen Materialien bekommt man in Farb- und Autozubehör-Geschäften. Eine Farbsprühdose ist auf jeden Fall irgendwelchen Versuchen mit Spritzpistolen vorzuziehen, wenn nicht eine entsprechende Ausrüstung und Erfahrung vorhanden ist. Spraydosen sind genau nach den Farbbestimmungen und Original-Farbbezeichnungen der Autohersteller erhältlich. Jeder VW Typ 4 hat in der Mulde für den Wagenheber im Kofferraum vorn ein Klebeschild mit der genauen Farbbezeichnung und Lacknummer; beispielsweise L 10 B für die Farbe „Texasgelb".

Die Farbsprühdosen tragen neben einer entsprechend lackierten Schutzkappe die Aufschrift der werksoffiziellen Farbnamensgebung. Vier Firmen haben sich mit fünf Marken auf diese Autolack-Sprühdosen spezialisiert. Zwischen diesen Erzeugnissen bestehen einige Unterschiede:

| | Auto-K-Lack | Belton | Dupli Color | Ducolux | Prestoflux |
|---|---|---|---|---|---|
| Preis etwa DM | 5,55 | 3,75 | 6,95 | 6,60 | 5,50 |
| Lackart | Nitrokombinationslack | Nitrokombinationslack | Acrylharzlack | Kunstharzlack | Kunstharzlack |

Inhalt einheitlich 150 Gramm; zu höherem Preis auch größere Dosen

Wenn Sie sich zu einer dieser Marken entscheiden, lassen Sie sich keinesfalls vom Händler weitere Sprühdosen einer anderen Marke, auch nicht Haft-

grund oder Klarlack für Metallicfarben, verkaufen, denn die verschiedenen Fabrikate vertragen sich nicht miteinander (Ausnahme: Belton und Auto-K-Lack, denn sie stammen aus dem gleichen Hause). Am besten arbeitet man nach unseren Erfahrungen mit Belton (auch des Preises wegen!) und Auto-K-Lack. Viel auszusetzen hatten wir an Prestoflux. Gut sind auch Dupli Color und Ducolux, doch hat letzteres so lange Trockenzeiten, daß der frische Lack viel Staub fängt.
Die Farbtongenauigkeiten werden nach unseren Beobachtungen sehr gut eingehalten.

**Fingerzeig:** *Es ist nicht ratsam, eine Ganzlackierung selbst auszuführen. Mit Farbsprühdosen ginge es zwar, wird aber viel zu teuer; elektrische Kompressoren (zum Anschluß an die Bohrmaschine) liefern meist zu wenig Druck. Es gibt aber „Do-it-yourself"-Werkstätten (z. B. die Autohobby-Werkstatt in Frankfurt, Juliusstraße 17), wo man ein zum Lackieren vorbereitetes Auto von einem Fachmann spachteln und spritzen lassen kann.*

## Wasser im Innenraum

Vor Ablauf der Garantiezeit sollte man den Wagen auf Dichtigkeit prüfen. Am einfachsten geht das in einer automatischen Waschstraße. Anschließend kontrolliert man, ob alle Fenster dicht sind und ob auch kein Wasser durch die Öffnungen der Zwangsentlüftung eingedrungen sind. Undichtigkeiten bald von der Werkstatt beheben lassen.
Gelöste Gummiprofile kann man mit Pattex wieder festkleben. In die Innenräume der Karosserie eingedrungener Schmutz oder Feuchtigkeit rühren meist von schadhaften Gummiabdichtungen her. Bis man diese durch neue ersetzt, sollte man sich durch Aufkleben (Verstärken) der Dichtungen mittels Schaumgummistreifen behelfen. Ebenso können Bohrungen in der Karosserie abgedichtet werden.

## Schlüssel im verschlossenen Wagen

Durch die Möglichkeit, die Vordertüren ohne Schlüssel zu verriegeln, hat sich schon mancher Fahrer ausgesperrt, während der Schlüssel im Zündschloß stecken blieb. Der beste Schutz dagegen ist, wenn man den Zweitschlüssel im Geldbeutel oder an einer anderen Stelle ständig bei sich trägt.
Steht man aber vor eigenen verschlossenen Türen, hilft nur eins: Man muß versuchen, mit zwei genügend langen Stahldrähten einmal unter die seitliche Gummidichtung des vorderen Fensters zu gelangen, um von innen die Verriegelung zu lösen. Das wird nur gelingen, wenn man von außen Maß nimmt und den Draht entsprechend biegt, wobei vor allem einen mehrmals gewundenen „Griff" erhalten muß, mit dem man das in das Innere reichende Ende kräftig führen und drehen kann. Oder man versucht, damit die Fensterkurbel zu betätigen. Mit dem anderen – längeren – Draht wird man dann nach dem Schlüssel angeln müssen. Bitte, probieren Sie das alles aber nur an Ihrem eigenen Auto aus!
Sind keine Stahldrähte (oder Fahrradspeichen) zur Hand, muß man die feste Seitenscheibe oder die Heckscheibe ausbauen. Das ist kein Problem, denn diese Scheiben liegen nirgends direkt am Karosserieblech an, sondern sind kleiner als der Fensterausschnitt im Blech. Sie werden nur von dem doppel-T-förmigen Profilgummi gehalten. Das bedeutet übrigens auch, daß man solch eine Scheibe, wenn man ihre Öffnung als Notausgang benutzen muß, mit den Füßen, dem Arm oder der Schulter gut nach außen drücken kann. Das ist besser als sie mit der Faust oder einem harten Gegenstand zerschlagen zu wollen (was zumeist nicht gelingt).

Zum Ausbau der hinteren Sitzbank der Limousine ist einige Kraft erforderlich, da die Bank zuerst zurückgedrückt werden muß, bevor man sie anheben und dann herausnehmen kann. Beim Variant geht es leichter: Man greift zwischen Lehne und Sitzbank und zieht letztere nach vorn, dann braucht sie nur noch an den Schanieren losgeschraubt werden.
Unter der Rücksitzbank finden Sie den Wagenheber verstaut und (wichtig beim TÜV) die Fahrgestellnummer.

## Sitze ausbauen

Die Vordersitze lassen sich in eine Vielzahl von Stellungen bringen, um dem Fahrer angenehmen Sitzkomfort zu bieten. Wie die verschiedenen Hebel dazu bedient werden müssen, steht in der Betriebsanleitung.

Zum Ausbau wird die Lehne nach vorn geklappt bzw. ganz nach vorn gedreht. Entriegelungshebel (siehe Bild Seite 97 oben) ziehen, Sitz nach hinten klappen und ganz nach vorn schieben. Beim VW 411 muß vorher aus der äußeren Führungsschiene eine als Anschlag dienende Kreuzschlitzschraube gelöst werden. Zugfedern an den Gleitfüßen des Sitzes aushaken. Bei entriegelter Längsverstellung den Sitz zuerst aus der äußeren und dann aus der inneren Führungsschiene herausheben.

Die hintere Sitzbank ist hinten unter die Lehne geschoben und wird vorn durch zwei Blechzungen an der Sitzauflage gehalten. Zum Ausbau den Sitz unten zurückdrücken, anheben und dann nach vorn herausziehen. Die Rükkenlehne ist unten mit 2 Sechskantmuttern SW 10 befestigt und am hinteren Querblech eingehängt. Muttern mit Steckschlüssel lösen, Lehne von den Gewindebolzen abziehen, nach oben drücken und am Querblech aushängen.

## Einbau von Sicherheitsgurten

Wenn Sie in Ihren VW Sicherheitsgurte einbauen wollen, so kommen eigentlich nur Dreipunktgurte in Frage. Andere Systeme, wie Schrägschultergurt oder Beckengurt, nützen nur wenig. Die teuerste und auch beste Lösung sind Automatikgurte, bei denen man auch angeschnallt Bewegungsfreiheit hat.

Allerdings lassen sich derartige Gurte nur in die zweitürige Limousine seit Baujahr 1968 einbauen. Viertürige Limousinen lassen sich seit Januar 1972 und der Variant seit August 1972 damit ausrüsten. Bei älteren Fahrzeugen erfordert der Einbau einen zu hohen Aufwand.

Von den bekannten Sicherheitsgurt-Herstellern (z. B. Repa oder Römer) werden Einbausätze angeboten, die speziell für den VW 411/412 passen (beim Kauf Modell und Baujahr angeben). Auch VW führt Gurte im Ersatzteilprogramm. Einzelheiten über die Montage sind den Sicherheitsgurtsätzen beigegeben. Der Selbsteinbau bereitet keine Schwierigkeiten, da die Befestigungslöcher bereits vorhanden sind. Sie sind durch eingeschraubte Kunststoffstopfen verschlossen.

Die Befestigungspunkte für die Vordersitze befinden sich an den Türholmen, oben und unten, sowie seitlich am Rahmentunnel im hinteren Fußraum. Für die hinteren Sitze sind ebenfalls Befestigungspunkte angebracht, und zwar unter der Rücksitzbank insgesamt vier und je einer an den Dachholmen hinter den Seitenfenstern.

## Nicht zuletzt: Reinlichkeit im Innenraum

Wie bei Ihnen zu Hause soll es in diesem fahrbaren Zimmer ebenso sauber sein. Deshalb gehört es zu jeder Wagenwäsche, daß etwa eingelegte Fußmatten herausgenommen, abgewaschen oder ausgeklopft werden und die eigentliche Bodenmatte mit einem feuchten Schwamm abgewaschen bzw. der Bodenteppich abgesaugt wird.
Wenn nach längerer Regenzeit oder im Frühjahr wieder warmes und trockenes Wetter herrscht, kann es nicht schaden, die Bodenmatten bzw. -teppiche herauszunehmen, damit durch nasse Schuhe eingedrungene Feuchtigkeit gut austrocknen kann. Die seitlichen Einstiegleisten sind am Unterholm mit Klammern befestigt. Zum Ausbau die Einstiegleiste vom Innenraum her mit einem Holzkeil von den Klammern drücken. Achten Sie darauf, daß beim Einbau der Hauptleitungsstrang, der auf der linken Fahrzeugseite durch die Klammern geführt ist, nicht beschädigt wird.
Haben sich am Bodenblech bereits Roststellen gebildet, so sind diese blankzuschleifen und mit Rostumwandler zu behandeln. Anschließend kann man etwas Unterbodenschutz aufstreichen oder -sprühen.
Den Kunststoff-Himmel, mit dem die Dachunterseite bespannt ist, reinigt man, wie die Sitzbezüge, auf keinen Fall mit Benzin oder Fleckenwasser, denn damit lassen sich viele Kunststoffarten auflösen, so daß es nicht mehr reparierbare Flecken und Schäden gibt. Statt dessen versucht man es erst einmal mit einem feuchten Schwamm und etwas Seifen- oder Teppichschaum. Noch schneller und intensiver geht es mit einem Plastik-Reiniger, den es von verschiedenen Pflegemittelfirmen gibt. Damit reinigt man auch die Seitenverkleidungen.
Arbeiten an der Dachverkleidung sollten Sie einem Fachmann überlassen, da der Einbau eines neuen Dachhimmels einiges Geschick erfordert, wenn er nicht Falten schlagen oder eines Tages sich über den Insassen ausbreiten soll.

**Fingerzeig:** *Damit der Verbandskasten und das Warndreieck nicht ständig irgendwo herumrutschen, werden sie unten mit einem Doppelklebestreifen versehen und unter dem Beifahrersitz befestigt.*

# Frostiges

Der VW wird in den seltensten Fällen in einer trockenen Garage aufgebockt Winterschlaf halten können. Deshalb muß er vor Beginn der kalten Jahreszeit entsprechend vorbereitet werden, damit er den Winter unbeschadet übersteht. Zwar haben Straßenräum-Kommandos, grobstollige Winterreifen und nicht zuletzt leistungsfähige Fahrzeugheizungen (der VW 411/412 zählt mit seiner serienmäßigen Standheizung hierbei zur Spitzenklasse) dem Winter manchen Schrecken genommen, aber das in erheblichen Mengen verwendete Streusalz wirft früher unbekannte Probleme auf.

## Im Winter dünneres Motoröl

Das Volkswagenwerk empfiehlt bei länger anhaltenden kühlen und frostigen Temperaturen als dünnflüssiges Winteröl die Viskositätsklasse SAE 20 W/20. Dieses Motoröl kann man bereits bei einem etwa fälligen Ölwechsel im Herbst einfüllen, denn die erlaubte Temperaturspanne reicht für dieses Öl nach VW-Empfehlung bis zu + 20° C. Mit diesem dünnflüssigeren Motoröl hat es der Anlasser leichter, den kältestarren Motor durchzudrehen.
Für kalte Gebiete, in denen vorwiegend Wintertemperaturen unter – 15° C herrschen, wie beispielsweise in Skandinavien, ist das noch dünnere HD-Öl SAE 10 W empfohlen.

## Frostschutz für den Scheibenwascher

Der Scheibenwaschbehälter sitzt ganz vorn im linken Kotflügel, wo kein warmer Hauch der Heizung hingelangen kann. Das Scheibenwaschwasser ist also mindestens so kalt wie die Außentemperatur. Bei Temperaturen um den Gefrierpunkt kann es, selbst wenn es noch aus der Düse vor der Windschutzscheibe sprüht, durch den Fahrtwind sofort gefrieren und die Sicht versperren. Es muß also frostfester gemacht werden, als dies bei Wagen mit wärmenden Front-Motoren notwendig ist.
An Tankstellen erhält man eine Vielzahl von Spezialmitteln, die dem Scheibenwaschwasser beigemischt werden können. Sie sind dann besonders sinnvoll, wenn sie gleichzeitig auch die Windschutzscheibe von Öldunst und Silikonschleier befreien können (trotz der Versprechungen auf der Packung vermag dies mancher Waschwasserzusatz nicht). Ein ausgesprochen billiges Mittel ist Brennspiritus, der im Verhältnis 1:1 gemischt zwar den Öldunst nicht von der Scheibe löst, aber einen wirkungsvollen Schutz gegen eingefrorenes Wasser bietet. Allerdings kann der typische Geruch durch die Belüftungsschlitze ins Wageninnere dringen. Manche Lacksorten bekommen durch den Spiritus Verfärbungen. Solche Flecken sollte man schnellstens mit einem Lackpflegemittel beseitigen und doch lieber eine andere Waschlösung nehmen.
Das Frostschutzmittel wird nicht einfach in das Wasser im Behälter gegossen, sondern gründlich vorgemischt. Sonst trennen sich die unterschiedlich schweren Flüssigkeiten im Wasserbehälter und das Wasser gefriert trotzdem. Die

langen Schlauchleitungen begünstigen die Einfriergefahr, es lohnt sich deshalb, eine stärkere Gefrierschutzmittel-Konzentration zu verwenden, als vom Hersteller des Mittels empfohlen.

## Lack und Chrom schützen

Salzhaltiges Spritzwasser fördert den Rost ganz besonders. Es dringt in die feinsten Poren von Lack und Chrom. Vor Winterbeginn muß die Lackierung deshalb gut konserviert werden. Außerdem sollte der Wagen im Winter häufiger gewaschen werden, selbst wenn er bald wieder schmutzig wird.
Die Chromteile kann man mit säurefreier Vaseline schützen, die allerdings durch hart anprallendes Spritzwasser mit der Zeit abgewaschen wird. Besser ist ein Unterbodenschutzmittel auf Wachsbasis, wie z. B. Tectyl von Valvoline. Allerdings wird der Chromglanz auf diese Weise unter einer unansehnlichen Fett- oder Wachsschicht verdeckt. Mit einem glasklaren Chromschutzspray, wie es beispielsweise Polifac anbietet, glänzen die behandelten Teile auch im Winter. Der ebenfalls angebotene Chromschutzlack erfordert dagegen sehr viel Sorgfalt beim Auftragen, sonst rostet es unter dem Schutzfilm und im Frühjahr hat man Schwierigkeiten mit dem Ablösen.

## Wagenunterseite schützen

Der Bauch des Wagens befindet sich während der Fahrt im Sandstrahlgebläse von aufgeschleudertem Splitt, und das von Auftausalzen durchsetzte Schmelzwasser vollbringt danach sein grausames Werk. Besonders heimtückisch ist dabei, daß diese Salze in den unzugänglichsten Winkeln und Hohlräumen des Autos antrocknen und auch den folgenden Sommer hindurch immer wieder Spritzwasser aufsaugen und dadurch bösartige Rostnester bilden. Mancher Autobesitzer hat sich schon mit maßlosem Erschrecken die Unterseite seines noch gar nicht übermäßig alten Wagens angesehen. Und auch der TÜV handelt dann gnadenlos, wenn der Rost das Blech papierdünn werden ließ und Fahrzeugteile mit ehemals tragender Funktion nur noch von der daneben liegenden Metallumgebung festgehalten werden.

### Serienmäßiger Unterbodenschutz

Der VW 411/412 ist schon ab Werk recht gut gegen Rost gerüstet. An besonders gefährdeten Stellen ist Zinkstaubfarbe aufgetragen, während gefährdete Schweißkanten durch verstrichenes PVC-Material geschützt sind. Besonders der letzte Punkt ist wichtig, da Schweißkanten sehr rostanfällig sind. Der Wagenboden und die Kotflügelinnenseiten erhalten nach der Lakkierung eine Unterboden-Schutzschicht auf PVC-Basis. Dieses elastische Material ist ziemlich widerstandsfähig gegen Steinschlag, Korrosion und Undichtigkeiten und soll während der gesamten Laufzeit des Wagens halten.
Trotz dieser Vorbehandlung können Sie die Unterseite Ihres VW nicht ganz vergessen. Vor Beginn und zu Ende der Winterperiode sollte der Unterboden auf Rostansatz kontrolliert werden. Das kann man selbst erledigen, wenn man die Möglichkeit hat, den Wagen sicher aufzubocken (das ist besonders bei den nachfolgenden Arbeiten wichtig). Mit einer Taschenlampe und einem kleinen Spiegel lassen sich auch versteckte Rostansatzstellen ausfindig machen. Stärkerer Rost wird mit einer Drahtbürste oder Schleifpapier entfernt, anschließend behandelt man die Stelle mit einem Rostumwandler (z. B. „Antirost" von Bostik oder „Kurust" von Weyer). Diese Rostumwandlung nimmt allerdings einige Zeit in Anspruch, so daß man erst nach mehreren Stunden weiterarbeiten kann.
Mit einer Sprühflasche Unterbodenschutz (z. B. Terotex-Spray von Teroson), wie sie an Tankstellen oder Autozubehör-Geschäften erhältlich ist, sprüht man die vorbehandelten Stellen ein. Bremsleitungen, Bremsscheiben und

-trommeln, sowie Motor, Getriebe und Achswellen sollen allerdings nichts von dem Sprühstrahl abbekommen; man deckt sie deshalb am besten vorher mit alten Lappen ab. Auf jeden Fall sollte man nach dem Einsprühen sofort die Wirkung der Bremsen überprüfen und feststellen, ob Sprühdunst an die Bremsscheiben oder in die Bremstrommeln geraten ist. Keinesfalls sofort, wie üblich, losfahren, sondern mit betätigten Bremsen und wenig Gas so lange „schleichen“, bis sich die normale Bremswirkung einstellt.

**Fingerzeig:** *Im Winter kann sich am vorderen Kotflügel im Bereich der Scheinwerfermulde und der Anschlußfläche zur Vordertür (Scharniersäule) salzhaltiger Schmutz festsetzen, der die Feuchtigkeit wie ein Schwamm aufsaugt und so Rostbildung fördert. Deshalb sollten diese Bereiche gelegentlich mit einem scharfen Wasserstrahl gereinigt werden.*
*Vorbeugend kann man an diesen Stellen eine Schicht Unterbodenschutz auftragen.*

## Hohlraum-konservierung

Wesentlich heimtückischer als am Wagenboden ist der Rostfraß in den Hohlräumen der Karosserie, denn dort arbeitet er gewissermaßen im Untergrund. Das Blech der selbsttragenden Karosserie des VW 411/412 ist an einigen Stellen mehrfach gebogen und gefalzt, um dem Aufbau die notwendige Stabilität zu verleihen. In solchen Hohlräumen bildet sich Kondenswasser durch Temperaturunterschiede innerhalb und außerhalb des Wagens. Die Grundierung reicht meist als Rostschutz nicht aus, besonders wenn die Bleche vor dem Eintauchen in das Farbbad nicht einwandfrei entfettet wurden.
Das Blech wird dann von innen heraus durchfressen, aber die Auswirkungen erkennt man erst, wenn es schon zu spät ist. Nach vier bis sechs Jahren bilden sich Blasen im Lack, die schließlich aufbrechen und die traurige Tatsache der Durchrostung zutage treten lassen.
Dagegen schützt wirksam die Konservierung der Hohlräume mit einem Spezialmittel, wie sie von Bostik, Dinol, Pingo, Teroson, Valvoline und Veedol angeboten wird. Wer seinen VW allerdings nur zwei bis drei Jahre behält, sollte es sich vorher gründlich überlegen, da der Gebrauchtwagenkäufer die Ausgabe in Höhe von 130 bis 180 DM kaum entsprechend honorieren wird.

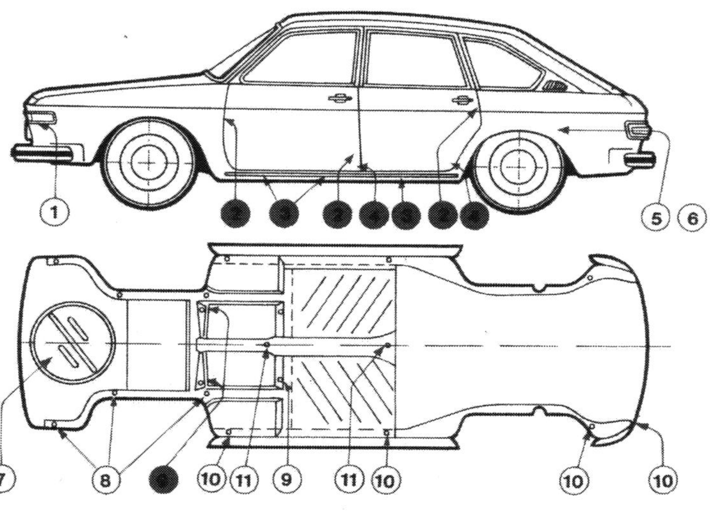


Neben anderen hat auch die Firma Teroson Arbeitspläne zur Hohlraumkonservierung ausgearbeitet. Die Zeichnung zeigt, an welchen Stellen des VW 411/412 die Behandlung erfolgen soll: 1 — Scheinwerfergehäuse streichen, 2 — Türholmen vorne, Mitte und hinten, 3 — Türschweller, 4 — Tür, 5 — Seitenteil, 6 — Hecktür (nur Variant), 7 — Reserveradkasten, 8 — Längsträger vorn, 9 — Querträger, 10 — Längsträger hinten, 11 — Längsträger Mitte. O — Löcher sind vorhanden, ● — Löcher müssen gebohrt werden. Anschließend werden die Bohrungen mit Stopfen verschlossen.

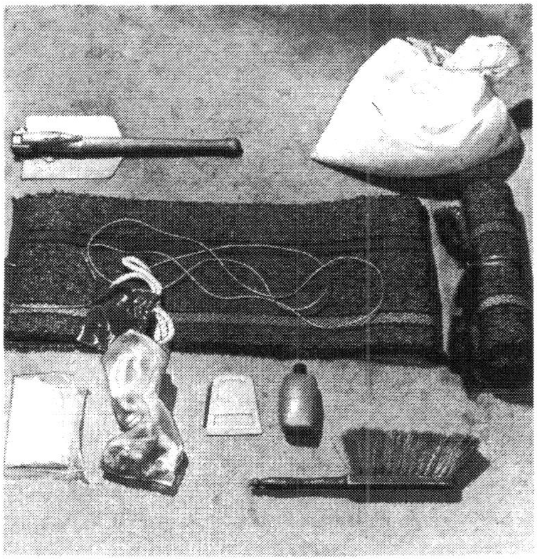

Für alle Winterfälle gerüstet und nicht kostspielig: Zusammenklappbarer Spaten, Sandsack, Unterlegmatten aus alten Kokosläufern, Anti-Beschlagtuch, Abschleppseil, Eis-Schaber, Kunststoff-Flasche mit Brennspiritus (zur Enteisung von Scheiben und zum Frostschutz im Scheibenwaschwasser) und Handfeger (zum Schnee-abfegen).

Eine Hohlraumkonservierung ist hauptsächlich dann sinnvoll, wenn sie bereits beim neuen Wagen durchgeführt wird und man sein Auto mindestens vier Jahre behalten will. Das besonders kriechfähige Konservierungsmittel wird anhand des links unten abgebildeten Sprühplanes mit speziellen Düsen in die Hohlräume eingesprüht. Obwohl im Zubehörhandel Hohlraumkonservierung zum Selbermachen angeboten wird, raten wir, diese Arbeit bei einer Fachwerkstatt durchführen zu lassen. Meist haben Lackier- oder Karosseriewerkstätten für ihre Hohlraumkonservierung einen guten Ruf.

**Fingerzeig:** *Achten Sie darauf, daß der Wagen nicht in kaltem Zustand behandelt wird. Das Schutzmittel ist bei tiefen Temperaturen nicht ausreichend kriechfähig, um auch entfernte Winkel zu erreichen.*

## Praktische Hilfen unterwegs

Der kluge Autofahrer nimmt für Fahrten im Winter noch einige Utensilien mit, die unterwegs eine Hilfe sein können. Als da sind:

- Eis-Schaber, um vereiste Scheiben zu reinigen. Er muß aus Kunststoff sein, damit die Scheiben nicht zerkratzt werden.
- Sandsäckchen, um an vereister Steigung eine Fahrbahn zum Anfahren streuen zu können. Am besten sind dichte Leinen- oder Kunststoffsäckchen mit möglichst scharfem Sand oder feinem Kies.
- Schneeschaufel, um sich bei starkem Schneefall einen Weg bahnen zu können. Damit es ein auch wirklich brauchbares Gerät ist, möglichst eine breite Kohlenschaufel mit kurzem, abnehmbarem Stiel nehmen, damit man sich auch durch eine hohe Schneewehe graben kann. Zur Not kann man Schnee auch mit einer Radkappe wegschaufeln.
- Anti-Beschlagtuch, mit dem die von innen beschlagene Windschutzscheibe und Heckscheibe abgerieben werden kann. Die Imprägnierung, die das Beschlagen etwa für eine Woche verhindert, reicht in dem Tuch für eine Saison. Da das Anti-Beschlagmittel von der Heizung aufgewirbelten Staub bindet, muß die Windschutzscheibe öfter als im Sommer innen gesäubert werden.
- Zwei alte Teppichstreifen, jeweils einen halben Meter breit und mindestens 1,5 m lang, aus einem alten Teppich oder Kokosläufer. Diese Stücke kann man zum Anfahren unter die Hinterräder legen, wenn es auf Glatteis nicht

mehr weitergeht. Was für diesen Zweck im Zubehörhandel an Gummimatten usw. angeboten wird, taugt dagegen nicht viel. Wichtig ist, daß an beiden Stücken jeweils eine starke Schnur befestigt ist. Damit wird der Teppichstreifen an die hintere Stoßstange angehängt, bevor man ihn vor den antreibenden Hinterrädern ausbreitet.

■ Defroster-Spray gegen vereiste Scheiben. Um das teure Enteisungsmittel nicht zu verschwenden, sprüht man es auf den oberen Rand der Scheibe, beim Ablaufen werden so auch die tiefer liegenden Eisschichten aufgetaut. Verwenden Sie die Scheibenwischer nicht als Eiskratzer, die feinen Gummilippen werden sehr leicht beschädigt und wischen dann streifig.

**Fingerzeige:** *Falls eine zugefrorene Autotür mit Gewalt geöffnet wird, reißen oft Teile der festgefrorenen Gummileisten ab. Wenn man zu Beginn der Frostperiode alle Gummileisten um die Türen intensiv mit Glyzerin einreibt, wird das Festfrieren vermieden.*

*Die Batterie ist, wie auf Seite 96 beschrieben, bei Kälte recht kraftlos. Gelegentliches Aufladen bei einem Batteriedienst kann vor allem bei im Stadtverkehr betriebenen VW empfehlenswert sein. Bei sehr tiefen Temperaturen lohnt sich sogar das Ausbauen der Batterie über Nacht.*

## Gleitschutzketten

Die beste Waffe gegen Eis und Schnee sind „Schneeketten", die, wenn alle anderen Reifentypen versagen, auch bei Hochgebirgsfahrten und Alpenpässen noch weiterhelfen. Bei Fachgesprächen ist der Ausdruck „Schneeketten" nicht korrekt, denn diese Ketten sind nicht nur für Schnee das letzte Mittel, sondern auch auf Glatteis und vereistem Schnee den besten Eis-Reifen vorzuziehen. Deshalb heißen sie offiziell Gleitschutzketten.

Obwohl ihre Eigenschaften von vielen Autofahrern erkannt sind, sind sie letzten Endes recht unbeliebt, weil sie je nach Straßenzustand auf- und abmontiert werden müssen. Das ist mit frostklammen Fingern kein Vergnügen, muß aber geschehen, weil schon nach wenigen Kilometern Fahrt auf trockener Bahn die ersten Fetzen davonfliegen. Schneller als 40–60 km/h wird man auch mit den besten Gleitschutzketten nicht fahren, denn auch die können sich auf trockener Straße schnell durchschleifen, und dazu sind sie zu teuer. Das Montieren kann man sich jedoch, da der VW nur ein paar Gleitschutzketten für die Hinterräder braucht, durch eine 6. Felge einfacher machen. Unter der Kofferhaube stecken dann zwei mit Sommerreifen und fertig montierten Ketten bestückte Räder, die bei Bedarf gegen die Hinterräder ausgetauscht werden. Dieses Ummontieren ist nicht so unangenehm, wie das Aufmontieren der Gleitschutzketten im Schneematsch. Allerdings muß dabei der Wagen ganz besonders gut gegen Wegrutschen gesichert sein.

Wenn, dann schaffen Sie sich feingliedrige Spurketten an. Alle anderen als Spurkreuzketten, wie „Leiter"-, „Zickzack"- oder „Gummikreuz"-Ketten, sind veraltet, ja gefährlich.

Bei den Leiter- bzw. Zickzack-Ketten liegt nicht ununterbrochen ein Kettenteil auf dem Boden. So kann es beim plötzlichen Bremsen auf Glatteis oder vereistem Schnee vorkommen, daß das eine Rad umgebremst Schlitten fährt, während das andere mit gerade aufliegender Kette gehemmt wird. Das ist der Anfang zu einer blitzartigen Karusselfahrt auf dem Eis, die selten auf der Straße endet. Genau so ist es bei den Zickzack-Ketten, deren aufliegende Kettenseite stets schräg zur Fahrtrichtung des Wagens auf dem Boden liegen und ihn beim Bremsen in die dementsprechende Richtung ziehen.

Zu Gleitschutzketten gehört – von den Herstellern zumeist verschwiegen – als

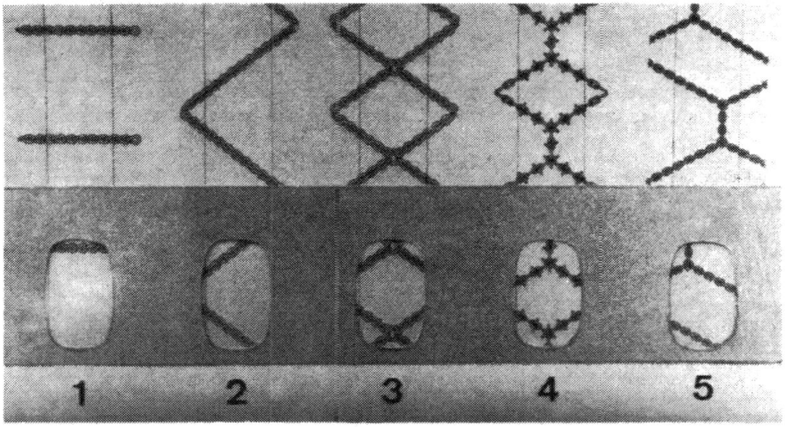


Die ovalen Ausschnitte geben die Aufstandsfläche eines Reifens an und vermitteln eine Vorstellung davon, bei welchen Gleitschutzketten der größte Kontakt mit der Fahrbahn besteht. Von diesen Ketten sind die Leiter- und Zickzack-Ketten (1 und 2) nicht zu empfehlen, dagegen sind die Kreuz-Kette (3) und die Spurkreuz-Ketten (4 und 5) wirkungsvoll genug, um im Schnee besonders gut zu greifen. Diese bieten auch bei Glatteis echte Sicherheit, während die beiden erstgenannten Ketten wegen ihrer ungleichmäßigen und unvollkommenen Auflage den Wagen bei einer Notbremsung unkontrolliert rutschen lassen.

unvermeidbares Hilfsmittel eine Kombizange und eine Rolle besonders zäher Draht. Denn unterwegs passiert es leicht, daß etwa losgerissene Kettenglieder wieder eingehängt oder ersetzt werden müssen. Allerdings gibt es beispielsweise von Erlau, wo die praktischen, aber teuren und in einem Arbeitsgang anzulegenden Euromont-Ketten hergestellt werden, Kettenglieder, -haken und -ringe als Ersatzstücke.

Für einmaligen oder kurzzeitigen Schneekettenbedarf lohnt es sich, bei den Schneeketten-Verleihstationen des ADAC solche auszuleihen. Seite Ende 1973 stehen 63 derartige Verleihstationen zur Verfügung.

# Zugfahrt

Automobil heißt ins Deutsche übertragen „Selbstbeweger". Wenn Ihr Wagen seinem Namen keine Ehre macht, indem er plötzlich stehen bleibt und mit dem besten Willen nicht mehr zum Laufen zu bringen ist, muß er meistens abgeschleppt werden. Sie können nun einen Abschleppdienst herbeirufen, dann sind Sie aber selbst für eine verhältnismäßig kurze Strecke 50 bis 100 Mark los. Deshalb ist es besser, dem Fall der Fälle vorzubeugen und ein eigenes Seil im Kofferraum mitzuführen, mit dem Sie Ihren unwilligen VW an das Fahrzeugheck eines hilfsbereiten Autofahrers anhängen können, bzw. mit dem Sie selbst einmal Abschlepphilfe leisten können.

## Das eigene Seil

Die VW Typ 4-Modelle haben je nach Baujahr und Ausführung ein zulässiges Gesamtgewicht von 1470 kg bis 1665 kg. Ein allzu dünnes Seilchen wird da nicht den gewünschten Nutzen haben.

Der Zubehörhandel bietet preiswerte Abschleppseile aus Perlon, Hanf oder Stahl an. Jede dieser Sorten hat ihre Vor- und Nachteile. Perlonseile dehnen sich beim Abschleppen, verhüten also am besten, daß beim Anrucken an den beiden Fahrzeugen etwas verbogen wird. Dafür sind Perlonseile scheuer- und hitzeempfindlich. Wenn Sie an einer Karosseriekante oder Stoßstange schaben oder an den heißen Auspuff kommen, sind sie schnell hin. Deshalb muß ein Perlonseil unbedingt verschiebbare Ledermanschetten haben, die es vor scharfen Kanten und heißem Auspuff schützen. Hanfseile sind besonders preiswert, aber dick; ihre Lebensdauer ist der von Perlonseilen überlegen. Stahlseile sind ziemlich spröde zu handhaben und besonders wenig nachgiebig. Wenn man diese Sorte ins Auge faßt, dann unbedingt mit „Ruckdämpfer" – ein Gummistück oder eine Stahlfeder bildet aus der Seilmitte eine dehnfähige Schlinge. Mit einem Stahlseil kann man auch ein Auto aus dem Graben ziehen, Perlonseile halten eine derartige Beanspruchung gewöhnlich nicht aus.

## Im Schlepptau

Während der VW Typ 4 seit August 1970 vorn und hinten über Abschleppösen verfügt, durch die allerdings nur kleine Seilverschlüsse passen, gestaltet sich das Abschleppen eines älteren VW 411 etwas umständlicher. Man muß bei ihm das Abschleppseil um den Vorderachsträger schlingen. Dabei ist darauf zu achten, daß das Seil nicht auf den Querstabilisator (dünne Stange davor) drückt. Wegen der relativ weit hinten liegenden Vorderachse muß man zum Anbringen des Seils unter den Wagen kriechen (deshalb alte Decke im Kofferraum mitführen). Auf keinen Fall das Seil am Stabilisator anbringen; er könnte verbogen werden.

Wer sich an seinen VW 411 bis Baujahr August 1970 nicht nachträglich Abschleppösen anbringen ließ, wird einem liegengebliebenem Fahrer kaum Schlepphilfe leisten können. Nur wenn sich beide Fahrer – Schleppender wie

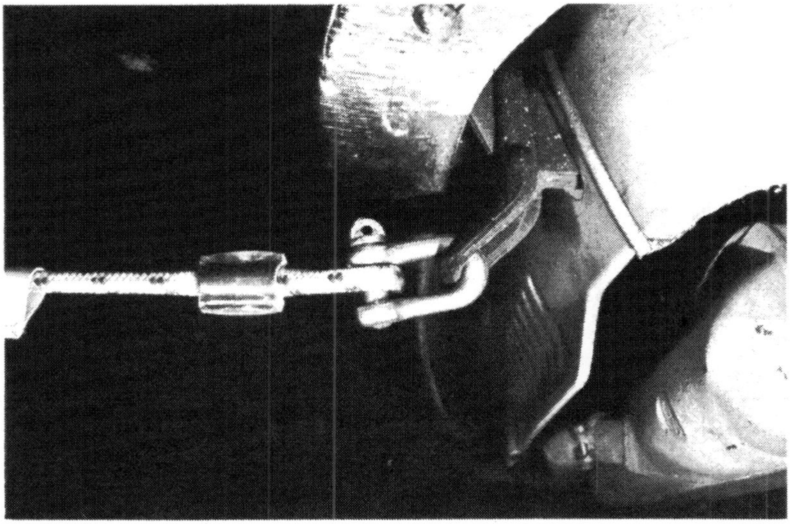

Durch die schmalen Abschleppösen des VW lassen sich viele der herkömmlichen Abschleppseile nicht einfädeln. APA bietet unter der Bezeichnung „Schlepp-Tiger" ein Seil mit sogenannten Schäkeln an, das speziell für solch schmale Abschleppösen entwickelt wurde. Dieses recht stabile und dehnfähige Nylonseil kostet allerdings rund 25 DM.

Geschleppter – auf Abschleppen mit Gefühl verstehen, kann das Seil zur Not auch an der Stoßstangenhalterung befestigt werden. Allgemein ist dies aber nicht zu empfehlen, denn bei ungenügender Erfahrung ist die Stoßstange schief gezerrt, bevor man das Ziel erreicht hat.

Und nun zum Schleppfahren selbst: Die Fußspitze hat der Fahrer des abgeschleppten Wagens stets in geringem Abstand über – nicht auf – dem Bremspedal. Wenn Sie der Abschleppende sind, weisen Sie den Fahrer, dessen Wagen Sie abschleppen, darauf hin. Es kommt darauf an, daß das Abschleppseil auch im Schub immer leicht gestrafft bleibt. Abrupte Reaktionen sind zu vermeiden. Dann bleibt auch das Rucken aus, das beim Anfahren oder Schalten die Gefahr birgt, daß das Seil reißt oder die Kräfte an den Anknüpfungspunkten zu stark werden. Der Fahrer des Abschleppwagens muß viel mit der Kupplung arbeiten, um die Übergänge beim Anfahren und Schalten weich zu gestalten. Vereinbaren Sie einige Zeichen untereinander vor Beginn der Abschleppfahrt. Wenn die Verständigung nicht klappt, oder wenn einmal ein Anfahrvorgang mißglückt ist, dann bremsen Sie zum Stillstand ab und wiederholen Sie den Anfahrvorgang.

Die hinter diesem Geleitzug fahrenden Verkehrsteilnehmer müssen sehen können, wann Sie bremsen. Also: Zündung einschalten, sonst leuchten die Bremslichter nicht auf. Haben Sie jedoch einen längeren Weg in dieser für Sie benzinsparenden Weise des Autofahrens vor sich, dann ist es ratsam, das schwarze Kabel an der Zündspule zu lösen, damit sie sich nicht aufheizt und Schaden nimmt.

**Fingerzeige:** *Wenn Ihr bisheriges Abschleppseil sich nicht durch die schmalen Abschleppösen fädeln läßt, können Sie sich mit einem Stahlseil-Fahrradschloß helfen, bei dem ein Ende durch die Schleppöse hindurchpaßt. Durch die bei eingerastetem Schloß entstandene Schlaufe läßt sich jedes Seil ziehen.*

*Wenn Sie im Rückfenster des geschleppten Wagens ein Warndreieck aufstellen, erkennen nachfolgende Fahrer, daß es sich um einen Schleppzug handelt. Die Warnblinkanlage soll beim Abschleppen nicht eingeschaltet werden.*

*Wird Ihr VW mit Bremskraftunterstützung abgeschleppt, müssen Sie daran denken, daß diese nur bei laufendem Motor funktioniert. Es ist also ein wesentlich höherer Pedaldruck erforderlich.*

**Schleppfahrt mit Automatic-Getriebe**

Hat der abschleppende VW ein Automatic-Getriebe, ist das eine feine Sache, denn damit geht das Abschleppen besonders ruckfrei. Weil man mit solch einem Schleppzug sowieso nicht Volldampf fährt, wird natürlich nicht der Fahrbereich „D", sondern „2" gewählt, Weiter ist dabei nichts zu beachten.

Anders ist es, wenn der abzuschleppende VW 411/412 mit Automatic-Getriebe ausgerüstet ist. Er darf nur mit einer Höchstgeschwindigkeit von 50 km/h und auch nur auf eine Entfernung von höchstens 50 Kilometer abgeschleppt werden. Grund: Das Getriebe wird nur ausreichend geschmiert, wenn der Motor läuft und die Getriebeölpumpe den erforderlichen Öldruck aufbauen kann. Wenn also über größere Entfernungen geschleppt werden muß, sind entweder die Gelenkwellen zu den Hinterrädern auszubauen oder der VW muß mit den hinteren Rädern auf einer Schleppachse transportiert werden.

**Abschleppen nach Gesetz**

Bevor man sich an einem Schleppvorgang beteiligt, sollte folgendes bedacht werden:

Das Abschleppen ist eine Notmaßnahme. Es darf nur dazu dienen, den aus eigener Kraft nicht fahrfähigen Wagen in die nächste zumutbare Werkstatt oder an seinen nahegelegenen Heimatort zu bringen. Die Autobahn muß bei der nächsten Abfahrt verlassen werden. Der Fahrer des abgeschleppten Fahrzeugs braucht keinen Führerschein zu besitzen, und für den Fahrer des schleppenden Wagens genügt der Führerschein Klasse 3. Wird jedoch ein betriebsfähiges Kraftfahrzeug geschleppt, ist für dessen Lenker der entsprechende Führerschein erforderlich. Das gilt auch beim Anschleppen.

Wenn ein Fahrzeug weiter als bis zur nächsten Werkstatt geschleppt werden soll, muß man sich bei der Zulassungsstelle eine Schleppgenehmigung holen. Eine solche Ausnahme ist nicht nur mit vielen Auflagen versehen, sie wird auch recht selten erteilt.

## Anhängerbetrieb

Wer an seinen VW 411/412 einen Wohnwagen oder Lastanhänger anhängen will, braucht eine vom TÜV abgenommene und in die Fahrzeugpapiere eingetragene Anhängerkupplung. Vom Selbsteinbau sollten Sie die Finger lassen; das macht in diesem Fall die Werkstatt schneller, außerdem wird die Montage beim TÜV sehr kritisch betrachtet. Die Kosten liegen mit Elektrosatz und Einbau bei rund 250 bis 300 DM. Die zulässigen Anhängelasten finden Sie auf Seite 241. Dabei ist noch zu erwähnen, daß der VW 411 Automatic bis Fahrgestell-Nr. 410 2 000 726 keinen Anhänger ziehen darf, wenn das automatische Getriebe nicht umgebaut oder erneuert wurde.

# Zahlenwerk

Als „Technische Daten" bezeichnet man an einem Auto alles, was sich in irgendeiner Form in Zahlen ausdrücken läßt. Dazu gehört auch die Kurzbeschreibung der einzelnen Teile des Motors, des Fahrwerks und der Karosserie. Die meisten dieser Angaben sind behördlich in der „Allgemeinen Betriebserlaubnis" (ABE) registriert, und es ist nur mit amtlichem Segen zulässig, Veränderungen an diesen Teilen vorzunehmen. Diese Angaben, die vielleicht eines Tages für Sie von Interesse sein werden, finden Sie nachstehend für die folgenden Modelle aufgeführt.

- VW 411/411 L (August 1968 – Juli 1969)
- VW 411 E/411 LE (August 1969 – Juli 1972)
- VW 411 E/411 LE Variant (August 1969 – Juli 1972)
- VW 412 E/412 LE (August 1972 – Juli 1973)
- VW 412 E/412 LE Variant (August 1972 – Juli 1973)
- VW 412/412 L (ab August 1973)
- VW 412/412 L Variant (ab August 1973)
- VW 412 S/412 LS (ab August 1973)
- VW 412 S/412 LS Variant (ab August 1973)

Die Produktion des VW 411 begann im August 1968 mit der Fahrgestell-Nr. 419 000 001. Die beiden ersten Zahlen der Fahrgestellnummer geben Aufschluß über die Aufbauart: 41 = Limousine zweitürig, 42 = Limousine viertürig, 46 = Variant dreitürig. Die nachfolgende Zahl bezeichnet das Modelljahr (jeweils vom 1. 8. bis 31. 7. des darauffolgenden Jahres):

9 = 1969 0 = 1970 1 = 1971 2 = 1972 3 = 1973 4 = 1974 usw.

Seit August 1970 erhält die Fahrgestellnummer als vierte Ziffer eine werksinterne Steuerzahl. Die eigentliche Fahrgestellnummer beginnt jedes Modelljahr mit 000 001.

## Motor

| | 1700 | | 1700 E | | 1800 | 1800 S |
|---|---|---|---|---|---|---|
| Typ | 1700 | | 1700 E | | 1800 | 1800 S |
| Serien-Nr. | V 0 000 001<br>Z 0 000 001 (ab Aug. 69) | | W 0 000 001 | | AT 0 000 001 | AN 0 000 001 |
| Bauart | Luftgekühlter Vierzylinder-Viertakt-Boxermotor im Wagenheck | | | | | |
| Bohrung mm | 90 | | 90 | | 93 | 93 |
| Hub mm | 66 | | 66 | | 66 | 66 |
| Hubraum effektiv cm³ | 1679 | | 1679 | | 1785 | 1785 |
| Hubraum nach Steuerformel cm³ | 1668 | | 1668 | | 1781 | 1781 |
| Höchstleistung DIN-PS (kW) | 68 (50) | | 80 (59) | | 75 (55) | 85 (63) |
| bei U/min (1/min) | 4500 | | 4900 | | 5000 | 5000 |
| Max. Drehmoment mkg (Nm) | 12,7 (124,5) | | 13,5 (132,4) | | 13,2 (129,5) | 13,8 (135,5) |
| bei U/min (1/min) | 2800 | | 2700 | | 3400 | 3400 |
| Mittlere Kolbengeschwindigkeit m/s | 9,9 | | 10,8 | | 11 | 11 |
| bei U/min (1/min) | 4500 | | 4900 | | 5000 | 5000 |
| Leerlaufdrehzahl (Automatik) U/min (1/min) | 800—900 (900—1000) | | | | | |
| Verdichtung | 7,8 | | 8,2 | | 7,3 | 8,6 |
| Oktanzahlbedarf ROZ | 90 | | 98 | | 91 | 98 |
| Ventilsteuerung | Durch eine unter der Kurbelwelle liegende Nockenwelle über Stößel, Stößelstangen und Kipphebel auf hängende Ventile | | | | | |
| Ventilspiel bei kaltem Motor Einlaß und Auslaß mm | 0,15 | | 0,15 | | 0,15 | 0,15 |
| Steuerzeiten bei 1 mm Ventilspiel | bis Motor-Nr. V 0 053 449 | ab Motor-Nr. V 0 053 450 | bis Motor-Nr. W 0 163 425 | ab Motor-Nr. W 0 163 426 | | |
| Einlaß öffnet vor OT | 4° | 12° | 12° | 9° | 9° | 9° |
| Einlaß schließt nach OT | 39° | 42° | 42° | 41° | 41° | 41° |
| Auslaß öffnet vor OT | 40° | 43° | 43° | 43° | 43° | 43° |
| Auslaß schließt nach OT | 3° | 4° | 4° | 4° | 4° | 4° |
| Kolben | Leichtmetall mit Stahleinlage | | | | | |
| Zylinder | Einzelzylinder aus Spezialgrauguß mit Kühlrippen | | | | | |
| Zylinderkopf | Für je 2 Zylinder mit angegossenen Kühlrippen; Aluminium-Legierung | | | | | |
| Schmierung | Druckumlaufschmierung durch Zahnradpumpe über Hauptstromölfilter, Ölkühler im Gebläseluftstrom | | | | | |
| Betriebsöldruck bei 70° C Öltemperatur (SAE 30) und 2500 U/min (1/min) atü (bar) | 3 | | 3<br>ab März 71 4,5 | | 4,5 | 4,5 |
| Mindestöldruck atü (bar) | 2 | | 2 | | 2 | 2 |
| Kühlung | Luftkühlung durch Gebläse, thermostatisch gesteuert | | | | | |
| Fördermenge bei U/min (1/min) l /s | | | 800/4600 | | | |
| Motorgewicht mit Kupplung, Auspuffanlage und Öl kg | 136 | | 148,5 | | 132 | 132 |

## Kraftstoffanlage

| Typ | 1700 | | | | 1700 E | 1800 | 1800 S |
|---|---|---|---|---|---|---|---|
| Vergaser | Fallstrom-Vergaser mit Startautomatik und Beschleunigungspumpe | | | | elektronische Benzineinspritzung | Fallstrom-Vergaser mit Startautomatik und Beschleunigungspumpe | |
| Typ | Solex 34 PDSIT-2/3 | | | | – | Solex 40 PDSIT-R/L | |
| | Schaltgetriebe | | Automatik (ab Aug. 69) | | | | |
| | 34 PDSIT-2 | 34 PDSIT-3 | 34 PDSIT-2 | 34 PDSIT-3 | | | |
| | links | rechts | links | rechts | | | |
| Lufttrichter | 26 | 26 | 26 | 26 | – | 28 | 30 |
| Hauptdüse | x 135 | x 135 | x 135 (x 132,5) | x 135 (x 132,5) | – | x 132,5 | x 135 |
| Luftkorrekturdüse | 150 | 175 | 150 (160) | 175 (160) | – | 145 | 115 |
| Leerlaufdüse | 55 | 55 | 55 | 55 | – | 50 | 50 |
| Leerlaufluftdüse | 147,5 | 147,5 | 147,5 (140) | 147,5 (140) | – | 105 | 105 |
| Schwimmernadelventil | 1,2 | 1,2 | 1,2 | 1,2 | – | 1,5 | 1,5 |
| Schwimmergewicht g | 7 | 7 | 7 | 7 | – | 10,5 | 10,5 |
| Einspritzmenge cm³/Hub | 1,0±0,1 | 1,0±0,1 | 0,7±0,1 (0,5±0,1) | 0,7±0,1 (0,5±0,1) | – | 1,0±0,15 | 1,0±0,15 |
| Kraftstoffpumpe | Mechanische Membranpumpe, von der Nockenwelle angetrieben | | | | elektrische Pumpe | Mechanische Membranpumpe, von der Nockenwelle angetrieben | |

## Elektrische Anlage

| | |
|---|---|
| Netzspannung | 12 V |
| Batterie | 12 V/45 A |
| Lichtmaschine | Bosch K 1 (RL) 14 V 35 A 20/K 1 (RL) 14 V 35 A 22<br>Bosch K 1 (RL) 14 V 45 A 22/K 1 (RL) 14 V 45 A 24 (Automatik)<br>Bosch K 1 (RL) 14 V 55 A 22 (ab Fahrgestell-Nr. 410 2 005 245) |
| Reglerschalter | ADN 1/14/V |
| Übersetzung Motor : Lichtmasch. | 1:2,26 |
| Ladebeginn | Bei 1000 U/min (1/min) der Lichtmaschine = 440 U/min (1/min) der Motorkurbelwelle |
| Nennleistung bei U/min (1/min) der Lichtmaschine | 490 W bei 2000/2200<br>630 W bei 2200/2400 (Automatik)<br>770 W bei 2200 (ab Fahrgestell-Nr. 410 2 005 245) |
| Anlasser | Bosch EF (R) 12 V 0,7 PS (0,51 kW)<br>Bosch EF (R) 12 V 0,8 PS (0,59 kW) (Automatik) |

| | |
|---|---|
| Zündverstellung | Durch Fliehkraft und Unterdruck; von Aug. 69 bis Juli 70 zusätzliche Unterdruckverstellung in Richtung „spät“ |
| Unterbrecherkontaktabstand | 0,4 mm |
| Schließwinkel | 44-50° |
| Zündzeitpunkteinstellung behelfsmäßig | OT |
| bei 3500 U/min (1/min) ohne Unterdruck | 32° vor OT (1700)<br>27° vor OT (1700 E) |
| bei 850 U/min (1/min) ohne Unterdruck | 7,5° vor OT (1800) |
| Zündfolge | 1-4-3-2 |
| Zündkerzen | Siehe Tabelle auf Seite |
| Glühlampen | Siehe Tabelle auf Seite |

## Kraftübertragung

| | |
|---|---|
| Kupplung | Einscheiben-Trockenkupplung mit Membranfeder |
| Kupplungs-Durchmesser | 200 mm (bis Juli 1969)<br>215 mm (ab August 1969)<br>210 mm (ab August 1971) |
| Schaltgetriebe | Schrägverzahntes voll- und sperrsynchronisiertes Viergang-Vorgelege-Getriebe mit angebautem Hinterachsantrieb |

| | Übersetzungen | Zähnezahlen |
|---|---|---|
| 1. Gang | 3,81 | 31/18 x 31/14 |
| 2. Gang | 2,11 | 31/18 x 27/22 |
| 3. Gang | 1,40 | 31/18 x 22/27 |
| 4. Gang | 1,00 | direkt |
| Rückwärtsgang | 4,31 | 31/18 x 35/14 |
| Achsantrieb | 3,73 | 41/11 |
| Limousine ab Aug. 70 bis April 72, Variant bis Febr. 73 | 3,91 | 43/11 |
| Variant ab März 73 | 3,90 | 39/10 |

| | |
|---|---|
| Getriebeautomatik | Hydraulisch gesteuertes Dreigang-Getriebe mit hydrodynamischem Dreielement-Drehmomentwandler |

| | Übersetzungen |
|---|---|
| 1. Gang | 2,65 |
| 2. Gang | 1,59 |
| 3. Gang | 1,00 |
| Rückwärtsgang | 1,80 |
| Achsantrieb | 3,67 (bis Juli 1970)<br>3,91<br>3,73 (85 PS-Limousinen ab Aug. 1973) |

## Fahrwerk

| | |
|---|---|
| Vorderachse | Einzelradaufhängung an Federbeinen und Querlenkern, Drehstabstabilisator |
| Hinterachse | Einzelradaufhängung an Schräglenkern mit Doppelgelenkwellen, Schraubenfedern, Limousine ab Aug. 69: Drehstabstabilisator |
| Lenkung | Kugelumlauflenkung mit stoßnachgiebiger Lenksäule |
| Übersetzung des Lenkgetriebes | 22,38 |
| Gesamtübersetzung der Lenkung | 19,35 |
| Lenkradumdrehungen von Anschlag zu Anschlag | 3 ½ |
| Spurkreisdurchmesser | 10,4 m |
| Wendekreis-Durchmesser | 11,4 m |
| Vorderradeinstellung | |
| Gesamtspur (ungedrückt) | +20′±15′ bzw. +0,6 bis +4,2 mm |
| Sturz in Geradeausstellung | +1° 10′ + 25′ / — 30′ |
| Maximaler Sturzunterschied zwischen beiden Seiten | 30′ |
| Nachlauf | 1° 10′ ± 35′ (Limousine bis Fahrgestell-Nr. 410 2032 316 Variant bis Fahrgestell-Nr. 460 2032 185)<br>1° 45′ ± 35′ (Limousine ab Fahrgest.-Nr. 410 2032 317 Variant ab Fahrgest.-Nr. 460 2032 186) |
| Größter Radeinschlag innen/außen | 38° 30′ / 33° 20′ |
| Radlagerspiel | 0,03 – 0,12 mm |
| Hinterachseinstellung | |
| Sturz | – 1° ± 30′ |
| Maximaler Sturzunterschied zwischen beiden Seiten | 30′ |
| Bremsanlage | Hydraulische Zweikreis-Vierradbremse<br>Bremskraftverstärker auf Wunsch ab August 1971<br>Mechanische Handbremse auf Hinterräder wirkend |
| Fußbremse vorn | Scheibenbremsen mit festem Bremssattel, zwei gegenüberliegende Bremskolben je Scheibe |
| Bremsscheibe Durchmesser | 281 mm |
| Nennstärke | 11,0 mm |
| Mindeststärke | 9,5 mm |
| Belagfläche der 4 Beläge | 100 cm² |
| Fußbremse hinten | Simplex-Trommelbremsen mit schräg abgestützten Gleitbacken, Limousinen mit Bremskraftregler |
| Bremstrommel Durchmesser | 248,1 mm |
| Maximaler Durchmesser | 249,0 mm |
| Bremsbelagstärke neu | 4,0 mm |
| Bremsbelagstärke mindestens | 2,5 mm (1,0 mm bei aufgepreßten Belägen) |
| Belagfläche | 450 cm² |
| Felgen | 4 ½ J x 15 |
| Einpreßtiefe | 46 mm (41 mm ab August 1973) |

| Reifen | Limousine 155 SR 15 | Variant 165 SR 15 |
|---|---|---|
| Außendurchmesser | 630 ± 8mm | 650 ± 8 mm |
| Betriebsbreite | max. 162 mm | max. 172 mm |
| Wirksamer Halbmesser statisch | 285 ± 4 mm | 295 ± 4mm |
| Abrollumfang | 1905 ± 25 mm | 1970 ± 25 mm |
| Reifendruck | Siehe Tabelle auf Seite 194 | |

## **Maße und Gewichte** (in mm bzw. kg)

| | | |
|---|---|---|
| Radstand | 2500 | |
| Spurweite vorn | 1376 (1386 ab August 1973) | |
| Spurweite hinten | 1350 (1340 von Aug. 72 bis Juli 73) | |
| Bodenfreiheit (beladen) | 135 | |
| Länge | Bis Juli 1972 4524 | Ab August 1972 4555 |
| bei L-Ausstattung | 4553 | 4583 |
| Breite | 1635 | 1675 |
| bei L-Ausstattung | 1650 | |
| Höhe (unbelastet) | 1485 | 1475 |

| | Bis Juli 1970 2tü. | 4tü. | Vari. | Ab August 1970 2tü. | 4tü. | Vari. |
|---|---|---|---|---|---|---|
| Leergewicht | 1020 | 1040 | 1100 | 1080 | 1100 | 1120 |
| Gesamtgewicht | 1470 | 1470 | 1645 | 1530 | 1530 | 1665 |
| Nutzlast | 450 | 430 | 545 | 450 | 430 | 545 |
| Achslast vorn | 670 | 670 | 670 | 680 | 680 | 680 |
| Achslast hinten | 820 | 820 | 1000 | 870 | 870 | 1010 |

| Anhängelast | bis Juli 1969 Schaltg. | Autom. | Ab August 1969 Schaltg. | Autom. |
|---|---|---|---|---|
| ungebremst | 500 | – | 500 | 500 |
| gebremst | 1000 | – | 900 | 900 |
| Dachlast | 75 (alle Modelle) | | | |

## **Füllmengen** (in Liter)

| | |
|---|---|
| Kraftstofftank | 50 (davon 6 l Reserve) |
| Ölwanne ohne | |
| Filterwechsel | 3,0 |
| mit Filterwechsel | 3,5 |
| Ölbad-Luftfilter | 0,45 |
| Schaltgetriebe mit Achsantrieb | 2,5 (Wechselmenge 2,0) |
| Getriebeautomatik | ca. 6,0 (Wechselmenge ca. 3,0-4,0) |
| Achsantrieb | 1,0 |
| Lenkung | 0,25 |
| Bremse | 0,4 |

## **Fahrwerte** Werksangaben

| (Automatik) | VW 411/68 PS Limousine | Variant | VW 411 E, 412 E/80 PS Limousine | Variant | VW 412/75 PS Limousine | Variant | VW 412 S/85 PS Limousine | Variant |
|---|---|---|---|---|---|---|---|---|
| Höchstgeschwindigkeit | 145 (142) | — (142) | 155 (152) | 155 (152) | 150 (147) | 150 (147) | 158 (155) | 158 (155) |
| bei Motordrehzahl U/min | 4670 (4570) | — (4420) | 5320 (5210) | 5150 (5040) | 5120 (5030) | 4980 (4880) | 5160 (5060) | 5240 (5160) |
| Beschleunigung von 0-100 km/h s | 18,5 (20,1) | — (20,1) | 14,5 (17,0) | 14,5 (17,0) | 16,5 (18,5) | 17,5 (20,0) | 14,5 (16,0) | 15,0 (17,5) |
| Fahrgeschwindigkeit bei Höchstleistungsdrehzahl U/min | 4500 | 4500 | 4900 | 4900 | 5000 | 5000 | 5000 | 5000 |
| 1. Gang | 36 (53) | — (51) | 39 (56,5) | 39 (55,5) | 38 (55) | 40 (57) | 40 (58) | 40 (57) |
| 2. Gang | 65 (88) | — (85,5) | 71 (94) | 70 (93) | 69 (92) | 72 (95) | 73 (97) | 72 (95) |
| 3. Gang | 99 (139) | — (136) | 107 (150) | 105 (148) | 105 (146) | 108 (151) | 109 (153) | 108 (151) |
| 4. Gang | 138 (—) | — (—) | 150 (—) | 148 (—) | 147 (—) | 151 (—) | 153 (—) | 151 (—) |
| Kraftstoffverbrauch nach DIN l/100 km | 10,8 (11,5) | — (11,5) | 10,0 (10,5) | 10,0 (10,5) | 10,2 (11,0) | 10,2 (11,0) | 10,0 (10,4) | 10,0 (10,4) |
| Ölverbrauch l/1000 km | 0,3 – 1,0 | | 0,3 – 1,0 | | 0,3 – 1,0 | | 0,3 – 1,0 | |

# Werdegang

## 1968

August: Produktionsbeginn in Wolfsburg des völlig neuen Modells VW 411 (mit Luxusausstattung VW 411 L) mit zwei- und viertüriger Karosserie. Luftgekühlter 1,7-l-Boxermotor mit Zweivergaseranlage; Verdichtung 7,8:1, 68 PS bei 4500 U/min, Normalkraftstoff ausreichend; Hauptstrom-Ölfilter. Federbein-Vorderachse mit Drehstab-Stabilisator, Schräglenker-Hinterachse mit Schraubenfedern.
Vierganggetriebe mit direktem 4. Gang; auf Wunsch Getriebeautomatik. Motorheizung mit benzinelektrischer Zusatzheizung kombiniert, auch als Standheizung verwendbar; Gürtelreifen 155 SR 15; Drehstrom-Lichtmaschine.

## 1969

Januar: Form der Ein- und Auslaßkanäle im Zylinderkopf geändert; andere Kipphebelübersetzung: Einlaß öffnet 5° vor OT, Einlaß schließt 40° nach UT. Torsionsgefederte Mitnehmerscheibe mit 2 unterschiedlichen Belägen. Heizungskästen mit Regulierklappen direkt an die Karosserie verlegt, Form und Material der Heizschläuche geändert.
Federbelastete Kugel unterhalb des Schalthebels zur Vermeidung von Klirrgeräuschen; weicheres Getriebehalslager.
Schraubenfedern der Hinterachse im oberen Bereich mit Plastikschläuchen ummantelt (verhindert Poltergeräusche).

August: Leistungssteigerung durch den Einbau einer elektronischen Kraftstoff-Einspritzung, neue Modellbezeichnung VW 411 E.
Programmerweiterung durch Kombiwagen VW 411 E Variant. Nur in zweitüriger Ausführung mit zusätzlicher Hecktür lieferbar. Andere Hinterachsübersetzung, breitere Gürtelreifen 165 SR 15.
Halogen-Doppelscheinwerfer; VW-Zeichen mit seitlichen Zierstreifen an Bugblech montiert. Lochscheibenräder mattsilbern lackiert.
Sitze stehen tiefer, Seitenwangen der Lehnen weiter vorgezogen, Lordosenstütze bei L-Ausstattung entfallen. Instrumente tiefer im Armaturenbrett eingelassen, größerer Aschenbecher; L-Ausstattung mit Zigarettenanzünder. Frischluftzufuhr stufenlos regulierbar, größere Entlüftungsschlitze unter dem Heckfenster. Verbesserte Geräuschisolation.
Zylinderköpfe mit größeren Einlaßventilen; andere Kolben und Nockenwelle, Zündverteiler mit doppelter Unterdruckverstellung, Verdichtung auf 8,2:1 erhöht (Superkraftstoff erforderlich). Motorblock und Ölwanne aus Aluminium-Druckguß statt Magnesium. Lagerung des Antriebsblocks durch 4 statt 3 Gummi-Metall-Lager verbessert. Größerer Kupplungs-Nehmerzylinder.
Öleinfüllstutzen und Ölmeßstab für bessere Zugänglichkeit höher gelegt. Schaltstange und Schaltstangen-Kupplung geändert. Verstärkte Membranfederkupplung.
Getriebeautomatik nur in Verbindung mit Vergasermotor lieferbar. Die Gemischeinstellschrauben der Vergaser sind durch Kunststoffkappen verdeckt. Drehstab-Stabilisator an der Hinterachse (nur Limousinen).
Zeitschalter begrenzt Standheizungszeit auf 10 Minuten. Auf Wunsch Zeitvorwahlschalter lieferbar.

September: 55 Ampère-Drehstrom-Lichtmaschine für alle Modelle.

Oktober: Auspuff-Endrohr bei VW 411 E Variant auf die rechte Seite verlegt. Hauptsicherung des Heizverstärkers im Motorraum.
November: Asymmetrisch gewundene Hinterradfedern (nur Limousinen).

## 1970

März: Achsschenkel zurückgesetzt. Nachlauf der vorderen Radaufhängung ändert sich von 9 mm in 16 mm.

April: Kürzere Schaltstange, neue Schaltfingerkupplung.

August: Kofferhaube vorn mit 3 Sollknickstellen für erhöhte Aufprall-Sicherheit; Abschleppösen vorn und hinten; Tankverschluß mit Gewinde und Überdrehsicherung. Armaturenbrett matt grauschwarz lackiert; Lenkschloß mit geschlossenem Schließzylinder; Verriegelungsknöpfe in den Fensterrahmen; Sitzführungsschienen zusätzlich seitlich abgestützt; Fensterheber mit längerem Kurbelweg. Verbundglasscheiben mit Klammerleisten befestigt. Zündverteiler wieder mit einfacher Unterdruck-Verstellung, Auslaßventile verchromt; Ventilspiel von 0,10 auf 0,15 mm vergrößert.
Automatik mit Einspritzmotor lieferbar; Skala des Wählschemas beleuchtet; Leerlauf-Drehzahlregler verhindert ein Abfallen der Drehzahl beim Einlegen eines Fahrbereiches.
Bedienungsschalter der Benzinheizung am Armaturenbrett, linker Hebel zwischen den Sitzen entfällt. Temperaturregelung durch elektronischen Schalter statt Thermostat. Ein Transistor verringert die Helligkeit der Heizungs-Kontrolleuchte bei eingeschalteter Beleuchtung.
Zündabhängige Scheinwerferschaltung, bei abgezogenem Zündschlüssel kann nur das Standlicht brennen. Kleineres Warnblink- und Kombi-Relais.

## 1971

Juni: Tankverschluß mit verbesserter Dichtung.
Ölüberdruckventil mit stärkerer Feder, der Öldruck wird dadurch von 3 atü auf 4,5 atü heraufgesetzt.

August: Türschlösser verstärkt, Drucktasten in den Türgriffen verlängert. Vierspeichen-Sicherheitslenkrad; Scheibenwisch- und -wasch-Schalter rechts am Lenkrad; Tachoanzeige bis 190 km/h. Größere Heizluftdüsen im Fußraum. Neuer Zündverteiler; Kurbelgehäuse-Entlüftung zur Verminderung eventueller Ölverdünnung geändert. Größeres Auspuff-Abdeckblech für bessere Abschirmung der Motorraumdichtung. Motorabdeckblech geändert, dadurch Aus- und Einbau der Lichtmaschine einfacher. Abschirmblech am Ansaugrohr der Ölpumpe verhindert Abfallen des Öldrucks bei scharfer Kurvenfahrt.
Ansaugluftvorwärmung mit Unterdruckdose und Bimetallfeder für schnellere Betätigung der Luftklappe im Ansaugschnorchel.
Funktionskontrolle der auf Wunsch lieferbaren Zweikreisbrems-Kontrolleuchte geändert. Neue Zusatzausstattungen: Bremskraftverstärker und Wärmetauscherheizung.

## 1972

J a n u a r : Parklichtschaltung bei L-Ausstattung über Standlicht/Schlußlicht, seitliche Parkleuchten entfallen.

M ä r z : Der Heizverstärker erhält ein Verbrennungsluftfilter.

A p r i l : Potentiometer am Steuergerät zur Einstellung des CO-Gehaltes im Abgas.

J u l i : Hinterachsübersetzung geändert (nur Limousinen).

A u g u s t : Neugestaltete Vorderfront; Änderung der Modellbezeichnung in VW 412 E. Stärker abfallende Vorderhaube; Doppelscheinwerfer in trapezförmigen Blenden, Blinkleuchten vorn höhergesetzt. Rückleuchten höhergesetzt (nur Limousinen) bzw. schmaler (nur Variant). Limousinen mit zwei Kennzeichenleuchten. Türöffnungswinkel bei den Zweitürern auf 56° vergrößert. Tankeinfüllstutzen mit Stützblech für Zapfpistole, Gummischürze entfällt. Stoßstangen höher und mit größerem Abstand von der Karosserie montiert.
Scheibenwischerarme mattschwarz; Außenspiegel mit Gummieinfassung.
Stahlkurbeldach (auf Wunsch) mit Windabweiser, der sich beim Öffnen automatisch aufstellt.
Ablagefächer in den Vordertüren, neue Seitenarmlehnen; Armaturenbrett mit Holzfolie.
Umfang des Bordwerkzeugs verringert.
Nockenwelle mit geänderten Steuerzeiten; temperatur- und unterdruckabhängige Ansaugluft-Vorwärmung entfällt. Papierfilter-Einsatz statt Ölbad-Luftfilter. Auspuffanlage vernickelt.
Scheibenbremsbeläge verstärkt. Geänderter Zahnbogen des Handbremshebels. Felgen mit Mittelzentrierung an der Vorderachse.
Sportlichere Fahrwerksabstimmung durch progressiver wirkende Federn, Stoßdämpfer mit härterer Einstellung und härterem Stabilisator vorn.
Synchronisation des Getriebes verstärkt.

D e z e m b e r : Die Innenleuchte wird von Hand mit einem versenkten Knopf geschaltet (bisher durch Kippen des Abdeckglases).

## 1973

A p r i l : Kraftstoffanzeige mit Hebelgeber statt Tauchrohrgeber.

A u g u s t : Einspritzanlage durch Zweivergaser-Anlage ersetzt, zwei Leistungsstufen mit 75 und 85 PS, Modellbezeichnung VW 412 bzw. VW 412 S.
Leiseres Frischluftgebläse mit größerem Gebläserad.
Blinklicht-Kontrolle in das seitherige Standlicht-Kontrollfenster verlegt.
Elektrische Zeituhr mit Quarzsteuerung.
Neue Fernlicht-Schaltung; Fernlicht und Abblendlicht brennen gemeinsam.
Hubraum des Motors durch Vergrößerung der Bohrung um 3 mm auf 1795 $cm^3$ erhöht. Es stehen eine 75 PS-Normalkraftstoff- und eine 85 PS-Superbenzin-Version zur Verfügung. Die bisherige Einspritzanlage wird nur noch für den USA-Export eingebaut. Neuer Auspufftopf, der die Außengeräusche vermindert.
Gelenkwellen mit stärkeren Kugelgelenken, verstärktes Hinterachsgehäuse.
Felgen mit 41 mm Einpreßtiefe, dadurch vergrößern sich die Spur vorn und hinten um je 10 mm.
Zweikreis-Bremskontrolleuchte dient gleichzeitig als Warnleuchte für die angezogene Handbremse.

# Wegweiser

## Erläuterungen zum Schaltplan in der hinteren Buchklappe

(Schaltplan ab August 1971)

Das Kabelgewirr unserer Zeichnung ist nur auf den ersten Blick verwirrend. Die angegebenen Kabelfarben und Kabelstärken (kleine Zahlen in den Leitungen) entsprechen den Farben und Stärken im Wagen. Die Buchstaben und Ziffern unserer Tabellen sollen Ihnen zu weiterer Übersicht verhelfen.

A – Batterie
B – Anlasser
C – Generator
$C^{1}$ – Reglerschalter
D – Zündanlaßschalter
E – Scheibenwischerschalter
$E^{1}$ – Lichtschalter
$E^{2}$ – Blinkerschalter (Schalter für Handabblendung und Lichthupe)
$E^{3}$ – Warnlichtschalter
$E^{9}$ – Schalter für Belüftermotor
$E^{13}$ – Temperaturregelschalter
$E^{15}$ – Schalter für beheizbare Rückblickscheibe
$E^{16}$ – Schalter für Heizung
$E^{17}$ – Anlaßsperrschalter und Rückfahrleuchtenschalter
F – Bremslichtschalter
$F^{1}$ – Öldruckschalter
$F^{2}$ – Türkontaktschalter links
$F^{3}$ – Türkontaktschalter rechts
$F^{8}$ – Kick-down-Schalter
G – Geber für Kraftstoffvorratsanzeiger
$G^{1}$ – Kraftstoffvorratsanzeiger
H – Signalhornbetätigung
$H^{1}$ – Signalhorn
J – Relais für Handabblendung und Lichthupe
$J^{2}$ – Warnblinkrelais
$J^{8}$ – Relais für Heizung
$J^{9}$ – Relais für beheizbare Heckscheibe
$J^{10}$ – Sicherheitsschalter (Heizung)
$J^{16}$ – Stromversorgungsrelais für elektronische Einspritzanlage
$J^{17}$ – Kraftstoffpumpenrelais für elektronische Einspritzanlage
$J^{21}$ – zum Steuergerät für elektronische Einspritzanlage

$K^{1}$ – Kontrollampe für Fernlicht
$K^{2}$ – Kontrollampe für Generator
$K^{3}$ – Kontrollampe für Öldruck
$K^{4}$ – Kontrollampe für Standlicht
$K^{5}$ – Kontrollampe für Blinker
$K^{6}$ – Kontrollampe für Warnblinkanlage
$K^{7}$ – Kontrollampe für Zweikreisbremsanlage
$K^{10}$ – Kontrollampe für Rückblickscheibenheizung
$K^{11}$ – Kontrollampe für Heizung
$L^{1}$ – Halogenlampe für Abblendscheinwerfer links
$L^{2}$ – Halogenlampe für Abblendscheinwerfer rechts
$L^{6}$ – Lampe für Tachobeleuchtung
$L^{10}$ – Instrumentenbeleuchtung
$L^{13}$ – Halogenlampe für Fernlichtscheinwerfer links
$L^{14}$ – Halogenlampe für Fernlichtscheinwerfer rechts
$L^{19}$ – Lampen für Wählschemabeleuchtung
$M^{1}$ – Lampe für Standlicht links
$M^{2}$ – Lampe für Schluß- und Bremslicht rechts
$M^{3}$ – Lampe für Standlicht rechts
$M^{4}$ – Lampe für Schluß- und Bremslicht links
$M^{5}$ – Lampe für Blinklicht vorn links
$M^{6}$ – Lampe für Blinklicht hinten links
$M^{7}$ – Lampe für Blinklicht vorn rechts
$M^{8}$ – Lampe für Blinklicht hinten rechts
$M^{16}$ – Lampe für Rückfahrleuchte links
$M^{17}$ – Lampe für Rückfahrleuchte rechts
N – Zündspule
$N^{5}$ – Steuermagnet
$N^{7}$ – Leitung zum Temperaturfühler der Heizung
O – Zündverteiler

$P^{1}$ – Zündkerzenstecker f. Zylinder 1
$P^{2}$ – Zündkerzenstecker f. Zylinder 2
$P^{3}$ – Zündkerzenstecker f. Zylinder 3
$P^{4}$ – Zündkerzenstecker f. Zylinder 4
$Q^{1}$ – Zündkerze für Zylinder 1
$Q^{2}$ – Zündkerze für Zylinder 2
$Q^{3}$ – Zündkerze für Zylinder 3
$Q^{4}$ – Zündkerze für Zylinder 4
S – Sicherungsdose
$S^{1}$ – Einzelsicherungen für Standheizung (16 A); für beheizbare Rückblickscheibe (8 A)
T – Leitungsverteiler
$T^{1}$ – Flachsteckerführung, einfach
$T^{2}$ – Flachsteckerführung, zweifach
$T^{5}$ – Steckverbindung, sechsfach
$T^{20}$ – Zentrale Steckverbindung
$U^{1}$ – Zigarrenanzünder
V – Scheibenwischermotor
$V^{2}$ – Belüftermotor
$V^{4}$ – Heißluftgebläse
W – Innenleuchte
$W^{4}$ – Parkleuchte links
$W^{5}$ – Parkleuchte rechts
X – Kennzeichenleuchte
Y – Zeituhr
$Z^{1}$ – beheizbare Heckscheibe

① – Masseband von Batterie zum Rahmen
② – Masseband von Getriebe zur Rahmengabel
④ – Masseleitung über Gelenkkupplung

Die übrigen Kreise bezeichnen die Anschlüsse der Leitungen des Prüfnetzes, die direkt von den Anschlußpunkten zur Zentral-Steckverbindung führen. Die Zahlen in den Kreisen entsprechen der Belegung in der Zentral-Steckverbindung.

Der VW 411/412 erfuhr im Lauf seiner Produktionszeit mehrfach Änderungen an der Elektrik. Die Kabelfarben der wichtigsten Stromverbraucher sind gleichgeblieben, dagegen ergeben sich bei Schaltern je nach Modelljahr Unterschiede. Welcher Stromverbraucher über welche Sicherung Strom erhält, finden Sie nach Baujahren aufgeschlüsselt in der Tabelle auf Seite xxx.

Bei Fahrzeugen mit Vergasermotor läuft von der Zündspule zur Startautomatik des rechten bzw. linken Vergasers je ein schwarzes Kabel und von dort zu den Leerlauf-Abschaltventilen. Dafür entfallen die Teile $J^{16}$, $J^{17}$ und $J^{21}$.

## Genormte Klemmenbezeichnungen im Schaltplan

Nachstehende Klemmenbezeichnungen sind sowohl im Schaltplan an den betreffenden Stellen eingedruckt als auch auf den betreffenden Bauteilen im VW zumeist eingeprägt oder aufgemalt. Diese Bezeichnungen sind für alle Kraftfahrzeuge genormt.

| Klemme | Kabel von – zu | Klemme | Kabel von – zu |
|---|---|---|---|
| 1 | Primärstrom Zündspule – Verteiler (Unterbrecher) | 53 | Wischerschalter – Wischermotor Betriebsstrom |
| 4 | Sekundärstrom Zündspule – Verteiler (Zündkerzen) | 53 a | Wischerschalter – Wischermotor Endabstellung |
| 15 | Stromführend bei eingeschalteter Zündung: Zündschloß – Zündspule | 53 b | Wischerschalter – Wischermotor 2. Stufe |
| 30 | Stets stromführende Leitungen: Lichtmaschine Klemme B+ – Anlasser – Plus-Pol Batterie — Sicherungskasten — Zündschloß, — Abblend-Relais, — Lichtschalter, — Warnblinkschalter | 56 | Abblend-Relais – Lichtschalter |
| 31 | Masseleitungen | 56 a | Abblend-Relais – Scheinwerfer Fernlicht |
| 49 a | Warnblink-Relais – Warnblinkschalter – Blinkerschalter am Lenkrad | 56 b | Abblend-Relais – Scheinwerfer Abblendlicht |
| 50 | Anlasserschaltstrom Zündschloß – Anlasser | 58 | Lichtschalter — Standlichter, — Schlußlichter, — Kennzeichenleuchte |
| | | 85, 86, 87 | Schaltkontakte der verschiedenen Schalt-Relais |
| | | D+ | Lichtmaschine (Ankerwicklung) – Reglerschalter |
| | | D – | Lichtmaschine– Reglerschalter (Masse) |
| | | DF | Lichtmaschine (Feldspulen) – Reglerschalter |
| | | P | Zündschloß (bei gesperrtem Zündschloß) – Parklichtschalter |

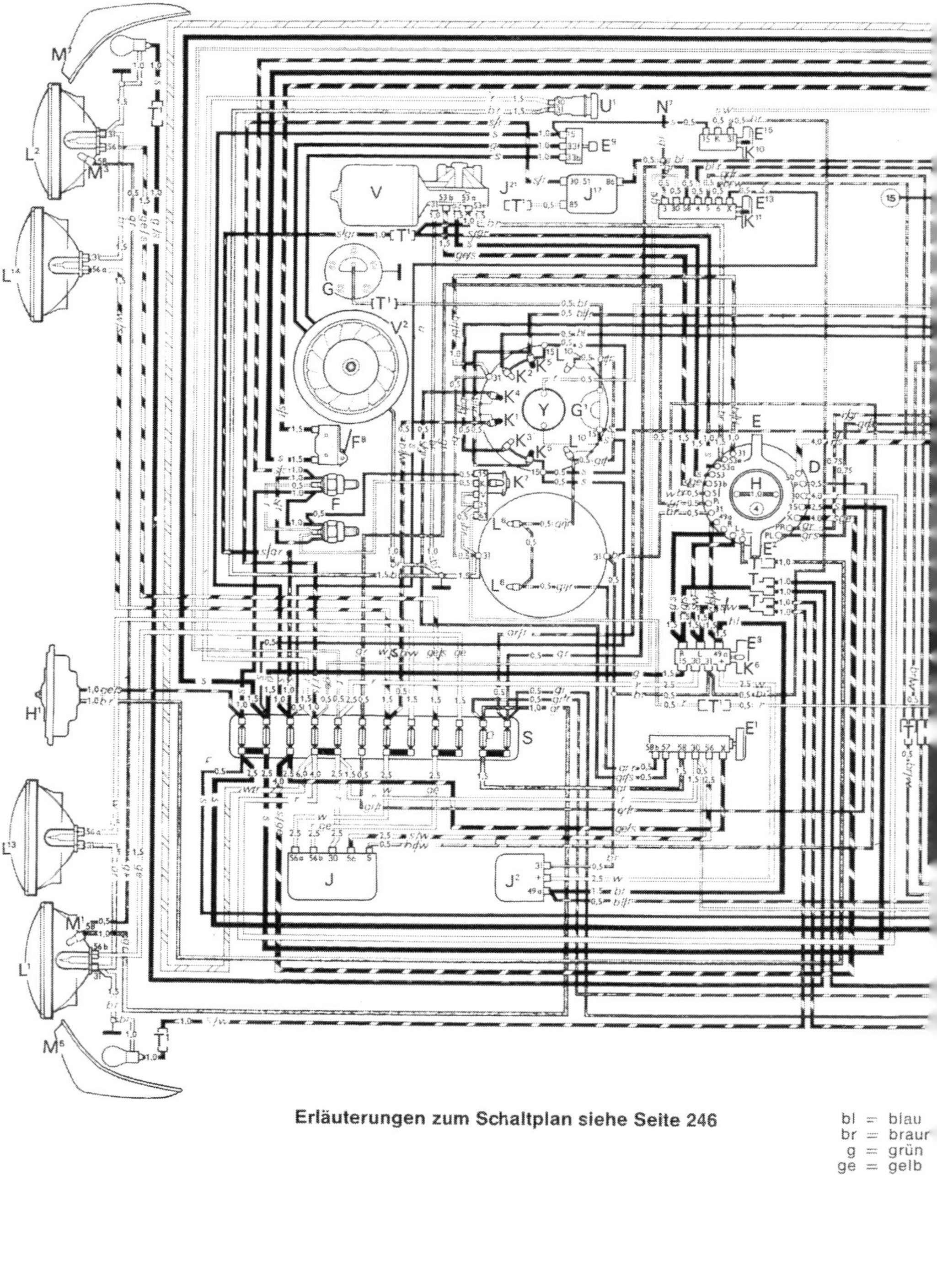


**Erläuterungen zum Schaltplan siehe Seite 246**

bl = blau
br = braun
g = grün
ge = gelb

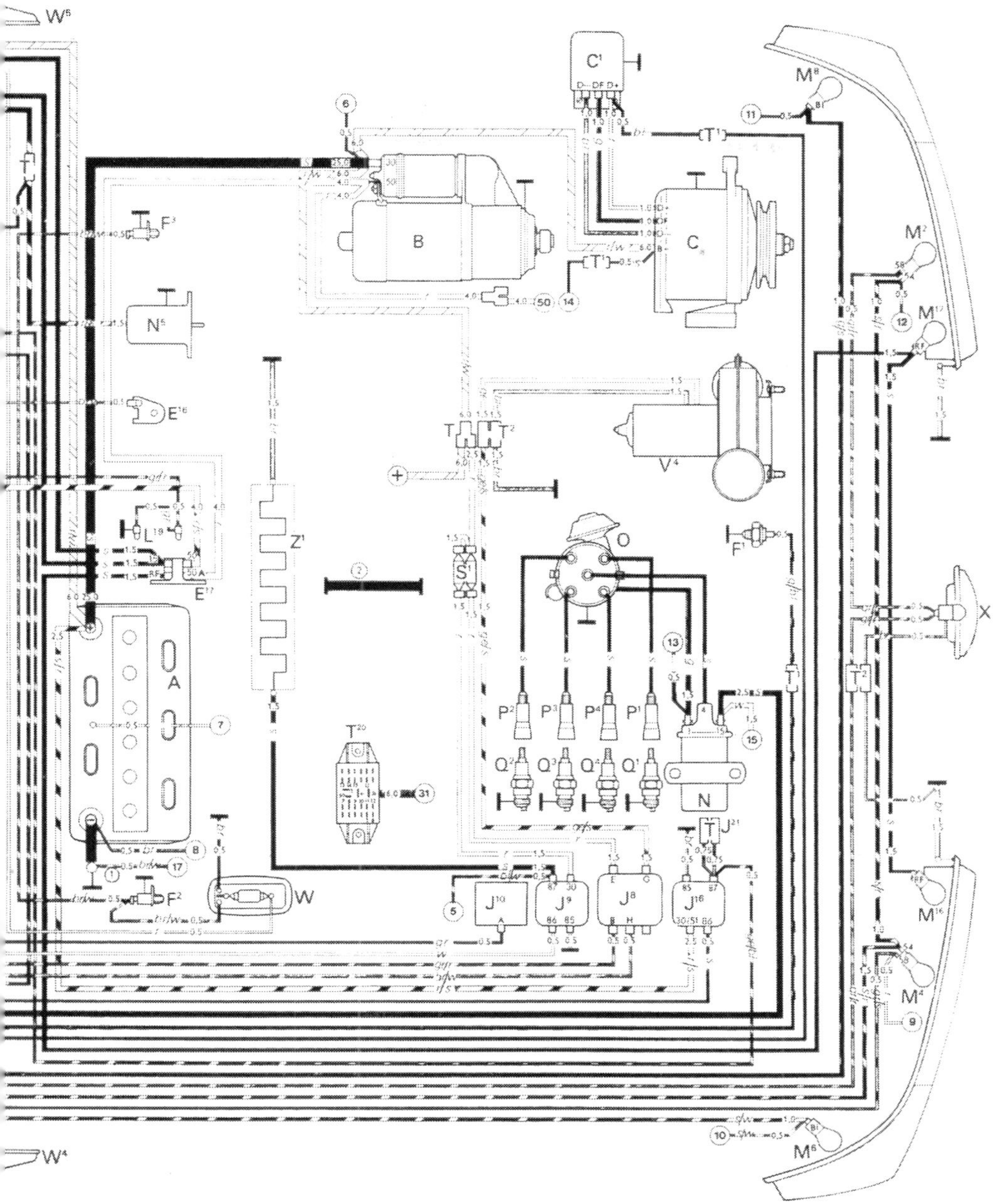


gr = grau
r = rot
s = schwarz
w = weiß

FSC
www.fsc.org
MIX
Papier | Fördert gute Waldnutzung
FSC® C083411

Kolibri 360 GmbH
Ferdinand-Jühlke-Straße 7
99095 Erfurt, Deutschland
produktsicherheit@kolibri360.de